学海泛舟

——秦四清博文集萃

秦四清／著

中国建筑工业出版社

图书在版编目（CIP）数据

学海泛舟 ：秦四清博文集萃 / 秦四清著. -- 北京 ：中国建筑工业出版社, 2024. 6. -- ISBN 978-7-112-30467-7

Ⅰ. P642-53

中国国家版本馆 CIP 数据核字第 2024CL4940 号

责任编辑：刘瑞霞　梁瀛元

责任校对：赵　力

学海泛舟——秦四清博文集萃

秦四清　著

*

中国建筑工业出版社出版、发行（北京海淀三里河路 9 号）

各地新华书店、建筑书店经销

国排高科（北京）信息技术有限公司制版

建工社（河北）印刷有限公司印刷

*

开本：787 毫米 × 1092 毫米　1/16　印张：31¼　字数：738 千字

2024 年 10 月第一版　　2024 年 10 月第一次印刷

定价：**99.00** 元

ISBN 978-7-112-30467-7

（42915）

序

秦四清研究员是我国工程地质和岩土工程领域的著名学者，自2009年起聚焦于滑坡和地震物理预测方面的研究。他在构造地质学与岩石力学基础上，提出了多锁固段脆性破裂理论，取得了一系列重要成果，引起了同行的强烈反响。2008年汶川地震后，我在巨震应对领域做了些工作，因此和秦老师有较多交流。受秦老师嘱咐，特为本书写几句话。

本书精选自秦老师的科学网博客文章，涉及科学问题、科学精神、科研动机、原创探索等科研工作中所面临的共性问题，又涉及地震探秘、滑坡新解等具体成果的科普，均为他在科研过程中的亲身经历和具体心得。本书的部分文章，我已经不止一次学习。拜读本书之后，又有新的体会：做出优秀科研成果要“谦”“真”“拙”“情”。

— 谦 —

唐山地震（1976）、汶川地震（2008）等警示人们，人类对地震发生机制和规律知之甚少，距实现可靠地震预测还有很长的路要走。2009年，秦老师初步提出了多锁固段脆性破裂理论，认为标志性地震的演化遵循确定性规律，因而可预测。根据该理论，秦老师成功预测过多次标志性地震，如2012年云南昭通M_S5.7和M_S5.6双震、2014年新疆于田M_S7.3地震和云南景谷M_S6.6地震，其“时、空、强”三要素预测精度可满足绝大多数新建工程抗震的要求；如果震前得到应用，将有效减轻地震灾害造成的损失。我向他表示祝贺时，他并未特别高兴，而是冷静地说该理论仍有不完善之处，尚需解决地震区划分的统一原则、累积Benioff应变（CBS）与剪切应变的等效性、震级约束条件的厘定等问题。为此，他带领团队孜孜以求、不懈探索，最终攻克了这些问题，使得该理论更加完善。在后来我和他的交谈中，他多次强调：科学探索永无止境，科学认识只有更好没有最好。

面对大自然，保持谦卑之心，才能不断进步。

— 真 —

如果以青蒿素与杂交水稻这类成果作为标杆，1949年之后我国科研工作者影响世界的原创成果屈指可数。如何提升创新能力，获得高质量的创新成果?本书给出了建议：发现真问题，面对真问题，解决真问题。确实，在研究过程中保持赤子之心，以求真务实的态度看待他人和自己的认知，以科学理性精神纠正自己的错误，才能得到真学问。

— 拙 —

古人云：抱朴守拙，行稳致远。2009年，秦老师提出“锁固段主控锁固型斜坡稳定性和构造地震产生”的学术观点，自此持续耕耘十年，2019年“大地震机制及其物理预测方法”才被列入中国科协“20个重大科学问题和工程技术难题”。“常数1.48”是多锁固段脆性破裂理论形成的基石，该常数的发现源自于秦老师在青岛旅游期间的突发灵感。这固然是灵光一闪的结果，但又何尝不是之前长期守拙的成果。

— 情 —

科研工作者还需要“情”。每次和秦老师交流，我总能体会到他执着追求科学真谛的热情；每次听秦老师的学术报告，我总能感受到他发自内心的澎湃激情。2017年，国家决定建设河北雄安新区，我们针对雄安新区防震减灾和工程建设做了专项研究，秦老师负责雄安新区地震危险性评估部分的研究。该研究成果被纳入《河北雄安新区规划纲要》，这有力地支持了雄安新区建设。这项研究没有课题经费，秦老师义无反顾地承担了有关工作，若其没有家国之情，是难以想象的。的确做出优秀科研成果，需要解决关键科学问题的激情和促进人类幸福的情怀。

以上所述只是自己的一孔之见，本书还有许多珠玉隐藏其中。祝愿读者能够开卷有益，从这本书中汲取科研精髓，以在攻坚克难的科研征途上砥砺奋进。

姚攀峰

《巨震应对技术规程》副主编

2023年11月27日

引　言

2009年，我在青岛游玩时突发灵感，由此打通了脑回路：找到了突破大型滑坡和大地震预测难题的抓手——锁固段，进而建立了多锁固段脆性破裂理论的雏形。自此开窍后，不仅我的科研潜能得以激发，而且思维方式也发生了脱胎换骨式的变化——由过去的盲动逐渐趋向于科学，并不时冒出些思想火花、悟出些科研心得等；若不及时记录下来，恐被遗忘，故我开始写私人日记。

然而，由于写私人日记比较随意——其逻辑性和系统性较为粗糙，难以大幅提升自己的科研和写作能力；再者，也不可能助力他人。于是，我萌生了在科学网开博的念头，并于2011年5月14日在科学网注册了“登高望远”博客。因为我的博客是开放的，且我想给他人留下好印象，这就要求我尽量提高博文逻辑严密性、证据无偏性与行文清晰性；久而久之，以这样的高标准严格要求自己，就会实现质的飞跃。

开博十余年来，通过从学海中汲取营养、从学习先贤中领悟创造之道、从与网友交流中弥补认知缺陷、从自己的深度思考中增强洞察力，我的博文质量日益增进，其中多篇博文被官方媒体、网友、微信群和公众号转载，且一些独到的见解和观点得到了诸多网友赞同，这都鼓舞我笔耕不辍。

牛顿曾说：“我不知道这个世界会如何看我，但对我自己而言，我仅仅是一个在海边嬉戏的顽童，为时不时发现一粒光滑的石子或一片可爱的贝壳而欢喜，可与此同时却对我面前的伟大真理海洋熟视无睹。”正如其所言，我们对自然界的众多奥秘知之甚少，已知的不过冰山一角，故我们没有任何理由停止探索的步伐，也没有任何理由为自己取得的一丁点成就而自满。面对自然，我们应保持谦逊态度、务实态度和砥砺探索态度，以求认知更多客观真理。我的多篇博文反映了我团队在探索锁固型滑坡和大地震物理预测之路上的艰辛历程：即使研究方向正确，但若不经过从盲人摸象到纵览全局、从成功和失败交织到理出头绪、从科学性弱到科学性强的蜕变，理论绝不可能从雏形走向成形，这需要在科学精神指引下，通过下“去粗取精，去伪存真，由此及彼，由表及里”的功夫才能实现。该历程或是不可多得的科研“财富”，我已毫不保留分享之。

欲通过科学探索取得重要成就，明确科研目的、掌握正确科研方法、理性评价科研成果价值等至关重要；除此，要在探索之路上行稳致远，也需达观的科研生活态度和必要的基金项目支撑。为此，我发表了多篇博文予以阐述，已在学界产生了积极影响。

诚然，在寻求真理的长河中，唯靠奇思妙想和踏实求证，才能到达胜利的彼岸；在学海泛舟中，唯靠勤奋学习和不懈探索，才能求得“沧海一粟”。如果我觅到的“粟”，能给别人揭示自然奥秘些许启示，能给别人攻克科学难题些许帮助，我将深感欣慰。

长期以来，学界浮躁之风蔓延、功利心盛行、学术不端事件多发。在这种恶劣环境下，尤其需要有志之士弘扬正气而成为清流，静心攻坚克难而成为主流，开辟新领域而成为潮流。科学网博客为之提供了一个很好的宣传交流平台，我们应珍惜和利用好这个平台，为正义呐喊，为原创鼓劲，为强国献策。

近几年，多位同行和朋友劝我：你的不少博文富有营养，对别人的科研大有裨益，不妨系统整理其中的精华部分写成书，更加便于别人系统理解你的思想精髓和科研经验。我能理解其善意，也感谢其建议；然而，总感觉需沉淀些时日，待时机成熟再“遵旨”更好。目前，我认为时机已到，即学术思想已基本定型，科研经验总结已基本到位，且有较多时间梳理以前的博文。

整理有关博文时，改动了一些博文的标题，修订了原文的一些疏漏之处，且不再加以引用容易查到的名人名言，以节省篇幅。

囿于本人思维局限性和写作水平，本书错漏之处仍在所难免，衷心希望读者批评指正。

目　录

—第一章—

科学问题

1

如何凝练具体的关键科学问题？

（发布于 2018-8-31 09:34）

今年国基（国家自然科学基金）放榜后，有些未“中标”的申请人“不服”评审意见，把本子和意见发给我，让我帮忙看看问题出在哪儿。诚然，未“中标”的具体原因很多，我在此不作详谈，仅聊聊涉及的共性问题，即关键科学问题。

国基申请未“中标”的一个常见的重要原因是：不少申请人未提出明确的关键科学问题，或者凝练出的关键科学问题“欠火候”。

科学问题是指在一定的认知水平下，存在于科学知识体系内和科学实践中有待解决的难题，其通常源于：（1）通过读文献，察觉到前人未解决的问题或未意识到的问题；（2）在亲身研究和实践中，遇到的问题（**强烈推荐**）；（3）借鉴“他山之石”，有了攻克悬而未决老问题的奇思妙想，从而提出的问题。例如，事物的行为、模式、效应、机制与规律问题，都是科学问题。

关键科学问题是指，制约某学科中某方向前进的瓶颈科学问题，其研究具有重要意义。其属性为：**本源性**——反映事物演变的最底层机制；**代表性**——涉及某一类事物演变；**重要性**——有重要的科学意义和现实意义。科研人员需要经常深度思考才可能凝练出关键科学问题，这往往是一生的修行。

大家知道，提出和抓住问题是科学研究“千里之行”的第一步，大科学家波尔曾指出：“准确地提出一个科学问题，问题就解决了一半。”纵观科学史，重大科学突破往往始于凝练出关键科学问题；因此，在某种程度上也可以说，提出关键科学问题比解决它更重要。

虽然自然现象的演化受多种因素影响，但往往“万变不离其宗”，找到了这个“宗”，就等于找到了“突破口”或“钥匙”。不少申请人提出的科学问题虽有重要意义，但太宽泛了，不具体，看不出“突破口”在哪儿，说明对关键科学问题的凝练不到位，容易被评审专家“灭掉”。

例如，降雨影响斜坡稳定性，有人将“强降雨作用下岩质斜坡失稳机理”作为关键科学问题，这个合适吗？这个问题确实对减灾防灾很重要，值得研究，但太宽泛，不是一个好问题，因为岩质斜坡有好多种。科研的一个重要方法是分类，如果改为“强降雨作用下顺层岩质斜坡失稳机理”要好一些。再深入想想，降雨是外因，外因是变化的条件，内因是变化的根据，外因通过内因而起作用。当降雨渗入到岩坡内部潜在滑面上时，滑面介质的力学属性及其演化行为主控斜坡稳定性；如果降雨的作用未使其强度劣化到某种程度，那么不管雨有多大，这个坡都是稳定的。想到了这一层，关键科学问题可改为“强降雨作用下顺层岩质斜坡滑面介质的软化效应”。再深入想想，由于降雨入渗作用很复杂，涉及补—径—排—渗一系列过程，难以量化，不如改为“顺层岩质斜坡滑面介质的水致软化效应”，更加具体明确，也便于制订可行的研究方案，更容易说服专家。

显然，关键科学问题的凝练与科学发展水平和人们对某一问题的认识程度有关。仍以上述问题为例，按照目前的理解，可提出关键科学问题“潜在滑面中锁固段解锁导致大型斜坡失稳机理”，这基于两点考虑：一是诸多大型斜坡滑面中存在一个或多个锁固段，斜坡稳定性主要受其支配；二是不管降雨或地震，仅是影响锁固段损伤过程的外因。在研究这类坡的失稳机理时，只要抓住唯一一个或最后一个锁固段是否解锁这个“宗”就够了。总之做预测就必须进行监测，监测数据可反映外因的影响，依靠基于物理机理的锁固段解锁预测模型，可无需考虑难以量化的中间细节过程。

科学问题的凝练往往导致新概念的引入、新理论和（或）新方法的发展，是构成人类知识体系的基石。对科学问题凝练得越深入，越能抓住问题的本质，越能推动认识水平的提高，越能提出扎实的新理论或方法，这对推动科学发展大有裨益。

鉴于此，为了科学的进展，也为了基金能“中标”，大家应该深入琢磨关键科学问题及其解决之道。

2

只有研究真问题才能做出真学问

（发布于 2021-12-2 09:36）

创新难，原创更难，难于上青天。究其原因，主要在于学者缺乏对“真问题”的发现能力和凝练能力。创新的本质，是通过新的思路、新的途径、新的范式攻克悬而未决的科技难题，为人类社会发展赋能，而找到真问题是做出创新的必要条件。

从历届诺贝尔奖（自然科学奖）获得者来看，他们无一例外都很重视真科学问题的寻找、分析和思考。获得 1949 年诺贝尔物理学奖的日本科学家汤川秀树便是典型人物之一。

研究生毕业后，为了做出一流科研成果，汤川秀树一直亦步亦趋跟随欧洲科学家做些修修补补的工作，后来他逐渐认识到，必须自己找到真问题，才有可能成为“领头羊”，超越欧洲科学家。于是，他选择了原子核内质子与中子的强相互作用疑难作为主攻问题，并最终取得成功。

那么，什么是真问题呢？

在我看来，学术研究中的真问题，一是要涉及客观事物的本质（特征、机理、规律等）；二是尚未得到解决；三是研究其具有意义，即能推动人类探索未知进而求索真理，并（或）能促进人类社会发展。例如，如何根据机理预测滑坡就是真问题，因为其满足上述三个条件。

有些学者热衷于从文献中绞尽脑汁找问题，即使找到了所谓的问题，也不一定是真问题，这是因为：一方面，随着时代的发展，许多文献中的认知已落后，甚至可能出现研究方向错误，遗留下来的问题根本是子虚乌有，对此进行研究只会浪费时间；另一方面，许多文献中提出的问题都是鸡毛蒜皮、可有可无的问题，研究价值“轻如鸿毛”。

凝练出真问题并非易事，这需要学者长期的深度思考和实践。无论如何，学者始终围绕事物的“机理”探索，以宽广的视野和深邃的洞察力为依托看待之，且以格物致知之态度穷究之，终能发现真问题。提出真问题是学术研究中至关重要的第一步，其不仅决定着学者的成就，而且决定着某项学术研究对人类进步、国家强盛和社会发展的贡献。

当然，即使研究真问题，既有意义大小之分，也有轻重缓急之分。以我自己的浅见，国家和社会发展亟需的重大原创科学理论和“卡脖子”技术，如地质灾害预测防控理论、高端芯片与光刻机技术研发，是目前最紧急、最急迫的问题，学者应优先聚焦之以求攻克。

在真问题的基础上，学者可进一步凝练关键问题。关键问题是制约某具体学科领域发展的瓶颈问题；显然，关键问题凝练得越深入，越能抓住问题的本质，越能促进认识水平的提高，越能提出扎实的新理论与新方法，越能推动科技发展。

作为整个科学体系的源头，无论是应用研究还是技术开发都离不开基础研究的支撑。然而，关于基础研究的“有用”与“无用”之争常见于多种场合。确实，有些基础研究成果可直接应用，为国为民服务；有些则在较长时间后才能发现其用武之地，而一直找不到用途的并不多见。我们面临着亟需攻克的众多基础难题（难度大的真问题或关键问题），学者应首选具有重要科学意义且解决后有直接应用价值的难题攻关。

在找寻和解决真问题的过程中，需要经过长期的深度思考。此时，仅靠逻辑思维是不够的，还要靠形象思维的助力。鉴于此，应该放飞“异想天开”般的想象力，不受固有思维模式和过去认识的束缚，以“大胆假设，小心求证”为指南放手去干。

爱因斯坦认为：“超出人们寻常思维习惯的想象力，比知识更为重要，因为知识是有限的，而想象力概括着世界上的一切，推动着进步，并且是知识进化的源泉。严格地说，想象力是科学研究中的实在因素。”毋庸置疑，想象力往往能为科学探索提供鲜活的命题和无限的遐想空间，把其与严谨的科学求证相结合，可能会取得更多原创性成果。

看待与分析难题，学者要不断锤炼透过现象看本质的能力，才能不被假象所迷惑。现象是表面的、异变的、肤浅的，而本质是深层次的、稳定的、深刻的。透过现象看本质的根本在于细致的对比分析和严密的逻辑推理，这往往要经历一个“去粗取精，去伪存真，由此及彼，由表及里”的过程，该过程着重调查研究，其目的是把零散的信息系统化，把粗浅的认识深刻化。推理过程要尽可能把各种影响因素囊括在内，通过分析排除次要因素以抓住主要因素，进而揭示在主要因素作用下事物的演化机理和规律。

解决难题通常不是一蹴而就的，而是需要一个循环往复的过程。学者初步提出的新概念、新原理、新理论等往往存在某些不足或漏洞，或不能可靠地定义事物的演化特征，或与实证偏差较大。此时，学者需要通过深度思考改进与完善研究方法，以得到更好的结果。新理论模型推导出来，学者不能认为万事大吉，应试图对其进一步简化，因为模型中的参数越少越能反映本质、越便于应用。这与牛顿悟到的“把复杂事情简单化可以发现新定律”有异曲同工之妙。当学者抓住“宗”的时候，会恍然大悟，体会到“大道至简”之美妙。

只有研究真问题，学者才有可能做出真学问；只有做出了真学问，才能推动科技发展和社会进步。真学问不是表面光鲜而内在虚幻的学术泡沫，而是脚踏实地的新发现与新发明；真学问不是夸夸其谈地卖弄资本，而是能真正为学术大厦添砖加瓦；真学问不像鸡肋一样可随时丢弃，而像宝石一样恒久熠熠发光。

学者要做出真学问，需以攻坚克难为责任，需以好奇心深度钻研，须格物致知以穷其理。在钻研过程中，只有甘于寂寞，才能不被功名利禄诱惑；只有甘坐冷板凳，才能不被红尘所扰；只有“十年磨一剑”才能解决真问题、成就真学问，乃至占领学术制高点。

3

凝练科学问题以申请基金和开展科研

（发布于 2022-10-19 09:02）

应中国地质大学（北京）工程技术学院张彬教授邀请，昨天下午我在地大国际会议中心北楼第 5 会议室做了一次《凝练科学问题、申请科学基金与开展科学研究》的学术讲座。

2022 年 1 月 7 日，我曾给地大工程技术学院的青年教师做过一次《科学问题、科学基金与科学研究》的学术报告。据张彬教授说，大家听后获益匪浅，显著提高了 2022 年度国家自然科学基金申请的中标率。其实，这主要取决于大家的努力，我只不过是起到了锦上添花的作用。

以下是昨天报告的概要，可供诸位参考。

1）凝练科学问题

大家知道，提出和抓住科学问题是申请基金和开展科学研究的第一步，而凝练出关键科学问题往往能带来重大科研突破。问题诱导好奇，好奇驱动思考，思考催生智慧，智慧奠定成功。

2）申请科学基金（青年、面上项目）

选题（Why）。具体明确、小而精的问题；有一定的代表性；题目不宜太长，不要出现“基于”，以免让评审专家认为缺乏实质创新。常见问题：题目太大、太泛。

立项依据（Why）。提倡：小题大做、小题精做；窥一斑而知全豹、一叶知秋。不宜：就事论事，案例研究，盲人摸象。常见问题：科学问题不明确，意义不大，缺乏实例支撑，立项依据不充分。

在研究现状部分，要分门别类梳理以前的相关工作，提出存在的共性科学问题，而不是简单地罗列和堆砌；基于此，进一步凝练关键科学问题，注意要反映论证的可靠性；不要出现以前相关研究较少等字眼，因为前人可能已有定论或研究意义不大；最好是研究中自己发现的新问题，这可体现前期研究基础；要体现迫切性，即研究火候已到，但不开展研究会制约××发展，造成××损失。

研究内容与研究目标（What）。围绕关键科学问题，仅写必要和重要的主干，次要的放到研究方案中；事物的演变往往受多因素影响，要注意筛选主控因素；研究目标不宜拔高，潜在的影响点到为止。常见问题：内容不具体、太简单、空泛、太多（面面俱到），重点不突出；思路不清晰；研究目标不明确或不客观。

研究方案（How）。总体技术路线，反映研究方法、研究内容、关键步骤等，要逻辑清晰，不能过于复杂；针对每项研究内容，写一个单项方案；方案不仅要反映细节、步骤、要点，而且要有必要的论证；一图胜千言，每个方案最好配有技术路线框图和工作流程图，以便于专家理解，图的配色应淡雅；可行性，应包括研究思路、研究条件、研究基础、研究方案的可行性分析；特色，诸如研究对象独特，研究思路新颖，研究手段先进；创新点，要注意和关键科学问题呼应。常见问题：技术路线粗略；无特色，各种方法全都用上；分析/实验内容与经费预算不匹配；与研究内容形式重复；实验方案不具体/缺乏必要的论证；关键仪器设备不落实。

如何拿下基金项目？七分工作，三分写作。平时深度思考，不断凝练关键科学问题；大处着眼，小处着手；以逆向思维和另类思维，独辟蹊径探索找到突破口；一气呵成撰写初稿，集思广益精雕细琢；好的本子，既是意料之外，又在情理之中。**四字诀**：意义重要，前景可期；思想新颖，论证有力；内容具体，目标明确；方案可行，基础扎实。

何时写本子？当你胸有成竹逻辑架构形成时，故事情节构思无缝衔接时，胸有千言不写不快时，是写本子的时候；此时写出的本子质量高、胜算大。

写本子要不要赶时髦？如融合 AI、大数据。可以，但要知道其局限性，还要和机制结合。

3）开展科学研究

结合自己的锁固型滑坡和地震物理预测研究，谈谈我的科研观。

有志科研人员的使命。做顶天立地的科研，即建立原创科学理论，攻克卡脖子技术。

做原创科研有多难？原创始于问题，源于灵感，孕于积累；探索在“无人区”，无现成范式可参考；攻坚在“最高峰”，一切都要白手起家；要有“十年磨一剑”的毅力；甘于清贫，忍得住别人的冷嘲热讽。

化繁为简。如我们认识到锁固段主控一类斜坡稳定性，这样就把复杂的滑坡问题转化到了简单的锁固段问题。

科学发现的前提。需要丰富的多学科知识积累，如攻克地震预测问题，需掌握地学、力学、物理学与非线性科学；需要逆向思维；需要灵感；需要较高的科学素养，以少走弯路；需要耐得住寂寞，坐得住冷板凳。

如何创立科学理论？发挥丰富的想象力，倡导“大胆假设，小心求证”；提炼问题要抓本质，因为“万变不离其宗”；思考问题要缜密，因为“全部科学只不过是思维的精致化”；分析问题要透过现象看本质；解决问题要走大道至简之路。

科学理论正确性的鉴定原则。逻辑自洽，逻辑链严密性、闭环性；实证，证据的无偏性、强壮性；普适性，走公理化之路；简单性，也是奥卡姆剃刀律的内涵。

科学精神。实事求是是科学精神的核心——逻辑严密性与实证强壮性；求真务实是科学精神的灵魂——格物致知，知其然还要知其所以然；开拓创新是科学精神的关键——独辟蹊径探索，科学探索永无止境；质疑与包容是科学精神的属性——理性质疑，去其糟粕，取其精华。

科研动机。地球村因我而科技强盛，人类社会因我而实质进步，世界人民因我而安居乐业。

4

我团队提交的科学问题被中国科协选中

（发布于 2019-6-30 20:14）

在中国科协组织的 2019 年度重大科学问题和工程技术难题征集活动中，我团队把科学问题“**大地震机制及其物理预测方法**”提交给中国岩石力学与工程学会，经该学会推荐上报给中国科协。刚看新闻[1]得知，这个问题在中国科协公布的 20 个重大科学问题和工程技术难题中“榜上有名”。

我们提交的科学问题能够在激烈的竞争中“突出重围”，深感欣慰。在此，感谢中国岩石力学与工程学会、中国科协的支持，感谢评审专家对该科学问题的认可以及对我们以前研究工作的肯定。

大地震是人类面临的严重自然灾害之一，常造成重大的人员伤亡与财产损失。显然，大地震预测预报是防震减灾工作的重中之重，只有彻底解决了该科学问题，才能最大程度地取得减灾实效。尽管国内外诸多学者在地震预测研究中已做出了巨大努力，但由于未能掌握大地震的前兆、机制和规律，仍无法做出可靠的预测预报。

我们汲取前人失败的教训，另辟蹊径找到了解决大地震预测科学难题的新途径，即澄清发震结构并认识其力学行为和演化机制是解决该难题的关键，其中掌握发震结构变形破坏过程中体积膨胀点至峰值强度点之间加速破裂行为的演化规律，是解决该难题的突破口。自 2009 年以来，我们经过近 10 年的探索，明确了发震结构为锁固段，发现在锁固段断裂前的体积膨胀点处会出现可识别前兆——高能级破裂事件，建立了锁固段体积膨胀点与峰值强度点之间的量化关系，揭示了锁固段损伤过程的能量转化与分配原理，阐明了地震区的物理涵义并编制了全球地震区划分图（涵盖全球两大地震带——环太平洋地震带和欧亚地震带，共划分了 62 个地震区），提出了地震区地震周期旋回概念，澄清了地震物理机制与可预测地震事件类型，进而创立了孕震断层多锁固段脆性破裂理论，构建了一套大地震中长期预测方法体系。运用该理论和方法，对各地震区标志性事件（锁固段和次级锁固段体积膨胀点和峰值强度点处的地震）的回溯性预测效果良好，对某些地震区标志性事件的前瞻性预测已得到证实；提出的建议——“雄安新区抗震设防烈度从原Ⅶ度调整为Ⅷ度为宜”已被国务院批复的《河北雄安新区规划纲要（2018—2035 年）》采纳。

我们的理论能很好地描述地震演化规律，表明我们已找到了破解大地震物理预测难题的正确途径，具有良好的发展和应用前景。下一阶段，我们将再接再厉，砥砺前行，针对目前一些尚未彻底解决的关键问题开展攻关，如标志性事件前地震平静期出现的物理机制、平静期与后续标志性事件的关系等，以进一步提高标志性事件的时间预测精度。

中国岩石力学与工程学会推荐意见：“孕震断层多锁固段脆性破裂理论很好地描述了板内和板间地震产生过程，有望从根本上解决地震预测预报这一世界性科学难题，进而提高人类预防地震灾害的能力，亦有助于大幅提升我国在国际地球科学领域的学术地位。”[2]

参考文献

[1] 中国科协. 中国科协发布 2019 重大科学问题和工程技术难题[EB/OL]. (2019-06-30) [2019-6-30]. https://baijiahao.baidu.com/s?id=1637749188054865430&wfr=spider&for=pc.

[2] 刚刚，中国科协发布 20 个“硬骨头”科技难题[EB/OL]. (2019-06-30) [2019-6-30]. https://www.163.com/dy/article/EIURTRMA05169FIR.html.

— 第二章 —

科学精神

1

重温科学精神

（发布于 2020-1-21 10:35）

科学精神[1-2]是人们在长期科学实践活动中形成的共同信念、价值标准和行为规范，是贯穿于科学活动中基本的精神状态和思维方式。简言之，科学精神就是实事求是、求真务实、开拓创新、质疑与包容的理性精神，现简述如下。

1）实事求是是科学精神的核心

从实际对象出发，探求事物内部联系及其发展规律性——认识事物本质，是实事求是的体现。学界业已公认，逻辑严密性与实证强壮性是检验认识正确性的可靠标准。该标准是客观的而不是主观的，因而不依赖于特定科学家个体，即在这个标准面前人人平等。

2）求真务实是科学精神的灵魂

科学是格物致知的学问。在纯粹好奇心驱动探索求真的征途上，人们应持“大胆假设，小心求证”的态度，通过“去粗取精，去伪存真，由此及彼，由表及里”的过程，抓住关键、找到规律并看到本质。

3）开拓创新是科学精神的关键

科学探索永无止境，科学认识只有更好没有最好，因而一切因循守旧、抱残守缺的思维和行为都应摒弃。这必然要求人们勇于开拓创新且重视开放协同，以把人类对未知的理解推进到更高维度。

4）质疑与包容是科学精神的属性

一方面，尊重学术自由，不迷信权威且敢于挑战质疑旧认知，可创造新知识；另一方面，要理性质疑——既要讲逻辑还要重实证，也就是不要为质疑而质疑，而要以“去其糟粕，取其精华”为目的。

我国学界缺乏科学精神已是不争事实，以至于浮躁风蔓延、功利心盛行、学术不端事件等多发。为此，2019 年 6 月份中共中央办公厅、国务院办公厅印发《关于进一步弘扬科学家精神加强作风和学风建设的意见》，明确了新时代科学家精神的内涵：胸怀祖国、服务人民的爱国精神，勇攀高峰、敢为人先的创新精神，追求真理、严谨治学的求实精神，淡泊名利、潜心研究的奉献精神，集智攻关、团结协作的协同精神，甘为人梯、奖掖后学的育人精神。这对学界树立优良学风和作风，无疑具有重要指导意义。

参考文献

[1] 顾学文. 饶毅: 科学精神缺乏是我们文化中的重大缺陷[EB/OL]. (2015-12-11) [2020-1-21]. http://www.sohu.com/a/47867792_119665.

[2] 准确把握科学精神的深刻内涵[EB/OL]. (2018-06-03) [2020-1-21]. https://baijiahao.baidu.com/s?id=1602213944962872678&wfr=spider&for=pc.

2

从“不务正业”的魏格纳创立大陆漂移说谈起

（发布于 2019-10-27 11:20）

魏格纳[1]起初主要研究天文学与气象学，他喜爱冒险。1912 年，他提出了“大陆漂移说”，这一石破天惊的观点立刻震撼了当时的科学界，招致的攻击远远大于支持。这是因为：一方面，该假说涉及的问题太宏大了，如若成立，整个地球科学理论就要重写，故必须要有足够证据，即假说的每个环节都要经得起检验；另一方面，魏格纳并非地质学家、地球物理学家或古生物学家，人们难免会对其假说的科学性产生怀疑，甚至有人玩笑说：“大陆漂移说只是一个‘大诗人的梦’而已。”[2]

舆论并没有影响魏格纳，他继续搜集证据并前往大西洋两岸国家实地考察。他发现在远古时期，这些国家在气候、物种、地质结构等方面都非常相似，这证明了其提出的“大陆漂移说”是正确的。1930 年，魏格纳在格陵兰岛考察时不幸遇难，将生命献给了自己热爱的地质事业。

魏格纳敢于挑战权威、勇于打破常规的科学思维，大胆怀疑、执着追求的科学精神与用生命求证真理、为科学献身的态度，都是科学史上的一笔财富，是我们学习的榜样。

后来，在大陆漂移学说和海底扩张学说的基础上，学者们根据大量海洋地质、地球物理、海底地貌等资料，经过综合分析提出了板块构造学说，该学说成为近代最盛行的全球构造理论。

气象学家魏格纳“不务正业”创立了“大陆漂移学说”，而同时代的地质学家们“专注正业”创立了什么靠谱学说呢？答案令人失望。纵观科学史，诸多重大科学发现与技术发明，是由准外行甚至外行做出的，因为“有心栽花花不开，无心插柳柳成荫”是基础科研中的常态。

国家层面也意识到了这样的问题，为此，《国务院关于全面加强基础科学研究的若干意见》指出：“尊重科学研究灵感瞬间性、方式随意性、路径不确定性的特点，营造有利于创新的环境和文化，鼓励科学家自由畅想，大胆假设，认真求证。”[3]鉴于此，为突破或解决重大科技难题，各科研单位应当坚决打破学术壁垒，鼓励来自不同学科的学者贡献想法，鼓励更多的“不务正业者”参与其中，这才是科研单位应有的正确价值导向。

请科研单位善待遵循科研范式攻坚克难的“不务正业者”!

参考文献

[1] 北京日报. 深读: 110年前, 魏格纳是怎样提出大陆漂移学说的? [EB/OL]. [2019-10-27]. https://news.bjd.com.cn/2022/01/07/10027381.shtml.

[2] 大诗人的梦——大陆漂移说的诞生[EB/OL]. (2008-10-01) [2019-10-27]. https://www.docin.com/p-1451295.html.

[3] 中华人民共和国中央人民政府. 国务院关于全面加强基础科学研究的若干意见[EB/OL]. (2018-01-31) [2019-10-27]. https://www.gov.cn/zhengce/content/2018-01/31/content_5262539.htm.

3

现代土力学之父太沙基的科学精神

（发布于 2023-4-14 10:01）

卡尔·太沙基（Karl Terzaghi，1883—1963）[1]为美籍奥地利土力学家，是现代土力学创始人。

他提出了土力学中最重要的概念——有效应力原理，建立了土体固结最基本的模型——一维渗流固结模型（太沙基固结理论）、地基承载力理论、土压力理论等，这奠定了岩土工程的基础理论框架。尽管他的工作受时代所限，还有待于发展和修正，但他作为开拓者的贡献仍然为岩土工程界所公认。

他之所以取得非凡的业绩，是由于其具有许多非凡特点[2]，诸如：（1）深邃的洞察力、明快的分析力以及强烈的好奇心；（2）对自然现象敏锐的观察能力和热情；（3）不知疲倦的超人思考能力；（4）善于从复杂资料堆中找出最本质的东西，并且具有迅速分辨的能力。

驱使他去做开创性工作的动力是什么呢？他自己道出了真谛："对事物的认识不明确，就强烈地感到不舒服，而找出有秩序的事物因果关系，就有一种极为愉快的满足感。"

同济大学朱合华院士将太沙基描述为《道德经》中的"得道者"[3]：谨慎，如履薄冰；敬畏，如临四敌；恭敬，如做宾客；精进，如瀑泄洪；纯朴，如斯璞玉；广大，如怀空谷；包容，如川纳污。

谨慎：他没有充分准备，从不妄下评语。在评价一位工程界老友关于超高混凝土重力拱坝的岩石地质勘探推荐方案时，他花费了约 4 个月时间，不仅审阅了方案原稿，还查阅了相关文献，撰写了长达 28 页的评论稿，并给予了不高评价，以至于老友万分震惊和苦恼。

敬畏：他敬畏自然，提出了观察法。在调查萨苏姆阿大坝事故时，他将理论比作拐杖，实践比作双腿；虽然使用拐杖降低了绊脚的风险，但走路还是要用腿才行。

恭敬：他认为工程是一项贵族运动。

精进：他对土力学基础吹毛求疵，认为一个严谨科学家几乎从不把任何结论当成定论；若不听从那没完没了的批评意见，研究工作就不可能稳步向前推进，甚至会陷入凭空臆测的泥沼。

纯朴：他创立土力学的目的纯粹而简单，即出于实际需求，悉心探寻工程中的宏观问题，推动土力学发展和革新。

广大：他的研究涉及土力学、岩石力学、工程地质、机械、经济等领域，并善于融会贯通。

包容：他承认瑕疵存在。在土力学受到质疑时，包容费朗格的诋毁及其门徒的谣言，进一步系统化土力学实践原理。

有趣的是，太沙基认可魏格纳的“大陆漂移说”[4-5]，真乃惺惺相惜也。1924 年 12 月，他给刚成立的罗伯特学院技术协会作了一场题为“向西漂移的美洲大陆”的演讲。当时，大多数学者都认为这个假说根本就是一派胡言，而他清晰地阐述了他的地球物理学和地质学论点，并用黑板上的一些图形和一个模型加以佐证，向听众论证了这个假说的准确性。

太沙基强调：“任何开拓性的工作都是在排除万难的情况下完成的。不要感到绝望，只管埋头工作就好！痛苦和斗争是人类的宿命。不要去羡慕那些以出卖自己灵魂为代价而坐上了安乐椅的懦夫。每一个新思想在被人们接受之前，都是对公众的挑衅。”[3]

参考文献

[1] 百度百科. 太沙基[EB/OL]. [2023-04-14]. https://baike.baidu.com/link?url=n04oxw7XlSn6ZMtW3HZOa_Qsv4JbIopV0iaqD0Z7tZHhhrwsvH-6Gfpnc_tMzBwMzK-OJ3zbtccEEnN9CHa-jIW4b4AUOzPwmT7WVE_SMolv02kGj_jzL2y27HXw1S60.

[2] 东南岩土. 致敬大师：太沙基与土力学[EB/OL]. (2018-01-08) [2023-04-14]. https://www.geoseu.cn/yanjiuyuan/taishaji_tulixue.html.

[3] 上观新闻. 好书·新书｜走近“土力学之父”卡尔·太沙基[EB/OL]. (2020-07-11) [2023-04-14]. https://sghservices.shobserver.com/html/baijiahao/2020/07/11/221674.html.

[4] 古德曼. 卡尔·太沙基: 在土耳其发展. 朱合华, 译 (1922—1925) [EB/OL]. (2022-11-24) [2023-04-14]. https://www.tunnelling.cn/PLibrary/PLibraryArchivesDetail.aspx?Arch=709.

[5] 秦四清. 从“不务正业”的魏格纳创立大陆漂移说谈起[EB/OL]. (2019-10-27) [2023-04-14]. https://blog.sciencenet.cn/blog-575926-1203596.html.

4

以科学精神攻坚克难

（发布于 2020-11-16 09:36）

应北京科技大学“自然科学爱好者协会”的邀请，我于 2020 年 11 月 15 日下午，为数百名师生做了一场题为“以科学精神攻坚克难——以我团队的地震预测研究为例”的演讲。

为使演讲生动有趣，从“我为什么貌似年轻”开讲，说到我已是近 60 岁的人啦，但从外貌上看不像，原因是原创科研让我沉浸在科学发现的喜悦中，长期保持愉悦的心态自然不显老。各位要想永葆青春，就从事原创科研吧。

在谈到“科研人员的使命”时，我强调有志科研人员要做顶天立地的科研，即建立原创科学理论，攻克“卡脖子”技术。然而，做原创科研难度极大，因为探索在“无人区”，无现成范式可参考；攻坚在“最高峰”，一切都要白手起家。鉴于此，科研人员要有“十年磨一剑”的毅力，还要甘于清贫，忍得住别人的冷嘲热讽。例如，2009 年以前，因做跟风式科研，善于发文章争横向项目，我是一个开宝马、住豪宅、享美食的“土豪”；2009 年以后，为让自己静心做原创研究，基本不再承接横向项目，因此成为了“贫农”，还常被别人谩骂和攻击。

2009 年，因杰青申请失利，我在郁闷中突发灵感，突然明白了锁固段是主控一类滑坡演化的关键阻滑地质结构，认识到锁固型滑坡存在两种解锁启滑机制，提出了这两种机制的临界位移判据，发现位移比为常数，这使得该类滑坡预测成为可能。这样，就把复杂的滑坡问题转化到了简单的锁固段问题。我们知道，自然万物演化非常复杂，但要从错综复杂的现象中找到本质规律，须走化繁为简的道路。牛顿曾说：“把复杂的事情简单化，可以发现新定律。”我们的研究表明，此言不虚。

我对锁固型滑坡研究取得初步成功后，因好奇心驱动，从滑坡联想到了地震，开始了 10 多年的艰苦探索，结果上了“贼船”没有下来，因为地震“好玩”。好奇心，是人们认识世界的起点，是探求新知的内在渴望，更是基础研究的原始冲动和活力所在。接下来，让我们启动揭示地震演化过程之谜的旅行吧……

我从地震预测研究现状开始，以孕震锁固段为抓手，简单介绍了多锁固段脆性破裂理论发展的来龙去脉，强调：（1）只有实现科学理论的公理化才能保证科学理论的普适性；（2）科研归宿是从百花齐放、百家争鸣走向“一统江湖”；（3）理论必须得到实证才能令人信服。那么，该如何建立科学理论呢？我的答案是：（1）提炼问题要抓本质，因为“万变不离其宗”；（2）思考问题要缜密，因为“全部科学只不过是思维的精致化”；（3）分析问题要透过现象看本质；（4）解决问题要走“大道至简”之路径。

在谈及普适规律与普适常数时，我指出普适性是科学理论需具有的基本性质，普适理论往往伴随着普适常数。例如，我们建立的多锁固段脆性破裂理论涉及的常数 1.48，是一个描述锁固型滑坡演化和浅源、中源与深源标志性地震演化的普适常数。

如何判断科学理论的正确性呢？这是不少朋友经常问我的一个问题。关于此，我总结了四点：（1）逻辑自洽，即逻辑链的严密性与闭环性；（2）得到实证，即依托无偏性与强壮性的证据，表明结论或推论正确；（3）具有普适性；（4）具有简单性。

在谈到“科学发现的前提”时，我指出：（1）需要丰富的多学科知识积累，如解决地震预测问题，需掌握地学、力学、物理学与非线性科学知识；（2）需要逆向思维；（3）需要灵感；（4）需要较高的科学素养以少走弯路；（5）需要耐得住寂寞，坐得住冷板凳。

结合我们的地震预测研究，我理解的科学精神是：（1）实事求是是科学精神的核心——逻辑严密性与实证强壮性；（2）求真务实是科学精神的灵魂——格物致知，知其然还要知其所以然；（3）开拓创新是科学精神的关键——独辟蹊径探索，科学探索永无止境；（4）质疑与包容是科学精神的属性——理性质疑，去其糟粕、取其精华。

有志科研人员应追求什么呢？我认为：（1）以夺冠为目标；（2）善于瞄准且从事第一流的工作；（3）追求“研质”而非“颜值”。

最后，我谈到：真正的科学家，应当有情怀、有担当、有理想、有激情，以为人类认识世界的知识库增添有重要价值的贡献为目标，以造福人类为宗旨。

演讲用时约两小时。演讲结束后，围绕“科学精神与科研追求”话题，师生们踊跃提问，我一一做了简短的解答。

感谢协会的精心安排！

5

莫让“面子”成为科学精神的“拦路虎”

（发布于 2018-8-3 10:42）

【博主按】：近期关于科学界功利、帽子与面子问题，已成为学界关注的热点话题；为此，《科技日报》安排了“科学精神名家谈”专题。近日，我接受了该报记者李艳的采访，围绕此话题谈了自己的看法。基于此次访谈，8 月 2 日的《科技日报》在头版发表了文章《可怕，“面子”竟比学术大》，以期望引起大家的深入讨论。

摘录如下：

最近，复旦大学教授裘锡圭一则声明引发热议。他提出自己 6 年前发表的一篇论文有错误，宣布该文“自应作废”，“请大家多多批评”。他这句“我错了”被人们称为是最可贵的科学精神。

为什么可贵？是因为“太少见”了。

“不质疑、不争论，甚至不讨论，你好我好大家好，互相给个面子成为当今科技界的习惯和生存之道，这很可怕。”中国科学院地质与地球物理研究所研究员、工程地质专家秦四清认为科学研究氛围不应该是这样的。他期待的是“大家为一个问题争得面红耳赤，只为科学”，但遗憾的是“这样的场景已经十几年没有见过”。

科技日报：您在 2011 年就曾写过一篇博文《科学家的“面子”问题》谈到在国内学术圈，“面子”比学术大，给人提意见、提问题就是让人没“面子”，这些情况现在有所改变吗？

秦四清：这个问题，不仅没好转，反而更严重了。

很多年以前，我们开学术会议大家都会互相提问、讨论，争论起来的时候也是有的，被提问者也有答不上来的时候，但大家都明白这是科学问题的探讨，真理越辩越明。

但是近十几年来，这样的情况越来越少，到现在几乎见不到了。哪怕是学术会议，也是各讲各的，学术争论见不到了。为什么？因为不敢提严肃的科学问题了，尤其是可能否定某一学派观点的科学问题。台上讲话的权威被质疑了觉得“没面子”，要是有问题答不上来也“没面子”。对台下的人来说，你让人家没面子有什么好处？以后你要拿项目、评头衔，就别怪人家“不给面子”。

我认为，对待学术研究，需要博大的胸怀，需要容忍别人否定自己的肚量。科学争论非常重要，科研的目的就是把一件事情搞明白，科技界的发展创新是一个不断探索和进步的过程，其中推翻已有认识是推动科技进步的重要方式之一。从另一个角度讲我们每一个人的认知都是有局限的，来自外界的质疑、批评正好可以促进思考。

所以我们的焦点要放到科学上来、放到研究价值上来。科学家的“面子”与科学研究寻求真谛相比并没有那么重要。

科技日报：“面子”问题愈演愈烈，背后有哪些深层次原因？

秦四清：其实，“面子”问题只是表象，背后是我们这些年唯论文、看帽子等一系列的问题让整个科技界浮躁、功利。当论文数量与身份、收入、前途、“帽子”画等号，而这个社会又遍布着功利、投机时，科学的问题就没法归科学了。

比如，“帽子”直接决定了科研人员的课题、项目、经费、地位、前途，“帽子”从哪里来？“帽子”谁来评？如此一来，圈子里的权威不能得罪，最好谁都别得罪，一些投机主义者更是利用所谓的学术讨论变着花样地“拍马屁”获取自己的利益，而那些有真才实学却又不屑干这些的“书呆子”举步维艰。

这是违背科学精神的，这种情况要是不改变，后果会很严重。我们的评价体系、氛围、政策应该是鼓励大家攻坚克难，解决重大科学难题，而不是浮躁、功利、自我膨胀。科研人员应该自省，我们花了那么多科研经费，如果什么都没干出来是不是对得起国家，是不是对得起自己头上的称号？

科技日报：这些年来，您对这个问题感触不少，思考很多，您觉得要从哪些方面着手解决问题，改变现状？

秦四清：首先，观念要转变，不管是谁、不管是哪个机构，一旦发现研究方向有问题都要及时纠错，这个过程中要放下门户之见、突破壁垒、放下“面子”，真正为科技进步凝聚各方面的力量。

其次，从立项开始就要科学决策，把那些行业的难事、国家面临的技术难点列出来，谁能真有突破谁来。看某项研究结果不能看“面子”，要看“里子”；谁有多大的真货，就给谁多高的“帽子”。

最后，我希望科技界能立下规矩，对反对意见要有回应，对不同意见的人要请过来交流，科学归科学、行政归行政。我们不能误导年轻人，以为跟风做做热点、跟着大牛发发论文、拍拍马屁，“帽子”“位子”就有了。

说实话，科学家真不要那么在意“面子”，哪一天，人不在了我们的东西还在，这才是最大的“面子”。

— 第三章 —

科研动机

1

科研动机之我见

（发布于2022-6-25 20:30）

科学探索的动机分为消极和积极两类。消极的动机（叔本华）是要逃避日常生活中令人厌恶的粗俗和使人绝望的沉闷，是要摆脱人们反复无常的欲望的桎梏。积极的动机（爱因斯坦，略有改动）是人们总想以最适当的方式，画出一幅简化且易领悟的世界图像，然后试图用这种图像来代替经验的世界，并来征服它。

当然，关于科学探索或科研的动机话题，一千人眼中就有一千个哈姆雷特。下面，结合我自己的科研经历，谈谈个人浅见。

在解决了生存问题后，人们在精神层面的重要需求是获得他人尊重（简称他尊）。他尊分两种：一是别人有求于自己而故意讨好自己，此为假模假式的他尊，不足为道；二是自己为国家、社会或团体做出了较大贡献而获得别人发自内心的敬重，此乃由衷的他尊，值得称道。以下，他尊指后者。

显然，做出的贡献越大，则自己的成就感和自豪感越大，越觉得自己了不起，则自尊感越强；进而，这样的贡献被更多的人肯定和弘扬后，则能获得更多更大的他尊。这说明，要获得他尊，首先得自尊；他尊与自尊呈正相关，但过度自负者除外。

对重大科技难题，当其他科研人员都裹足不前时，自己能独辟蹊径破解之；当其他科研人员都无计可施时，自己靠奇思妙想攻克之；当其他科研人员知难而退时，自己靠化繁为简揭秘之。试想，自己凭此无与伦比的创新能力傲视群雄该是多么的惬意，能大幅推动科技实质进步和社会发展该是多么的自豪，由此自尊感定会油然而生；在成果被同行广为认可后，令人心服口服的他尊也定会不请自到。

国家投入大量人财物于科研之目的，主要是希望从众多科研人员中冒出一些大师级人物，以攻克重大科技难题做出卓越成果，推动科技跨越式发展，使人们生活更美好。如果总是事与愿违，则会令国家失望，也会让科研人员颜面扫地。谁能成为这样的人物呢？谁都有可能。因此，力争成为这样的人物，应是科研人员奋斗之主要目的，追求的终极目标。

要成为这样的人物，前提是做出卓越成果。鉴于此，我认为科研人员的动机应该是，做出卓越成果获得自尊和他尊的双丰收。据报道[1]，美国一流物理教授大多希望去世后获得专业成就上的认可，如“像爱因斯坦创立相对论一样成为某理论的开创者”“如果能够为物理学发展做些实事且赢得同事尊重的话，可以任何时候进天堂”。

在追求卓越的过程中，有些人躺平了，有些人倒下了，有些人功亏一篑了，这是常见现象；然而，总有些人凭智慧和毅力横空出世。确实，人的能力有大小，但只要尽力了，哪怕做不出卓越成果，自己不会遗憾，也会得到别人的理解。可惜的是，不少人整天为了利益跑圈子而虚度年华，为了虚名拜码头而浪费光阴，这样的人即使攫利颇丰、浪得虚名，最终也会因缺乏自尊和他尊而徒唤奈何。可悲的是，一些人遇到不顺就躺平，遇到挫折就倒下，这样的人会丧失起码的自尊和他尊。

人这一生，总有“酸甜苦辣咸”相伴。得意时不忘形，失意时不消沉，才能行稳致远；以积极的心态面对一切艰难困苦，才会迎来柳暗花明的时刻。对科研人员而言，以乐观的心态迎接挑战，以阳光的心态战胜逆境，以探底的心态知其所以然，以务实的心态追求真理，必然不会虚度此生，如此才能奠定自尊和他尊的基础，甚至会取得自尊和他尊的双赢。

参考文献

[1] HERMANOWICZ J C. Honor in the academic profession: How professors want to be remembered by colleague [J]. The Journal of Higher Education, 2016, 87(3): 363-389.

2

好奇心是科学发现的原动力

（发布于 2020-9-13 15:41）

好奇心是人类的天性，是人类探索未知的原动力。我国要做出更多的原创成果，需要更多的科研人员保持恒久的好奇心，并以此激发其无穷的创造力，才可能实现。

不少学者[1-2]认为，好奇心的本质在于：

（1）求知欲（love for knowledge or intellectual curiosity），即对知识有持之以恒的追求——知识是真爱。

（2）经验开放性（openness to experience），指与追求新奇和多样性相关的广泛行为倾向、态度和兴趣。

好奇心既可因理解而产生，又可被未知所激发；只有当我们能猜到答案却又不太确定的时候，我们的好奇心才会达到顶峰；好奇心可能是影响个人成就最重要的因素，因为其将智力、坚持和对新事物的渴望这三者合而为一；好奇心的最终极阶段是变成一股能强化个人与世界联系的力量，其能持续为我们的个人经历增加趣味性、挑战性和兴奋感。

好奇心，是人们认识世界的起点，是探求新知的内在渴望，更是基础研究的原始冲动和活力所在。因为有好奇心存在，人类认识世界的维度才会不断拓展；有好奇心指引，才可能有“一念非凡”的灵感闪现，某个闪现的灵感或许能突破现有的认识边界，成就人类认识世界的飞跃。

纵观科学史，诸多科学大师凭着对未知世界的好奇心，创立了已载入史册的伟大原创理论。例如，伽利略看到吊灯摇晃而好奇，发现了单摆等时定律；牛顿受苹果落地现象启发，发现了万有引力定律；魏格纳在病中看世界地图时突发奇想，创立了大陆漂移说。这样的实例，不胜枚举。爱因斯坦也曾说：“我并非天赋异禀，我只是有强烈的好奇心。”

已故著名物理学家张首晟曾说：“科学常常诞生于极其平凡且普通的道理之中，而保持一颗好奇心，是发现科学真理的第一要义；科学家最大的乐趣就在于，你是全人类第一个发现了科学真理的人。”然而，在当下浮躁喧嚣的大环境下，要做到这一点，谈何容易！如有的科研人员在暂时利益诱惑下，迷失了自我；有的在唾手可得荣誉面前，忘记了科研初心；有的人为了争名夺利，甚至弄虚作假、铤而走险。

科研人员永葆好奇心，才能以“格物致知以穷其理”之精神，以“知其然还要知其所以然”之钻劲，以“越是艰险越向前”之毅力，找到破解科学难题的正确途径，揭示描述某类事物演化的普适规律，给人类认识世界的知识库添砖加瓦，为自己的科研人生画上圆满句号。

参考文献

[1] BERLYNE D E. An experimental study of human curiosity[J]. British Journal of Psychology, 1954, 45(4): 256-265.

[2] LOEWENSTEIN G. The psychology of curiosity: A review and reinterpretation[J]. Psychological Bulletin, 1994, 116(1): 75-98.

3

得诺贝尔奖不应成为科学家的动机

（发布于 2021-10-6 20:11）

每年的诺贝尔奖颁奖季，国内众多人士似乎患上了诺贝尔奖焦虑症，为“花落他家”而捶胸顿足，以至于有些人建议我国应采取特殊措施冲击诺贝尔奖。的确，这种心情可以理解，因为每位爱国之士都有让自己的民族凭借科技实力傲然屹立于世界民族之林的愿望。

然而，焦虑无济于事，采取特殊措施冲击诺贝尔奖也并非“灵丹妙药”，这是因为：

（1）科学发现具有偶然性，这靠“计划”不行，因为无人能预知何人、何时做出重要科学发现；

（2）科学探索之路并非坦途，从新认识、新学说等的提出到证实往往是一个长期过程；

（3）如果确实是意义重大的原创成果，从被别人注意、认可到推荐也并非易事；

（4）即使做出了这样的卓越成果，能否得诺贝尔奖还有运气成分在内。

因此，要想未来隔三差五得诺贝尔奖，除了科学家以“好奇”与“求真”为内在动机，持之以恒进行科学探索以做出一批卓越成果作为储备外，别无他途；当然，为保障这种单纯动机的努力强度与持续性，良好的教育环境和科研评价体系不可或缺。

我国科学家有责任以自己超前的思维、不懈的探索与扎实的工作，获得令世人刮目相看的卓越成果，为人类社会进步做出重要贡献，但把得诺贝尔奖作为科研动机与目的，不仅是错误的，而且是有害和危险的。正如诺贝尔奖得主丁肇中所言：“一个做科学的人，为得诺贝尔奖来工作是非常危险的。”这是因为以得诺贝尔奖为科研动机与目的，必然自感压力甚大而惶惶，身受沉荷而惴惴，不能充分施展手脚而掣肘，如此或会陷入绝望之境地，甚至发生不测。在这种“包袱”的加持下，科学家大概率首选短平快的跟风热点研究，冀有万一之得。然而，毕竟低垂的果实已几乎摘完，科学家想以此取得卓越成果无异于大海捞针。更糟糕的是，这样长期下去，科学家难免陷入捡漏补遗的低层次科研活动，逐渐丧失原创能力，脱离寻求真理为人类社会发展创造价值的初衷，导致不能做出可传承的重大原创成果。显然，若没有这样的成果，科学家不可能接到来自瑞典皇家科学院的电话。

如果我国一大批科学家瞄准科学难题，迎难而上，不理会各种“噪声”，不关心眼前的功名利禄，以做出卓越原创成果为目标，则功到自然成。即使个人不以得诺贝尔奖为目标，来自瑞典的电话也会鸣响；即使因为运气不好，在世的科学家虽做出了这样的成果但没得诺贝尔奖，世界人民也决不会吝啬赞美之词；即使过世了没被授予诺贝尔奖，也会如牛顿一样，在人民心中，丰碑将永远矗立。

如果在未来N年后的诺贝尔奖季来临前后，几乎没有国内科学家预测谁会得诺贝尔奖、关心诺贝尔奖得主的趣闻轶事，即“他评他的，我干我的”，就说明我国已具备了丰厚的原创土壤，意味着一大批科学家已做出了诺贝尔奖级成果且有了强烈的自信。那时，我国的科研实力必将称雄于世界，诺贝尔奖焦虑症也将不治而愈，甚至得不得诺贝尔奖都将无关紧要。

4

科学的荣耀属于谁

（发布于 2023-1-9 10:06）

普朗克曾说过一句名言："科学的荣耀归功于第一个说服了世界的人，而不是第一个想到的人。"我对这句话的解读是：

（1）要说服世人，一方面科学成果必须有很大的显示度，即有重大价值；另一方面成果必须通过实践检验，否则无法认为成果可靠。做出这样成果的学者，即使在世时不被认可，过世后仍将被世人敬仰。

（2）第一个想到的人，若想法不正确，则不足为道；若想法正确，但不能把想法落地形成扎实的理论、方法、技术等，则基本不会在历史的长河中留下痕迹。名言"Ideas are cheap, execution is everything"（想法很廉价，执行才是一切）是对上述诠释的精辟总结。

纵观科学史，诸如牛顿、爱因斯坦、麦克斯韦等科学大师所创立的科学理论，不仅对实质促进科技进展和社会进步意义重大，而且通过了反复的实践检验，科学的荣耀非其莫属。

反观目前学界，在急功近利的浮躁环境下和扭曲的科研评价政策加持下，鲜有学者矢志不渝探究重大科学难题，因为极有可能失败而"颗粒无收"。为了创收和暂时的名利，绝大多数学者都陷入了怪圈：为项目而项目，为论文而论文，为所谓的业绩而业绩。长此以往，何谈实质科研突破！正因为如此，科学的荣耀必定与其绝缘。

要让科学的荣耀归于自己，需瞄准重大科学难题攻关，需建立能经得起检验的科学理论。这样的理论往往是原创性的，因为学者要解决某长期久攻不下的重大科学难题，必须具有非凡的深度思考能力和深邃的洞察力，必须摆脱旧思想的束缚，必须独辟蹊径开拓新路。

确实，成功的路上并不拥挤，因为具有非凡创造力和坚韧不拔毅力的学者太少。越向前走，越接近"无人区"；一旦到了"无人区"，登高望远，看到风景这边独好，那该是何等的豪迈！

是啊，成功的背后是伟业，荣耀的背后是汗水，掌声的背后是坚持。关于此，冰心老人曾写道："人们只惊羡她现时的明艳！然而当初她的芽儿，浸透了奋斗的泪泉，洒遍了牺牲的血雨。成功的背后，都是一条艰辛漫长的坎坷路。”成功不是一蹴而就，只有坚持理想，奋斗到底，才有机会实现梦想。诺贝尔奖得主屠呦呦这样寄语年轻科技工作者：“一项科研的成功不会很轻易，要做艰苦的努力，要坚持不懈、反复实践，关键是要有信心、有决心来把这个任务完成。科学研究不是为了争名争利，科技工作者要去掉浮躁，脚踏实地。”

—第四章—

科研追求

1

与其第一，不如唯一

（发布于 2020-1-18 10:13）

随着春节的临近，我近期启动了“在饭店连续吃晚餐”聚会模式，边吃喝边聊天不亦乐乎。昨晚和我的几位学生吃饭时，谈到了“鸟屎 + 石墨烯”文章揭示的 SCI（Science Citation Index，科学文献索引）论文灌水套路，进而聊起了科研追求的“第一”与“唯一”问题。一早醒来，依稀记得大致的内容，整理扩充写成此文，供大家思考和讨论。

2018 年诺贝尔生理学或医学奖得主本庶佑说：“京大有一个传统，那就是‘与其第一，不如唯一’；研究者最大的乐趣，就像是闯入深山，在无路处开出一条路，第一个在那里搭起了一根独木桥，而绝不是把别人已经搭好的独木桥改建为钢筋水泥筑成的大桥。”

常看科技新闻的朋友可能知道这样的事件：受前人工作的启发，诸多科学家不约而同地想到了某件事情，为抢夺成果优先权以及由此带来的各种名利，在各自实验室不分昼夜地做实验，然后撰写论文发表以争夺“冠军”。若某项成果被某实验室的科学家抢先发表了，其他实验室的科学家会追悔莫及，为“诺贝尔奖级”成果花落他家而遗憾不迭。其实，获得这样的“第一”在于体力强和下手快，难度不大，故具有可替代性。一般说来，这样的成果创新性不高且价值不大。我曾指出：“判断某项成果是否为原创的一个简易原则，是看其是否具有可替代性，即谁都能做的一般不为原创，世界上只有一个人能做出来的肯定为原创，其价值不言而喻。”这段话也说明了“第一”与“唯一”的区别以及“唯一”的价值。

博主金拓也曾一针见血地指出：“就人类的利益而言，那些需要尽快发表，以免被同行抢先的研究成果都是不重要的；因为无论谁先发现或发表，人类获得这些知识或掌握这些技术不过是早或晚个把星期而已。”爱因斯坦在创立相对论后曾说过这么一句话：“如果我没有提出狭义相对论，五年之内就会有人提出。而如果我没有提出广义相对论，五十年之内也不会有人提出。”[1]可以说，没有爱因斯坦，广义相对论这样的原创成果可能要晚几十年才能出现，甚至根本就不会出现。

原创是指前所未有的重大科学发现、技术发明、原理性主导技术等创新成果，其是人类创新活动中最根本的创新，最能体现人类智慧，能极大地推动人类文明进步。原创始于问题，孕于积累，源于灵感。原创工作耕耘在“无人区”，没有现成的范式可参考，一切都需要白手起家，因而难度极大，特别考验研究者的智慧和毅力。

走别人走过的路，不会有那么多的艰难困苦。走别人未走过的路，不仅泥泞不堪、荆棘密布，而且有“拦路虎”潜伏，但勇敢探险者应有“不入虎穴焉得虎子”的信念，打不掉拦路虎怎能上得去险峰？须知无限风光在险峰。

自己跟在别人后面，只能拾漏补遗，虽易多出、快出“成果”，但这样的“成果”大多为“鸡肋”般的水货。让别人跟在自己后面，自己捡到的是“金子”和“钻石”，虽不多但价值连城。

世界上本没有路，走的人多了就形成了路。因此，要争当第一个探路者，因为科学研究只有第一没有第二。有远大抱负的研究者，要力争成为“第一”和“唯一”。

每个人的生活理念不同，选择的科研之路各异，但选择做何种科研时，可参考这句话：境界决定思路，思路决定出路，出路决定结局。

参考文献

[1] 如果没有爱因斯坦，现在能够出现相对论吗？[EB/OL]. (2017-09-23) [2020-01-18]. http://www.360doc.com/content/17/0923/13/41193811_689426256.shtml.

2

作一名特立独行的学者

（发布于 2022-7-1 10:08）

在这个急功近利、喧嚣浮躁的时代，人们要么随波逐流，要么特立独行。特立独行者，志高行洁，卓尔不群，因罕见而弥足珍贵。

特立独行者，不是性格孤僻，而是钻研需要静思笃行；不是清高，而是身边缺乏志同道合之人；不是为了哗众取宠，而是敢为人先；不是为了装腔作势，而是勇于独树一帜；不是叛逆，而是超越自我；不是故弄玄虚，而是求真务实；不是与大千世界脱轨，而是成为执着的坚守者。

特立独行者，有傲骨而无傲气，只唯真而不唯上，有独立思想而不人云亦云，是急功近利时代的逆行者，也是喧嚣浮躁风气中的清流引领者。

优秀的学者往往是特立独行者，其心中有方向，脚下有行动，胸中有大志，腹中有良谋。

这样的学者，厌倦跟踪热点研究，因为不愿为发论文而做论文；这样的学者，不屑于做捡漏补遗工作，因不愿为前人的工作做嫁衣；这样的学者，不喜填补所谓的“空白”，因为不愿浪费自己的宝贵时光。其才是攻坚克难的主力军，也是潜在的国家之栋梁、民族之英雄。英雄者，救黎民于水火，解百姓于倒悬，挽狂澜于既倒，扶大厦之将倾。

古今中外不少仁人志士，都展现了我行我素、不与世俗同流合污的风采。譬如，在众人皆苟且偷生之日，偏有岳飞精忠报国，想要“壮志饥餐胡虏肉，笑谈渴饮匈奴血”；在众人皆麻木不仁浑浑噩噩之时，偏有心开目明的鲁迅，以笔为剑直指旧社会的愚昧与腐朽，愿唤醒中国这条沉睡的巨龙；当发现周围的环境制约自己发展时，牛顿断绝与权贵来往，坚持做开天辟地的工作；对于法国政府在其成名之后给予的优惠，居里夫人没有“感恩”，反而将之奚落为“迟到的改善”；证明了彭加莱猜想后，佩雷尔曼拒绝一切名利，过着苦行僧般的生活。是啊，如果举世皆醉没有独醒之人，众人皆浊没有独清之人，那么这个世界注定毫无生气。

要成为特立独行的学者，需具有丰富的知识储备、独立深度思考的习惯、理性质疑的态度、化繁为简的能力。由这些资本垫底，才能形成独特且坚实的学术思想；由此指引，才能突破科技堡垒，成为新科学的发现者、新技术的发明者。

愿我国更多的学者在创新之路上，不媚权、不媚上、不追名、不逐利、不媚俗，在急功近利的环境中特立独行，在喧嚣浮躁的风气中我行我素，以坚韧不拔之勇气和毅力，耕耘在“无人区”，攻坚在“最高峰”，取胜于行稳致远，为国家强盛做出实质性贡献。

3

留下“垫棺作枕”之作

（发布于 2021-5-24 11:11）

陈忠实先生不是高产作家。他撰写的长篇小说《白鹿原》自 1993 年出版后，被赞誉为一部“民族的秘史”“当代中国文学的里程碑”，时年 50 岁的陈忠实在被问及为何要下定决心写这样大部头的小说时，他说：“我要给我死的时候，做一部垫棺作枕的书。”确实，文不在多而在其重，人不在身而在其伟。

在科技界，所谓“垫棺作枕”之作，是指能大幅推动科技发展使人类生活更美好的卓越成果，其以论文、著作、报告、专利等为载体，以可传承为特点。在科技界，能留下“垫棺作枕”之作的人士不多，袁隆平先生是其中一位。他是将水稻杂交优势成功地应用于农业生产的第一人，他为解决中国乃至全世界的吃饭问题做出了巨大贡献。他去世后，引发了无数国人的哀悼和缅怀，在我国科技界能享有此哀荣者，屈指可数。人心如秤，某个人为国为民出多大力、流多少汗，群众就会给其点多少赞，既不会添油加醋，也不会缺斤短两。追求高品质的人生，不可不知这个道理。

我国古代文学家司马迁曾说过一句名言：“人固有一死，或重于泰山，或轻于鸿毛。”那么，科研人员希望死后得到什么样的评价呢？

据报道[1]，美国一流物理教授大多希望死后获得专业成就上的认可，如“是某领域的领导者”“像爱因斯坦创立相对论一样成为某理论的开创者”。甚至有受访者表示“如果能够为物理学发展做些实事且赢得同事尊重的话，可以任何时候进天堂”。尽管采访的样本数量较少，但至少能在某种程度上说明一些问题。

反观我国诸多科研人员，尤其是各种光环加身的大咖，追求的是跟风式 Nature Index（NI）论文以及由此带来的各种福利，追求的是立竿见影、有暂时显示度的成果。急功近利不可能出卓越成果，耐不住寂寞不可能被载入史册。君不见，有些大咖生前都有各自的门派，有各自的“理论”体系，膜拜者众，可死后不出几年，树倒猢狲散，鲜有人再提及其学术贡献。

在新时代，要玩科技成果大比拼，在科学方面要比智慧，看谁能提出载入史册的大定律；在技术方面要比能力和定力，看谁能首先研发出造福于人类的优秀产品，如此等等。在日益严峻的国际环境下，我国科研人员唯有坚持自力更生、持之以恒之精神，以攻坚克难为己任，才能做出更多的卓越成果为国分忧，才能使我国早日成为科技强国。

参考文献

[1] HERMANOWICZ J C. Honor in the academic profession: How professors want to be remembered by colleagues[J]. The Journal of Higher Education, 2016, 87(3): 363-389.

4

做“一手科研”

（发布于 2021-5-24 11:11）

在四川大学 2021 年度科研工作总结会上，李言荣校长强调：“基础研究要突出原始创新①，真正实现‘从 0 到 1’的突破，而不是去做跟踪、模仿和附和别人的‘二手科研’。”[1]

是啊，人们通常都喜欢“一手货”而非“二手货”，因为价值摆在那儿；同理，对科研也是如此，只不过某些科研人员有“酸葡萄”心理罢了。由此而论，李校长关于基础研究的话说到了点上，我不得不为之点赞！

基础研究的主要目的是创造新知识，为科技发展和社会进步赋予新动能。如果基础研究聚焦于跟踪模仿，那么知识更新就成了无源之水、无本之木、无基之台，这会造成科技发展“内卷”而停滞不前。丁肇中先生早就指出的“科研只有第一没有第二”[2]，是对此的精辟总结。

在改革开放初期，由于我国和科技发达国家差距大，再加上基础研究能力薄弱，不得已只能走跟踪模仿的路子，其主要目的是缩小差距，赶上去；然而，这样长期持续下去，肯定不能支撑我国跨入世界科技强国之列。现在，我国科研基础条件已大大改善，经费投入逐年增加，科研队伍日益庞大，已具备做出原始创新成果的人、财、物条件。如果基础研究仍以跟踪模仿为追求，对科研人员而言则是一种生命的浪费，对国家而言是一种资源的浪费，对社会而言是一种信誉的浪费。我国要成为科技强国，必须在原始创新上大有作为，必须靠自主创新立足；否则，“卡脖子”会成为常态，发展会受制于人，强盛几无可能。尤其在国际大环境日趋复杂严峻的今天，更应大力倡导自主原始创新。

因为科学发现和技术发明具有不确定性的特点，故国家要养育一批有潜力的科研人员，以期望其中某些人脱颖而出做出引领科技跨越式发展的原创成果。然而，如果总是事与愿违，那么科研人员的价值何以体现？国家强盛何从谈起？

目前看来，要做出原始创新成果，不能寄希望于大咖，因为其已习惯于跟风式科研，思维已固化，创新黄金期已过；不能寄重任于大牛团队，

① “一手科研”，作者注。

因为其已习惯于模仿式科研，思维已同化，创造力缺乏。

要做出原始创新成果，只能寄希望于特立独行的前行者，寄希望于名不见经传的潜力股，寄希望于以学术为志业的探索者，寄希望于坐得住冷板凳的年轻人。

总之，无论科研人员的“立万”，还是国家的强盛，均须依托“一手科研”带来的原始创新成果。至于“二手科研”，也并非毫无价值，留给庞大的研究生队伍做练手之用吧。

参考文献

[1] 四川大学：做“顶天立地”的科研，尽早成为国家战略科技力量[EB/OL]. (2022-01-12) [2022-05-09]. https://www.sohu.com/a/516088364_100226214.

[2] 丁肇中：科研只有第一没有第二[EB/OL]. (2015-07-16) [2022-05-09]. http://www.360doc.com/content/15/0716/10/1903795_485223376.shtml.

— 第五章 —

科研突破

1

思路决定出路

（发布于 2022-1-26 12:51）

毋庸置疑，思路的正确性与可行性直接决定着行动的成功率，所以说思路决定出路。

从认识论的角度看，思路受思想支配，即思想是思路的源头。思想是人类独有的精神瑰宝，是开启世界大门的钥匙。法国哲学家安托·法勃尔·多里维指出："人类是一种使思想开花结果的植物，犹如玫瑰树上绽放玫瑰，苹果树上结满苹果。"拿破仑强调："世上只有两种力量，一种是剑，另一种是思想，而思想最终总是战胜剑的力量！"纵观科学史，科学家取得的彪炳千秋的成就，无一不是源自思想的力量。譬如，伽利略的自由落体运动、麦克斯韦妖、牛顿的水桶和抛球、爱因斯坦的电梯与火车、薛定谔的猫等著名的思想实验，均在塑造科学的历史进程中起到了至关重要作用。

要产生思想，特别是独辟蹊径的新思想，离不开深度思考，其是一切正确策略与方法的起源。如果不断在探索过程中刨根问底、一探究竟，就可能突破思维定式，找到攻克科学难题的锦囊妙计，还可能提升自己看待问题、分析问题与解决问题的境界。由此而论，取得科研突破的成功人士，不一定比别人付出了更多的汗水，但一定比别人付出了更多的思考，且思考模式是正确的。

为深化对本文主旨的理解，我举一个实例。

为解决地震预测科学难题，科学家们首先想到"把地下搞明白"，这是"理所当然"的正常思路。为此，有些国家先后启动了"地球透镜计划""地球深部探测计划""地下明灯计划"等。那么，即使"把地下搞明白了"，真能解决地震预测难题吗？

在回答该问题前，不妨先看看类似问题：

在实验室做岩样破裂实验，岩样的成分、组构与结构已知。若岩样强度和加载速率未知，单凭监测信息能预测岩样被加载至何种应力状态断裂吗？

露头良好的危岩体（图 5-1），岩性和结构已知，前人基于各种监测信息能可靠地预测其失稳吗？

显然，在未掌握岩样或岩体断裂前兆和损伤规律的前提下，答案是否定的。反之，掌握了前兆和规律，即使不知道岩样或岩体的具体组分、组构与结构，我们也能结合监测信息做出可靠的预测。

图 5-1 某危岩体照片

通过上述类比可知，“把地下搞明白”并不是解决地震预测难题的首要和必要条件。我们的研究表明，只要依据严密逻辑推理阐明了主要发震结构（锁固段）及其属性，结合实证认清了其破裂行为（地震产生模式和演化规律），且明确了地震的关联性，基于监测信息就能预测某种类型的大地震——标志性地震，而厘清地下锁固段的分布只不过有助于判断标志性地震的震源位置（由于锁固段的尺度大，而标志性地震的震源位于其中的一个小区域，故通过探测厘清锁固段分布的实际用途并不大，即并非首要和必要条件）。

再回首看上述计划的实施效果。这些计划已实施多年，虽然投入了大量的人力、物力和财力，但是几乎未能推动地震预测研究的实质性进展。美国国家科学基金会[1]仍提出地球科学 2020—2030 年的优先研究问题之四：“What is an earthquake?”由此可见一斑。

再引申一步。人们研究包括地球科学在内的诸多难题，面临着既看不见也摸不着的“黑箱”。在这样的情况下，唯有基于大量的监测/观测信息，靠聪明的头脑和勤劳的双手，才能找到攻克这些难题的出路。例如，人类无法登陆太阳，即不能开展对太阳内部的实地探测，但依赖于丰富的观测信息，科学家根据科学原理和推理，能大致推测太阳的内部结构，能明确太阳发热发光源于其内部的核聚变，能预判未来太阳的演变趋势。

确实，自然事物的演变极其复杂，但万变不离其宗。科学家通过不断的深度思考凝练出关键科学问题且找到解决该问题的突破口——可行思路，通过多次这样的迭代才能最终锁定“宗”——成功出路；只有这样，才能尽量避免无效科研，才能从迷茫中看到曙光，才能从貌似无解中找到通解，才能把好钢用在刀刃上。

参考文献

[1] 美国国家科学基金会地球科学十年愿景里的 12 个优先科学问题[EB/OL]. [2022-01-26]. https://baijiahao.baidu.com/s?id=1775606312332275643&wfr=spider&for=pc.

2

规避想当然

（发布于 2023-2-20 19:43）

几乎每个人都有想当然的毛病，乃惯性思维使然也。惯性思维有利有弊：当人们遇到某些需要重复操作的事情或者某些类似情况时，惯性思维可使其更快地找到解决问题的方式；然而，当一个问题的环境条件发生变化时，惯性思维往往会使人们墨守成规，局限于以往的经验和知识，易得出貌似正确的错误结论。

谢赫特曼[1]的经历很值得人们深思。长期以来，物理学家认为所有晶体结构由反复出现的图案组成；然而，当谢赫特曼 1982 年研究 X 射线衍射图案时，发现了一种与任何周期性重复结构都不匹配的规则衍射图案（异常图案），这表明有些晶体结构在数学上是规则的，但其本身并不重复，被称为准晶体。

其实，在 1982 年以前，也有相当多的研究者，无论是鲍林这样的资深科学家，还是初出茅庐的研究生，都曾有类似的发现，但其都想当然地把这些异常归咎于某种常见的干扰。若干年后，他们为自己曾因无知而错过了重大发现而懊恼不已，甚至为当年愚蠢到修改数据使得实验结果完美而感到羞愧！这再次告诫：

（1）作为一名研究者，一定不能擅改原始数据。原始数据是研究的基础和支撑，研究者必须遵循科学研究规范和伦理标准，严格保护原始数据的完整性和准确性，因为擅自修改原始数据会导致严重后果，影响研究结果的准确性和可信度，破坏研究者的声誉和职业生涯，还使得其他研究者无法重现研究结果，白白浪费人财物资源。

（2）任何异常实验结果都是一种现实存在的客观，即无论是受到干扰还是新发现的物质本来就是这样，都是对现实世界的客观呈现。作为研究者，发现异常结果并不意味着实验失败；相反，异常结果提供了新研究方向和发现新知识的机会。研究者需要对异常结果进行深入探究，以寻找和解释异常结果出现的原因。通过这样的努力，研究者可获得更全面和更准确的认识，为进一步研究提供基础和支撑。

众多研究者习惯了想当然。例如，想当然地认为物质不是晶体就是非晶体，所幸谢赫特曼在 1982 年没有这样想，由此造就了准晶体的非凡发现。又如，想当然地认为弱相互作用下宇称也会守恒，因为人们熟悉太多的守恒，如质量守恒与能量守恒，所幸李政道、杨振宁与吴健雄在 1957 年没有这样想，由此开创了弱相互作用研究的辉煌时代。这些伟大科学家之所以能做出卓越成就，正是因为其不受惯性思维束缚，而持开放思维去探索和发现。

因此，研究者应避免想当然的陷阱，持有打破既有范式的勇气和创新意识，不惧挑战常识、传统观念和惯性思维，以开放思维大胆提出新假设、新学说、新方法等，以小心求证为准则笃定前行；在前行路上，不要怕犯错，也不要怕失败。只有这样，研究者才能不断挑战自己的认知极限，获得实质性突破，为科技发展和社会进步赋能。

（感谢刘晓博士提供素材并修订全文）

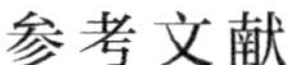

参考文献

[1] 简岩. 异类思维与科学进步[J]. 百科知识, 2011, 11(21): 1-1.

3

挑战不可能

（发布于 2023-5-23 10:30）

人类发展史，可大致归纳为把不可能变为可能的历史，把梦想、行动和成功连缀起来的历史。是啊，有了梦想，才能付诸行动；有了行动，才可能把梦想变成现实，取得成功。

纵观科技发展史，我们知道研究者主动挑战一个又一个看似“不可能实现的任务”，且经锲而不舍的探索后，最终将其变成了可能乃至现实。

例如，凯尔文勋爵在 1895 年声称：“不可能制造出重于空气的飞行器。”然而就在 8 年之后，赖特兄弟便用铁一般的事实证明了他的论断是多么荒谬可笑。

又如，过去诸多研究者认为将任何物体送入太空的想法是无稽之谈，现在这早已成为“家常便饭”。

再如，1842 年，法国哲学家奥古斯特•孔德曾这样描述恒星：“我们永远不可能了解它们的内部结构。”然而，经此后多年的努力，通过发现和分析“原子吸收线”，科学家们能获悉恒星组成成分。

还如，几十年来，地震学界的主流观点是“地震不能被预测”。然而，经过 10 余年来的持续攻关，我团队阐明了标志性地震具有明确物理意义，发现其演化遵循确定性规律，因而可预测。

科研活动本质上是基于公认基础知识，面向未知领域发起的一种探险活动。研究者面对貌似无解的科技难题，千万不要被各种困难吓倒，亦不要认为不可能攻克之。只要研究者把潜在的想象力充分释放，把潜在的灵感激活，把潜在的创造力发挥到极致，以“大胆假设，小心求证”为准则笃定前行，就可能找到正确的方向和解决套路；进而，以奇思妙想为利器，以秉持科学精神为操守，以百折不挠之态度为依托，则会把“不可能”变成可能，从貌似无解中找到可行解。

引用著名科学家、液态燃料火箭发明人戈达德的名言：“慎言不可能，昨日之梦想，今日有希望，明日变现实”，给在攻坚克难征途上奋进的研究者以鼓励。确实，有梦想就有希望，有希望就有目标，有目标则可通过行动将其变成现实。

4

找到支点

（发布于 2021-8-15 09:36）

阿基米德说过："给我一个支点，我就能撬动整个地球。"这不是一句口号，而是一种信仰。虽然并不存在这样一个支点，但他却形象地说明了杠杆原理的物理内涵。

对这句话的寓意，不同的人可能有不同的解释。以我的愚见，这句话可引申为：只要找到四两拨千斤的破局点（支点），再难的事儿都可用简单的高招儿解决。我读过《庖丁解牛》的故事，解牛本来是一件非常辛苦的事情，但在庖丁眼里变成了一种艺术享受，因为他完全掌握了解牛的规律——照着关节处下手，从而以炉火纯青之技法达到了事半功倍的效果。

要突破某一学科领域的科研僵局，需探寻破局点，找到了破局点相当于明确了突破口，在持续的努力下会像滚雪球一样扩大战果。这正如推多米诺骨牌一样，只要第一块骨牌倒下了，后续更多的骨牌就会依次倒下。

然而，难就难在如何找到破局点。对任何业已存在的科学难题，前人已做了大量工作，几乎已经穷尽了能想到的各种路数。这意味着沿前人的路数靠捡漏补遗前行几无出路，需另辟蹊径才能走出窘境。要开拓新路得有好想法；要产生好想法，就要围绕现象的发源地，以大胆质疑和大胆想象的理念进行大胆假设，但大胆假设要遵循理性和逻辑自洽原则，以免误入陷阱。例如，在前期锁固型斜坡研究启发下，我在研究地震之初，想到构造地震的主要发源地是断层，应首先弄清什么样的断层能发生较大地震。断层内物质不外乎分三种情况：（1）全是软弱介质；（2）全是高强介质；（3）软弱介质段和高强介质段沿断层间隔分布。当时，我做了如下简单推理：对第一种情况，由于不可能积累较高能量故不可能发生较大地震；对第二种情况，断层难以运动发震；对第三种情况，高强段（锁固段）能积累较高能量且断层可运动，故具备发生较大地震的条件。这样，我们就找到了破局点（支点）——锁固段及其破裂行为，接着又找到了合适的"杠杆"——建立锁固段峰值强度点与体积膨胀点的力学联系，给此"杠杆"持续加力——不懈穷究，从而撬动了地震——走上了地震研究的康庄大道。

好想法形成后，不能故步自封，要继续深度思考以产生更多好想法。

若这些好想法是关联的、协调的，则学术思想即可形成。判断学术思想是否可靠的主要依据是：（1）是否与机理密切相关且已得到初步实证；（2）涉及的逻辑结构是否极其简单。如果答案均为“是”，那就恭喜您啦。

在学术思想形成过程中，需要注意：（1）善于凝练和解决关键科学问题。解决了关键问题（纲），往往能顺带解决次要问题（目），正所谓纲举目张嘛。（2）一定要再三简化逻辑结构，简化到极致时，不仅学术思想具有极强的科学性，而且更容易被别人理解接受。（3）善于走出去虚心听取别人的不同意见，集思广益，以利于减少思维漏洞，从而少走弯路。

在正确的学术思想指引下，建立的理论应具有描述某一类事物演化的普适性。显然，根据该普适性理论，便能可靠地预知该事物的未来演化，从而为人类造福。这不仅是科研成果的顶峰，而且足以撬动某些人顽固的思想桎梏，从而推动科学的大幅进展。

不同学科领域的科研人员，可参考本文拙见以便于尽快找到破局点（支点），从而突破自己研究领域的科研僵局，一通百通，做出卓越成果。

5

破纸效应

（发布于 2022-8-10 11:57）

有人把某些已知和未知之间的边界，形象地比喻为“窗户纸”[1]；学者一旦捅破了此窗户纸，则豁然开朗——原来事物的本质如此简洁而有序，且由此引发一系列新概念、新原理、新理论、新方法等的横空出世——破纸效应，以至于同行顿足感叹：这太简单了，为什么我没想到这样做。

是啊，能想到的事儿才可能做到。由此而论，想到是做出科学发现的前提。曾记得，某岩石力学大咖听了我做的锁固段脆性破裂理论报告后，感叹道：“该理论依据的岩石力学基本原理，无人不知，且一点就透，但只有你想到（把其用于锁固型滑坡和地震预测）且做到了……”

纵观科学史，捅破那层窗户纸从而做出重要科学发现的学者，靠的是深邃的洞察力而非肤浅的观察力，靠的是智慧而非技巧，靠的是悟性而非逻辑；门捷列夫如此，魏格纳也如此。需注意的是，基于新认识的科学发现并非违背逻辑自洽性和闭环性，只不过与旧认识的逻辑不同罢了。

捅破那层窗户纸并非易事，因为其一般由多层牛皮纸组成，既厚且硬；有时，捅破其的难度不亚于钻透一座山。的确，让一个师的工程兵用 TBM（全断面硬岩隧道掘进机）钻山，终会成功；然而，若没有“牛顿”的神来之笔，则不可能捅破那层窗户纸。由此可见，捅破窗户纸需要多么强大的洞察力、智慧和悟性啊；若缺乏此，即使团队成员众多，经费充足，设备先进，论文高产，结果往往是竹篮打水一场空！

正确的科学发现被认可的周期与超前性相关。若超前 5 年，发现者或立马被认为是天才；若超前 10 年，或被认为是傻子；若超前 50 年，或被认为是疯子。不过，是金子终会闪光，即沿着正确的方向，坚持不懈把每一步研究做扎实，终会成功；至于被世人认可与否，不必太在意，正所谓“谋事在人，成事在天”。

要成为捅破窗户纸的成功者，需具有丰富的知识储备、想象力、非惯性思维、灵感等。由此加持，才能找到打开未知世界的那扇窗户；由此助力，才能捅破该扇窗户上的那层纸。

参考文献

[1] 詹克明. 捅破窗户纸[J]. 党政论坛（干部文摘）, 2012, (7): 48-49.

6

挖呀挖

（发布于 2023-5-14 13:00）

近日，一首儿歌《小小花园》爆红，其歌词“在××的花园里面挖呀挖呀挖，种××的种子，开××的花。……”朗朗上口、富有寓意，被广为传唱。

在科研领域，尤其需要研究者具有“挖呀挖”的特质，因为攻克任何科技难题，无不源于研究者经长期深度钻研后，想象力的绽放、灵感的迸发与新学术思想的横空出世。

在攻克科技难题的征途上，研究者面临着知识的欠缺、创新思维的枯竭、在急功近利的环境下如何生存等一系列困境。要突围谈何容易！为成功突围，须甘当“愚公”深挖自己的创新潜力且坚守科学精神；除此，别无他途。

爱因斯坦说过一句名言：“科学研究好像钻木板，有人喜欢钻薄的；而我喜欢钻厚的。”是啊，勇于“钻厚木板”，意味着研究者以好奇心驱动探索事物奥秘、以不达目的誓不罢休之恒心绘制“蓝图”、以十年磨一剑之毅力铸就奇迹；反之，科研人员醉心于“钻薄木板”——追求跟风或浅显式工作，即使钻再多的浅孔，也终究是有量无质的、可替代的平庸工作，最终沦为“鸡肋”。近些年，我国连续出台了多部科研评价新政，其主旨就是引领研究者“钻厚木板”。

有志研究者跨过平庸去“钻厚木板”，意味着要忍受超常的清贫和寂寞，但只要方向正确、方法得当，一旦钻透了则必然取得超常收获，获得卓越成果。人生在世，还有什么能比这更让人自豪的吗？！

当然，要取得卓越成果，研究者需解决长期悬而未决的重大科技难题。解决这样的难题，往往需要研究者从宏观上把握研究方向（大处着眼），从微观上找到一个不显眼的突破口（小处着手，即播下小小的种子）；然后，才能在科学思维的指引下，像滚雪球一样扩大战果（开大大的花，结丰硕的果实）。因此，科研突破应以“大处着眼，小处着手”为抓手。

为使研究者取得更多卓越成果，我倡导：

在学习的宝库中挖呀挖，掌握知识精髓，催生创新之花；

在科研的岗位上挖呀挖，坚持不懈探索，求得真理之花；

在教育的岗位上挖呀挖，传道授业解惑，盛开桃李之花；
在科学的花园中挖呀挖，埋下原创种子，奠定伟业之花；
在技术的田野里挖呀挖，研发关键技术，铺开造福之花；
在专业实验室里挖呀挖，观察琢磨总结，书写发现之花；
在成果转化路上挖呀挖，产品落地生根，描绘火树银花。

7

大道至简

（发布于 2021-11-11 15:00）

“大道至简”出自老子《道德经》中的一句话：“万物之始，大道至简，衍化至繁。”大道至简是流传千年的中国四大智慧之一，可以理解为事物涉及的大道理（基本原理、方法和规律）是非常简单的，简单到一两句话就能说清楚，正所谓“真传一句话，假传万卷书”。

纵观科学史，若把科学探索历程基于的逻辑精华浓缩为两字，那就是简单，即简单才是最好的逻辑。确实，把复杂问题简单化、简单问题模型化是科学家进行研究遵循的基本原则，也是始终坚守的一个科学传统。

伽利略对简单性原理钟爱有加，他认为：“自然界总是习惯于使用最简单和最容易的手段行事。”于是，他仿照简单的匀速运动定义提出匀加速运动的概念。卢瑟福同样也具有简单性的世界观，他说：“我一直相信简单性，我自己就是一个简单的人。世界的简单性直接决定了知识的简单性。自然界一切物质都由最简单的粒子组成，粒子运动经过最简单的路径。”于是，他靠简易的自制仪器做实验并采用简单的实验方法，发现了 α 粒子散射现象，建立了原子核式结构学说，开拓了原子物理和核物理学的新疆域。这样的例子不胜枚举，难怪爱因斯坦强调：“科学的东西都是简洁的，有的东西之所以复杂，就是因为它还不够科学。”

那么，为什么自然事物演变的本质规律是简单的呢？以我的看法，世界万物不管如何演变，其应遵循业已发现的基本物理学原理，如能量守恒原理和最小耗能原理，所以其演变不会乱来，而是遵循一定的规律；此外，主控其演变的参量通常较少。因此，其本质演变规律或能用简单的理论模型描述。譬如，从全球看地震“横冲直撞”，似乎没有规律可言，但要从合理划分的地震区看，地震按照基本的物理学原理“照章行事”，且标志性地震的演化符合简单的指数律。诚然，任何自然事物的演变不仅受自身物质属性的影响，还受环境因素的影响，这些因素叠加到一起，往往使其演变呈现复杂的非线性行为——多变的现象。然而，万变不离其宗，当研究者抓住“宗”的时候，即透过现象看到本质的时候，会恍然大悟，察觉到一切都是那么井然有序、有章可循，体会到“大道至简”之妙。

遗憾的是，不少研究者在科研活动中喜欢复杂的东西，认为越是复杂、玄妙的东西，越是高深，好像说这些才有层次，才能显示自己有学问；认为简单的不可能正确，而不屑一顾。长此以往，其离本质创新之道渐行渐远。

研究者如何在科研活动中运用大道至简的智慧呢？这个问题太深奥，我恐怕难以全面解答，只能抛砖引玉。其实，再难的事情从简单入手，循序渐进就可能取得突破乃至完全成功，不妨按照如下转化思维模式试试：

（1）把复杂事物的演化过程，按照基本的物理学原理或力学原理，分解成几个相对独立的子过程，分别揭示其机制，并考虑主控因素建模；然后根据不同子过程边界处的条件建立耦合模型，以打通全过程。

（2）复杂事物构成的系统涉及多个物体时，要选择具有一定研究基础的物体作为重点对象，先根据接触边界条件分析该对象的行为，再揭示该对象引发的系统整体响应行为。

（3）基于严密的逻辑推理，对复杂问题进行抽象处理，先假设某种已知物质或结构演变能近似模拟实际事物演变，然后小心论证以一探究竟。

无疑，大道至简，知易行难。研究者在追寻大道至简的征途上，要博采众长、融会贯通；要跳出原来的条条框框，以独辟蹊径的思路开拓创新；还要善于去伪存真、去粗取精，以抓住要害和根本，从而锤炼出少而精的本源。如此，才能突破科研僵局做出卓越成果。这必然要求研究者以追求科学真理为己任，专注于解决真问题从而做出真学问；必然要求研究者耐得住寂寞，坐得住冷板凳；必然要求研究者挺直脊梁，不为那些蜗角虚名而卑躬屈膝、迷失自我！

8

化繁为简

（发布于 2022-6-15 13:07）

前几天，和一位“青椒”（年轻学者）网聊时，我说道：“科研能力主要取决于创造力，而创造力在很大程度上取决于化繁为简的能力”，他马上点赞表示同意。

爱因斯坦曾将智慧分为 5 个等级：聪慧、明智、卓越、天才、简单；聪慧的人头脑灵活，明智的人做事有条不紊，卓越的人行稳致远，天才具有卓绝的洞察力和想象力，但是简单才是终极的智慧。换句话说，无论在任何领域，人们想把复杂的事物简单化，需具有透过现象看本质的能力；因此，能把事物化繁为简的人，才是无与伦比的智者。

繁由简组成。譬如，赤橙黄绿青蓝紫这七种单调的色彩，却构成了多姿多彩的世界；一个个简单的细胞，却繁衍出了地球上的生命。这说明繁杂背后的本质是简单，若没有这种种的简单，繁是虚无的。鉴于此，把复杂事物逐层分解之，或把复杂问题拆解为关联但简单的子问题，再逐个击破，则能取得整体战果。

解决问题和子问题，应从公认的原理出发，如第一性原理、能量守恒原理、最小耗能原理，因为这是推理的逻辑起点。如此，则会少走弯路；否则，则会因起步不稳导致结论不固。

在绞尽脑汁仍一筹莫展时，不妨换个角度看待问题，千万不要一条道走到黑。我看过一个有趣的故事：爱迪生拿出一个灯泡让助手帮他测算灯泡的容积，助手接过灯泡，立马用尺子测量灯泡，再在纸上画好草图，用公式算了很长时间仍没有结果。爱迪生知道后，笑笑说：“看我的”。只见他先用水灌满灯泡，然后把水倒进量杯，就测出了灯泡的容积。高，实在是高，思路确实决定出路啊。

尤为重要的是，从更高的维度看待问题，则利于在“山重水复疑无路”时，找到“柳暗花明又一村”。譬如，从图 5-2 所示的三维真实景物中看，车辆各行其道，井然有序；但若把其投影成二维图，则混乱不堪，以至于吃瓜群众会误认为出事儿在所难免。关于此，数学家广中平佑曾指出：“看似复杂的现象，其实不过是简单事物的投影而已。”这启示诸君：看问题的境界至关重要！再如，地震是很复杂的自然现象，即从地震的空间分布来看，似乎莫名其妙；从地震的时间分布来看，似乎神出鬼没。然而，从地震区内地震的 CBS 随时间演化（图 5-3）来看，标志性地震循规蹈矩。这亦再次说明，从更高层次的维度思考和处理问题，是攻坚克难的利器。

图 5-2　交叉道桥上的车流

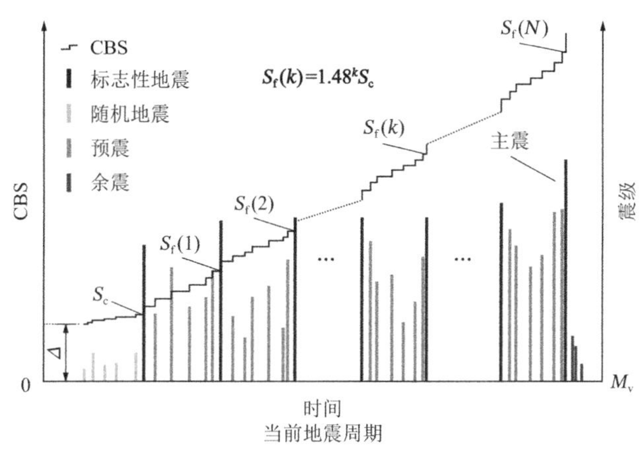

图 5-3　锁固段破裂产生的地震序列和标志性地震演化规律示意图

当下，我们面临着众多纷繁复杂的科技难题；要攻克之，应从简入手，以简驭繁，化繁为简。如果说四两拨千斤是中国功夫的最高境界，那么化繁为简就是攻坚克难的最好法宝；牛顿强调的“把复杂的现象看得很简单，可以发现新定律”便是对其的精辟总结。令人遗憾的是，学界有一种把简单问题复杂化的倾向，这确实利于多快好省地发表文章，但并不能推动科技实质性进展，故应予叫停。

9

非淡泊无以明志

（发布于 2022-5-18 12:07）

北宋大家张载的名言（横渠四句）:“为天地立心，为生民立命，为往圣继绝学，为万世开太平”。代表了古代士子的鸿鹄之志。由于其言简意宏，一直被人们传颂不衰。

此名言放到如今也不过时，仍给当代学者以启迪。如果当代学者缺乏治国平天下的远大志向，眼里只有“帽子、票子、位子”，势必成为凡夫俗子；如果学者志存高远——具有“诗和远方”的伟大目标，那么为实现此，其必然会淡泊名利，因为不如此将半途而废。若用一句话概括之，则为“非淡泊无以明志（诸葛亮）”。

淡泊，不是安于现状，而是“去留无意，笑望长空云卷云舒；宠辱不惊，闲看庭前花开花落”。淡泊，不是不思进取，而是“长风破浪会有时，直挂云帆济沧海”。淡泊，不是无欲无求，而是“不飞则已，一飞冲天；不鸣则已，一鸣惊人”。

人的精力是有限的，无论其有多大的抱负，但在旺盛期被贪欲左右，就不能走得更远；人的创造力是分阶段的，无论其有多大的宏愿，但在黄金期被名利挟裹，就会徒劳无功。由此而论，学者要想在历史画卷中留下浓墨添彩的一笔，非淡泊名利不可。譬如，法拉第淡泊了，置身于穷究电磁感应，终于为世界带来了光明；居里夫人淡泊了，耗尽资财倾心研究放射性，终于发现了元素钋和镭；桑格淡泊了，经过近 20 年苦行僧般的探索，终于开发出高效的 DNA 测序方法；佩雷尔曼淡泊了，长期苦思于斗室，终于证明了庞加莱猜想。是啊，淡泊的学者，行稳致远，是人生的真正赢家。

现今社会，世态浮华，物欲横流，乱象纷呈。外界的诸多诱惑挑起了人们内心潜在的各种欲望，而急功近利则让人们不愿再恪守精神家园。尽管如此，作为肩负着推动科技发展和社会进步重任的学者，决不能随波逐流，而要做时代的逆行者、攻坚的先驱者、克难的前行者。要安于此，特别需要学者持有淡泊明志与宁静致远的信念；如此，卓越成果可期矣。

10

非宁静无以致远

（发布于 2022-3-31 09:11）

前几天，我和几位高朋喝酒聊天时，某朋友说：“一方面，科研新政提倡科研人员十年磨一剑出卓越成果；另一方面，所在单位以‘数数’标准严苛考核，让科研人员坐不住冷板凳。如果不解决该结构性矛盾，出卓越成果岂不是天方夜谭！”我接茬道：“目前看来，短期内难以解决此矛盾，但无论如何，总得有少数坐得住的‘愚公’甘愿攻坚克难，否则，谁来建立原创科学理论，谁来攻克卡脖子技术？”

言归正传，回到正题。

诸葛亮告诫世人：“非淡泊无以明志，非宁静无以致远。”确实，唯有淡泊，才能让心灵在喧嚣嘈杂的尘世中找准前行方向；唯有宁静，才能使一个人远离功名利禄所带来的纷纷扰扰，走向诗和远方。

在这个物欲横流的世界，宁静是当代人最缺乏的心境；大多数人紧盯着眼前唾手可得的名利，都渴望冲在前面，争取利益最大化。诚然，凭自己的真才实学获得利益，本无可厚非。然而，目前诸多科研人员，并非如此。君不见，有些人靠批量灌水论文进阶，有些人靠“跑圈子”“拜码头”上位，有些人靠忽悠风光。这些人助长了急功近利的浮躁风气，恶化了本该风清气正的学术氛围，带偏了科研导向，令有识之士痛心疾首。

古语云：“以铜为鉴，可正衣冠；以史为鉴，可知兴替；以人为鉴，可明得失。”纵观历史，越王勾践卧薪尝胆，刻苦自励、发奋图强终吞吴；爱迪生、牛顿、居里夫人、桑格、佩雷尔曼、袁隆平等，都凭静心钻研成就了伟大发现、不朽杰作。是啊，心静生智，智者不惑，不惑则达，达则超凡。由此看出，宁静之心对致远是何等的重要。

要保持宁静之心，科研人员须有坚定明确的目标、超然物外的洒脱、固守寂寞的勇气和开拓进取的恒心。

科研人员树立了这样的目标，才能心如止水，才能以“虽千万人吾往矣，虽千里无人吾也往矣”之雄心，耕耘在“无人区”，攻坚在“最高峰”，取胜于行稳致远。

超然物外的洒脱，源于攻坚克难过程中独自揭开谜底带来的成就感，是免于浮躁的基石。有此基石，科研人员才能顶住暂时名利的诱惑，才能不被红尘所扰，才能独享超凡智慧带来的潇洒。

自古圣贤多寂寞。科研人员要想成就一番伟业，需要不受干扰地静心深度思考，需要能忍受清贫，需要能承受无人喝彩的孤独，因为只有通过默默无闻的修炼才能“破壁”，也才能一鸣惊人。

科研人员永葆开拓进取的恒心，才能在探索的征程上不惧失败，以稳扎稳打、步步为营的前进节奏取得事半功倍的效果，走出自己的道路，最终领略一览众山小的美妙。

林徽因曾说：“真正的平静，不是避开车马喧嚣，而是在内心修篱种菊。”因此，有志科研人员欲“悠然见南山”，为科技发展和社会进步做出实质性贡献，就需在心中铸就坚实的篱笆以防贪婪与颓废之气侵蚀，埋下孤标亮节与高雅傲霜的菊花种子以将浮躁之风拒之门外，保持淡泊名利的情操以升华人生价值，坚守科学精神以求得根基牢靠的卓越成果。何谓大道？唯此耳！

11

下慢功夫

（发布于 2023-7-22 10:27）

在国内学界，我们常常注意到凭“顶刊论文”拿到学术帽子的青年才俊，凭“高被引论文”突然崛起的学术新星，凭所谓“重大突破”而冒泡的科研牛人，这隐隐约约都在向我们传递着一个信号：“快点！快点！走在前面才能获得成功。”

然而，细究起来，这些人士产出的大多是“短平快”的成果，或为克隆跟风，或为捡漏补遗，或经不起推敲，或经不住验证，最终沦为鸡肋实属必然。

众所周知，慢工出细活，欲速则不达。慢之力，在于目标如一，在于锲而不舍，在于精益求精，因为慢才有助于更用心，慢才有助于更精细，慢才有助于更悟道，这样最终产出的作品也才能更精致和更完美。例如，庖丁细心钻研解牛十九载，才能目无全牛，以至于动刀甚微、謋然已解、如土委地。因此，慢工细活，才是做出伟业的捷径。

细说起来，下慢功夫对科研突破的益处有以下两点：

1）慢功夫能实现厚积转向薄发

武术电影明星李小龙曾说：“我不怕会一万招的人，只怕将一招练一万遍的人。”这与俗语“一招鲜吃遍天”所表达的意思相同。学者要做出伟业，得有自己的独门绝技——一招鲜，但要练出这样的绝技，须下功夫掌握多学科基础知识，还要将这些知识融会贯通，以达到“运用之妙，存乎一心”的程度。这样，遇到科学难题时才可能游刃有余，也才可能产生“非凡一念”，进而诞生新科学理论，也就是有了自己的一招鲜。

2）慢功夫能促成量变引起质变

冰冻三尺，非一日之寒；滴水穿石，非一日之功。学者长期深耕于某科学难题，一旦通过灵光闪现找到了真正突破口，也就是质变，经深度探索往往能像滚雪球一样扩大战果，最终会彻底攻克该难题。然而，要找到此突破口，需要长期的科研积累和深度思考，需要丰富的想象力，需要深邃的洞察力，需要多次实践，还需要坚韧不拔的毅力；短期的进步可能微不足道，但久而久之就提供了能孕育灵感的肥沃土壤，终有一天其会喷薄而出。

今天一早，我看了一篇文章——《德国的笨教授》[1]，文中说到德国学者每年一般只发表 1 篇论文。当然，超过 1 篇的情况也有，但并不是很多。文章作者问过一个德国教授：“你们每年才发表 1 篇论文，岂不是太少了？我们有些中国学者每年能发表 3～5 篇，甚至 10 多篇呢。”该德国教授反问：“每年发表 1 篇还嫌少？如果坚持下来，30 年的时间就有了 30 篇论文，还少吗？”

大部分德国教授走的是慢工出细活的治学路子，成果非常可靠了才发表论文；因此，其发表的论文数量虽不多，但质量高。正是因为坚守此路子，德国学者才屡获诺贝尔奖：据不完全统计，截止到 2009 年，德国共有 100 多人获得过诺贝尔奖；如果把移民美国、加拿大的德裔算上，获奖人数已超 200。

热议“钱学森之问”（为什么我们的学校总是培养不出杰出人才？）已有很多年，但仍未给出令人信服的解答。其实，解答没那么难，转脸往德国看看或许就有了：自由独立的科研环境是基础，学者的严谨治学态度是关键。

参考文献

[1] 德国的笨教授[EB/OL]. (2023-07-21) [2023-7-22]. https://new.qq.com/rain/a/20230721A0A3QS00.

12

莫要小聪明

（发布于 2021-2-24 09:08）

前天，我和某地学少壮派才俊通过微信聊天时，我问他近期在做啥，他说："我这段时间在看顶刊（*Nature*、*Science* 为主）发表的地质事件成因文章。地质事件的成因往往涉及大范围的时空尺度，且受多种因素影响，这是地学同行的共识。然而，这些文章往往基于小范围的样品分析，几乎只考虑单一因素，且未明确其是主控因素，然后根据该因素与该事件的经验或统计关系，肆意推理得到某种漏洞百出但吸引眼球的结论。"我答曰："我也有同感。我看过在顶刊上发表的有关地震机理文章，有的稍加分析就知违反基本力学原理，有的是孤证不立，有的看问题角度太过局限，若让我审稿肯定得毙掉；然而，因为这样的文章标题和结论另类有噱头，媒体往往喜好，再加上学术鉴赏力不高的审稿专家也支持发表，所以其能'闪亮登场'。"他回复道："由此看来，不能简单地认为顶刊文章是顶级成果，须看文章内容才能判明成果质量。做研究，尤其是地学研究，科研人员耍小聪明往往只能昙花一现，只有靠大智慧且耐得住寂寞才可能揭开谜团，做出可传世的卓越成果。"我立马回复了一个大大的赞。

关于此，2018 年诺贝尔奖得主本庶佑曾指出："一流的工作往往推翻了定论，因此不受人待见，评审专家会提很多负面意见使你的文章上不了顶刊；迎合时代风向的文章比较容易被接受，否则需要花费较长时间才能获得认可。"[1]

在我看来，科研人员若能从长远和全局的眼光看待利益，且具有独辟蹊径的思维能力和超人的创造力，可谓具有大智慧；反之，从局部和眼前的利益出发，以多出和快出所谓的成果为目的做科研，以至于使自己的创新潜力难以充分发挥，则可谓耍小聪明。

纵观科学史，科学大师往往淡泊名利，以好奇心长期深度钻研，才做出了体现大智慧的卓越成果。这样的成就不仅令同代人望尘莫及，也是后代人学习的榜样。当代典范如俄罗斯数学家佩雷尔曼[2]。他瞄准数学难题"庞加莱猜想"，长期攻关，成功破解了该难题，在 2002—2003 年发表了 3 篇网络论文。然后，他拒绝了一切奖项、奖金、媒体报道，继续沉浸在数学王国中。佩雷尔曼确实是一个高尚的人，一个纯粹的人，一个脱离了低级趣味的人，一个大智慧的人。与之相比，我等凡夫俗子何等汗颜！

在长期浮躁的学术环境影响下，我国诸多科研人员患上了“小聪明症”，以跟踪模仿、捡漏补遗为研究导向，以绞尽脑汁发顶刊文章进而快速获得名利为追求目标，把小聪明体现得淋漓尽致。若不及时纠偏，其聪明才智难以用到正途，到头来几乎不可能为人类认识世界的知识库增添有价值的贡献，也基本不会给子孙后代留下科学财富。

大智慧不是小聪明的简单叠加，而是知识、经验、创造力在正确价值观指导下的丰富和升华。以大智慧为攻坚克难的驱动力，才能做到思想大气、胆略大气、境界大气、格局大气、成就大气。老子曰：“胜人者有力，自胜者强。”愿以此与大家共勉！

参考文献

[1] 本庶佑谈科研：做第一个搭独木桥的人[EB/OL]. (2019-06-25) [2021-02-24]. https://www.sohu.com/a/322930084_773043.

[2] 佩雷尔曼：撬动世界的数学隐士[EB/OL]. (2017-09-13) [2021-02-24]. https://www.sohu.com/a/191732297_163975.

—13—

以“三大成功定律”攻坚克难

（发布于 2021-2-25 22:09）

关于成功有不少定律，比较有名的是荷花定律、竹子定律和金蝉定律[1]，简称“三大成功定律”。我先简介其含义，然后引申到科研中的攻坚克难。

荷花定律：一个池塘里的荷花，第一天开放的只是一小部分；第二天，其以前一天的两倍速度开放；到第 29 天时其仅开满一半，直到最后一天才会开满另一半，即最后一天的速度最快，数量等于前 29 天的总和。

竹子定律：前 4 年，竹子（毛竹）将根在土壤里延伸数百平方米，长高只不过 3 厘米；从第 5 年开始，以每天约 30 厘米的速度疯长，仅用 6 周就长到了约 15 米高。

金蝉定律：蝉的幼虫要先在土壤中生活 3 年，忍受各种寂寞和孤独，依靠树根的汁液一点点长大，但却突然在一夜之间蜕皮羽化成能高歌的蝉（知了）。

这“三大成功定律”，虽然表述的方式不同，但都有共同的含义：成功，需要厚积薄发、忍受煎熬、耐得住寂寞与坚持不懈。确实，黎明前特别黑暗，成功前格外艰难，但只要此时坚持再坚持，就能渡过难关到达成功的彼岸。

大家知道，攻克任何一个科学难题都非常困难。要攻克科学难题，科研人员应具备的条件和打通的环节包括：

（1）需要丰富的多学科知识积累，其通常能广开思路，创新研究范式。

（2）需要灵感的光顾才能找到突破口，而灵感也往往源自长期苦思冥想后偶然因素的刺激诱发。

（3）找到了突破口，还需探究在多因素作用下关键结构的特征和特性，揭示其本质演变机理，进而寻找表征机理的主控参量并量化其关系，才能架起现象与其本质机理的桥梁，提出理论/原理的基本框架；初步提出的理论/原理，往往需要长期的打磨和实证检验才能严密化和公理化。

（4）若把理论/原理用于实战，尚需提出配套的方法。

综上所述，攻克科学难题通常需要一个长期的系统创新过程，靠耍小聪明无济于事。在这个过程中，不时面临着较长时间不出成果以至于通不过考核因而被“下岗”的风险，面临着因推翻既有认知被主流学界封杀的风险，面临着因某些专家的认知局限被谩骂攻击的风险，面临着因利益冲突被某些行业部门打压的风险。鉴于此，科研人员须以“三大成功定律”激励自己的斗志，才可能登上科学高峰，领略一览众山小的美妙。

参考文献

[1] 惊人的三大成功定律: 荷花定律, 竹子定律, 金蝉定律 (建议收藏) [EB/OL]. (2019-01-16) [2022-01-12]. https://www.sohu.com/a/289305275_488223.

14

坚守“五心”

（发布于 2021-11-15 11:18）

开国元帅刘伯承在解放战争时期曾说过一句名言：“五心不定，输个干干净净。”在我看来，这句话对在科技创新之路上奋斗的研究者也同样适用且大有裨益。为此，本文以“五心”为题，简述之以起到鼓舞士气之作用。

关于“五心”的定义有不同版本，本文将之定义为好奇心、自信心、细心、潜心与定心。

1）好奇心

好奇心是人类的天性，是人类探索未知的原动力。研究者永葆好奇心，才能以另类思维和逆向思维为向导，以“格物致知以穷其理”之精神，以“知其然还要知其所以然”之钻劲，以“越是艰险越向前”之毅力，找到破解科学难题的正确途径，揭示描述某类事物演化的普适规律，给人类认识世界的知识库添砖加瓦，为自己的科研人生画上圆满的句号。

2）自信心

科研活动中，失败是常态，而成功则较为鲜见。多数人在失败后会垂头丧气、怨天尤人，甚至觉得自己不是做科研的“料”而逃离科研。然而，失败是成功之母，只要研究者从中总结经验，汲取教训，重拾信心，就可能“柳暗花明又一村”。

自信心源于解决问题的成功激励，源于日积月累的经验提炼，源于持续不断的自我反思。研究者在不断克服困难、取得成功、超越自我的过程中，会产生强烈的成就感，导致自信心逐步增强，以至于形成迎难而上的习惯。显然，克服的困难越大，取得的成功越大，研究者的自信心越强。

从事原创科研并取得原创成果，研究者一定具有奇思妙想，一定是克服了诸多难以想象的艰难险阻，一定是超越自我的结果，这必然能大幅提升其自信心。所以说，强大的学术自信源于原创性成果，而做跟风式科研则难以产生学术自信，这是因为不管自己如何改进完善前人的工作，都是为原创者做更漂亮的嫁衣，自己永远只能“跑龙套”。

3）细心

细节决定成败，因而细心是研究者应具备的基本素养。细心是发现问题的前提，是实施研究的基石，是反思研究的保障，是取得成功的必需。例如，做实验的研究者，制订实验方案要细心，在实验过程中要细心观察，在数据处理中要细心分析，还要特别注意一些与预期不同的奇异现象，因为这可能是重要发现的摇篮；做理论研究的研究者，在构建理论的过程中，要注意假设的合理性、因素的主控性、推导的严密性、验证的无偏性，万万不能马虎。

4）潜心

因为低垂的果实已几乎被先行者摘光，留给我们的基本都是难以采摘的果实。这意味着攻克任何科技难题，都需要研究者长期潜心钻研。确实，从凝练出关键问题、找到突破口、揭示机制和建模，到完善乃至实战，绝不是一朝一夕所能做到的。这就要求研究者须耐得住寂寞，坐得住冷板凳，以十年磨剑精神打造自己的智慧之剑、锋利之剑、胜利之剑。

5）定心

在这个物欲横流的年代，若研究者把追求功名利禄作为自己的首要目标，必然追逐易上手的内卷工作，而不愿定心攻坚克难，故不可能做出卓越成果，到头来为虚度此生徒留遗憾。要为子孙后代留下念想，研究者需要志向坚定，心如止水，把科研当成事业，把追求卓越成果作为动力，以“不媚权、不媚上、不追名、不逐利、不媚俗”之节操，在“滚滚红尘”中特立独行；以“虽千万人吾往矣，虽千里无人吾也往矣”之勇气，耕耘在“无人区”，攻坚在“最高峰”，取胜于行稳致远。

总之，“五心”不定，万事莫成；“五心”坚定，前景可期。心有所念，行方有向；心行合一，所向披靡。但愿有志研究者坚守“五心”，在科技创新之路上谱写新的篇章。

— 第六章 —

科研随想

1

自然科学的诱惑

（发布于 2021-8-20 09:25）

前几天，有位年轻副教授通过微信和我聊天时问："自然科学到底有什么诱惑，吸引着一大批科学家为之奋斗？"我答曰："这个问题既大又难，容我想想，且最近因狂改文章较忙，过几天写篇文章勉力回答之吧。"

似乎人天生都有好奇心，从会说话起就经常问为什么。尽管不少人长大后好奇心会减退，但不会完全消亡；然而，对有志之士而言，好奇心从不会减退，反而会持续增强。在好奇心驱动下，人们就会向科学（尤其是自然科学）要答案。确实，大自然存在数不清的奥秘，但不会被人轻易发现。战国时期思想家庄子早就悟到："天地有大美而不言，四时有明法而不议，万物有成理而不说。"这种对世界的未知必然激发人们的探索欲望，以求揭开谜底，获得认知。

好奇、爱美、乐善是人的天性，与这些天性相伴的便是求知欲望、臻美情结与向善心理。浩瀚的苍穹，星云变幻；广袤的大地，万物生长；秀美的山岭，蜿蜒连绵；蔚蓝的海洋，生生不息。自然界的奇异和美，无处不在，吸引着科学家探究其中的奥秘。一旦谜底被揭开，我们对世界的惊奇只会有增无减，更何况谜后有谜，这告诉我们：科学探索，永无止境；科学研究，只有更好，没有最好。

科学揭秘能最大程度地满足人们好奇与爱美的天性。因此，在好奇心与追逐美的双轮驱动下，科学家被激发出强劲的创造力从而做出卓越成果，获得十足的成就感。虽然最终的成就感能给人直接的快乐和幸福，但揭开谜底的过程更让人留恋，正所谓"人生如旅程，情趣在路上"。例如，居里夫人从几吨放射性很强的沥青铀矿矿渣中，仅提取出十分之一克纯氯化镭。这种苦活累活，在外人看来不仅枯燥乏味，而且对身体有害；然而，她却说："科学探究，其本身就含有至美，其本身给人的愉快就是酬报，所以我在我的工作中寻得了快乐。"再如，基于前人的观测，牛顿在属于自己的王国里自由驰骋，信马由缰，每琢磨出一个科学公式或者定理，能让他兴奋好多天。这样的例子不胜枚举。难怪著名文学家马克·吐温曾满怀激情地说："科学真是迷人，根据零星的事实，增添一点猜想，竟能赢得那么多收获。”在我看来，这些科学家达到了神与物游、物我两忘的境界。处于这种境界的人，自然不会被琐事所困，也不会被红尘所扰，更不会被暂时的名利所惑。

人们一直向往更加美好的生活，虽然提高生活质量主要靠技术，但支撑大多数技术的理论源自自然科学；没有自然科学这个源头，诸多技术的发展就成了无源之水——缺乏发展后劲。这说明要想生活更美好，发展科学是个宝。例如，法拉第发现的电磁感应科学原理，不仅奠定了麦克斯韦电磁场理论的基础，而且造出了发电机、变压器、电磁流量计等，且带动了电工技术、电子技术、电磁测量等行业的发展，为提高人们的生活水平贡献甚伟。

时至今日，世界上仍存在诸多奥秘吸引着科学家以求揭示，且研究难度越来越大。然而，有志科学家决不会被困难吓倒，因为勇攀科学高峰是其不懈追求，领略一览众山小之意境是其永恒向往，这正如北宋思想家王安石所言：“夫夷以近，则游者众；险以远，则至者少。而世之奇伟、瑰怪、非常之观，常在于险远，而人之所罕至焉，故非有志者不能至也。”

在此，愿更多的有志科学家以探究自然奥妙为最大乐趣，以发现自然规律为最高使命，以推动人类社会进步为最强动力，在攻坚克难的征途上谱写自己的最新篇章。

2

科学：无尽的探索

（发布于 2021-9-23 10:56）

20 世纪末，科学终结论一时甚嚣尘上，认为伟大而又激动人心的科学发现时代已一去不复返了，再也不会有什么惊天动地的科学发现了。那么，这种认识靠谱吗？温故而知新，当我们迷茫时不妨回顾历史，因为多数情况下历史会揭示未来。

20 世纪初，当时物理学界最有地位、最具权威的英国皇家学会会长开尔文，曾信心满满地指出："经典物理学的大厦已经建成，但明朗的天空中还有两朵小小的乌云，因此未来的物理学家们只需要做些修修补补的工作就行了。"然而，正是这两朵小小的乌云，分别导致了描述宇观世界图景的相对论和描述微观世界图景的量子论闪亮登场，给物理学带来了伟大的新生。在不同的学科，这样的例子不胜枚举。这好比我们爬上了一座山，却发现还有更高的山，然后再去攀登；如此轮回，没有终点。

我们知道，任何科学理论的成立都需要一定的条件，且其具有一定的适用范围，要尽可能多地消除其局限性需要不断修正已有理论；世界上还存在诸多自然演化之谜亟待科学家揭示，通过深度探索，科学家有可能做出新的发现；在寻求不同尺度下事物演变根本规律、统一认识类似对象有机联系的征途上，仍可能诞生更伟大的科学家，提出更为深远和更为广义的科学理论。的确，自从科学诞生之日起，科学家就一直走在统一的道路上，如牛顿统一了天上地下的宏观物体运动规律；麦克斯韦统一了电和磁；爱因斯坦统一了时间和空间，质量和能量；杨振宁统一了电磁力与弱核力。统一场论是物理学的终极梦想，如果谁能实现之，绝对是未来的物理学第一牛人。

以上分析说明，科学发展没有尽头，科学探索永无止境，科学研究只有更好没有最好，因而一切因循守旧、抱残守缺、不思进取的想法都应摒弃。

我们知道，在一定条件下量变到一定程度才会引起质变；量变是常见的，而质变则是罕见的，后者既需要知识积累到一定程度这个必要条件，也需要捅破那层窗户纸的伟大科学家横空出世这个充分条件。因此，在科学发展过程中，相对停滞期（量变）常见，不必为之过度忧虑。譬如，基础物理学几十年来已经没有什么突破性的进展了；生命科学也一样，即使绘制出人类的完整基因序列，我们仍无法认知生命的本质。

为缩短这个停滞期，需要一批“仰望星空”的科学家以好奇心静心科研，以天马行空般的奇思妙想找到突破口，以格物致知之态度揭示事物本质机理，进而以公理化思想建立普适科学理论。如此，质变可期，大业可成矣。

3

创新从“good idea”启航

（发布于 2021-7-26 11:40）

钱学森先生指出：“有没有创新，首先就取决于你有没有一个‘good idea’。”[1]由此可见，好想法是做出创新成果的起点。那么，如何产生好想法呢？以下是我的粗浅见解：

1）放飞“异想天开”般的想象力

想象力往往能为科学探索提供鲜活的命题和无限的遐想空间。鉴于此，放飞“异想天开”般的想象力，不受固有思维模式和过去认识的束缚，则可能冒出好想法。关于此，钱学森先生说：“科学上的创新光靠严密的逻辑思维不行，创新的思想往往开始于形象思维，从大跨度的联想中得到启迪，然后再用严密的逻辑加以验证。”[1]爱因斯坦认为：“超出人们寻常思维习惯的想象力，比知识更为重要，因为知识是有限的，而想象力概括着世界上的一切，推动着进步，并且是知识进化的源泉。严格地说，想象力是科学研究中的实在因素。”[2]

曾有不少学者问我：“地下的东西看不见摸不着，你怎么知道锁固段是大地震的发源地呢？”我答曰：“一是受锁固型斜坡的启发；二是若断层中只有软弱介质而没有锁固段卡着，不可能积累高能量引发大地震，且地震学研究中发现的 asperity 为之提供了佐证。”

2）大胆假设，小心求证

靠想象冒出的新想法（假设）是否可行大致分 4 种情况：（1）有的想法早就有人提出，一查阅文献或与人交谈便知；（2）有的想法，稍加推理即被否定；（3）根据想法得到的理论虽逻辑自洽，但和多数实验/观测结果不符，或许此路不通；（4）根据想法得到的理论，虽满足逻辑自洽且得到部分实验/观测结果的支撑，但缺乏普适性，不知问题出在哪里。

第四种情况前景可期。缺乏普适性的问题可能在于理论不完善，亟需深耕。深耕过程，也就是一个“去粗取精，去伪存真，由此及彼，由表及里”的过程。在这个过程中，要以奥卡姆剃刀律[3]为指导，以纠正研究方向，尽量少走弯路。

我们创立的锁固段脆性破裂理论，从大胆假设——提出锁固段是积累高能量地质结构的概念，到小心求证——论证该理论是否正确，经历了漫长的校核过程，就怕被自己的认知局限带到沟里而不自知。在求证过程中，我们以公理为推理起点求得该理论的完备性，以理论框架与细节的一致性作为改进该理论的依据，以改进后的理论能揭示全球大地震的演化规律为宗旨，这样可保证认识的无偏性与理论的科学性。此外，我们善于走出去听取学者们的不同意见，以“去其糟粕，取其精华”为原则，这样可避免闭门造车且加速科研进程。

3）让灵感助一臂之力

学者们在寻找某难题的突破口时，往往陷入百思不得其解的绝望境地。如果某学者已做好了准备——有丰富的多学科知识和灵动的思维，绝望时灵感可能光顾。一旦灵感来临，助一臂之力，则其会茅塞顿开、一通百通。

总之，学者们在科学探索的征程上，要给想象力以空间，善于大胆假设、小心求证，善于为灵感的光顾提供机会，善于集思广益，善于深度思考，则可行的好想法会不时冒泡，卓越成果会落地生根。

参考文献

[1] 涂元季，顾吉环，李明，整理．钱学森的最后一次系统谈话——谈科技创新人才的培养问题[N]．人民日报，2009-11-5(11).

[2] 爱因斯坦曾这样说：“想象力比知识更重要，因为知识是有限的”[EB/OL]. (2018-02-19)[2021-07-26]. https://baijiahao.baidu.com/s?id=1592794273829660793&wfr=spider&for=pc.

[3] 百度百科．奥卡姆剃刀原理[EB/OL]. [2021-07-26]. https://baike.baidu.com/item/%E5%A5%A5%E5%8D%A1%E5%A7%86%E5%89%83%E5%88%80%E5%8E%9F%E7%90%86/10900565?fr=aladdin.

4

突破惯性思维才能释放创新活力

（发布于 2021-4-23 15:52）

大家知道，目前突破或解决任何一个科技难题，都非常困难，这是因为容易摘的“苹果”都被“牛顿”们摘走了，留给我们的都是难啃的“硬骨头”了。鉴于此，要想突破某一科技难题，除需长期静心钻研外，还需摆脱前人研究思路及相关研究方法（通常称为惯性思维）的束缚，才有可能从“山重水复疑无路”到“柳暗花明又一村”。

惯性思维[1]，也称思维定式，即大脑会按照积累的思维活动经验教训和已有的思维规律，在反复使用中所形成的比较稳定的、定型化了的思维方式。不可否认，当我们遇到某些需要重复操作的事情或者某些类似情况时，惯性思维可使人们更快地找到解决问题的方式。然而，当一个问题的环境条件发生变化时，惯性思维往往会使人们墨守成规，局限于以往经验和知识的“怪圈”，易得出貌似正确的错误结果。关于此，有不少有趣的故事，下面讲一个广为流传的关于美国科普作家阿西莫夫的故事。

阿西莫夫从小就聪明非凡、目空一切。他的某位朋友是汽车修理工，想捉弄他让他知道人外有人的道理，于是出了个问题：“有一位聋哑人，想买几根钉子，来到五金商店对售货员做了这样一个手势：左手食指立在柜台上，右手握拳做出敲击的样子。售货员见状，先给他拿来一把锤子，聋哑人摇摇头。于是售货员就明白了，他想买的是钉子。聋哑人买好钉子，刚走出商店，接着进来一位盲人。这位盲人想买一把剪刀，请问盲人将会怎样做？”阿西莫夫顺口答道：“盲人肯定会这样”——他伸出食指和中指比划出剪刀的形状。听了阿西莫夫的回答，修理工开心地笑起来：“答错了吧！盲人想买剪刀，只需要开口说‘我买剪刀’就行了，他干吗要做手势呀？”

这个故事启发我们：（1）当遇到新问题或者环境发生变化后，惯性思维往往使人们在思考问题时出现盲点，一不留神进入思维误区；（2）惯性思维干扰逻辑思维。假如阿西莫夫考虑具体场景，即不受聋哑人买钉子事件的影响，用简单的推理就应知道盲人买剪刀时应如何表达。

鉴于此，我们在科研中要有打破惯性思维的意识，遇到问题时不要钻

“牛角尖”，应从实际情况出发，改变思考角度，问题往往会迎刃而解，正所谓“思路决定出路，出路决定结局”。

创新思维，如逆向思维、发散思维和另类思维等，突破了思维定式，这种以灵活、新颖、独特的方式从多角度探求事物规律的思维活动，可为创新活动带来勃勃生机。下面介绍几个摆脱惯性思维的例子，希望对大家的科研创新有所裨益。

《曹冲称象》的故事告诉我们：年幼的曹冲在大人们束手无策的时候，想出了用石头装船称象的办法。高，实在是高！

接着讲一个发现氧元素的例子[2]。1774 年，英国科学家普列斯特列在给氧化汞加热时，发现从中分解出的纯粹气体可促使物体燃烧。这是一种什么东西呢？他习惯地从“燃素说”的常识出发，将它命名为“失燃素的空气”。同年 10 月，他到法国游历，受到化学家拉瓦锡的接待。当拉瓦锡得知普列斯特列的实验后，拉瓦锡立即重做一遍得到了那种新的气体，并第一个命名为氧，再后来建立了燃烧的氧化理论。这是化学史上的一次革命。在此，我们除了对拉瓦锡跨越“常识”的勇敢精神表示钦佩外，还为普列斯特列被“常识”牵着不放感到叹惜。

牛顿看到苹果落地，觉得该现象不正常，结果发现了万有引力定律；别人看到苹果落地，理所当然地认为：苹果落地是正常现象，乃常识也，向上飞才不正常。不加以深度思索的结果只能是：苹果落地后，马上捡起来连洗都不洗吃了。

人们一旦受惯性思维束缚，往往会觉得世界上一切自然现象的出现都很正常，都合乎逻辑或常识，最终与重大科学发现失之交臂；反之，人们一旦摆脱惯性思维的束缚，会觉得世界上司空见惯的事物背后“另有玄机”，想多问几个为什么，结果是找到了隐藏在黑暗中的自然现象演化规律。

在斜坡稳定性研究中，过去诸多学者认为斜坡稳定性受滑面中的软弱介质控制，但难以解释大型斜坡即使历经长期降雨和多次地震仍屹立不倒的原因。我们反其道而行之，认为一类大型斜坡稳定性受滑面中的高承载力介质（锁固段）支配，并进而提出了锁固段脆性破坏理论。这样不仅能说明上述原因，而且得到了锁固型滑坡实例分析的强力支持。

在科研中如何摆脱惯性思维的束缚呢？不妨参考如下四条建议：

（1）惯性思维具有隐蔽性和持续性的特点，一经形成就会如影随形，故用之思考问题谋求解决之道时应保持戒心，以免陷入“固有经验”中而不能自拔。遇到问题，可先用惯性思维解决，若不行就要及时跳出来，从新的角度思考。

（2）丰富自己的知识层次，提升自己的经验阅历，更新自己的认知维度，开阔自己看问题的时空视野，才可能另辟蹊径、豁然开朗。

（3）要有独立且深邃的思考，不人云亦云、不盲目从众、不迷信权威，以免被别人的思想带进“沟里”而不能自拔。

（4）突破或解决难度很大的科技难题，基本上是以摆脱已有思维和方法的束缚为前提的。鉴于此，不要在别人的理解框架内打转转，而要从逆向思维和另类思维中找答案，敢于想前人不敢想的，干别人不敢干的，即使暂时失败也永不言弃，则成功或将不远。

思维是创新之魂，其决定了创新能否成功。在攻坚克难的过程中，如果科研人员思想僵化、思维固化、思路狭窄，则难以找到破解难题的突破口；反之，如果科研人员善于突破惯性思维让创新思维不时“冒泡”，则可能独辟蹊径找到破解难题的突破口。一旦找到了突破口，往往能激发自己潜在的创新活力，从而势如破竹般地扩大战果，取得系统性的创新成就。

参考文献

[4] 有时候需要警惕惯性思维[EB/OL]. (2017-08-10) [2021-04-23]. https://www.sohu.com/a/163533564_99944153.

[5] 科学家敢于创新的故事? [EB/OL]. (2020-05-19) [2022-06-25]. https://zhidao.baidu.com/question/79024569.html.

5

缜密科学思维是取得重要创新成果的保证

（发布于 2021-4-16 09:18）

为什么极少数人能取得可传世的重要创新成果，而大多数人不能？为什么有些人写的文章逻辑严密、结构清晰、结论可信，而有些人则逻辑混乱、结构松散、结论武断？这在一定程度上可归于思维方式和思维缜密性的差异。由于思维的缜密性通常包括思维方式，故本文将两者视为一体。

思维是人类智力结构的核心，恩格斯将人类的思维赞喻为地球上最美丽的花朵。大科学家爱因斯坦认为："发展独立思考和独立判断的一般能力，应当始终放在首位，而不应当把获得专业知识放在首位。"由此可见思维在认识客观事物方面的重要性。

科学思维是以探索和发现事物的本质及其规律、进而构建科学知识体系为目标的认知性思维；科学思维的成果以科学理论、科学定律、科学规律等方式体现。关于此，爱因斯坦曾指出："全部科学只不过是日常思维的精致化。"

科学思维的过程通常是：考察影响某事物的各种因素，基于公理和（或）公认的科学理论、观测现象等，运用逻辑推理（演绎、归纳、溯因、类比等）提炼出主控因素且分析其对该事物行为的影响，以提出反映该事物本质规律的科学假说。然后，进行实证检验，通过验证的假说可上升为科学理论。其中，影响因素（尤其是主控因素）的完整性（不遗漏）和推理的严谨性，是科学假说可靠性的重要保证。为加深理解，举一个真实的例子。

有一次我和某朋友聊地面沉降时，他说："过去不少人认为天津和北京地区几十年以来的地面沉降主要源自地下水开采，但这两个地区的地下水开采量都不小，为何前者的沉降量较大呢？这按地下水开采成因难以解释，因此我推测地面沉降主要是构造成因。"在我看来，他的分析犯了两个错误，理由是：（1）地下水开采引起的地面沉降主要取决于地下水开采量和土的物理力学性质。天津地区主要为软土，其压缩模量和强度较低；而北京地区主要为"硬土"，其压缩模量和强度较高。因此，即使地下水开采量差不多，天津地区的地面沉降量肯定要远大于北京地区的地面沉降量。（2）板内构造运动速率极其缓慢，长期作用才会产生较大的地面沉降或隆起，故从几十年的研究尺度看，构造运动对这两个地区的地面沉降影响几乎可忽略（有些学者的研究表明，其不超过总沉降量的5%）。由此看出，这位朋友未把土的物理力学性质这一重要因素考虑在内且忽略了时间尺度进行推理，从而得到了不可靠的结论。

思维的缜密性（严密性）包括科学性、辩证性、深刻性与逻辑性。那么，如何提高思维的缜密性呢？我建议：

（1）丰富自己的多学科知识积累，以免遇到“瓶颈”时无计可施。

（2）养成从多维度、多因素进行思考的习惯，掌握“同中求异”和“异中求同”之要领，对可能出现的情况和结果要逐一进行考察和评估，不要轻易下结论。

（3）看待与分析问题，研究者要不断提升透过现象看本质的能力，才能不被假象所迷惑。

（4）思考问题寻求突破口时，仅靠逻辑思维不够，还要靠形象思维的助力。鉴于此，放飞“异想天开”般的想象力，不受固有思维模式和过去认识的束缚，以“大胆假设，小心求证”为指南放手去干。

（5）人的思维往往都有局限性，为补齐此“短板”要多和高手过招，以拓展思维广度和深度。

纵观科学史，诸多科学大师之所以取得伟大成就，几乎都依托于思维的缜密性。研究者通过不断锤炼和提升自己的思维能力，思考问题时才能系统全面，提炼关键问题时才能直击要害，分析与解决问题时才能独辟蹊径，如此才能少走弯路，登上科学高峰。

6

正确的学术思想从何而来？

（发布于 2021-8-4 10:06）

学术思想一般由一系列有密切联系的想法构成，单个的想法不能称为思想，正所谓“独木不成林”。解决某一科学难题，某个神来之笔般的想法可能打开突破口，但要想扩大战果，形成系统的理论方法且用于实战，需要攻克一连串彼此关联的子问题，也就需要与之相应的想法助力。所谓正确的学术思想，也就是揭示了某种事物本质之道的思想。诚然，科研人员对客观事物的认识，往往要经历从感性认识到理性认识的过程。在这个过程中，也就是学术思想形成过程中，要着重调查分析，要聚焦剖析机理，要落实实证研究，还要以奥卡姆剃刀律为指导以纠正研究方向。

科研人员正确的学术思想，是从天上掉下来的吗？不是。是自己头脑里固有的吗？也不是。科研人员正确的学术思想，只能从思想实验、科学实验和实践中来。以下，将分别简述。

1）思想实验

思想实验又称构想实验或抽象实验，是指人们源于自身经验和已有知识，按照实体实验的格式，凭借人们敏锐的直觉、丰富的想象和深邃的逻辑思维进行仿真，最终给出一个所考虑问题之理论解答的高级思维活动，其一般涵盖以下几个层面：（1）对从未进行过或潜在可实现实验的预想；（2）对实体实验的理想化抽象或推理，即理想实验；（3）与经验或已有知识相矛盾但逻辑上讲得通、科学上有意义的想象。

思想实验以无拘无束畅想、哲学思维（辩证、联系、动态地看问题）指引、逻辑思维助力、另辟蹊径探索、顺藤摸瓜追踪为特点，是一种快速聚焦型创新思维，可谓“踏破铁鞋无觅处，得来全不费功夫”。对久攻不下的科学难题，思想实验常起到临门一脚的作用。若其给出的理论解答能得到实体实验和实践验证，则说明确实找到了解决难题的正招。

纵观科学史，伽利略的自由落体运动、麦克斯韦妖、牛顿的水桶和抛球、爱因斯坦的电梯与火车、薛定谔的猫等著名的思想实验，均在塑造科学的历史进程中起到了至关重要的作用。

以下举一个思想实验的例子。我在几个地学微信群，看到不少科研人员为地球“膨胀论”和“收缩论”争执得不可开交，各有各的证据支持。在我看来，若能从支配地球演化的内因——热出发，基于大家公认的物理学原理——热胀冷缩原理，进行一个思想实验，或能抛砖引玉。

我们知道，有大就有小，有快就有慢，有高就有低，有冷就有热，有渐变就有突变。因此，一般说来，极端的单向说法，如地球一直膨胀或一直收缩，均可能存在认识误区，因为其不符合辩证法的思想。

地学界普遍认为，地球诞生之初是个热球。随着其向外太空不断地释热，地球温度逐渐降低；由于越靠近表层，越容易降温，故当降到一定温度时，外部硬壳层形成。此时，被硬壳层包裹的内部物质仍处于高温，其通过硬壳层向外释热。如此，一方面，随着温度的逐渐降低，硬壳层将变得越来越厚；另一方面，随着厚度的逐渐增加，释热速率逐渐减小。根据热胀冷缩原理，地球体积应呈逐渐变小的趋势，但变小的速率逐渐变慢。

如果这样的过程不受干扰自发地进行下去，地球体积肯定会越来越小直至释热几乎停止。

然而，被硬壳层包裹的内部物质不断进行的化学反应、放射性元素衰变等释热，提供热补给。不难预料，随着时间延续，会出现两方面情况：一方面，当热补给量大于热释放量时，硬壳层受热应力作用产生膨胀，相应地，地球体积变大；另一方面，在硬壳层膨胀过程中，此种非均匀脆性介质易破裂（导致不连续面出现）形成大小不一的板块，不连续面的出现以及由此引起的火山喷发，加快了释热速率，导致膨胀速率减缓。当热积累和热释放达到某种准平衡或平衡时，地球体积几乎保持不变。这说明，地球内部存在着**负反馈机制**，不可能允许地球无限制膨胀。我进一步推测，这样的过程可能重复多次。

由于化学反应、放射性元素衰变等释热总有终止的时候，故未来总有一天，地球开始单向体积收缩直至趋于某个近似不变的值。

综上所述，从地球诞生直至寿终，地球的体积大致呈现如图 6-1 所示的变化，即总体呈收缩趋势，但某些时段呈现膨胀现象。显然，上述分析是在忽略某些因素（如地球和外太空的物质交换）影响下思想实验的结果，其正确性有待检验，也欢迎大家质疑讨论。

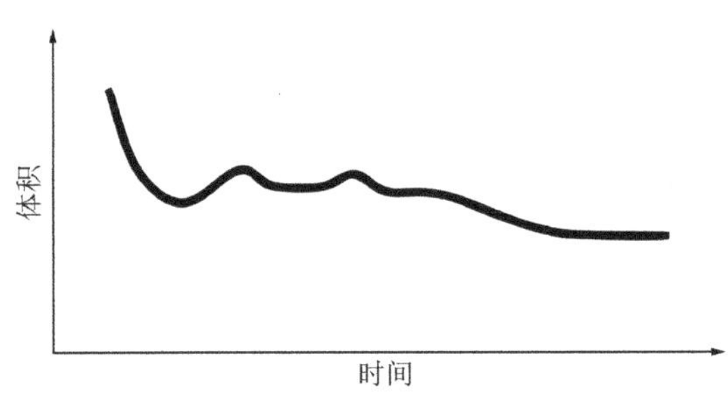

图 6-1　地球体积随时间变化示意图

2）科学实验

一方面，思想实验的结果，无论自己觉得多么可靠，都必须通过科学实验的检验才能初步确认其正确性。另一方面，通过科学实验可以发现新现象，进而可揭示新机理，建立新理论方法。因此，科学实验既是验证学术思想正确性的重要依据，也是催生新学术思想的重要源泉。

3）实践

无论是思想实验还是科学实验，都存在某种局限性。例如，思想实验依赖于推理的前提和推理过程的严密性；又如，某项技术通过了实验室小试和中试的检验，但用于实际可能存在这样或那样的问题，必须结合实践才能解决；再如，地质体承受的加载速率远低于室内岩样的加载速率，故根据实验所得的岩样破裂机理和模式，几乎不能外推用于滑坡和地震预测。鉴于此，基于这两者所得的学术思想，需要在实践中校核、纠偏、完善。实践是检验真理的唯一标准；因此，如果基于某思想实验的理论方法与科学实验结果不符，但得到了实践的认可，也可认为其是正确的。这说明实践是判断学术思想正确性的最权威裁判，没有之一。

当然，正确的学术思想也可从实践中直接产生。这方面的例子不胜枚举，本文不再赘述。

7

创新过程之领悟、顿悟与开悟

（发布于 2022-1-15 19:18）

创新，尤其是原始创新，通常涉及三类递进层次的深度思考：领悟、顿悟与开悟。关于此，我有些自己的体会，撰写成文供读者参考。

1）领悟

领悟，即领会或完全理解的意思。孔子曰："学而不思则罔，思而不学则殆。"这告诫人们：只有把学习知识和深度思考结合起来，才能领悟切实有用的知识，否则会收效甚微。怎样算真正领悟了某种知识呢？在我看来，需要做到以下三点：①明白其内涵与外延；②知其然还要知其所以然；③在其实际运用中，能达到"运用之妙，存乎一心"的程度。

领悟分感性领悟和理性领悟两个层次。前者是凭人们的知觉对事物简单的、表层的认识，可谓"知其然"；而后者是对事物及其演变深层次乃至本质的认识，可谓"知其所以然"。由此而论，前者是领悟的初级阶段，后者才是领悟的高级阶段——其能奠定创新的知识基础。

由于容易解决的科技难题几乎都已被攻克，留下的都是难以下手的难题了。要突破这些难题，往往需要多学科知识，所以多方面的知识积累很重要。掌握的知识面多了，思路就开阔了，或许其中的某个思路正好是破解某难题的钥匙；尽管如此，"钥匙"是否灵光，关键在于能否掌握知识的精髓与能否灵活运用之。

2）顿悟

顿悟，即猛然领悟。醍醐灌顶、茅塞顿开、脑洞大开、灵感光临等是同义词。从心理学上讲，顿悟是指在掌握丰富知识的基础上，人们在深度思考某些问题或难题的过程中，受某种因素激发脑回路突然接通，对如何解决问题有了出乎预料的新想法。简言之，顿悟是知识积累的必然，是深度思考的结果，是认识的飞跃，是豁然开朗的新境界。思考达到了这样的境界，则创新不请自到。

顿悟是人类创造性认识活动中最美妙的思想之花。纵观科技史，突破或解决重大科技难题，几乎都需要“顿悟”的光顾。顿悟或产生于旅游度假期间的开窍、或产生于与高手交流后的思维升华、或产生于冥思苦想后的觉醒、或产生于郁闷后的闪念。

确实，黎明前特别黑暗，成功前格外艰难。在探索的征途上，人们总会遇到“山重水复疑无路”的困境，此时若能坚持不懈地冥思苦想，就可能“柳暗花明又一村”，即顿悟的来临、奇迹的出现。

3）开悟

顿悟，意味着找到了攻克某难题的突破口。一旦找到了该突破口，通过深挖穷究往往能势若破竹般地扩大战果，这体现在新原理、新理论、新模型等的横空出世，以及对某种事物演变奥秘的正确揭示。能做出这些科学发现的人士，就开悟了，由此科研“开挂”，精彩人生启航。

开悟后的人士，具备透过现象看本质的能力，具备化繁为简的能力，具备极强的创造能力，具备“无招胜有招”的能力。其心态淡定从容，其行为不被红尘所扰、不被琐事所困、不被名利所动，其个性特立独行，其理想至高无上。

愿我国有更多的人士，开源于领悟，升华于顿悟，壮大于开悟，为国家强盛做出尽可能大的实质性贡献。

8

假说的扎实性

（发布于2022-2-8 10:28）

所谓假说，是对事物成因、行为、规律等的一种猜测性观点或解释。有人说，既然是假说，就不需要扎实性，只要大胆假设就行。我觉得民间科学爱好者持有这种认识无可厚非，但若受过高等教育的科研人员如此，则有失妥当，故有必要温馨提醒其注意论证假说的扎实性，即：（1）所涉及事物的存在性；（2）与已有观测现象和数据的符合性。若能通过论证，则这样的假说可认为是扎实的；否则，乃空中楼阁矣。

为加深理解，我举一个实例。

爆炸导致构造地震（简称爆炸致震）的说法早已有之，但一直未得到学界广为认可。近些年，几位科研人员又提出了气体囊或液体囊（流体包括气体和液体，故本文统称为流体囊）爆炸致震的假说。我通过博文和微信群和他们进行了深度交流，指出了其存在的问题。然而，他们乃"杠精"也，以力求捍卫自己的劳动果实，此乃人之常情。为此，我重新梳理了以前的辩论并加入了新的认识，聚焦于"存在性"和"符合性"两大主题，以板内地震区为例，开展评述。

1）囊的存在性

根据我们的研究，板内较大地震位于较深的花岗岩质层基底（注意不是油气、煤、金属矿产等发育的盖层）。在这种岩层，其孔隙率很低，本身不能储存大量的流体。除非其发育大尺度的"洞子"或高孔隙率地质结构，则这样的"洞子"或结构才能视为囊。然而，目前的地质研究并未提供可靠证据支持这样的囊存在，且物探也并未确认之。

再者，囊爆炸时，其内部压力得突破围岩强度。根据已有的实验结果，在这样的深度，围岩强度起码可达数百兆帕。为达到围岩强度，必然需要能加压的"泵"和承压的"管道"输送源源不断的流体，那么"泵"和"管道"在哪里呢？我不知道"泵"在何处，但猜测"管道"只能是大断层，如基底断层、壳断层、岩石圈断层、超岩石圈断层、层间滑动断层。必须注意，高压流体会沿着其中某些直通地表的"管道"直接溢出；如此，怎样加压呢？囊又何以爆炸呢？

此外，根据大量的岩石破裂实验结果，当围岩被加载至裂纹起裂点及以后，裂纹会扩展（破裂致震）；若裂纹和断层联通，高压流体仍会从囊内溢出泄压，这也不会导致爆炸的发生。

2）与已有观测现象和数据的符合性

（1）据地震专家说，不同方位地震台站接收到的构造地震 P 波初动不一致，有的是压缩，有的是膨胀；然而，爆炸为球对称压缩，所有地震台接收到的地震波初动都是压缩的。

（2）观测结果表明，构造地震，不管是浅源、中源还是深源地震，均呈现"大 S 小 P"（即 S 波携带的能量远大于 P 波）特征，这是发震断层剪切破裂的标志之一；然而，爆炸产生的波，则与之相反，甚至完全观测不到 S 波。有人以汶川地震为例，想推翻构造地震这种独特特征。殊不知汶川地震是一次涉及多次子破裂过程的地震，P 波和 S 波的耦合度很高，故理论上难以完全区分之；尽管如此，灾区人们感受到的、导致房倒屋塌的最强烈震动，依然是源于 S 波。

（3）现场有大量的震后断层错动现象，这也是剪切破裂的标志之一；若为爆炸致震（大地震），则应看到明显的沿震中呈漏斗状分布沉陷现象。

（4）若地震是爆炸成因，则能量得以充分释放，产生的应力降应该很大，这会导致地震应力降不小于岩石破裂峰值应力降。然而，实测结果表明，地震应力降远小于破裂应力降。

（5）有些地震的破裂方式为双侧破裂，这种现象在岩石破裂实验中常能观测到，而爆炸致震假说则难以解释这种现象。

综上，无论从存在性上还是符合性上，爆炸致震假说都难以成立；如果成立，各国地震台网肯定不能分辨核爆、化学爆炸、矿山爆破还是构造地震，而事实上可以分辨。与之不同，破裂致震观点，不仅与大量的实验、观测、调研结果一致，而且不需要上述让地球为难的条件；因此，按照奥卡姆剃刀律，破裂致震观点也最靠谱。

科研人员一天冒出 *N* 个想法，提出某个观点，进而把观点串联起来形成某个假说，值得鼓励，因为总比提不出任何一个假说好。不过，要注意的是，囿于知识、认知、科学素养等原因，科研人员提出的假说往往存在整体错误或局部错误；否则，诺贝尔奖都不知道颁给谁啦。鉴于此，科研人员须以"小心论证"应对，以确保假说的扎实性。扎实的假说可视为学说，其通过实证检验后，可升华为理论。此乃一条事半功倍的光明大道，何乐而不为呢？！

9

什么是理论的科学性？

（发布于 2021-4-18 16:11）

科研人员提出了假说/学说/理论（为便于表述，以下统称理论），据此申请项目、发表论文时，常被评审专家以“理论的科学性不足”批评，让这些科研人员一头雾水，不知所措。那么，理论的科学性究竟是什么呢？或者说，如何衡量理论的科学性呢？

在我看来，衡量理论的科学性的标准应包括：

1）证实（validate）或证伪（falsify）

理论的科学性首先在于其必须有证实或证伪的机制，不能证实或证伪的理论往往是伪科学。

如果某理论一直被实验/观测/预测证实，那么在未被更成功的新理论替代前，可认为其正确。

如果有个案不支持某理论，但大多数案例仍支持该理论，有两种可能：（1）若个案涉及的数据质量有问题，不能否定该理论；（2）若数据质量没问题，则需要改进或完善该理论。

如果大多数案例不支持某理论，则说明该理论存在严重缺陷，或大幅修正或退出历史舞台。

毋庸置疑，最强有力的实证是前瞻性预测，即在某一现象或事件出现前，根据理论提前做出的预测；如果预测被证实且预测与实测结果相差较小，则该理论能较快地被学界认可。

顺便提一句。我注意到不少人混淆了“预言”与“预测”概念，故需澄清。预言不需要科学理论，任何人都可以信口开河；而预测必须基于科学理论。两者的区别就在于此。

2）简约性（parsimony）

理论中涉及的逻辑关系越简约，表明理论的科学性越强。创立科学理论的目的，在于从错综复杂的现象中提炼出普适性的本质规律，本质规律往往涉及某些控制变量关系的不变性，通常逻辑上是简约的、形式上是简单的，正所谓大道至简嘛。关于简约性，牛顿曾说过："把复杂的事情简单化，可以发现新定律。"例如，质能方程（$E = mc^2$）形式很简单，但深刻阐释了质量和能量之间最底层的联系。

3）适用性（scope）

如果某理论能统一描述某一类事物的演变，甚至不同类事物的演变，即该理论适用范围广，则该理论往往值得信赖。正如爱因斯坦所说："理论的前提假设越简单越好，涉及的因素越多越好，适用范围越宽越好。"

4）解释力（explanatory power）

如果根据某理论能简单合理地解释多种现象、多种实验/观测结果、前人百思不得其解的问题等，则说明该理论的科学性相当给力。

5）应用性（application）

如果某理论已开始应用于实际，这说明人们已基本信赖该理论，即该理论的科学性已十分强壮。

当然，看待理论的科学性时，要以发展的眼光去看，因为新陈代谢是科学发展的主旋律。关于此，爱因斯坦在论及相对论时也谦虚地承认："所有的物理学理论，不仅牛顿的，还有他自己的，都是尝试性的猜测，其总会被更好的猜测所取代。"

为便于理解，下面举一个范例。前几天，有位大咖问我们创立的多锁固段脆性破裂理论与配套预测方法的科学性与可靠性，我简单写了以下几条，供大家参考。

多锁固段脆性破裂理论能很好地描述板内和板间地震区浅源、中源和深源标志性地震的演化，能合理解释多种地震现象和观测结果，能统一前人提出的弹性回跳机制和黏滑机制学说，具有普适性。

采用多锁固段脆性破裂理论和标志性地震预测方法，对某些地震区标志性地震的前瞻性预测也已得到证实。

基于多锁固段脆性破裂理论和地震危险性评估方法提出的建议：雄安新区抗震设防烈度从Ⅶ度调整为Ⅷ度为宜，已被国务院批复的《河北雄安新区规划纲要（2018—2035年）》采纳。

2019年，多锁固段脆性破裂理论被第二次青藏高原综合科学考察研究项目作为基础理论使用，以评估研究区地震危险性。2020年，多锁固段脆性破裂理论被国家重点研发计划项目"强震区滑坡崩塌灾害防治技术方法研究"作为基础理论使用，以评估研究区地震危险性。

10

如何避免证实偏差?

(发布于 2022-9-4 11:38)

科学理论必须是可被证伪的，但仍未被证伪，如牛顿力学和相对论就是如此。人们之所以认可这样的科学理论，就是因为迄今为止其未被证伪。如果有那么一天，某理论被证伪，那么它就不是科学理论了。

科学理论通常涉及全称命题（universal statement），其是断定某类事物全部都具有或不具有某种属性的命题，如在物理学中，与全称命题相对应的是物理规律的普适性。对全称命题，只要出现一个反例，就足以否定之。

为加深对上述知识的理解，我们看旱震理论（学说）[1]给出的一个命题：大旱之后 3 年半内必有大震。这是一个全称命题，可用反例否定。大量实例表明，发生大旱的地区 3 年半内并无大震发生，这说明该命题不成立，亦表明旱震理论已被证伪。

反例的存在，意味着原理论需要修正，使得修正后的新理论可以包容反例；若不能做到，则意味着原理论是不需要的，即是可抛弃的。

那么，旱震理论应如何修正呢？除了把命题修改为“大旱之后 3 年半内可能有大震、也可能无大震”，别无他途。然而，一方面这样的修正毫无意义，因为其包含了“有”和“无”两种情况，俗称“两头堵”，即什么都不限制，也就等于什么都没说；另一方面，修正后的命题不能被证伪，则修正的旱震理论就不属于科学范畴了。

科学研究是一个试错过程，即一般通过证伪排除错误，从而逼近真理。然而，**人类的本能是证实而非证伪。**用通俗的语言说，一旦人们确立了某一信念，就倾向于在收集和分析信息的过程中，寻找支持这个信念的证据而忽略不支持这个信念的证据（旱震理论的创立者就是如此），或者将模棱两可的信息向着有利于自己立场的方向解释，这就是所谓的**证实偏差**（confirmation bias），其属于归纳推理中的一个系统性错误。

要避免证实偏差，研究者需要：

（1）以支配事物演变行为的物理机制和规律为抓手，这可从源头上保证所建立的理论具有牢靠的根基和普适性，经得起重复性检验。纵观科学史，业已公认科学理论的诞生和发展过程，莫不如此。

（2）全面收集有利于和不利于自己理论的证据，即保证证据的无偏性。当出现反例时，一定要慎重对待之以免误入歧途，这可通过修正理论、界定理论的适用范围或否定理论实现。

（3）不预设立场，即要以求真务实的科学精神，审视可能与机制不符的结论和推论错误，正视理论的逻辑漏洞，重视出现反例的本质原因，这才是通过纠错发展理论的健康之路。

参考文献

[1] 秦四清. 冷眼看旱震关系[EB/OL]. (2022-08-24) [2022-09-04]. https://blog.sciencenet.cn/home.php?mod=space&uid=575926&do=blog&id=1352481.

11

科研应避免出现“张冠李戴”式的错误

（发布于 2018-4-1 18:22）

今天一早，收到某位朋友发来的短信，说晚上要请我去“盘古大观”吃饭。我觉得有些不对劲啊，这位朋友小气是出了名的，怎么突然大方起来了呢？莫非太阳从西边出来了？扫了一下日期，原来今天是 4 月 1 日愚人节啊，于是我回复道：“好的，不见不散，我大概晚上 11 点 60 分过去。”

其实啊，在科学研究中，类似“愚人节”逗你玩的故事也在不时上演，以知名的“自组织临界性（SOC）”演义为例，说说其传奇吧。

说到 SOC 的渊源，必须提到著名的“沙堆模型（sandpile model）”实验，如下所述：

> Bak 等[1]做过一个内涵深刻的研究：他们让沙子一粒一粒落在桌上，形成逐渐增高的一小堆，借助计算机模拟精确地计算每在沙堆顶部落置一粒沙会连带多少沙粒移动；初始阶段，落下的沙粒对沙堆整体影响很小；然而当沙堆增高到一定程度，落下一粒沙却可能导致整个沙堆发生坍塌。
>
> 他们由此提出一种“自组织临界性”（self-organized criticality）的理论：沙堆一达到“临界”状态，每粒沙与其他沙粒就处于“一体性”接触，那时每粒新落下的沙都会产生一种“力波”，尽管微细，却有可能贯穿沙堆整体，把碰撞次第传给所有沙粒，导致沙堆发生整体性的连锁改变或重新组合；此时，沙堆的结构将随每粒新沙落下而变得脆弱，最终发生结构性失衡——坍塌；临界态时，沙崩规模与其出现的频率呈幂函数关系。

SOC 理论的提出影响深远，能够加深人们对某些系统失稳机制本质的认识。尽管如此，当把 SOC 理论具体应用到某学科领域时，还要注意其应用对象属性的差异，否则可能出现“张冠李戴”式的错误。

大概 Geller 等人[2]是首批中招的科学家，他们基于全球地震活动区震级-频次统计关系服从幂律分布的认识，认为：地球处于自组织临界状态，任何小地震有可能级联性地发展成大地震。若该认识正确，则大地震确实不能被预测。

此种认识刚一冒泡，立即引发了地震学界的“大地震”，尽管反对者有之，但更多的人“躺枪”了。为啥糊涂人如此多呢？我感觉还是与缺乏深度思考有关。判明某个理论能否应用于自己的研究领域，除基于性质相似基础上的逻辑推演外，简单的招儿是找个反例出来，就足以将其一拳撂倒。

如果 Geller 等人的说法靠谱，即“任何小地震有可能级联性地发展成大地震”，那么同理可认为这些大地震能级联性地发展成更大的地震，如可从$M \geqslant 6.0$ 地震级联性地发展到$M \geqslant 7.0$、$M \geqslant 8.0$ 乃至$M \geqslant 9.0$ 地震，甚至更大。然而事实上并非如此，震级越大的地震数量越少，全球$M \geqslant 8.0$ 大地震屈指可数。由此可见，Geller 等人的认识极有可能并不靠谱！

产生 SOC 现象的“沙堆模型”等实验，大多是基于均匀或准均匀散体材料进行的。散体材料变形力学行为主要受颗粒大小和空隙控制，而非均匀岩石（块体）介质变形破坏（地震由岩石破裂所致）力学行为主要受内部组构和裂隙控制，因此通过散体材料试验观察到的 SOC 现象，可能与加载条件下岩石损伤过程表现出的 SOC 行为不同，应对此开展进一步探索。

这里利用“力学模型 + 实例分析”简要谈一下结论性的认识[1]：

“沙堆模型”可视为非连续且准均匀的散体模型，其灾变前力学行为具有近似线性性质，可能没有可判识的前兆，因而难以预测其临界失稳行为。然而，大地震模型涉及锁固段破裂，锁固段可视为连续非均匀介质，当其损伤至体积膨胀点时，非稳定破裂开始。非稳定破裂的特点是，即使停止构造加载，破裂仍自发进行直至在峰值强度点达到临界状态，且破裂事件呈现时空丛集——展现有序行为。这说明自体积膨胀点起，锁固段损伤行为便具有了自组织演化特征，当其损伤至峰值强度点时出现临界行为，即自组织是“因”，临界行为是“果”。

大量震例分析表明，在锁固段体积膨胀点和峰值强度点处，均发生高能级破裂事件（标志性地震），前者可作为后者的前兆；两点之间的自组织过程并不短暂，而是一个长期过程；尽管某一地震区在两点之间会发生包括小地震（多由非锁固段产生，称为背景预震）在内的诸多预震，但这些预震并不能级联性地发展成大地震（标志性地震）。标志性地震的发生并非偶然，而是锁固段损伤至某种程度后的必然结果，其演化过程遵循确定性规律。这有力地说明，“沙堆模型”与大地震模型在演化机制和规律方面有着本质不同，决不能将两者混为一谈。

Bak 等[2]利用 SOC 理论能够很好地解释一个沙堆的形成和坍塌过程，但 Geller 等[3]将该理论直接外推应用于地震预测，导致错误的理解和或误导他人。恰恰相反，正是由于自组织过程的存在，才使得对某些大地震（如标志性地震）的预测成为可能。

总结下，搞科研必须牢记知其然还要知其所以然的探究精神，必须牢记质疑与批判的科学精神，必须牢记“逻辑自洽 + 实证”的科学鉴定原则，决不能人云亦云，这样才能避免出现“张冠李戴”式的错误。

参考文献

[1] 吴晓娲, 秦四清, 薛雷, 等. 孕震断层锁固段累积损伤导致失稳的自组织-临界行为特征[J]. 物理学报, 2018, 67(20): 206401.

[2] BAK P, TANG C, WIESENFELD K. Self-organized criticality: An explanation of the 1/f noise[J]. Physical Review Letters, 1987, 59(4): 381-384.

[3] GELLER R J, JACKSON D D, KAGAN Y Y, et al. Earthquakes cannot be predicted[J]. Science, 1997, 275(5306).

12

简谈实验结果的外推能力

（发布于 2022-7-2 17:43）

所谓外推（Extrapolation）[1]，就是从连续原理出发，根据已有的实验结果去获得超越实验范围的一些无法直接或间接测量的结果。

纵观科学史，有不少通过外推获得成功的案例。譬如，由于当时实验条件的限制，近代实验科学鼻祖伽利略，在无法对自由落体运动进行直接定量测量的情况下，把斜面实验结果外推到自由落体，从而建立了落体定律；又把斜面实验结果外推到水平面，揭示了物体具有惯性的性质。

然而，在科研中也有不少外推失败的事例。例如，诸多国内外岩石力学学者发表了上万篇论文，其中某些发表在顶刊，他们试图基于室内常规岩样（指承受快剪切加载的小尺度岩样，一般为圆柱状，其高径比为 2∶1）声发射实验，找到断裂前的可判识破裂前兆，以用于地震预测。由于实验结果受诸多因素（如岩性、岩样结构、岩样形状、围压、温度、加载方式、加载速率）影响，故不同学者得到的结论五花八门。尽管如此，也存在共识，那就是断裂前不会出现唯一可判识的破裂前兆；由此推断，大地震前也不会出现这样的前兆，以至于悲观者据此得出了“地震不能被预测”的观点。

下面，我解析此种观点的错误根源。前人未认清构造地震主要源自锁固段的脆性破裂。常规岩样与锁固段在尺度、环境、加载速率等方面差异很大，这就造成两者的均匀性和脆性（力学属性）差异很大，此种显著差异性会导致迥异的力学行为，也就是说两者不能简单地类比。因此，就不能把常规岩样破裂的实验结果外推到锁固段破裂的地震活动。我们基于扁平状岩块力学实验与数值模拟（大尺度、慢剪切加载）、地震区地震活动分析，已确认高承载力、强非均匀性、低脆性的锁固段，在体积膨胀点至峰值强度点的破裂活动呈现独特的“大—小—大”模式，在体积膨胀点的高能级事件可作为唯一可判识的断裂前兆。进一步的研究表明，极低的加载速率是此种锁固段破裂模式的主要影响因素。

为加深科研人员对外推局限性的认识，我再举一个例子。药物研制人员常用小白鼠做药理实验，以测试药物疗效。常出现的怪异现象是，用于小白鼠疗效不错的药物，用到人体身上疗效很差甚至无效。

上述分析说明，外推是否可行和是否获得成功需要一定的条件。伽利略的外推之所以可行且获得成功，是因为物体不论沿斜面、水平面运动还是自由落体运动，都具有类似的行为且遵循相同的力学机制。岩石力学学者的外推不可行，是因为常规岩样和锁固段的显著力学属性差异性导致的显著力学行为差异性。药物研制人员的外推常失败，是因为小白鼠和人在尺度、结构、循环、新陈代谢等方面显著不同，导致药物扩散机制、吸收机制、作用机制等方面显著不同。根据上述分析，我认为：

（1）当两者的行为类似且机制相同时，外推可行且极有可能获得成功。如果不清楚后者的行为，可比较两者的属性；当属性类似时，可做尝试性外推。

（2）当两者的行为类似或机制相同时，外推或许可行且可能获得成功。

当然，在这两种情况下，外推是否肯定获得成功，必须接受实践检验。

掌握统计推断知识、了解实验结果的外推能力，是一名合格科研人员的基本功。为练好此基本功，科研人员应善学习、勤思考、广交流、多实战、常总结。

参考文献

[1] 张平，陆申龙. 外推法在物理实验设计中的应用[J]. 物理实验, 2002, 22(3): 23-26.

13

什么是超乎寻常的证据？

（发布于 2021-8-31 09:47）

前院老李声称推翻了某一科学理论，隔壁老王宣布建立了某一学说（假说）或理论（为叙述方便，以下统称为理论），从而攻克了长期悬而未决的某一重大科学难题，他们很想获得同行认可。然而，毕竟实现重大突破难度很大，大致上是“百年一遇”的事件，需要慎重对待。为此，同行需要仔细确认证据的强壮性，以防被“欺骗”。难怪卡尔·萨根说：“超乎寻常的论断需要超乎寻常的证据。”

那么，什么是超乎寻常的证据呢？要合理解答此问题并非易事，需要从证据的分级开始，我将勉力为之。

1）弱证据：与事实几无关联性

一般认为，关联性与因果性不能画等号，即关联性差的，因果性通常也差；关联性强，并不意味着因果性强，甚至根本不存在因果性。因此，如果证据与事实几无关联性，说明两者不大可能存在因果性，则这样的证据几乎没有可信性，可称之为弱证据。

例如，某学者基于大数据和 AI 算法，提出了滑坡预测模型，回溯性检验（证据）效果很好，但用于实战则无一命中，他问我问题出在哪儿。我说：“你建立的统计预测模型，仅反映了滑坡发生时间与诸因素（尤其是降雨）的关联性，因模型与滑坡机制无关，两者并无因果关系，虽然貌似证据很牛，但实则为弱证据。”

再如，卢双苓等[1]以《中国震例》为主要参考资料，统计了中国大陆在 1966—2002 年间，发生的 1576 次$M \geqslant 5.0$ 地震的宏观异常现象，其中动物习性异常 58 次、地光异常 18 次、地声异常 17 次和气象异常 9 次，分别占地震总数的 3.68%、1.14%、1.08%和 0.57%，表明这些宏观异常现象与地震的相关性很差，不能作为可靠的地震短临前兆。如果有人声称根据鹦鹉行为异常能预测地震，解决了地震预测难题，能信吗？答案显然是否定的。

2）一般证据：与事实有一定关联性

要论证证据与事实存在必然联系，需以客观事物的演变机制为纽带。

若研究不够深入，揭示的机制难以完备；此时，根据该机制与基于此发展的理论，预判的现象/信息（证据）与实际现象/信息（事实）不可能全部一致，能占半数以上就很好了。在这样的情况下，虽然证据与事实存在一定联系，但不够强壮，仍需深化研究。我们可把这样的证据称之为一般证据。由于机制认识的不完备性会导致理论的科学性较弱，故诸多同行会质疑批评之。

例如，魏格纳基于陆块相互吻合、化石相似与物种相似三大证据提出大陆漂移说时，因未阐明陆块裂解与大陆漂移的动力源，遭到了诸多地质学家的批评乃至攻击。以后，虽有更多的证据支持大陆漂移说，且在此基础上发展了板块构造理论，但因对动力源持有争议，目前尚有一些学者仍不信任板块构造理论。

3）强证据：能很好地回溯过去

在掌握机制的基础上，可建立理论。如果理论的解释力强（软证据），且据理论和监测/观测数据能很好地回溯事物演变过程中出现的典型现象/信息（硬证据），则这样的软＋硬证据合起来为强证据。不过，由于数据的获取与处理或有不确定性，同行仍可能心存疑虑。

4）极强证据（超乎寻常的证据）：能可靠地预测未来

基于完全掌握的机制建立的理论，既能可靠地回溯过去也能前瞻性地预测未来(证据)，且经得起可重复检验，这就是传说中超乎寻常的证据。有了这样的证据，不服不行呐。不服，还是科学人吗?

例如，根据爱因斯坦的广义相对论，光线在通过强引力场附近时会发生弯曲。初期，没人相信这一预测；后来，通过多次的观测，确认果真如此，相对论才被广为接受，成为伟大的科学理论之一。

有人说科学是保守的，这得分情况而论。对弱证据和一般证据，学界理应保守，以维护科学的纯洁性；然而，对强证据和极强证据，尤其是后者，学界理应持开放鼓励的态度，以让“金子”早日放光，为人类造福。

参考文献

[1] 卢双苓，曲保安，蔡寅，等. 宏观异常与地震关系的统计分析[J]. 中国地震，2015, 31(1): 141-151.

14

寻找普适物理常数的一种途径

（发布于 2021-1-3 15:54）

有些同行常问我:“寻找普适物理常数有没有途径可循？”回答这个问题难度很大。不过，既然不少人关心这个问题，谈点自己的看法或许对别人的科研有所裨益。鉴于此，我将参考以前大师的研究并结合自己的实战经验，勉力为之。

物理学的一些基本概念、基本规律建立在严格的物理常数不变性基础上。海森堡认为:“一种新物理理论的出现经常同新的普适常数发现联结在一起”，普利高津曾指出:“普适常数的发现标志着根本的变化”。譬如，万有引力定律与万有引力常数G同时诞生，光速c的发现导致了相对论的产生，普朗克常数h的发现导致量子力学的建立。人们甚至用G、c和h来标志物理发展阶段。17—18 世纪，牛顿力学为主线，用G表征；19 世纪，电磁理论为主线，用c表征；20 世纪后，量子理论为主线，用h表征。由此可见，发现或确定物理常数，具有极其重要的意义。

我读科学史时注意到，有些常数可通过理论推导直接得到，而有些常数则需通过实验、观测等资料间接确定。我们研究锁固段破裂行为时，发现的常数 1.48 是根据理论推导得到的。推导步骤是:（1）根据重正化群理论确定体积膨胀点处应变，根据损伤理论确定峰值强度点处应变，进而得到应变比与 Weibull 分布形状参数m的关系;（2）由于锁固段具有强非均匀性与低脆性的属性，可进一步简化应变比关系，简化后的应变比为该常数。

我们知道，压缩或剪切下，岩石变形破坏过程通常存在 5 个力学特征点:（1）裂纹闭合点;（2）裂纹起裂点;（3）体积膨胀点（损伤应力点）;（4）峰值强度点;（5）残余强度点。自体积膨胀点起，岩石的破裂行为有了质的变化，因为此时即使停止加载裂纹也将自发扩展、丛集与贯通。因此，该点是破裂自组织行为的起点或质变的起点。自组织行为的出现，标志着破裂从无序向有序发展，力学行为从线性或近线性向非线性发展，在发展过程中后续特征点与体积膨胀点的应力比或应变比，可能出现与尺度无关的不变性。例如，大量岩石力学实验结果表明，一定围压下较大尺度岩样（硬岩类）体积膨胀点与峰值强度点的应力比在 80%左右，支持这一认识。反之，包括体积膨胀点在内的后续特征点与体积膨胀点之前（无序阶段）特征点的应力比或应变比，则不大可能出现不变性。

我们发现的常数 1.48，是根据峰值强度点与体积膨胀点的应变比得到的；无独有偶，费根鲍姆研究混沌现象时发现的常数 4.66920……，也是根据相邻倍化分岔点间的距离比得到的。因此，根据某事物演化质变过程中某些特征点处物理量之比寻找常数，可能是一条前景光明的途径。

恩格斯曾从量变质变规律来分析物理常数的实质。他指出："物理学的所谓常数，大部分不外是这样一些关节点的标记。在这些关节点上，量的变化会引起该物体状态质的变化，所以在这些关节点上，量转化为质。"我们的研究表明，此言不虚。

-15-

以奥卡姆剃刀律指导科研进程

（发布于 2021-7-4 14:05）

奥卡姆剃刀律（Occam's razor 或 Ockham's razor）[1]，由逻辑学家奥卡姆的威廉（William of Occam）首先提出。该律通常表述为："如无必要，勿增实体（Entities must not be multiplied beyond necessity）。"用通俗的话来讲就是"切勿浪费较多东西去做，用较少的东西同样可以做好的事情"。

该律与科学研究中的简单性原则有某种异曲同工之妙，已成为判断理论科学性的依据之一[2]。如果科研人员在建立理论进程中，使用了极少的假设/公理和简单的逻辑结构，且得到了简洁的公式，那么大概率能确保该理论的科学性。此外，当判断两个处于竞争地位、结论相同的理论模型哪个更靠谱时，按照该律形式或结构更简单的模型将胜出。例如，当年哥白尼注意到"地心说"比"日心说"需要更多的假设才能得到相同的结果，因此他宁愿选择后者。这个选择的过程，恰好就是"剃刀"发挥作用、去繁就简的过程。

关于逻辑结构的简单性，爱因斯坦认为："某项理论内在的完备性首先要求其逻辑前提的简单性，即：（1）独立的概念要简单明晰；（2）假设/原理要经济。当然，逻辑结构上简单的理论，不一定能正确描述客观事物的演变；然而，能正确描述客观事物演变的理论，一定是逻辑结构简单的。"[3]

客观事物，都表现为复杂与简单的对立统一。现象纷繁杂陈、稍纵即逝，本质深埋于内、稳定恒久。复杂性堪称世界之妙，简单性则是宇宙之灵；简单性是复杂性之根，复杂性中有简单性之本。客观事物的演变，都受人类已发现的普适原理（如能量守恒原理和最小耗能原理）支配[4]，必然不能"出格"；此外，主控演变的参量通常较少。因此，本质演变规律或能用简洁的理论模型描述。然而，仍有为数不少的参量影响事物演变，虽然这些参量不起支配作用，但能扮演"佐料"角色，导致事物在演变过程中出现纷繁杂陈的现象，这给科研人员提出了巨大的挑战。尽管如此，再狡猾的狐狸也斗不过好猎手。只要科研人员善于透过现象抓本质，以宽广的视野和深厚的洞察力为依托看待之，以格物致知之态度穷究之，终能拨云见日。

牛顿认为：“自然界不做无用之事，因为自然界喜欢简单，而不爱用什么多余的原因来夸耀自己。”[3]牛爵爷此言不虚！我们十余年来对地震产生机制和规律的研究表明，尽管地震现象千变万化，仍不离其宗，遵循着简单的确定性规律。

奥卡姆剃刀律，不仅为科研人员判断理论成果的科学性提供了指南，而且也可据之减少对已有理论不必要的争议。此外，该律也可作为判断科研人员成果价值的标准之一[5]。如果某科研人员能在极短时间内（如两分钟内）阐明自己的一项代表性创新成果，且能让大部分同行听懂并经得住其质疑，那通常说明该项成果确实很牛。

参考文献

[1] 百度百科. 奥卡姆剃刀原理[EB/OL]. [2021-07-04]. https://baike.baidu.com/item/%E5%A5%A5%E5%8D%A1%E5%A7%86%E5%89%83%E5%88%80%E5%8E%9F%E7%90%86/10900565?fr=aladdin.

[2] 秦四清. 什么是理论的科学性[EB/OL]. (2021-04-18) [2021-07-04]. http://blog.sciencenet.cn/blog-575926-1282613.html.

[3] 探究本质知行合一[EB/OL]. (2020-12-02) [2021-07-04]. https://zhuanlan.zhihu.com/p/326193043.

[4] 秦四清. 为何简洁的理论模型通常靠谱？[EB/OL]. (2020-01-07) [2021-07-04]. http://blog.sciencenet.cn/blog-575926-1213207.html.

[5] 秦四清.“代表作”评价制度如何执行？[EB/OL]. (2018-07-08) [2021-07-04]. http://blog.sciencenet.cn/blog-575926-1122905.html.

16

科学家要有一定的哲学素养

（发布于 2021-9-6 10:31）

前些日子，我和几位朋友吃饭时，有两位大咖不知怎么地聊到了哲学话题。某老哥说：“我看哲学没啥用，我不懂哲学，但没影响搞科研，文章照发，项目照拿。”某老姐反驳道：“不管您懂不懂哲学，您在科研生活中不自觉地用哲学，如讲逻辑、敢质疑、有机联系地看问题，等等，都属于哲学范畴。”因当时有几盘大菜正好陆续上来，我怕两人争执起来影响大伙吃饭，就当回和事佬，劝道：“两位说的都有道理，但这个问题太深奥啦，以后找机会慢慢讨论吧。”大姐笑道：“不行，你得谈谈自己的看法，否则，罚你喝三杯酒。”为了躲酒，我答曰：“我就说一句吧，不特意了解哲学，可能成为一名好科学家；但懂些哲学，有一定的哲学素养，可能成为一名更好的科学家。”瞧瞧，这话说得相当“凑合”吧。

回来后，我觉得就这个话题值得写篇文章，或能起到抛砖引玉作用。趁着今天醒得早，边想边敲动键盘，写就了以下文字。

大家知道，物质和意识的关系问题，不仅是科学家更是哲学家孜孜以求想给出正确答案的问题。世界是客观存在的物质世界，而人们对客观事物的认识则是主观意识的反映。认识可能正确、近似正确、部分正确乃至完全错误。因此，掌握正确的思维方式，至关重要。哲学，尤其是现代哲学，旨在超出经验、摆脱各种习以为常的肤浅认识束缚，是对长期以来人类靠谱思维方式的系统凝练和总结，这对我们正确认识未知世界有所裨益。所以，科学家懂些哲学，从而具有一定的哲学素养，在攻坚克难的征途上无疑可少走弯路、规避陷阱、纠偏方向。如此，何乐而不为呢？

纵观科学史，大科学家塑造科学的表现形式不仅仅是原理和理论，更是一种如何看待事物运动、演变等的世界观——一种伟大的哲学思想！哲学有助于科学家理性思考、理性质疑、理性探索等，促使其先成为大思想家乃至哲学家，而后成为公认的大科学家。关于此，爱因斯坦说：“如果把哲学理解为在最普遍和最广泛的形式中对知识的追求，那么，哲学可以被认为是全部科学的研究之母。”

哲学能给科学家提供可靠的思维方式，如抽象和概括、分解和综合、归纳和演绎、鉴别和判断，这有助于科学家按一定有效套路分析问题和解决问题以便捷地逼近真理。

提升哲学素养，可强化科学家的理性思辨能力，即不迷信权威，不盲从惯例，不固执己见，从而能开拓自己的深度思考能力和创新能力。

提升哲学素养，可强化科学家的理性批判精神，这有助于拓宽视野，打破常规，质疑陈论，博采众长。

提升哲学素养，可强化科学家探究事物本质机制和规律的能力，避免过度纠缠于细节，这有助于提出普适性的原理和理论。

提升哲学素养，可强化科学家全面地、系统地、有机地洞察问题的能力，以免陷入思维泥潭而不能自拔。例如，众多地震专家认为某一区域“主震们”均孤立地发生，“主震”之间没有联系。按哲学观点，这种认识肯定有问题；根据我们的科学认识，只要位于某一地震区的地震，不管距离多远，都有内在关联，这如同某一岩块内的破裂事件均有联系一样。孰是孰非，不难判断。我也曾和某大咖说：“如果贵圈能出一位哲学素养和科学素养均高的领军人物，乃烧高香也，可带领大家早日走出泥潭，踏上阳光大道。”

提升哲学素养，可强化科学家的学术鉴赏力。这样的科学家往往能识别那些真正的原创性成果，能一眼看清别人研究工作的关键漏洞，决不会被花里胡哨的学术杂耍蒙蔽。

科研具有方式随意性、路径不确定性等特点。这意味着科学家的思维对路了，一通百通；不对路，寸步难行。为给随意性和不确定性加以约束从而增强针对性，科学家需提升自己的哲学素养——以哲学开拓自己的思维空间和能力；如此，才能早日从“山重水复疑无路”，到“柳暗花明又一村”。

17

科研的最高境界之我见

（发布于 2021-5-4 09:33）

近来，我看到几位博主谈科研境界的博文，深受启发。因此，我也谈点自己的看法与大家分享，欢迎大家讨论拍砖。

我很喜欢金庸先生的一句名言："无招胜有招。"这句话出自《鹿鼎记》，完整的原话是："古人说道，武功到了绝顶，那便羚羊挂角，无迹可寻。听说前朝有位独孤求败大侠，又有位令狐冲大侠，以无招胜有招，当世无敌。"为便于理解"无招胜有招"的精髓，这里再举一例说明。一位百步穿杨的神枪手，之所以能够随时随地信手拔枪百发百中，凭借的已不是当初学到的套路和招式，而是直觉和本能，或者说是"枪感"，这便是神枪手的最高境界——"无招胜有招"。

以上说明，真正的高手以不再追求修习新招式为目的，而是靠被激发的潜在"创造"本领，自觉以一颗浑心随心所欲应对各种招式。

因此，创造力，是各路人士进阶的不二法宝。《笑傲江湖》"传剑"篇，独孤九剑传人风清扬对令狐冲说："五岳剑派中各有无数蠢才，以为将师父传下来的剑招学得精熟，自然而然便成高手。熟读唐诗三百首，不会作诗也会吟！熟读了人家诗句，做几首打油诗是可以的，但若不能自出机杼，能成大诗人么？"显然，答案是否定的。要成为武林高手或大诗人，靠模仿不行；要成为科研高手，唯有靠无与伦比的创造力，才能梦想成真。

然而，每位科研人员的创造力有所不同，即大多数人只能做从"1 到 *N*"的改进式工作，而只有极少数人能取得"从 0 到 1"的原创成果。事实上，科研就是求"道"的过程，探出的"道"越趋于本质，则创新程度越高、价值也越大。所谓原创就是找到了本质之"道"。

在我看来，能做出原创成果的科研人员，一定是灵感加持的人，一定是悟性极强的人，一定是能从错综复杂的现象中抓住本质的人，一定是把知识的运用达到"运用之妙，存乎一心"的人，一定是刨根问底的人。这些人，善于瞄准世界性科技难题攻关，靠自己深度思考谋求解决之道，靠自己的智慧和灵感寻觅突破口；一旦找到了突破口，则往往茅塞顿开，一通百通，从而走上了“自然而然”之道，即直觉和本能常与自己形影不离，绝妙的想法是那么自然——浑然天成、顺理成章，此乃“无招胜有招”是也。科研做到这种程度，科研人员才能体会到科研之乐，才能享受到科研的成就感，才能领略到“会当凌绝顶，一览众山小”的美妙。

18

科学家的学术自信何来?

（发布于 2020-6-11 14:44）

6 月 8 日，我把博文《地震产生机制学说的统一》[1]转发到某微信群，反响热烈，得到不少点赞和评论。譬如，吉林大学某教授发出了邀请：“你什么时间来吉大做报告哈？”我回复道：“时刻听从您的召唤。”武汉岩土所某研究员接茬道：“听四清的报告是种享受，我就喜欢这种自信心十足的报告！”我回复道：“过去搞的一些东西太虚，既不系统也没普适性，目的主要是为了发文章。然自从搞锁固段以来，随着研究的深入，觉得整体理论框架没问题，细节与细节之间、细节与框架之间也相互支撑；再者实证支撑理论，表明理论具有普适性。因此，信心就更强了。一句话，原创科学理论赋予我自信。”

学术自信源于原创性成果，做跟风式科研几乎不可能产生学术自信，这是因为不管自己如何改进完善前人的工作，都是为原创者做更漂亮的嫁衣，自己永远只能跑龙套。

尽管有人质疑科学是探索真理的最好途径，但我仍然坚信和推崇科学，因为人类业已取得的伟大原创成就都与科学密切相关。可以这样说，任何原创理论只要满足科学鉴定原则——逻辑自洽性和实证（可重复性检验），那么其起码是相对真理的化身。鉴于此，在创立科学理论的征程上，必须保证逻辑链的严密性和证据链的强壮性，即每一步的推理不能有逻辑漏洞，每一步推理结果要得到实验/观测数据的证实。注意，证据有间接和直接之分，但直接证据更靠谱。譬如，地震源于地球某些部位的岩石破裂，那么就应采用地震目录直接验证预测理论是否靠谱。

原创科学理论应具有普适性，即能很好地阐释某一类事物的演化机制与规律。譬如，若某理论只能描述浅源地震的演化，而不适用于中源和深源地震，就说明该理论未抓住地震演化规律的“宗”，是半成品或有严重瑕疵的产品，需以“十年磨一剑”之毅力将其发展为成品。

诸多科学大师的工作为后来者创立科学理论提供了可借鉴的典范和经验。譬如，其通常认为，形式上简洁的理论靠谱。因此，简洁性可作为判断某原创理论正确性的一个辅助原则。老子所说的“大道至简”与奥卡姆剃刀律皆表述了同样的意思；爱因斯坦也曾坦言："科学的东西都是简洁的，有的东西之所以复杂，就是因为它还不够科学。"

科学家按照上述科学范式对某一类事物的研究深入到本质时，一切都会豁然开朗——事物的演化是如此有序和谐且遵循简洁的理论。此时，自信不请自到，甚至自信"爆棚"！这都拜原创科学理论所赐啊。

参考文献

[1] 秦四清. 地震产生机制学说的统一[EB/OL]. (2020-06-08) [2020-06-11]. https://blog.sciencenet.cn/home.php?mod=space&uid=575926&do=blog&id=1236927.

19

如何打造有趣的论文？

（发布于 2022-2-5 10:21）

我注意到发表在顶刊上的论文主要是数据 + 分析类论文，其所依据的原理、理论、方法等几乎如出一辙，似乎受过一定科研训练的人士皆可干；然而，鲜见原创思想或理论类的论文，因为只有坚持不懈的智者才能干。这印证了流行语："好看的皮囊千篇一律，有趣的灵魂万里挑一。"这亦说明值得科研人员追求的是"研质"而非"颜值"。的确，当科研民工易，但实质贡献很小；而当科研开拓者难，但实质贡献很大。

毋庸置疑，正确评价某篇论文的质量，应聚焦于"灵魂"而非"皮囊"。一般说来，有灵魂的论文都是有趣的论文。某篇论文被同行认为有趣或有意思（interesting），是很高的评价；若其成果再具有重要意义，则如锦上添花。

那么，何谓有趣呢？这起码得满足如下两点：

1）新颖性显著

如果论文标题是老生常谈的东西，摘要是平淡无奇的东西，内容是捡漏补遗的东西，结论是显而易见的东西，不大会引人关注；即使某人偶尔看了全文，只会留下枯燥乏味的印象。反之，一篇切入点独出机杼、想法别出心裁、方法独辟蹊径、结果出乎预料、结论柱石之坚的论文，则会引人入胜、拍案叫绝。

2）故事性强

除了新颖性外，若论文想吸引同行阅读，且容易被理解，还得有好的表达。我觉得好的表达应像讲破案故事一样，既有悬念，也有基于假设、证据和推理的情节，还有令人惊奇的结局。这样的论文自然会吸引同行目不暇接、一气读完，还便于同行快速理解其精髓。

空谈无益，实战助力。

2018 年 5 月初，我和某博士后说："我们的锁固段脆性破裂理论业已成型，再者已较全面地掌握地震产生机制和规律，是时候整合其精华部分写篇论文，以更广泛地分享我们的新认知，推动地震研究实质性进展。题目初定为‘Universal precursor seismicity pattern before locked-segment rupture and evolutionary rule for landmark earthquakes’，我先起草个大纲，然后你慢慢写作，因为慢工出细活嘛。”

写完初稿后，经过数十轮讨论修改，我已比较满意论文的创新性、科学性和故事性；然后，请几位院士和教授看论文提意见，他们总体上觉得论文的逻辑结构清晰、环环相扣、论证有力，是一篇有趣的好论文。在投稿给 *Geoscience Frontiers* 后，某审稿专家在其评阅意见中，除高度赞扬论文的创新性和意义外，还认为论文写得好且很有趣。那么，这篇论文是如何撰写的呢？下面简述其逻辑结构和故事情节。

断层地震已被大家广为认可，而断层介质支配断层蠕滑和黏滑行为。断层介质无非分为三类：断层泥（低承载力介质）、锁固段（高承载力介质）与非锁固段（承载力介于两者之间）。在这三类介质中，能发生较大地震的只有锁固段，因为其能积累较高能量。

进而，需明确锁固段的属性，因为这是开展力学分析的前提。锁固段以大尺度和扁平状为几何特征，承受慢加载和高温高压作用，这必然使其具有强非均匀性和低脆性。由于锁固段和一般岩石的特性不同，那就应呈现特定的力学行为。

此力学行为究竟是什么呢？因不能直接对天然锁固段做力学实验，只能根据类锁固段实验类推。从类锁固段破裂实验结果（图 6-2）知，在峰值强度点前和峰值强度点（断裂）之间的声发射（AE）序列，呈现出独特的“大—小—大”活动模式。那么，首个“大”对应哪个力学特征点呢？从力学上推断，可能是体积膨胀点（需要论证），因为这是非稳定破裂的开始点。

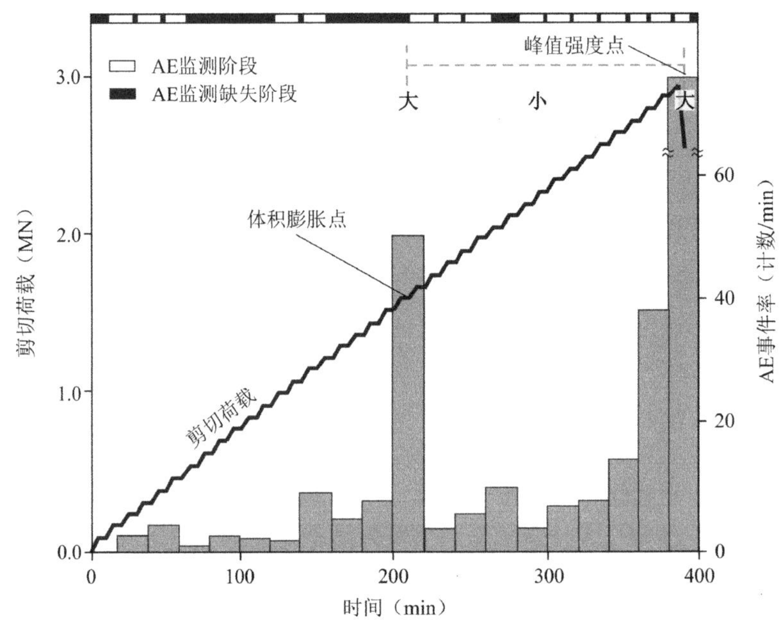

图 6-2 类锁固段直剪试验（据文献[1]修改）

孕震构造块体（对应的地面区域为地震区）内的锁固段破裂也产生这种模式吗？从天

然地震序列（图 6-3）看，这种模式重复出现（注意是多锁固段的情况）。如果能确认这些大事件（标志性地震）发生在锁固段的体积膨胀点和峰值强度点（谜底），那就能实现对未来标志性地震的可靠物理预测。

科研嘛，倡导大胆假设但要小心论证的原则。鉴于此，不妨先假设标志性地震发生在这两点，然后论证之。

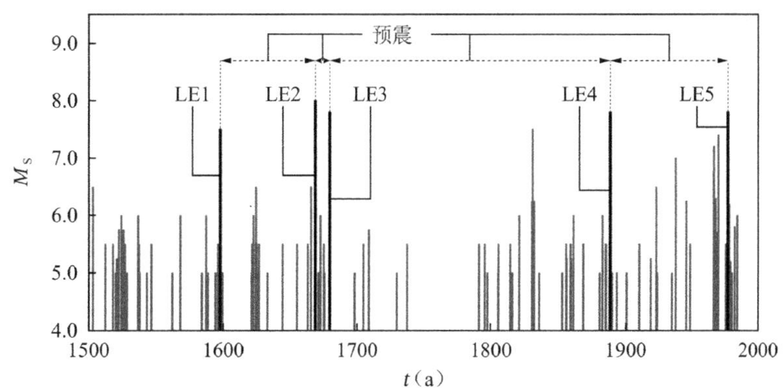

图 6-3 唐山地震区 1500—2000 年间$M_S \geqslant 5.0$ 地震序列

（LE1-LE5（深色线）为标志性地震，浅色线为预震）

（LE1：1597.10.06 渤海M_S7.5 地震；LE2：1668.07.25 郯城M_S8.0 地震；LE3：1679.09.02 三河-平谷M_S7.8 地震；LE4：1888.06.13 渤海湾M_S7.8 地震；LE5：1976.07.27 唐山M_S7.8 地震）

要可靠地论证，必须建立两点之间的力学模型；若标志性地震的临界应变值满足此模型，可认为假设成立。我们基于严格的力学推导，完成了这项工作，建立了指数律。然后，据指数律并通过对全球两大地震带 62 个地震区的震例分析，论证了标志性地震确实发生在这两点。这就揭开了谜底，亦说明：（1）可判识的锁固段断裂前兆为体积膨胀点的标志性地震；（2）标志性地震的产生具有明确的物理意义，且其演化遵循确定性规律，因而可预测。

为什么专家认为该论文有趣呢？

一是概念新。锁固段的概念鲜有人知，标志性地震的概念为首次提出。

二是思路新。从阐明锁固段支配构造地震产生这一基点出发，认清其属性，进而把地震区数据和力学模型相结合揭示其独特力学行为，这种思路前所未有。

三是模型新。构建体积膨胀点和峰值强度点之间力学模型的做法与给出的指数律，均属首创。

四是结论新。锁固段破裂具有普适性的地震活动模式——“大—小—大”模式，且标志性地震的演化遵循确定性规律——可预测，这种认识前所未有。

五是故事性强。从锁固段概念、属性和行为的铺垫，到悬念（是否发生在这两点）的提出，再到根据强有力的证据揭开谜底，讲述了一个完整的破案故事。

总之，新颖性显著和故事性强的论文，定能引起读者的兴趣和关注。

（我们的论文已于 2022 年 2 月 2 日正式发表，可免费下载，也欢迎大家批评指正。论文信息与链接见文献[2]。）

参考文献

[1] ISHIDA T, KANAGAWA T, KANAORI Y. Source distribution of acoustic emissions during an in-situ direct shear test: Implications for an analog model of seismogenic faulting in an inhomogeneous rock mass[J]. Engineering Geology, 2010, 110(3): 66-76.

[2] CHEN H, QIN S, XUE L, et al. Universal precursor seismicity pattern before locked-segment rupture and evolutionary rule for landmark earthquakes[J]. Geoscience Frontiers, 2022, 13(3): 101314.

20

为何高创新性论文易成为“睡美人”？

（发布于 2022-7-8 20:01）

由于综述论文、数据论文与工具论文，分别具有便于表述研究历史、提供基础数据与提供分析工具的功能，且追踪热点工作的论文数量多，故这些论文易成为高被引论文。此外，玩弄各种花招，如诱引、崇引、过引与互引[1]，也能提高论文的被引用次数。

然而，这样的论文通常创新性不高，对促进科技实质性进步的作用有限，不应是有志科研人员追求的目标。有志科研人员应以新思想、新原理、新理论、新方法、新技术攻坚克难，从而实质推动科技发展和社会进步；取得阶段性创新成果后，科研人员宜及时发表论文，以分享成果且取得成果的优先发现权。遗憾的是，创新性越高的论文，尤其是原创论文，越易成为“睡美人（Sleeping Beauties）”。

“睡美人”是指那些在发表初期遭遇冷遇，经历长时间的沉寂之后突然引起大量关注的文献[2]。譬如，Philip Wallace 于 1947 年发表了计算石墨烯能带结构的论文，在沉睡约 57 年后于 2004 年被 Andrei Geim、Konstantin Novoselov 等人的一篇如何在实验室制造石墨烯的论文唤醒（这两位科学家因此发现获得了 2010 年诺贝尔物理学奖），由此引发了石墨烯的持续研究热潮[3]。

在学术论文中之所以出现“睡美人”现象，是因为：

1）超前的学术思想

创新性越高，说明创新者的学术思想越远超当时的认识水平，其初期工作往往由于同行的认知局限，而被认为是异想天开甚至是胡说八道。此时，论文难以发表在高大上期刊。据不完全统计[2]，24 位诺贝尔奖得主的开山论文曾被期刊编辑或审稿人拒绝。即使想方设法论文得以发表，或因同行看不懂而不引，或看懂了因“利益冲突”而故意不引，或看懂了因“羡慕—嫉妒—恨”的心理因素作怪而故意漏引。

2）僵化的学术壁垒

高创新性工作，往往推翻了以前认知或开创了新的学科领域，对旧的思想体系和利益格局具有毁灭效果。因此，受其影响的各种利益集团和学术团体，往往以各种方式抵制之，如不传播之和不邀请创新者参与有关学术会议，以至于其工作长期鲜为人知。有证据表明[2]，19 位诺贝尔奖得主的科学发现曾受到某些学术团体大咖的刁难或抵制。

尽管如此，新陈代谢是科技发展的主旋律，即只要高创新性工作初期站得住脚，中期通过改进得以完善，后期经得起实践检验，任何对它的漠视、抵制都无济于事，迟早会被同行广为认可。不过，早一点获得承认，则能使这样的工作早日大放异彩；如此，何乐而不为呢？！

鱼龙混杂，大浪淘沙；淘去尘垢，洗尽铅华。尽管高被引论文显赫于一时，但若价值微乎其微终将被人遗忘；尽管“睡美人”长期遭受冷落，但若价值连城也将会重见天日。是啊，只有见识过真正的伟大成就，才能避免被那些花里胡哨的杂耍吸引；只有了解真正的科学大师，才不会盲目崇拜那些喧嚣一时的“小丑”[4]。

为尽量避免出现“睡美人”现象，学术团体主要成员或掌握话语权的大咖应提高学术鉴赏力，并持有甘为人梯的心态，利益集团负责人应以开放进取的胸怀容纳高创新性成果，重量级的“伯乐”宜大力向团体和集团推荐高创新性成果。

参考文献

[1] “高被引”成“新帽子”！揭开引文 3 大“黑暗面”[EB/OL]. (2021-12-09) [2022-07-08]. http://k.sina.com.cn/article_2427364747_90aea58b019010yl1.html?sudaref=www.baidu.com&display=0&retcode=0.

[2] 郭斐，鄢小燕.“睡美人”文献研究综述[J]. 图书馆建设, 2016, (5): 40-45.

[3] 文双春. 做科学，要睡美人还是要甜妞?[EB/OL]. (2015-06-02) [2022-07-08]. https://blog.sciencenet.cn/blog-412323-894911.html.

[4] 姬扬.《一念非凡》书评[EB/OL]. (2016-06-01) [2022-07-08]. https://blog.sciencenet.cn/blog-1319915-981760.html.

—21—

我的实验室在哪里？

（发布于 2019-3-13 08:30）

看到这个题目，估计好多人会问：你的实验室不在实验楼或实验基地或野外观测站，还能在哪里？

我团队以前确实有个物理模拟实验室，可用于模拟研究基坑与斜坡的变形破坏机理。然自从 2009 年我们转向地震物理预测研究以来，该实验室几乎已无用武之地；再加上长期无有关科研任务支撑，已处于荒废状态。一般说来，做科研离不了实验室，那么我现在的实验室在哪里呢？别急，听我慢慢道来。

我们的研究表明，较大地震的发生源自孕震断层锁固段的脆性破裂。一方面，天然锁固段以大尺度、扁平状为几何特征，且承受极其缓慢的构造应力加载，具有强非均匀性与低脆性的特殊属性。然而，室内岩样力学试验，通常采用高径比为 2.0 的小尺度圆柱岩样，这将导致较低的非均匀性与较高的脆性；另一方面，室内试验对岩样的加载速率较高，这也将导致较高的脆性。由此看出，岩样与锁固段在非均匀性与脆性方面的显著差异，决定了通过室内试验寻找大地震前兆的努力，是不可能成功的。那么，岩样和天然锁固段承受的加载速率有多大差距呢？我们看一组数据。室内试验加载速率的下限通常为 10^{-7}/s，而大陆岩石圈内岩石变形的应变率量级通常低于 10^{-10}/s[1]；室内蠕变试验仅持续数天或数周，而天然锁固段从体积膨胀点到峰值强度点的演化通常为数十年至数百年。

实现如此低的加载速率，目前在技术上难以做到。即使技术上能做到，也没有人愿意做这样长期“不出成果”的试验。既然如此，总不能固步自封，于是恍然大悟脑袋开窍有了：常发生地震的地球，不就是一个研究地震前兆模式与演化规律的天然实验室嘛。

看看这个实验室有什么样的实验设备和实验条件。（1）加载设备：地幔热对流驱动的构造运动（图 6-4），无需花钱购买；（2）加载方式：通过 GPS 监测和地震活动性分析，推测为“阶梯状”加载；（3）样品：被大断裂围限的构造块体（对应的地面区域为地震区）；（4）数据：前人已积累了长达约 12000 年的海量地震数据（地震目录）。我们可通过理论模型揭示这些数据反映的大地震演化规律。同时利用这个天然实验室，依靠勤劳的双手和不算太笨的大脑，提出并初步证实了锁固段脆性破裂理论。荀子曰："君子生非异也，善假于物也。"这话说得好，每个人在科研中取得的一小步或一大步进展，正如牛顿认为他的成功"是因为站在巨人的肩膀上"。没有前人的贡献和基础资料积累，何谈突破！

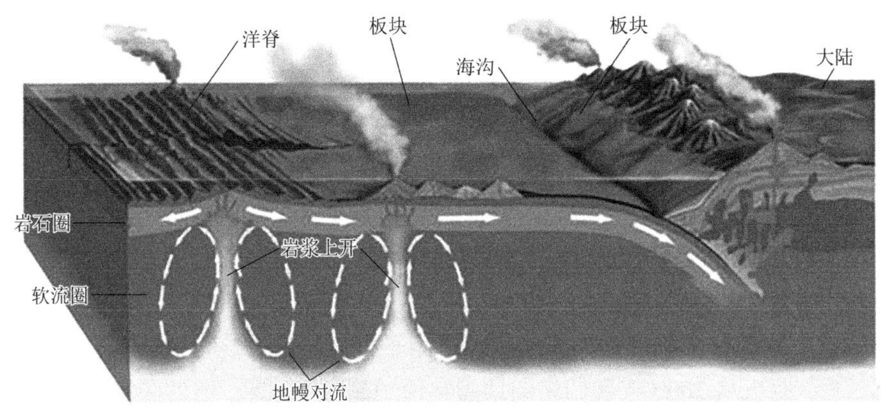

图 6-4　地幔热对流驱动的板块运动示意图

记得在 2014 年的某一天，我和同济大学的某教授聊天时曾说过："对涉及大尺度空间范围、长时间尺度的自然对象——如地震，欲搞清其演化的本质规律，仅靠盲目调参数做室内试验是远远不够的，还需要地球这个天然实验室的强力支撑。为此，要多去野外考察，从地质构造活动行迹中以古论今；要深入分析地震与断层活动性的内在关联以明确发震结构；要多思考室内试验结果与地震现象的差异性以找出问题所在；要把观测、推理与验证统一在普适性的理论框架上。在科研中自觉师法自然，才可能避免陷入某些研究误区，才可能一通百通，才可能找到隐藏在'黑暗'中的自然规律。"

近些年，我们通过地球这个天然实验室掌握了诸多地震的"脾气秉性"，架起了理论模型与地震真实表现行为的桥梁，这是室内实验室难以胜任的。依靠该免费的天然实验室，并结合逻辑推理与室内试验提供的线索，可不断深化我们对地震产生过程的认识，进而改进和完善锁固段脆性破裂理论。

参考文献

[1] CARTER N L, TSENN M C. Flow properties of continental lithosphere[J]. Tectonophysics, 1987, 136(1-2): 27-63.

—第七章—

科研生活

1

与其“躺平”，不如平趟

（发布于 2021-6-4 08:56）

近期，“躺平”一词成为网络热词；所谓躺平，早期是表示不回应不反抗的一种心理态度，现在被用来表示人们厌倦竞争之后，主动追求低欲望生活（浑浑噩噩过日子，不再追求上进和渴求成功）的一种社会现状。

然而，在我看来，对科研人员而言，躺平可分为真躺平和假躺平两类。前者指某些科研人员虽经努力奋斗，但未能做出令人自豪的成果或未能获得预期的名利，在经历各种不顺和打击后看破了红尘，处于与世无争的佛系状态，这与上述躺平的原定义类似；后者指某些科研人员以好奇心默默无闻埋头做科研，不在乎名利，不想巴结大咖，不愿在公众场合抛头露面，这在他人看来貌似是躺平，但实则是平趟艰难险阻以求登上科学高峰。

据我所知，有些临近退休的科研人员处于真躺平状态，因为自己觉得再努力科研上不会有多大起色，且生活上也厌倦了靠投机取巧才能获得的名利。对此，没必要苛责，毕竟人各有志嘛。然而，与其碌碌无为一生，不如像闪电一样划过夜空绚烂一时。每位科研人员的情况不同，有的在年轻时做出了卓越成果，而有的则大器晚成，在中老年时开始发力做出了重要科技贡献。正所谓“有志不在年高，春晖不论早晚”嘛。

在科研生活中，科研人员都可能遭遇不同程度的困境乃至厄运，或选择沉沦或选择奋起，但有志者应选择后者。培根说：“奇迹多是在厄运中出现的。”确实，黎明前特别黑暗，成功前格外艰难。逆境使人别无选择，逆境给人很大压力，而压力能激发出强劲动力。只要在艰难时刻再坚持一下，挺过最难熬的一段，那么紧接着可能就是机遇的光顾、奇迹的出现。

人这一生，十分短暂。与其以真躺平状态度过余生，不如以平趟精神为国家社会做出突出贡献，给子孙后代留下念想。真躺平易，但平趟难，然而只有克服了“八十一难”才能取得“真经”，才能不鸣则已，一鸣惊人。

我们知道牛顿，是因为$F = ma$；我们知道爱因斯坦，是因为$E = mc^2$；我们知道居里夫人，是因为她发现元素钋和镭；我们知道门捷列夫，是因为元素周期表；我们知道魏格纳，是因为大陆漂移说……这些科学巨匠，不管在科研生活中曾遇到多少挫折困苦，仍一往无前平趟未知世界，从而做出了载入史册的卓越成果。

我们知道，是金子迟早会发光，是沙子自然会沉入海底。作为国家培育多年的科研人员，应追求前者而非后者。人过留名，雁过留声。我想大多数科研人员都不想无声无息地离开这个世界，但要留下痕迹，除平趟外别无他途。

一旦科研人员平趟了某一科学堡垒，则能傲视群雄展现舍我其谁的力量，则能领略“会当凌绝顶，一览众山小”的美妙。这份智慧足以笑傲江湖，这种成就足以令人望尘莫及，这种境界足以令人惊叹不已。既然如此，还等什么，赶紧从真躺平中翻转投身于平趟吧！

2

悠着点好

（发布于 2022-4-30 12:31）

近些年，通过新闻报道，不时看到中青年学者英年早逝的消息，令人扼腕叹息。

英年早逝的原因，常常是名目繁多的学术竞标赛（如争抢“帽子”、非升即走、末位淘汰）导致的学者积劳成疾。从长远看，学者早逝或许对科技发展的实质影响并不大，但对家庭的打击却很大。前央视著名节目主持人李咏在写给妻女的信中说：“观众少了我，一样会有别的主持人娱乐大家；但是妻女没了我，她们承受的是事故，观众承受的只不过是故事而已。”[1]鉴于此，为了事业的可持续发展，更为了家庭幸福，学者一定要保重自己。

虽然有的学者找到了正确的研究方向，科研做得顺风顺水，但要做出经得起检验的优秀成果，绝非一朝一夕之功。这说明要做出优秀成果，起码要以长期良好的身心健康为保障。是啊，没有良好的身心健康这个“1”，其他的都是“0”。换句话说，学者身心健康不达标，什么美好的想法，什么伟大的事业，都只能是一句空谈，都只能是一种空想。

列宁说：“不会休息的人就不会工作。”这句话的本意是只有适当安排工作与休息时间，即劳逸结合，才能有利于提高工作效率，有利于科研生活保持合理节奏，有利于达到事半功倍的效果。因此，不管学术锦标赛如何激烈，为了能“笑到最后”，学者应合理调节自己的科研与生活节奏，不可透支自己的身心健康。

科学史告诉我们，许多重大的科学发现与创造发明都源于灵感，而心理学研究表明，灵感突现的最佳时机往往出现在身心放松的状态下。因此，不时放松自己，有利于为灵感的释放提供空间，有利于为灵感的产生提供机会，有利于为灵感的软着陆提供环境。

总之，张弛有度，才能行稳致远；张弛有道，才能方得始终。如此，何乐而不为呢？

参考文献

[1] 以透支身体健康去做任何事，都是极度不负责任的行为[EB/OL]. (2018-11-25) [2022-04-30]. https://www.jianshu.com/p/087eca16b297.

3

少即是多

（发布于 2022-6-19 13:22）

20 世纪 30 年代，现代主义建筑大师路德维希·密斯·凡德罗（Ludwig Mies Van der Rohe）提出“少即是多（Less is more）”[1]的设计理念——以简约精炼代替繁复奢华。这种理念影响波及全球，被延伸到了其他各个领域，并且得到了人们的广泛认可。

实际上，此理念与人们熟知的舍即是得、化繁为简、断舍离等理念，有异曲同工之妙。这一切似乎都在说明，少比多更好，简单比复杂更好，并且少可以变成多，简单可以超越复杂。

有人把极致的人生真谛总结为：以少胜多，简才为真，敢舍才能真得。是啊，若鱼和熊掌都想要，便会让人陷入痛苦的抉择；硬要兼得，可能都会随风而去。人这一生，无论做了多少件事儿，但只有做成一件促进国家科技强盛和社会进步的真事儿，才称得上精彩；否则，无论如何蝇营狗苟，如何浪得虚名，到头来无非又多了一名“南郭先生”而已。

老子所说的“万物之始，大道至简，衍化至繁”，告诉我们这样的道理：通过扎实地逐层剥离事物的复杂冗繁表象，则能揭示事物的简单本质。纵观科学史，若把科学家探索历程基于的逻辑精华浓缩为两字，那就是简单，即简单才是最好的逻辑。确实，简单性——把复杂问题简单化，简单问题模型化是科学家进行研究遵循的基本原则，也是始终坚守的一个科学传统。

断舍离中的“断”是指断绝不需要的东西，“舍”是舍弃多余的东西，“离”是放下我们对物品的执念。由此看出，断舍离的真实涵义是做减法。从信息层面看，做减法的好处是：通过不断剔除可能误导自己的信息，人们可确保自己走在成功之路上。

2021 年 4 月，Adams 等人在 *Nature* 上发表了一项题为 *People systematically overlook subtractive changes* 的论文[2]。通过实验，作者发现：

（1）人们在解决问题时更喜欢做加法（通过增加元素来解决问题），即使做减法（通过删除一些元素来解决问题）的效率更高；

（2）人们更喜欢做加法，不是因为没有认识到做减法的效率更高，而是压根就没有想到还可以通过做减法来解决这些问题。

这解释了为什么人们总是疲于应付处理不完的工作安排，机构总是陷入各种繁文缛节，还解释了为什么人类总是如此滥用地球资源。

当人们抓不住“宗（事物本质）”的时候，必然眉毛胡子一把抓，即考虑更多的因素（做加法）以使分析更全面，但往往事与愿违。这是因为大多数因素是外在影响因素，只有少数因素是内在支配因素。要解锁“宗”之机理和规律，只考虑后者即可，因为前者通过后者才起作用，且前者可通过观测数据得到反映；若分不清彼此，辨不明内外，则会掉入“剪不断，理还乱”的泥潭。当然，在掌握了“宗”之后，则化繁为简（做减法）水到渠成。

为何诸多才俊英年早逝？我认为主要是积劳成疾的恶果。试想，当才俊们每天忙于写论文、争项目、夺“帽子”、搞社交、频参会、急审稿等时，压力该是多么的大，内心该是多么的焦灼，步伐该是多么的匆忙；久而久之，就会透支身心健康。鉴于此，为了在事业上能笑到最后，也为了生活幸福美满，科研人员应多做减法——把无关紧要的事儿一推了之。此外，要把做减法节省出来的时间用于做加法，即常运动锻炼身体，常一觉睡到自然醒，常与亲朋好友闲聊分忧解难，常和三五好友吃喝玩乐放松自己。如此，磨刀不误砍柴工，事半功倍奔成功。

总之，做减法不是“躺平”，而是积极深度思考事物的本质以扩大认知；做减法不是知难而退，而是为了轻装前行；做减法不是不思进取，而是为了行稳致远。

参考文献

[1] 百度百科. 路德维希·密斯·凡德罗[EB/OL]. [2022-06-19]. https://baike.baidu.com/item/%E8%B7%AF%E5%BE%B7%E7%BB%B4%E5%B8%8C%C2%B7%E5%AF%86%E6%96%AF%C2%B7%E5%87%A1%E5%BE%B7%E7%BD%97/10087173?fr=aladdin.

[2] ADAMS G S, CONVERSE B A, HALES A H, et al. People systematically overlook subtractive changes[J]. Nature, 2021, 592(7853): 258-261.

4

深度思考有助于延年益寿

（发布于 2022-1-13 18:04）

深度思考[1]，就是像剥洋葱一样通过逐层多角度逻辑分析，逐渐逼近问题本质的思维方式。事实上，任何缺乏深度思考的盲目勤奋，注定都是吃力不讨好的徒劳。在碎片化信息爆炸的当下，在竞争激烈的核心和前沿领域，决胜的关键不仅在于知识的多寡、勤奋的程度，更在于是否具备深度思考的能力。任何人，只要具备了这种能力，便能实现认知升级与自我精进，便能在竞争中处于优胜地位，便能行稳致远。

深度思考的具体益处多，在参考文献[2]的基础上，我将之归纳为：

（1）深度思考，能缓解焦虑

人生大部分情况下的焦虑，是因为不知道下一步努力的方向及其“抓手”。然而，通过深度思考，自己可认清这些。于是乎，才能心里踏实有信仰，行动笃定有目标，这无疑会减少焦虑感、增加快乐感。

（2）深度思考，有助于消除恐惧

通过深度思考，自己通常能找到解决麻烦和（或）难题的锦囊妙计，这可消除对未知和未来的恐惧。久而久之，自己在科研生活中就能炼成从容淡定、举重若轻、驾轻就熟之秉性。

（3）深度思考，能带来有趣的新思想

通过不断地在探索过程中刨根问底、一探究竟，则可能形成攻克某科技难题的独辟蹊径的新思想。

（4）深度思考，能提高自己的境界

通过深度思考，自己看待问题有高度，分析问题有维度，解决问题有力度，这必然会提升自己的格局。长此以往，或能达到一览众山小之境界。

（5）深度思考，有利于做出原创工作，也有助于延缓衰老

通过深度思考，自己或能凝练出关键科学问题，进而找到破解之道，由此可做出新的科学发现。这能使自己获得成就感、自豪感和愉悦感；处于这种状态的自己，不但外貌不显老，而且心态年轻，有活力。

（6）深度思考，是最好的养生方式之一

诺贝尔生理学或医学奖得主日本京都大学教授山中伸弥 2018 年在

Nature 发文《深度思考是最好的养生方式》，其主要观点是：大脑是身体每个机能的指挥中心；如果脑细胞充分活跃，必须有足够的能量和养分供给，身体机能会自动调动身体各部位可余能量向大脑集中，习惯性深度思考能有效缓解脂肪的局部富集。[2]该观点得到了不少案例的支持，这些案例均表明深度思考是最好的养生方式和长寿秘诀之一。

既然深度思考的好处多多，诸位还犹豫什么呢？赶紧习惯性独立深度思考吧。

有些博主曾说：常撰写博文可锻炼自己的思维能力，能预防老年痴呆。在我看来，这句话得有前提才对头。这个前提就是必须要有深度思考。否则，仅通过"搬运""拼凑""人云亦云"等不动脑筋招数撰写"充数""刷存在感""应景"式等文章，长期下去不仅不可能预防老年痴呆，甚至还可能加速痴呆。鉴于此，博主们（特别是年纪较大的博主们）宜通过深度思考，写出有见地、有营养的文章，这不仅对自己的身心健康和生活质量大有裨益，而且可启发别人的深度思考以激发其攻坚克难的"灵感"。如此，何乐而不为呢？！

参考文献

[1] 莫琳·希凯. 深度思考：不断逼近问题的本质[M]. 孙锐才，译. 南京：江苏凤凰文艺出版社, 2018.

[2] 深度思考是最好的养生方式[EB/OL]. (2018-02-25) [2022-01-13]. https://baijiahao.baidu.com/s?id=1593260170797694982&wfr=spider&for=pc.

5

放松可“助产”创造力

（发布于 2022-5-1 20:23）

创造力是指产生新思想、做出新发现和创造新事物的能力，是推动科技发展和社会进步的主要动力。今天上午，我偶然看到 2021 年诺贝尔化学奖得主之一利斯特的名言：“创造力不是源于专注和紧张；只有当你放松时，你的思想才能流动。”[1]果真如此吗？且听我娓娓道来。

我们常有这样的感觉：在心如止水的状态下，强烈的宁静感会导致莫名其妙的新点子频出；在物我两忘的状态下，强烈的合一感会导致异想天开的鬼点子冒泡；在淡泊无虞的状态下，强烈的专注感会导致难以置信的灵感闪现。这说明创造力与心态放松密切相关。在科学史上，这样的例子不胜枚举，诸如魏格纳在病中休养时偶然翻阅世界地图而引发了联想，提出了大陆漂移说；牛顿在果园散步时受苹果落地的启发，发现了万有引力定律。

由现代认知神经学知，人们处于放松状态时，大脑具有默认模式网络（DMN）的动力学行为[2]。此时，通过重新发掘过去的记忆、架起过去和未来之间的想象桥梁、联系不同的想法，大脑会自由组合出人们平时可能意识不到的信息，从而产生新的创意。这就是我们所说的发散思维或创造力的来源之一。目前，有几种积极的方式可激活 DMN，如冥想、适度的浅睡眠、体育运动。

如果科教单位与投资方持有急功近利的心态，以诸如三日一催促、五日一考核、七日一评比、九日一淘汰的政策对待科教人员，则必然会使其陷入应急之态，掉入疲惫之中，落入紧张之围，进入焦虑之圈。在这样的情况下，何谈富有创造力新思想的涌现，更遑论什么卓越成果。这提醒有关部门，制订任何评价政策，必须遵守科学规律，如此才能切切实实促进科教事业健康发展。

参考文献

[1] 深度丨诺贝尔化学奖得主李斯特的开挂人生[EB/OL]. (2021-10-09)[2022-05-01]. https://baijiahao.baidu.com/s?id=1713112811279876411&wfr=spider&for=pc.

[2] 乔布斯: 创新是成功的关键, 认知科学告诉你提高创新力有两个关键[EB/OL]. (2020-12-15) [2022-05-01]. https://baijiahao.baidu.com/s?id=1686158996188850485&wfr=spider&for=pc.

6

我从土豪到贫农的经历

（发布于 2021-9-8 10:30）

不少朋友看了博文《以科学精神攻坚克难》[1]后，问我：“您是如何从土豪变贫农的？我们对此感兴趣，您这个经历或对我们的科研生活有所启发，希望写篇文章分享之。”我说：“好吧，找时间一定写一篇。”

1999 年 10 月—2000 年 4 月，受香港特区政府内地杰出青年“Croucher Foundation”资助，我在香港大学（港大）地球科学系进行了访问研究，连续写了 5 篇英文文章（4 篇 SCI、1 篇 EI），全部发表在本领域的主流刊物。

从港大回来后，觉得再写这些虽然有些内容、但对学科发展贡献不大且是人人皆可干的事儿没啥意思。当时想在滑坡预测研究上做出些突破，但没有新想法，处于犹豫彷徨之中。经过几个月的思考，有了主意：与其这样，不如挣些银子作为储备，万一哪天自己真对某科学难题开窍需要静心科研的时候，不必为生活发愁。

想通了，说干就干，于是乎我和几个合伙人成立了一个公司，主要业务一是开发岩土工程设计（基坑支护、降水与地基处理）软件，二是做岩土工程设计施工。

我们公司研发了“大力神”系列岩土工程设计软件，其以界面友好、操作简单、功能强大、符合实际为特点，深受设计人员欢迎，在全国岩土工程界有一定影响。通过销售软件，挣了一批银子。

在几位朋友的引荐下，我们参与了几个大型岩土工程设计施工项目。在和甲方谈合同时，我不仅展示了强大的技术实力，也体现了高超的谈判技巧，故定下的合同额相当给力。

这样，没过几年，我开的车从捷达、本田雅阁换成了宝马，不时和朋友吃大餐享美食，前呼后拥，相当惬意。

有一次，“冒号”碰到我，批评了我一通，说别人对你有意见，你这几年就为自己挣钱了，没搞科研项目，你得为单位做贡献啊。

遵旨是必须的！于是转为拿横向科研项目。由于我业务过硬，总是能说到点上，为人诚恳让人信任，再加上谈判富有经验，基本上都高额中标。譬如，在唐山有个项目，当地有家单位说 50 万就能干，我和甲方通过谈判以近500万中标。可能有人会问，你和甲方主管是否有关系？是不是通过请客吃饭拿下的？非也，我和人家以前根本不认识，是通过朋友介绍认识的；吃饭是有的，但不是我掏钱是人家掏钱，之所以拿下该项目完全是靠硬实力。我每次去现场，甲方现场负责人把我当贵宾看待，到了饭点请我吃大餐。瞧，这乙方当的，就是这么“牛”。

在别人看来，既然这么顺当，就应持续搞下去。然而，在夜深人静不眠的夜晚，我心里并不踏实，不时回想起曾经历的几个场景：有一次，遇到了对我科研寄予厚望的王院士，他说：“秦大老板，还在挣钱呐？”当时，我一听这话儿，面红耳赤，虚汗直流。是啊，一个科研人，竟然成了大老板而非大师，这让人情何以堪呐。还有在一次学术会议上，几位老朋友对我群起而攻之，批评道：“我们了解你的科研能力，你具有做出卓越成果的潜力，应该把潜力挖掘出来用到正道。你自己掂量掂量吧。”大家语重心长，我深受触动。

这时候，我确实想完全回归真正的科研，但还是没什么好想法，心里着急也没招儿。继续做那些鸡肋般的科研吧，浪费生命；接着发那些灌水的SCI论文吧，只能增加文献检索的难度。看来，要回归还得需要机遇。

机遇终于到了，受2009年杰青申请失利的刺激，灵感终于降临——长期思考的斜坡失稳预测问题有了新的思路，原来是锁固段支配一大类斜坡的失稳。因为觉得研究锁固段破裂行为前景可期，于是立马终止了做横向科研项目，也不再过问公司的运营，一头扎入其中而流连忘返。尽管日子过得渐趋清贫，但胸有朝阳，心里踏实。

在锁固段损伤机理研究中，每当我苦思冥想发现一个新原理，总感觉乐不可支；每当我绞尽脑汁后导出一个普适性公式，感觉自己不是蠢材；每当我茅塞顿开找到了破解某难题的蹊径，感觉自己有两把刷子；每当原理和公式验证成功，感觉世界真奇妙。这给我带来了满满的成就感、自豪感和愉悦感。现在我体会到做原创科研真好，这种快乐远不是当老板所能比拟的，远不是银子所能赋予的；此时，功名不能动我心，利禄不能夺我志，富贵不能改我向。

参考文献

[1] 秦四清. 以科学精神攻坚克难[EB/OL]. (2020-11-16) [2021-09-08]. https://blog.sciencenet.cn/blog-575926-1258553.html.

7

教师节感怀

（发布于 2022-9-11 09:48）

教师节（公历 9 月 10 日）始立于 1985 年，今年的 9 月 10 日是我国第 38 个教师节，又恰逢中秋节。这两个节日在同一天，本世纪仅有三次（分别是 2022 年、2041 年和 2079 年），实属罕见呐。

当中秋节遇上教师节，思念与感恩撞个满怀！我思念客居异乡的亲人，感恩曾悉心教导我的老师。

当中秋节邂逅教师节，回想与祝福交织在一起！回想我的学生时代，感慨老师的无私；追溯我的教师生涯，感念薪火相传。祝福我的学生与朋友，只要不懈探索，总会有实质收获；只要努力奋斗，明天会更好。

2022 年 9 月 10 日的北京，风和日丽，美景如画。从早晨起，我不断收到学生、同行与朋友的祝福短信，字里行间透露着浓浓的情谊、美好的祝福。

傍晚，华灯初上时，我和在京的部分学生、几位朋友，相聚于某饭店包间，共庆双节。席间，气氛热烈，欢声笑语不断。

围绕“培根铸魂育新人”话题，我即席对大家发表了热情洋溢的讲话：在高校当老师的人，要扎根于讲台，当一名令人敬仰的好老师；在科研院所的人，要扎根于实验室，塑造创新之魂；在施工单位工作的人，要扎根于工地，奉献优质工程；仍在读研的人，要扎根于基本概念和基本原理，还要以审辩式思维看待前人工作，希望你们冒出奇思妙想以攻克科学堡垒。无论具体干什么，大家都要注意培养德才兼备的人才，以保证未来发展后继有人。

我也情不自禁地对学生们说了些肺腑之言：老师最快乐的事儿，莫过于你们能从这里学到知识，进而创造知识。你们越有能力，越能更可靠地证明老师不是“二师兄”；你们越有出息，越是对老师的更好回报；你们越有成就，越能更多地给老师脸上贴金。古语有云：“青，取之于蓝，而青于蓝；冰，水为之，而寒于水。”是啊，不想当元帅的士兵不是好士兵，超不过老师的学生不是好学生；甩开膀子、不忘初心，在创新之路上埋头干吧，未来的世界属于你们。不管你们以后在科研生活上遇到任何困难，老师永远是你们的坚强后盾。还有，团结就是力量，希望你们团结一心，互相帮助，互相关照，把事业做大做强。

一 第八章 一

原创之光

1

为何说原创始于重大科学问题?

（发布于 2021-8-9 10:56）

爱因斯坦说："提出一个问题往往比解决一个问题更重要。因为解决一个问题也许仅是一个数学上的或实验上的技能而已。而提出新的问题，新的可能性，从新的角度看旧的问题，却需要有创造性的想象力，而且标志着科学的真正进步。"确实，问题诱导好奇，好奇驱动思考，思考催生智慧，智慧奠定成功。因此，善于和勇于提出科学问题，用理性质疑的科学精神去审视旧科学问题，从而充分发挥丰富的想象力提出新科学问题，对塑造科学至关重要。例如，爱因斯坦提出了牛顿力学体系中存在的问题或矛盾，从而建立了相对论；数学家希尔伯特在 1900 年提了 23 个数学问题，对数学发展起到了重要推动作用；*Science* 在创刊 125 年之际提出了 125 个最具挑战性的科学问题，引发了人们的广泛深度探索。

然而，科学问题有难度大小之分，也有意义大小之分。所谓原创，一般指在解决重大科学问题上所做出的前所未有的创新成果。这意味着若科研人员凝练且攻克的是难度较小、意义不大的问题，虽然其学术思想新颖独特、研究方法别具一格，但成果还谈不上原创。由此，只有提出且进而解决了重大科学问题（好问题），相关成果才可能称得上原创。关于此，法尔斯坦指出："一个好问题能激发出不同层面的答案，能鼓舞人们用几十年的时间去搜寻解决方案，能衍生出全新的研究领域，还能让人们根深蒂固的想法发生改变。"[1]

纵观科学史，科研人员科学成就的高低与所选择科学问题的价值和意义密切相关。例如，从历届诺贝尔奖（自然科学奖）得主看，他们无一例外地十分重视科学问题的寻找、分析和思考。诺贝尔物理学奖得主的日本科学家汤川秀树是典型人物之一。他研究生毕业后，为了做出一流成就，一直亦步亦趋跟随欧洲科学家做些修修补补的工作，后来他才认识到，必须自己找到有意义的科学问题，才有可能当领头羊超越欧洲科学家；因此他选择了原子核内质子与中子的强相互作用疑难作为主攻问题，并最终取得成功。

在任一个自然科学领域，有无科学问题，特别是有多少重大科学问题，是判断未来科学发展趋势和科学革命存在性的重要标志。由此可见，凝练出重大科学问题多么重要！科学问题的凝练往往会导致新概念的引入、新理论和（或）新方法的发展，是构成人类知识体系的基石。科学问题凝练得越深入，越能抓住问题的本质，越能促进认识水平的提高，越能提出扎实的新理论方法，越能推动科学发展。为此，有志科研人员不妨在百忙之中，留给自己充裕的时间以深度思考重大科学问题，磨刀不误砍柴工，或能事半功倍取得一流成果。

参考文献

[1] 斯图尔特·法尔斯坦. 无知: 它怎样驱动科学[M]. 马百亮, 施逢杰, 译. 上海: 上海辞书出版社, 2015.

2

如何甄别基础科研中的原创工作？

（发布于 2019-4-13 09:29）

在科技创新活动中，原始创新（原创）是最重要的、最能体现人类智慧的创新，能极大地提升人类对事物的认知和推动社会进步。原创指的是前所未有的重大科学发现、技术发明、原理性主导技术等科研成果。

在基础科研、应用基础科研、应用科研方面，研究者都有可能做出原创成果。鉴于前者是后两者的基础以及受篇幅所限，本文仅谈前者。

确实，有不少研究者做出了好成果，但不一定是原创成果。如何甄别原创成果呢？这得有标准可依。下面，我从原创的特征属性（重要性易判断，故略去）出发，谈谈自己的粗浅看法，供大家讨论。

1）首创性

首创性包含原始性和唯一性[1-2]这两个基本属性，是衡量成果是否为原创的基本标准。原始性（Originality）指研究者未借鉴已有的思路、理论、方法等，靠自己深度思考与灵感助力找到了破解科学难题的突破口，进而创立了新理论、新原理、新定律、新方法等。唯一性（Uniqueness）指研究者做出的成果，前人从未提出或预见过，属于“从 0 到 1”的发现。

例如，Fellenius[3]认为土坡沿圆弧面滑动，可将滑面上的坡体分为若干竖向土条，并可忽略土条间的相互作用力，然后按力矩整体平衡条件，提出了定量分析土坡稳定性的瑞典条分法。该法在实际中得到广泛应用。后来，Bishop[4]在该法的基础上，考虑了土条间的相互作用力，改进了瑞典条分法。显然，后者借鉴了前者的思路和原理，不属于原创者；而前者是提出土坡稳定性定量分析方法的第一人，当之无愧为原创者。

从诺贝尔奖的评选也可知道，即使后人做出了更好的工作，诺贝尔奖一般仅授予原创者。这是因为突破性思维不常有、灵感难闪现，必须尊重原创者。能做出原创成果的毕竟是极少数的天才，绝大部分研究者只能做“从 1 到 N”的工作，若能做到让 N 更大些，也足慰平生了。

2）普适性

研究者创建的新理论、新原理、新定律等，应具有普适性，即能很好地阐释某一类事物的演化机制与规律。譬如，若某理论只能描述浅源地震的演化规律，而不适用于中源和深源地震，这说明该理论未抓住地震演化规律的“宗”，是半成品或有严重瑕疵的产品，需以“十年磨一剑”之毅力将其发展为成品。这是因为天然地震均是岩石脆性破裂的产物，与震源深度无关。

再者，可检验性是衡量是否具有普适性的重要保证。因此，除数学外的科学发现，必须接受实践或时间的检验，这往往是一个漫长的过程。显然，通过可重复性检验的为真理，否则为谬误。例如，爱因斯坦创立的广义相对论，得到了包括最近黑洞观测等研究的一再证实，是可信赖的伟大原创理论。

3）超前性

凡是原创都是超前的，都是人们闻所未闻、见所未见的，超出了现有的理解框架[5]，以至于诸多同行初期尚不能认识其意义和引领作用。换句话说，在原创初期，真理通常掌握在少数人手里。

新理论的诞生往往会推翻过去的认识或开创新的研究领域，原创者以此撰写的稿件往往因同行的“不理解”和（或）“利益冲突”而被拒，即初期最大的阻力主要来自于同行。他们不是反省自己过去的认识是否错了，而是武断地认为原创者的认识是错的，他们一心要为“真理”或利益而斗争。纵观科学史，诸多科学巨匠们创立的科学理论，几乎初期都遭到了各路豪杰的打压，是在铺天盖地的反对声音中脱颖而出且成长壮大的。这也说明，是金子迟早会发光，是沙子自然会无声无息沉入海底。

4）排他性

我曾说过，判断某项研究是否为原创的一个简易原则，是看其是否具有可替代性，谁都能做的一般不为原创，世界上只有一个人能做出来的肯定为原创。爱因斯坦在创立相对论后曾说过这么一句话：“如果我没有提出狭义相对论，五年之内就会有人提出。而如果我没有提出广义相对论，五十年之内也不会有人提出。”可以说，没有爱因斯坦，广义相对论可能要晚几十年才能出现，或者甚至根本就不会出现。

5）简洁性

虽然事物的演化受多种因素影响，但往往“万变不离其宗”。从诸多科学巨匠们的工作来看，描述这个“宗”的定律或方程非常简洁，如牛顿第二定律、爱因斯坦质能方程，且通常能用一两句话说明其涵义。其道理正如达芬奇所言“自然界总是以最简洁的方式行动。”

我之前也说过：若某研究者果有货真价实的硬货，5 分钟内能够讲解清楚；若都是表面光鲜的虚货，光讲完研究意义就会超时。这是因为“大道至简”，真搞明白了某种事物的本质演化规律，道理和“规律”一定是简单的，容易用几句话说清楚。

前两个属性可作为甄别原创的主要标准，后三个属性可作为辅助标准。如果某研究者的基础科研工作均满足以上五个属性，可判定为原创；如果满足前两个属性，可大致归为原创。不知大家以为然否?

参考文献

[1] 叶鑫生. 源头创新小议[J]. 中国科学基金, 2001, 15(2): 113-114.

[2] 于绥生. 论基础研究原始创新的特点[J]. 技术与创新管理, 2017, 38(4): 354-360.

[3] FELLENIUS W K A. Erdstatische Berechnungen: Mit Reibung und Kohäsion (Adhäsion) und Unter Annahme Kreiszylindrisher Gleitflächen[M]. W. Ernst, 1948.

[4] BISHOP A W. The use of the slip circle in the stability analysis of slopes[J]. Geotechnique, 1955, 5(1): 7-17.

[5] 郭铁成. 三大创新定律告诉我们的真相[EB/OL]. (2014-12-12) [2019-04-13]. http://news.sciencenet.cn/sbhtmlnews/2014/12/295069.shtm?id=295069.

— 3 —

如何突破原创科学理论的瓶颈？

（发布于 2020-5-18 10:00）

科学理论是关于客观事物本质及其规律的相对正确的认识，是经过逻辑论证和实践检验并由一系列概念、判断和推理表达出来的系统知识体系。原创科学理论能极大地提升我们对客观事物的认知，也能为新技术的诞生提供基本原理，其价值不言而喻。

从世界范围的科研活动来看，不仅我国的原创能力较差，欧美等老牌科技强国的原创能力也大不如从前。例如，不少有识之士指出，作为诸多学科基础的物理学，近百年来已没有重大突破了[1]。这说明原创的难度越来越大。

近年来，我国已充分认识到原创无与伦比的价值，为此连续出台多项科研新政，把“原创”提到了前所未有的“第一高度”。那么，我国如何突破原创科学理论的瓶颈呢？关于此，康乐院士曾指出：“我国要想提升原创性的科学研究，我们的科学家、管理部门和资助机构应该着眼长远，有很大的耐心去孕育、培养、支持创新思想。”[2]我觉得康院士的这番话说到了点上，下面将围绕之做简单诠释。

1）善于识别原创成果

原创与改进式成果有本质不同，不能混淆。所谓原创成果必须具有“前所未有（首创性）”和“重大意义”两方面属性，两者缺一不可。重大意义是指，成果既具有重要的科学意义，能推动对某一事物的跨越式认知、揭示其普适演化规律，又有潜在乃至直接的广泛应用价值。

科研人员所在单位的管理部门，可参考上述标准，充分发挥“伯乐”作用以甄别出“千里马”。

2）营造有利于原创的科研环境

原创通常要经历艰难的自由探索过程，这既需要科研人员长期心无旁骛地攻关，也需要单位管理部门落实国家新政，给予切实的长期扶持。譬如，对已产生了原创思想的科研人员，管理部门不要实施僵化的常规考核评价，而要采用“非常规”评价，为创新“火苗”的升腾加油。

3）开设“绿色”评审通道

原创成果往往以颠覆前人的认知为标志，以“非共识”为特征。原创成果初期往往因同行专家的“认知局限”或“利益冲突”，不仅论文难以发表在重量级刊物，而且也难以得到资助机构的资助。为此，建议国内有条件的重量级刊物和资助机构，打破传统评审机制，开设绿色评审通道，给原创科学家出头的机会。

欢迎大家讨论并提出完善与补充建议！

参考文献

[1] 百年过去，物理学再没有重大突破！人类要被束缚在量子力学了么？[EB/OL]. [2020-05-18]. https://baijiahao.baidu.com/s?id=1770744622183305205&wfr=spider&for=pc.

[2] 吕小雨. 原始创新，瓶颈如何突破？[EB/OL]. (2018-05-28) [2020-05-18]. https://news.sciencenet.cn/htmlnews/2018/5/413291.shtm.

4

原创需要高深莫测的知识吗？

（发布于 2021-7-28 13:34）

前几天某岩石力学学者，和我聊天时谈到："做原创工作难度极大，这我明白。我有一个问题想问您，原创需不需要高深的知识？网传'遇事未决、量子力学'，您怎么看？"考虑到我们的对话可能对有志学者有所裨益，故把对话整理成此文，以起到抛砖引玉的作用。

原创，尤其是理论性的原创，往往涉及自然对象最本质的"宗"，要揭示"宗"的演化机制和规律，通常需要最基础的科学概念和原理，如能量守恒原理和最小耗能原理，而几乎不需要特别高深的知识。对岩石力学学者而言，掌握了这些基本原理，加上知晓岩石的基本力学特性——非均匀性和脆性、了解岩石变形破坏不同阶段的基本力学行为，就有了攻克滑坡、岩爆、地震等科学难题的"本钱"。正所谓万变不离其宗，在上述科学难题的研究中，这个"宗"就是揭示岩石从体积膨胀点到峰值强度点的加速破裂力学行为。我们在研究锁固段加速破裂力学行为时发现：不管诸因素如何变化，两点的应变比保持近似不变，这就为解决锁固型滑坡和大地震的预测，开辟了新的简单途径。

地学研究，主要以大尺度的地质结构为研究对象，几乎不涉及过于微观领域。因此，我认为量子力学在地学研究上，基本没有用武之地。不过，了解下量子力学也无妨，或能起到开拓思维的作用。我们在研究锁固段破裂行为时，主要用到了地质构造学、损伤力学、岩石力学和重整化群理论等基础学科知识，没有用到其他高大上的理论。

要做出原创工作，关键在于学者独辟蹊径的思路。潜在的原创者，只要掌握多学科的基础知识，以另类思维和逆向思维为指引，从别人想不到的地方入手，或能开辟新天地，做出令人惊叹的原创工作。

要掌握基础知识，最好是看经典的教材，尤其是外文原版教材。我常看的岩石力学教材如 Jager 和 Cook 所著 *Fundamentals of Rock Mechanics*、Goodman 所著 *Introduction to Rock Mechanics*。这些教材之所以经典，是因为其概念表述清晰无歧义、原理描述深入浅出便于理解、理论结合实际便于灵活运用。

在阅读教材时，我有一个强烈的体会，那就是完全理解基本概念，真正吃透概念的内涵与外延，并非易事。举个例子，某博士生问我，在体积膨胀点三轴受压岩样的体积是否比加载前大？这其实是对基本概念理解不清所致。体积膨胀点是岩样体积从压缩转膨胀的分界点，在该点处岩样的体积仍比加载前小。

学者基础知识扎实了，看文献能切中要害，看有关成果能明察秋毫。记得有一次，某博士生给我看他的岩样单轴压缩 AE 实验结果。我一看就马上说："在加载初期，不可能发生高能级 AE 事件，八成是岩样不平整所致，是不是啊？"他答曰："是啊，您真厉害，烦请您详解。"我接着说："岩样两端不平整，其受力不均会造成局部应力集中，导致劈裂产生高能级事件。你这实验结果无效，不要去发表文章，要重新制样重做实验。"

总之，基础知识牢靠了，可为做出原创工作奠定良好的基础；反之，基础不牢、地动山摇，别说做原创了，连跟风都不会跟明白。

5

从《歌唱祖国》的诞生谈原创

（发布于 2022-5-30 13:31）

科学与艺术貌似差异很大，因为前者具抽象性重理性，而后者具形象性重感性；然而，两者在几方面确有相通之处。譬如，科学发现和艺术诞生均依赖灵感与想象；科学和艺术共同追求普遍性和永恒性，即求真求美。诺贝尔奖得主李政道也曾指出：“科学与艺术是一个硬币的两面，谁也离不开谁。”

王莘作词作曲的《歌唱祖国》，饱含着对新中国的热爱与深情，以其明快雄壮的韵律而广为传唱。鉴于艺术和科学可相互借鉴，且《歌唱祖国》这首艺术作品的创作和认可历程有益于原创科研过程，故我基于有关资料[1-2]撰写此文（楷体字是我加的评论），分享之以起到抛砖引玉作用。

1）凝练关键问题——创新的起点

1949 年 1 月，王莘率群众剧社的同志进入刚解放的天津市。后来，在一次工作会上有人倡议，每人创作一首新歌曲，为开国大典献礼；此倡议得到参会人员的一致赞同。王莘更觉得责任重大，为了带头写出一首歌颂祖国的脍炙人口歌曲，常常苦思冥想，夜不能眠。然而，以歌曲这样的微小体裁承载如此宏大的主题创作，其难度犹如方寸之间雕刻万千气象。对于一路追随革命，见证了从民主革命、抗日战争、解放战争到新中国诞生的王莘而言，想抒发的东西太多，这就难上加难。因此，他未能实现为开国大典谱写献礼歌曲的愿望。

以何种题材写出为开国大典献礼的优秀歌曲，是一个问题。经绞尽脑汁思考后，王莘找到了关键问题——怎样以歌颂祖国为题材写出献礼歌曲，但由于难度太大而一时无从下手。

科学研究与之类似，总是围绕着提出问题和解决问题进行；不过，要做出原创成果，需瞄准兼具本质性和重要性的问题——关键问题。

2）灵感——破题的钥匙

在开国大典后将近一年时间里，王莘创作了多首歌曲，但一直没有一首特别满意的作品。1950 年 9 月的一天，刚从北京购置了一批乐器的王莘，在返回车站时恰好再次从天安门广场前经过。此时的天安门，阳光灿烂、红旗招展、花团锦簇、锣鼓喧天；为国庆排练的少儿队队员敲着鼓，吹着号，唱着《中国少年儿童队队歌》，迈着整齐的步伐练习队列。王莘看到这一幕，那个想了很久却迟迟未来的曲调在脑海里自然地流淌出来："五星红旗迎风飘扬，胜利歌声多么响亮；歌唱我们亲爱的祖国，从今走向繁荣富强……"

在如诗如画的环境下，王莘的灵感冒泡了，于是激情澎湃的词曲喷涌而出，因而困扰他多时的问题得以破解。

是啊，灵感是人类创造性认识活动中最美妙的思想之花。优秀艺术作品的诞生需要灵感的加持，科学发现也同样如此。从心理学上讲，灵感是指在掌握丰富知识的基础上，人们在深度思考某些问题或难题的过程中，受某种因素激发脑回路突然接通，对如何解决问题有了出乎预料的新想法。纵观科技史，原创成果大都源于灵感的光顾。灵感或产生于旅游度假期间的开窍、或产生于与高手交流后的思维升华、或产生于冥思苦想后的觉醒、或产生于郁闷后的闪念等。

3）想象力——扩大战果的源泉

坐在当天返回天津的火车上，王莘看着窗外的大好景色，联想到他曾渡过的黄河长江，也曾长期生活的黄土高原和太行山，感觉就像跨越了祖国的高山大川一样，于是情不自禁在烟盒背面写下了："越过高山，越过平原，跨过奔腾的黄河长江；英雄的人民站起来了，我们团结友爱坚强如钢……"《歌唱祖国》的雏形，就这样诞生了。

是啊，想象力往往能为艺术和科学活动提供鲜活的命题和无限的遐想空间，有助于在破题的基础上扩大战果。关于此，爱因斯坦认为："超出人们寻常思维习惯的想象力，比知识更为重要，因为知识是有限的，而想象力概括着世界上的一切，推动着进步，并且是知识进化的源泉。"

4）伯乐——人才与作品脱颖而出的推手

作品完成后，王莘将《歌唱祖国》的手稿送到了某报社，结果被拒。然而，他并未因此气馁，他一边将《歌唱祖国》的总谱刻版印刷，寄送给同行、好友征求意见，一边组织天津音工团的团员们演唱，并亲自担任指挥在学校、工厂等公演。就这样，没过多久，这首热情激昂、优美欢快的歌曲在天津传唱开来，还在《大众歌选》第三集位列首篇发表。

1951 年春天，王莘自制的歌片传到了北京工人合唱团；夏天，北京电台播放了工人合唱团的演唱录音后获得了广泛传播，且得到了中国音协首任主席吕骥的高度评价；秋天，诗人艾青在做了两处修改后，将其刊发在自己担任副主编的《人民文学》杂志上。

1951 年 9 月 15 日的《人民日报》向全国读者推荐了《歌唱祖国》；1951 年 10 月 29 日，在全国政协一届三次会议上，毛主席见到王莘时，高兴地夸奖《歌唱祖国》写得"好！好！好！"，还将刚出版的《毛泽东选集》赠予王莘，并签字留念。此后，《歌唱祖国》风靡全国，成为中国当代音乐艺术创作中最具影响力的群众歌曲之一。

是啊，原创发表难，被认可更难。为让真正的原创工作不被埋没，原创者可利用各种交流场合宣传自己的工作，以争取伯乐（尤其是重量级伯乐）的支持和帮助。有其支持，则可缩短原创工作被认可的时间；有其帮助，则可尽早发挥原创者的引领作用。如此，则能尽快地为社会发展赋能，为国家强盛助力。

越过高山，才能摘得科学高峰上璀璨的明珠；跨过奔腾的黄河长江，才能取得划时代的成就。愿以此与诸君共勉！

参考文献

[1] 「荐读」《歌唱祖国》诞生记[EB/OL]. (2019-08-10) [2022-05-30]. https://baijiahao.baidu.com/s?id=1641484346706501199&wfr=spider&for=pc.

[2] 新华网. 有一段旋律让人久久难忘——《歌唱祖国》诞生背后的故事[EB/OL]. (2019-10-01) [2022-05-30]. https://baijiahao.baidu.com/s?id=1646118455655721850&wfr=spider&for=pc.

6

小团队科研模式是重要原创工作的摇篮

（发布于 2019-2-16 19:12）

博主华春雷的博文[1]及时报道了《自然》杂志一篇论文中的观点：大型科研团队更多地在比较成熟的前沿领域做后续的成长性的工作，而独立科学家或小型团队则往往更专注于还不成熟的前沿领域和真正的颠覆性创新；团队规模与影响力呈正相关性，但与颠覆性创新呈反相关性。这对我国未来科研政策的合理制订有一定参考价值。

博主季丹在该博文后的评论也很给力，他说："长期以来，国内学术界一直在散布一种论调，说什么'现在这个时代已经不是牛顿、爱因斯坦那个单打独斗的年代了，必须靠大团队协作才能进行科学研究'，这个论调统治着中国学术界，甚嚣尘上，其实真正的创新都是首先从个体大脑中产生，这个本质从来没有发生变化，团队的作用仅仅是更好地完善新知识、传播新知识、应用新知识而已。"

我曾写过 3 篇博文[2-4]讨论过类似的话题，认为科研、特别是基础科研，应提倡科学家个人或小团队的单打独斗。趁着这个话题还热，再把我的观点陈述一番。

基础科学研究，是应用基础研究和应用研究的基础，基础科研成果丰厚了，才能保障科技创新的可持续发展。若基础不牢，就会"地动山摇"呐。

2018 年 1 月 29 日，国务院发布了《关于全面加强基础科学研究的若干意见》[5]，就如何加强基础科研进行整体部署，其将基础科研分为两大类：自由探索类和目标导向类。这说明国家已经认识到"强大的基础科学研究是建设世界科技强国的基石"。

那么这两大类，哪个更符合科研自身发展规律呢？哪个是重中之重呢？对此，本文将进行探讨。

基础科研的重要使命是探索隐藏在"黑暗"中的自然规律，解释其演化过程之谜。众所周知，基础科研的最大特征是不确定性，即研究方向和路径充满变数。特别是前沿的科学探索，不要说大同行，就连小同行都只能"摸着石头过河"，成功是小概率事件，"有心栽花花不开，无心插柳柳成荫”是基础科研中的常态[6]。基础科学难题的突破，往往是科学家个人或小团队历经多年的自由探索，靠“灵光闪现”捅破那层“窗户纸”的。

然而，目前我国的科研资助和科研评价体系，太重视“目标导向类”了，即由“大牌”科学家制订“顶层设计”方案，然后发布指南，以重大专项、重大研究计划、重大项目等方式招标，项目设置得十分庞大，申请者要组织一个大团队，国家也希望做出重大成果，可“疗效”咋样呢？

王晓东先生举出了几个例子，他说：“之前，既有干细胞计划，也有重大传染病防治、新药研发等重大专项。搞了这么些年、投了那么多钱，这些‘计划’‘专项’有什么真正有影响的产出呢？当然，结题时肯定是能交账的，比如发了多少论文、培养了多少人，说起来也是‘硕果累累’，但是五年之后、十年之后回过头来看，这些‘计划’‘专项’产出了什么？留下了什么真正有影响的东西？”[6]

基础科研的进展与突破有自身的特点和规律，应以尊重，切记：心急吃不了热豆腐，“人海战术”并不是灵丹妙药。

纵观科学发展史，哥白尼、牛顿、爱因斯坦等科学巨匠们，主要是靠个人单打独斗时“灵光闪现”做出的伟大贡献，是靠智慧而非大量经费的成功典范。对某一领域的基础科研而言，人多并不意味着“三个臭皮匠赛过诸葛亮”，而往往是“人多自乱，鸡多不下蛋”。

在某个大团队待长了，科学家个人的创新思维往往被同质化，灵感往往被灭于无形。做科学研究靠蛮干不行，没有了在厚积薄发基础上的灵感，意味着学者的创新能力已画上了“句号”。对此，中国工程院院士高文教授说：“我们一直都在说重视原创性，可是我们现在重视的不是原创性，而是团队。”[7]

基础科研的真正价值在于：特立独行的科学家以一个独特的视角来看自然界，以不同于别人的思路来理解这个世界。如果每个科学家从不同的视野观察这个世界，进而理解这个世界，那么其中某位科学家可能会找到解决某个基础难题的“突破口”，某个关键环节突破了，就像玩多米诺骨牌一样产生连锁反应，导致整体性的突破，贪大舍小往往会事倍功半。所以说，基础科研宜鼓励科学家或小团队的“单打独斗”，不宜用大团队的“人海战术”盲目攻关。

对基础科研，不妨给有创新潜质的科学家个人或小团队以足够的非竞争性经费支撑，让其不再为“五斗米折腰”，不再为“帽子”奔波，以真才实学而非论文发表的载体（期刊档次）客观评价其贡献，让其心无旁骛地自由探索，是符合科研自身发展规律的正确途径，也能最大程度地体现“尊重科学研究灵感瞬间性，方式随意性，路径不确定性的特点”。

参考文献

[1] 华春雷.《自然》发文揭开“大科学”背后的沉重真相[EB/OL]. (2019-2-14) [2019-02-16]. http://blog.sciencenet.cn/blog-2910327-1162214.html.

[2] 秦四清. 基础科研宜强调科学家个人的自由探索[EB/OL]. (2018-03-18) [2019-02-16].

http://blog.sciencenet.cn/blog-575926-1104510.html.

[3] 秦四清. 科研创新应重视“团队”还是个人? [EB/OL]. (2015-11-02) [2019-02-16]. http://blog.sciencenet.cn/blog-575926-932783.html.

[4] 秦四清. 科学研究, 宜“单打独斗”[EB/OL]. (2013-3-30) [2019-02-16]. http://blog.sciencenet.cn/blog-575926-675255.html.

[5] 中华人民共和国中央人民政府. 国务院关于全面加强基础科学研究的若干意见[EB/OL]. (2018-01-31) [2019-10-27]. https://www.gov.cn/zhengce/content/2018-01/31/content_5262539.htm.

[6] 王晓东: 基础科研不能大跃进[EB/OL]. (2018-03-06) [2019-02-16]. https://zhuanlan.zhihu.com/p/34261769.

[7] 科学网. 中青报: 从屠呦呦获诺贝尔奖看我国科研评价体系[EB/OL]. (2015/10/28) [2019-02-16]. http://news.sciencenet.cn/htmlnews/2015/10/329523.shtm.

7

文献读得越多离原创越远

（发布于 2019-4-10 09:09）

纵观科学史，诸如牛顿、爱因斯坦等科学巨匠们，凭着探究世界奥秘的好奇心，创立了已载入史册的伟大理论。想一想，在他们在那个缺乏可参考文献且科研条件差的时代，却有诸多的原创科学发现，但在文献多如牛毛且科研条件更好的今天，已很难有重要的科学发现了。人们不禁会问，这是为什么呢？

当面对诸多的自然现象演化之谜需揭开且鲜有以前的工作可参考时，一切得白手起家，唯一可行的办法是：在细致观察自然现象的基础上，通过缜密思考推断其出现的根源，通过灵光闪现找到支配其演化的必然规律。这些科学巨匠之所以能做出伟大的工作，很大程度上是因为他们未受以前工作的束缚，摆脱了惯性思维桎梏。

反观目前的科研，在项目立项和科研过程中，要查阅很多文献。然而，这些文献中的精品甚少，一不留神会被某些错误的认知带到沟里。再者，文献看得越多，被论文作者思想"绑架"得越紧，则越难以跳出已有思维范式，长期下去会养成从"拾漏补遗"中寻找研究方向的习惯。沿着这样的方向开展研究，貌似是创新，实则为跟踪、完善或修修补补的工作，导致距原创越来越远。

目前，任何一个领域都有诸多科技难题亟待攻克。某些难题长期未能突破或解决，主要原因是前人的研究方向不对从而走进了死胡同，须另辟蹊径才能有所突破。

要想在某一领域做出重要的原创成果，须瞄准重要的科技难题，靠自己深度思考谋求解决之道，靠自己的智慧和灵感寻觅突破口，而不要急于从文献中找线索。等研究到一定程度看到了胜利的曙光，反过头来再看文献，就能找到别人失败的缘由，从中汲取教训和营养，可找到通向成功的最短路径。

我在研究地震物理预测之初，为了避免陷入别人思想的泥潭，只看了很少的有关地震构造、地震目录与 CBS 计算方面的文献。在 2016 年，我觉得锁固段理论已基本成型了，才回看其他科研人员撰写的有关地震产生过程与统计预测方法等方面的大量文献，这样不但明白了过去工作的误区在哪儿，从而避开了或大或小的“陷阱”，而且掌控了后续工作的着力点，这对加快研究进程大有裨益。

“青椒”（年轻学者）们为生存做些跟踪模仿工作，倒也无妨。而已解决了温饱问题的“红椒”（资深学者）们，是时候静心做些重要原创工作以扩展人类认识自然的知识库了。为此，建议有志之士在攻坚克难之初，以逆向思维和另类思维为导向，以独立思考为依托，以尽可能少看文献且以质疑和批判精神看文献，才可能避免陷入研究误区，才可能事半功倍，取得突破。

8

如何挖掘出潜伏的原创者？

（发布于 2022-7-14 11:52）

近些年，国家与社会格外重视原创工作，为此设立了多种基金项目，想通过评审制寻觅原创工作和原创者。其出发点无疑是好的，应予点赞。

然而，从实战层面来看，评审制实施效果欠佳，这是因为：

1）评审专家依据的是旧知识，而原创者往往颠覆了旧知识，故以旧知识为基准衡量原创工作，会得出错误的判断，以至于把原创工作拒之门外。

2）评审专家往往会混淆原创工作与大幅改进式工作的区别，前者是指以前所未有的思想建立了新原理、新理论、新方法等，且意义重大；后者是对前人工作较大的修补或完善，可能具有重要意义。由于评审专家容易理解和接受后者，故觉得支持后者心里有底，这就造成后者往往得到资助，而前者几乎被全灭的窘境。

3）评审专家难以甄别原创者的工作究竟“新”在何处，是否前所未有。譬如，某项理论工作，虽用到了以前的数学理论（工具），但只要提出者的学术思想是前人未想到的，且据此建立的理论模型是独一无二的且意义重大的，这样的工作应被视为原创。然而，由于评审专家对何谓原创工作的理解不到位，往往给出负面意见。刘益东先生曾一针见血地指出：“让做不出原始创新者去评议他人的原始创新，结果不言而喻。”[1]徐匡迪院士也认为：“搞项目评审、专家投票，往往把颠覆性技术投没了。”[1]

4）若评审专家以申请人的国际学术影响力为标准判断其未来能否做出原创工作，更不可靠，理由是：

（1）一般将有国外学术背景的且在国际会议上做过主旨报告的、担任过国际学会组织负责人的学者，被视为有国际学术影响力；这些学者之所以受到这样的礼遇，主要源自其在顶刊发表过高被引文章。然而，大多数高被引文章是跟踪热点的工作，属于改进式创新，不能算作原创。试想，以前未做出原创工作的学者，靠大项目支持未来一定能做出原创工作吗？起码我尚未听说过。

（2）目前，初步做出原创工作的学者，或正在为发表着急，或正在被四处围攻，或等待进一步的验证，何来国际学术影响力！不过，随着工作逐渐被同行认可，原创者的国际学术影响力才随之显现出来。因此，如果以国际学术影响力为标准，恰恰会把这样的学者踢出圈外。

纵观科技史，原创工作可遇而不可求，其往往是学者深思某关键问题后灵光闪现的产物，而不是计划的产物、砸钱的产物，且靠评审制选拔原创工作也难以奏效。再者，原创工作与年龄无关，与职称无关，与资历无关，也与学科无关，故要挑选出真正的原创者，不应预设任何人为的篱笆。

在现阶段，不少原创者处于潜伏状态，鲜为人知。为尽早挖掘出潜伏的原创者以让其大展宏图，我建议：

（1）有担当和有较高学术鉴赏力的大咖，宜甘为人梯、奖掖后进，主动担任“伯乐”，向有关部门和领导推荐之。有关部门对推荐有功的大咖应给予奖励。

（2）潜伏的原创者宜主动拜访潜在的“伯乐”，给其讲解自己的工作，以争取其的帮助和支持。据我所知，热心的“伯乐”数量虽少，但并未绝迹。

（3）国家有关单位宜设立“原创挖掘组织”，该组织的任务是安排工作人员主动下基层寻访各领域的普通学者（有一定学术鉴赏力且公正，但无头衔），让其推荐已初步做出原创工作的学者。大部分普通学者心里清楚，在私人场合会知无不言。

如此，才能让潜伏的原创者尽早脱颖而出。

总之，从当前的实际国情出发且按科学规律办事，才能人尽其才、物尽其力，此乃上上策也。

参考文献

[1] 刘益东. 破“五唯”后，如何甄选学术带头人[EB/OL]. (2021-08-19) [2022-07-14]. https://news.sciencenet.cn/sbhtmlnews/2021/8/364738.shtm.

9

唐长老夜话 “原创、大师、工匠与奖励”

（发布于 2019-1-11 09:09）

本文为小小说，切勿与现实对号入座。

话说唐长老团队自西天取经修成正果后，除唐长老继续研究佛学外，团队其他成员转行搞科研啦。大师兄琢磨花果山水帘洞的防护工程技术，以防被牛魔王扔炸弹偷袭；二师兄研究猪尾巴的功能，发表了诸多 CNS 论文[①]；三师兄研发绿色耕种技术，其推出的“白龙马”牌大蒜在市场上独占鳌头。

快过年了，大师兄派“专机”把唐长老、二师兄和三师兄接到花果山聚会，人到齐后，在水帘洞大厅边吃猕猴桃边聊天。正聊得兴起时，某金丝猴进来道：“晚宴准备好了，请各位大仙入席。”

菜品相当丰盛，还准备了几大坛子“男儿红”黄酒，只见二师兄风卷残云一般两手并用开干，大师兄频频举杯向唐长老敬酒，三师兄则不断给唐长老菜碟里夹菜。吃喝了一阵，开始闲谈起来，大师兄道：“师傅，俺们兄弟三个搞不明白‘原创、大师、工匠与奖励’，经常为此争论不休，正所谓当局者迷而旁观者清，故请您谈谈看法。”

唐长老说：“虽然我研究佛学，但也关注科学、工程与技术，这两大类貌似不同的东西本质上是相通的。原创嘛，就是发现了不被别人知晓的东西，属于从无到有。举个例子，就更容易理解啦。太上老君靠‘思想实验’首创了绝对论，根据该理论预言光线经过天庭边缘时会弯曲，后来被太白金星完成的观测证实了，再后来 NB 奖给了太上老君，但没给太白金星，你们知道这是为什么吗？这是因为 NB 奖一般仅授予原创者，即使后来者对原创者的工作有较大的改进或进行了验证，往往只能充当‘绿叶’的角色。太上老君的工作，突破了惯性思维，是源自奇思妙想的大师级原创杰作；而太白金星干的是工匠式工作，虽然这样的工作并非不重要，但具有可替代性，估计二师兄、三师兄也能做。”

唐长老喝口水润润嗓子继续说：“听说今年天庭自然科学一等奖给了活

① 国际公认的三种顶级科学期刊简称，分别为 *Cell*《细胞》、*Nature*《自然》、*Science*《科学》。

泛效应，这个效应的首先预言者是哪吒，而实验实现者是小钻风，看看上面的例子，就知道谁的工作是 NB 级啦。”

看三位徒弟听得兴趣盎然，唐长老的谈兴大发，吃了块豆腐又说：“天庭以后评奖，要注意三点：其一是对除数学外的自然科学奖评审，是否给某项成果授奖，不仅要看其原创性和价值，而且要看其实证情况。若没有实证证据或证据不够有力，则其只是一种可能成立的观点而已。其二是对发明奖和科技进步奖，与其让天庭授予，不如由应用部门和市场评判以确定是否给予奖励，以让滥竽充数者难以蒙混过关。再者，科研不应鼓励跟风，天庭吃了这么多年跟风的亏，交了这么多年的学费，该是说‘此致敬礼’的时候了。其三是宁缺毋滥，不要在矬子里拔将军。”

听完唐长老的话儿，师兄三个齐声道：“然也，谢谢师傅指点。”

10

原创之四难

（发布于 2021-5-9 10:17）

一般说来，原创指解决了一级学科或部分二级学科长期悬而未决的关键科技难题，其必须满足：（1）意义重大；（2）涉及的学术思想前所未有。在原创中，可能要用到已有的数学、物理学等知识（工具）；这些工具不必是自己的原创，但只要满足上述两个条件，仍为原创。我在网上和微信群中，看到不少研究者声称自己做出了原创，但由于这两个条件不能同时满足，故不能视为原创。

由于低垂的“果实”已几乎被摘完，留给我们的都是难啃的硬骨头了，所以原创的难度越来越大，相应的时间间隔也越来越长。目前看来，一级学科的原创几十年或数百年才能出现一次，如几位学者曾指出：“1970 年以后人类数学、物理学，总体上出现相对停滞的局面——没有重大突破。”[1]

那么，原创到底难在哪里呢？以下，我将聚焦于研究者普遍遇到的四大困难简述之。

第一是突破惯性思维难。对任一科技难题，前人已做了大量的探索，但仍一筹莫展。后来者要想攻克难题，必须跳出前人思维的圈子，以逆向思维、发散思维和另类思维独辟蹊径。然而，几乎每位研究者都或多或少受惯性思维的束缚，摆脱之难度很大。

思维是创新之魂，其决定了创新能否成功。突破或解决难度很大的科技问题，研究者基本上是以摆脱已有思维和方法的束缚为前提的，是以“无招胜有招”胜利的。鉴于此，不要在别人的理解框架内打转转，而要从逆向思维、发散思维和另类思维中找答案，敢于想前人不敢想的，敢于干别人不敢干的，即使暂时失败也永不言弃，则成功或将为期不远。

第二是找到突破口难。要找到破解某一科技难题的突破口，通常需要研究者有丰富的多学科知识积累，还需要研究者长期冥思苦想后的灵光闪现，才有可能从“山重水复疑无路”到“柳暗花明又一村”。这些不仅需要大量的时间，而且需要运气。好运能不能降临到某研究者身上，取决于其是否已做好了知识储备，即好运是给有准备的人的。

第三是扩大战果难。彻底解决某一科技难题，往往是一个系统创新的过程，也就是说即使找到了突破口，但后续不能扩大战果，也往往功亏一篑。换言之，找到了突破口——抓手，还需要进而提出原理、理论、方法，但一般需要一个长期的打磨过程才能日臻完善。在提出至完善过程中，研究者需要较高的学术素养才能少走弯路，需要广阔的视野才能规避泥潭，需要火眼金睛般的洞察力才能规避陷阱，需要忍受长期的寂寞和别人的冷嘲热讽才能避免半途而废，需要格物致知以穷其理的钻劲才能让智慧之光照亮隐藏在黑暗中的自然奥秘。

第四是成果发表难。原创往往颠覆了已有认知，开辟了新天地，常因“认知局限”和（或）“利益冲突”被期刊编辑和评审专家拒绝。尽管每家期刊口口声声宣称优先发表原创性论文，但实则不然，其优先发表的是“从 1 到 *N*”的论文，尤其是增量较大的论文。值得注意的是，目前阻碍原创工作发表的第一拦路虎是期刊编辑，其往往以“不符合期刊范围，建议改投专业期刊”等莫须有的理由不送审，把这样的论文拒之门外。关于此，2018 年诺贝尔奖得主本庶佑曾指出：“如果你的研究不能推翻定论，科学也就不能进步。当然，你的研究也不会载入史册。学术的世界是保守的。如果你不按现有的定论来写论文，你的论文就很难获得肯定，你也会吃到不少苦头，但能够载入史册的研究都是这种研究。”[2]

实际上，在原创之路上，研究者要经历的磨难远不止于此。然而，不经历风雨，怎么能见彩虹；不经历磨难，怎能取得真经。

综上所述，原创通常需要一个长期的系统创新过程，需要研究者有迎难而上的智慧、勇气和毅力，靠耍小聪明无济于事。在这个过程中，不时面临着较长时间不出成果以至于通不过考核因而被“下岗”的风险，面临着因推翻以前认知被主流学界封杀的风险，面临着因某些专家的认知局限被谩骂攻击的风险，面临着因利益冲突被某些行业部门打压的风险。鉴于此，从事原创的研究者，要以科学精神、愚公移山精神和“成功定律”为行动指南，苦干、实干加巧干，才可能取得成功——做出载入史册的伟大成果。

参考文献

[1] 杨正瓴. [求证]1970 年代开始，人类科技进入了相对停滞期吗? [EB/OL]. (2020-05-27) [2021-05-09]. https://wap.sciencenet.cn/blog-107667-1235211.html.

[2] 本庶佑谈科研：做第一个搭独木桥的人[EB/OL]. (2019-06-25) [2021-05-09]. https://www.sohu.com/a/322930084_773043.

-11-

保持年轻的秘诀：做原创科研

（发布于 2021-7-11 21:54）

去年，在中国地质大学（北京）做学术交流时，杨老师见到我后道：“您这么多年仍没啥变化，不显老啊。”我答曰：“这一方面与我比较单纯有关，这么多年我每天仅关注一件事儿（锁固段损伤机理研究），几乎没有其他的事儿让我分心，不像诸多人‘日理万机’；另一方面，这些年的原创科研给我带来了极大的乐趣，多年的愉悦心态会减缓衰老速率。”

昨天，在中国地质大学（北京）召开的“工程地质学科发展战略研讨暨中国科学院学部学科发展战略研究项目”研讨会上，某帅小伙和我说：“秦老师，我觉得您和 10 年前相比，不但外貌不显老，反而气色更好。”

类似的话我听不少人说过，难道是真的？于是乎，趁着去卫生间的机会，我特意照了照镜子：确实头发有银条但不多，脸上有皱纹但不深。

在锁固段损伤机理研究中，每当我苦思冥想后发现一个新原理，总感觉乐不可支；每当我绞尽脑汁后提出一个普适性的公式，感觉自己不是蠢材；每当我茅塞顿开找到了破解某难题的蹊径，感觉自己有两把刷子；每当原理和公式验证成功后，感觉世界真奇妙。这样，因连续的成就感，心情自发处于长期愉悦的状态，肯定能减缓衰老的步伐。

在攀登科学高峰过程中，每登上一个小山峰，环顾四周竟无人矣，于是自豪感油然而生。登高望远，独自领略众山小之心情，必然是心旷神怡、流连忘返。

从事原创科研，能大幅提升自己的自信心：起码在某些领域国人并不比洋人差，洋人也没长两颗脑袋。从事原创科研，还能极大地开拓自己的科研视野和提升学术鉴赏力：权威的见解并非合理，巨擘的认识并非深刻，原来觉得高不可攀的大师不过尔尔。

因长期以好奇心聚焦于某一方向的科研，必然不会为生活中的琐事所扰，也不会主动追求名利而被其所伤，更不会被其束缚，正所谓无欲则刚嘛。如此，在与同行就有关学术问题辩论时，常因深邃的洞察力一针见血地指出别人的认知缺陷而让其面红耳赤；常因深厚的理解力和解释力让对手自感技不如人而哑口无言；常因超前的思维引导别人走出误区而让其收获满满。于是，自己的存在感自然陡增，同时胜之有道带来的心情亦必然大好。

在寻求真谛的征途上，或因同行暂时的“认知局限”被视为另类，或因“利益冲突”被某行业打压。然而，不经历风雨怎么见彩虹？在风雨中成长，在磨难中历练，这样长成的参天大树才根深蒂固、枝繁叶茂、屹立不倒！

在攻坚克难中展示自己的才华，在寻求新突破中展现自己的睿智，以此为人类认识世界的知识库增添实质性贡献，还有什么比之更有吸引力？还有什么比之更让人自豪？

简言之，科研人员通过研究真问题做出的原创工作——新发现/新发明，能获得含金量十足的成就感、自豪感和愉悦感；处于这种状态的科研人员，不但外貌不显老，而且心态年轻有活力。这样长期下去，身体倍棒，吃嘛嘛香，精力充沛，斗志弥坚，能一口气把自己喜欢的科研进行到底。

如果您想保持年轻，请做原创科研吧！

12

向原创致敬

（发布于 2022-7-17 10:03）

纵观科技史，诸多学者凭无与伦比的创造力和孜孜以求的努力，做出了彪炳史册的原创成果。在此，向前辈原创者的率先垂范致敬！

在现今学风浮躁、急功近利、人心浮动的时代背景下，学者立志要做出原创成果，既需以高度智慧静心攻坚，也需以非凡毅力坐得住冷板凳，这何其难也。在此，向那些甘当“愚公”的原创探索者（致力于探索性和风险性强的原创工作的学者）致敬！

原创探索者常持有“为天地立心，为生民立命”之雄心壮志，当“侠之大者”的愿望。在此，向原创探索者的气贯长虹魄力致敬！

为取得原创成果，学者须靠深度思考穿透层层迷茫，须靠宽广视野解锁大千世界之奥秘，须靠深邃洞察直击事物演变之本质。在此，向原创探索者的智慧致敬！

在向“无人区”进军的征程上，学者须视功名为浮云，须视利禄为粪土，如此才能心无旁骛地笃定前行。在此，向原创探索者的淡泊名利心态致敬！

在初步做出原创成果后，学者常面临因发表难而通不过考核的情况、因某些专家的认知局限而被谩骂攻击的情况、因推翻以前认知而被主流学界封杀的风险、因利益冲突而被某些行业部门打压的风险。在此，向原创探索者的毅力和勇气致敬！

在原创探索者遭遇困境之际，总会有“伯乐”挺身而出，把其“扶上马再送一程”。在此，向扶持原创探索者的“伯乐”致敬！

在国有危难之际，总会有原创探索者挺身而出为国效力，这展现了“受任于败军之际、奉命于危难之间”的责任担当；其才是国家之栋梁、民族之英雄。在此，向原创探索者的果敢有为作风致敬！

只有原创成果才能大幅推动科技实质性进步，从而极大地造福人类。在此，向原创成果的力量致敬！

第九章

诺贝尔奖启示

1

日本科学家频得诺贝尔奖靠的是顶刊论文吗？

（发表于 2019-12-11 10:12）

今年，日本诺贝尔奖得主俱乐部再添一员，名城大学教授吉野彰与两位美国科学家共享 2019 年诺贝尔化学奖。自 2000 年以来，日本更是以平均每年 1 人获得诺贝尔奖的速度[1]，引发广泛关注。日本诺贝尔奖“井喷”的背后是什么？靠的是顶刊论文吗？不妨先看看部分日本诺贝尔奖得主的论文发表情况，以及其是如何看待论文“身份”的。

2002 年诺贝尔化学奖，给了日本的田中耕一，当时世界化学家们都不知道这个人是谁；日本化学界，包括 2000 年诺贝尔化学奖得主白川英树以及 2001 年得主野依良治，也都茫然地面对记者的提问；后来，才知道田中耕一只是岛津制造所的一个小职员，本科生学历，所发表的关于测定蛋白质质量的论文也只发表在日中两国同行专家在大阪大学的一个小研讨会上[2]。

2014 年诺贝尔物理学奖颁给三位日本（含日裔）科学家，尤其是其中“工匠出身”的中村修二[2]，他在日本不是个例。他在一个民营企业（日亚公司）研发蓝光 LED，只是日本一个不知名大学（德岛大学）毕业的硕士生。他虽然也曾有文章发表在美国的《应用物理快报》（其现在被我国有关评价系统列入不入流的所谓Ⅱ或Ⅲ区 SCI 刊物）上，但是对于核心的工艺成果却是通通发表在《日本应用物理杂志》（可能被上述评价系统列入更不入流的刊物）上。

本庶佑因在肿瘤免疫治疗领域做出的贡献获得 2018 年诺贝尔生理学或医学奖。他曾强调：“特别是在年轻人中间，有一种倾向，认为文章发表在有名的刊物上就是一流的工作。确实，以前日本的学者在顶刊上发表的文章不多。然而，与许多人的想象不同，真正一流的工作往往没有在顶刊上发表。这是因为，一流的工作往往推翻了定论，因此不受人待见，评审员会给你提很多负面的意见，你的文章也上不了顶刊。为了让论文更容易被知名刊物接收而做的研究，绝不会是很好的工作。我认为，发表在 *Cell*、*Nature*、*Science* 的工作未必就是好研究，倒是被其拒绝的时候，你的研究或许才是真正一流的工作。你既然选择了做一名研究者，就应该力争打开新的局面，做别人从没有做过的工作，或力争将现有的定论推翻。研究者要认识到，这才是第一流的研究。”

为何日本科学家频得诺贝尔奖呢？我认为其中两个重要的原因是：

（1）营造静心科研的环境

在日本，高校老师不会因为在一段时间内没有出科研成果而担心受到冷落或失去饭碗，在研究过程中，也很少受政府和社会的诸如考核、评价等干扰，可以长期潜心从事研究。

（2）遵循科技创新规律

在日本人看来，每个人只要尽自己所能，盯住一件事，持之以恒，一生做出一点点实实在在的事儿就足够了。在科技创新面前，不管是大问题还是小问题，只有已解决和待解决问题之别，而大问题的解决往往是从找到突破口（小的关键问题）开启的，如此可导致“滚雪球”效应。

切记，诺贝尔奖一般仅颁给那些做出重要原创性成果的科学家，而不考虑成果发表的载体——刊物。尽管追逐热点跟风式的研究容易在顶级刊物上发表论文，尽管这样的论文引用可数以万计，但可能永远接不到来自瑞典的获奖通知电话。

其实，某项意义重大的原创性成果能不能拿得到诺贝尔奖，还有运气成分在内，自己不必在意。拿到更好，拿不到也没关系，反正“杠杠”的成果实实在在摆在那儿。只要能真正提高科技水平和促进社会进步，自己就是有成就感和愉悦的，人民也绝不会吝啬赞美！

参考文献

[1] 北大教授：每年1个诺贝尔奖，日本靠的是“票子”“帽子”吗？[EB/OL]. (2019-12-10)[2019-12-11]. https://tech.sina.com.cn/roll/2019-12-10/doc-iihnzahi6620059.shtml.

[2] 秦四清. [转载]诺贝尔奖得主中村修二带给我们的启示[EB/OL]. (2019-07-09)[2019-12-11]. http://blog.sciencenet.cn/blog-575926-1188690.html.

2

日本科学家屡得诺贝尔奖靠的是什么精神？

（发表于 2020-3-30 15:37）

2019 年诺贝尔奖颁奖季后不久，我见到了一位本领域的知名日籍华人学者，和他聊天时谈到日本科学家屡得诺贝尔奖的事儿，我询问道："您能不能用一句话或几个字，总结下日本科学家最突出的精神是什么？"

他毫不迟疑答曰："一根筋！那就是认准了一件事，就要义无反顾做到底，不撞南墙不回头，甚至撞了南墙也不回头。"

他接着说："日本科学家大都如此，其中的诺贝尔奖得主更是如此，即使'青椒'（年轻学者）也是如此。若不信，给您举个例子。我们实验室曾接了个难度较大的科研项目，前后用了几个从欧美来的博士后攻关都半途而废。于是乎老板换了个日本'青椒'，这人性格既'轴'且'二'，还善于单打独斗、玩命折腾，以至于老板担心他会出事儿。后来他找到了一个突破口死磕不放，不但完成了项目而且做出了令学界瞩目的成果。"

自 2000 年以来，日本更是以平均每年 1 人获得诺贝尔奖的速度，引发广泛关注。看了日本诺贝尔奖得主的介绍，觉得这些科学家确实够"轴"，其中下村修（2008 年诺贝尔化学奖得主）、山中伸弥（2012 年诺贝尔生理或医学奖得主）与中村修二（2014 年诺贝尔物理学奖得主）是"一根筋"的优秀代表。例如，中村修二在日本一个小地方的一个小企业里，做了很多年无人赏识、无人置信的工作，因为所有专家都在尝试用貌似前途光明的硒化锌制造蓝色发光二极管，而他却在使用所有人看起来有明显缺陷的氮化镓。几乎所有的同行都认为他的想法很"二"，不可能成功。然而，外界那些声音，在他看来只是杂音。他以一种"匠人的直觉"，把自己的发明做到底，直到获得巨大的成功，包括获得诺贝尔物理学奖。

日本科学家一旦选定一个领域，便会心无旁骛地安心投入，不达目的誓不罢休，不会这也想要那也想要。假以时日再去看，会让人震惊不已。下村修谈及自己为何走上科学之路时说："我做研究不是为了应用或其他任何利益，只是想弄明白水母为什么会发光。"确实，对世界保持一颗好奇心，是引领诺贝尔奖得主走进科研殿堂乃至做出伟业的直接驱动力。

然而，国内诸多科学家的聪明才智，往往用在了追求一切外在的、能立竿见影的所谓成果上。其以跟风研究为标志，以“打一枪换一个地方”为方针，以多出与快出“成果”进而获得名利为目的。因为这是耐不住寂寞以功利心驱动而出的“成果”，因而往往经不起实践或时间检验，“鸡肋”是最终归宿。

当然，以“一根筋”精神攻坚克难时，需要明晰研究方案的可行性。若其违背了公认的科学原理，明知不可为而为之，那是真“二”，要及时按下“停止”键；若不能知晓可行性有多大时，要提倡研究方向的多样性，即鼓励不同学科的科学家以有别于传统方向的新方向，持之以恒开展研究谋求解决之道。这样的话，沿着某个新方向研究的科学家可能恰好找到了突破口，进而以“滚雪球”的方式扩大战果，则可实现整体性的突破乃至彻底解决。

恒则志强，志强则智达。苏东坡有云：“古之立大事者，不惟有超世之才，亦必有坚忍不拔之志！”是啊，任何人要想成就一番伟业，须抵得住各种利益诱惑，在具有可行性的情况下扎根于一处，以“一根筋”精神静心耕耘，方有望实现。

3

诺贝尔奖得主田中耕一超越自我之启示

（发表于 2020-9-26 10:38）

人生最大的敌人不是别人而是自己，只有不断战胜自己，才可能百尺竿头更进一步；世界上最难的事，不是如何超越他人而是超越自我，只有真正超越自我，才可能超越他人。

在科学史上，不断战胜自己、超越自我的事例很多，本文仅举一个 2002 年诺贝尔化学奖得主田中耕一先生的典型事例[1-2]。

他无教授头衔，未获得过硕士、博士学位，仅在无足轻重的会议和杂志上发表过几篇论文，是位默默无闻之人，以至于日本学界在知晓他获得诺贝尔奖时茫然不知所措。

他本人在领奖后，并未飘飘然，而是在公众面前消失了近 16 年，因为他自认为："一次失败却创造了震惊世界的重大发明，真是让人难以启齿。"他觉得自己配不上这么多的鲜花和这么高的褒奖。

日复一日的灵魂拷问，让从来没有胜负心的田中耕一先生，开始在一间写着自己名字的办公室里，暗暗跟自己较劲，他的新目标是要成为真正配得上诺贝尔奖的人。于是乎，他把全部身心都扑在"提升血液检查敏感度以更容易检测疾病的技术"的研究上。在实验室埋头研究了 15 年之后，他又获重要突破性成果——"能提前 30 年从几滴血中检测出阿尔兹海默症的征兆"，总算跟自己握手言和。

田中耕一先生超越自我的事例，再次验证了古希腊哲学家德漠克里特的名言："所有胜利之中，战胜自己是最首要的，也是最伟大的胜利。"

反观我国学界，有些科研人员凭跟风式工作拿到了几顶学术帽子而志得意满、忘乎所以，有的靠浅显式工作拿到了奖励而喜不自胜，有的为取得了一丁点的成就而沾沾自喜、故步自封。对照下田中耕一先生，岂不汗颜！

牛顿曾自我评价道："我不知道这个世界会如何看我，但对我自己而言，我仅仅是一个在海边嬉戏的顽童，为时不时发现一粒光滑的石子或一片可爱的贝壳而欢喜，可与此同时却对我面前的伟大真理海洋熟视无睹。"诚哉斯言，我们对世界的理解仍很肤浅，还有诸多事物的演化奥秘亟待揭示，任何人没有任何理由停止探索的步伐。我要再次强调，科学探索永无止境，科学认识只有更好没有最好，因而一切因循守旧、抱残守缺、不思进取的思维和行为都应摒弃。

永不满足是向前的车轮，能够载着不自满的人前进；只有不断超越自我、挑战极限、砥砺前行，才可能成为一个纯粹的人，一个高尚的人，一个脱离了低级趣味的人，一个名留史册的人。

参考文献

[1] 一位来自日本的史上最奇葩的诺贝尔奖得主[EB/OL]. (2019-07-18) [2020-09-26]. https://m.163.com/dy/article_cambrian/EKBUAR63053296CT.html.

[2] 大科技杂志社. 最平凡的诺贝尔奖获得者——田中耕一[EB/OL]. (2019-05-15) [2020-09-26]. https://baijiahao.baidu.com/s?id=1633564839190850246&wfr=spider&for=pc.

4

日本物理学家梶田隆章何以得诺贝尔奖？

（发表于 2021-3-9 12:04）

2015 年，梶田隆章因发现了中微子振荡，证明了中微子具有质量，与阿瑟·麦克唐纳分享诺贝尔物理学奖。看到这里，估计不少人会问："他是怎样做科研的？又是如何获得获奖的？"看完下文，或能窥一斑而知全豹。

1）以好奇心而非功利心做科研

刚刚获知自己得诺贝尔奖后，他在东京大学校园举行的记者会上一时语塞，称现在脑中一片空白，不知说什么好。努力平静下来后，他说："自己所从事的这项研究，不是那种马上会有什么用处的研究；用好听的话来说，则是属于拓展人类认知地平线，或者说是满足研究者好奇心的领域。这样纯粹式的研究能获如此关注，非常高兴。"[1]

2）以崇高的科研动机做科研

崇高的科研动机，使科研人员通过研究真问题，进而做出新发现/新发明，获得成就感、自豪感和愉悦感；从纯粹的科研动机出发，才可能登上科学高峰领略一览众山小的美妙。他在围绕"中微子振荡的发现历程"进行主题演讲时谈到："整个过程充满辛酸和艰难，但是也让我非常快乐；科学研究是一项令人惊喜的事业，值得追求；很重要的一点是热爱科学，动机是最重要的，能力比论文重要得多。"[2]

是啊，只有出于深入到骨髓中对科学的挚爱，才能不被暂时的各种功名利禄诱惑而走偏，才能不被各种艰难困苦羁绊，才能一往无前，攻坚克难从而做出卓越成果。

3）以求真务实之心做科研

异常现象/奇观数据背后往往隐藏着关键的机制/规律，揭示之有可能做出重要科学发现。他谈到："在测量宇宙射线在地球大气层散射所产生中微子时，发现实验测得的信号比预期数值低很多。为此，采取了多种方式进行反复实验研究，获得更多精确实验数据，从而令人信服地证实了中微子振荡的现象，也证实了中微子带有质量。”[3]他勉励同学们，在研究当中遇到了奇怪的数据，希望能谨慎地对待，不要轻易放弃，奇怪的数据也许能启发伟大的发现。

我也曾指出[4]：如果某些数据出现“异常”，即反映的规律和特征与自己设想的不符，不可随意去掉，而应反复实验找到产生“异常”的根源，然后才可以发表可重复的成果。在某些情况下，若实验中出现了“异常”数据，或许隐藏着特殊的机理，揭示之还有可能诞生重大的科学发现呢。

他山之石，可以攻玉。但愿日本物理学家梶田隆章的科研心得，能给我国有志科研人员以正面启示。

参考文献

[1] 中国新闻网. 诺贝尔物理学奖新科得主梶田隆章：拓展人类认知地平线[EB/OL]. (2015-10-06) [2021-03-09]. https://www.chinanews.com/gj/2015/10-06/7556407.shtml.

[2] 诺贝尔物理学奖得主 Takaaki Kajita 做客“巅峰对话”第二十期物理分论坛[EB/OL]. (2017-05-25) [2021-03-09]. https://www.sohu.com/a/143569506_176416.

[3] 川观新闻. 诺贝尔奖得主梶田隆章四川师范大学开讲——不要轻易放弃研究中奇怪的数据[EB/OL]. (2018-10-30) [2021-03-09]. https://cbgc.scol.com.cn/news/100885.

[4] 秦四清. 学术素养与科学成就[EB/OL]. (2021-01-28) [2021-03-09]. http://blog.sciencenet.cn/blog-575926-1269406.html.

5

中村修二何以得诺贝尔奖?

（发表于 2021-7-31 12:44）

在中文语境下，“二”有两种含义——贬义或褒义。作为贬义词使用时，形容一个人头脑简单，行为愚蠢；而作为褒义词使用时，形容一个人性格独特另类，做事风格与众不同。2014 年诺贝尔物理学奖得主之一中村修二[1-2]，就是一个特别“二”（褒义词）的人。

他在上小学到高中期间，学习成绩不好，并不擅长应试教育，因为他只是对知识本身感兴趣，而对通过占有知识获得高分并没有兴趣。上高中时，在别人研究怎么上名牌大学的时候，中村认为友情更重要，把大量精力用在钻研排球上，但不管如何训练，比赛却总是垫底。在家长、同学和老师看来，他指定是脑袋进水了，肯定前途一片黑暗。

因他的学习成绩较差，他最终上了名不见经传的德岛大学。他进了大学不久，就跟一起从大洲高中考入德岛大学的 3 位好朋友划地绝交，每天粗茶淡饭，埋头读书，沉默思考。在别人看来，他毫无情调，不谙世事，是另类学生。

他研究生毕业后，没有找到好工作，经人介绍进入日本一家乡镇企业——日亚化学。他在单位苦干了十年，烧掉了无数经费，做了无数次实验，开发出了产品但不挣钱，被人笑称为“中村奴隶”，自感压力山大啊。幸好，他的老板是位慧眼识珠的“伯乐”，在他的强烈要求下，老板批给他 3 亿日元开发蓝光二极管。

当时，开发蓝光二极管被认为是 21 世纪无法完成的任务。他另辟蹊径，选择了氮化镓，而当时别人都认为要用硒化锌，但研究多年并没有成果。研究一开始，一年 365 天，他在公司里不跟任何人说话，不开会，也不接电话，全心投入到蓝色发光二极管的研究。在研究过程中，他经历了多达数百次的失败，但终获成功，这与他前十年积累的制作半导体材料的实操经验密不可分。他总结道：“一次两次的失败，不，五次六次的失败之后就放弃，是不能创造出任何东西的。尝试一百次两百次，仍然不能成功，就要再跟自己说再来一次，摧残自己到底，总会看见光芒。”的确，当对一件事情坚持到底，做到极致的时候，就诞生了个人风格。

中村修二具有典型日本人的性格——执拗、坚韧，认准的事儿会一条道走到黑。这种“二”的性格，是他取得成功的保障。确实，在攻坚克难的征途上，不仅泥泞不堪，而且荆棘密布。鉴于此，有志学者唯有沿着正确的研究方向，不怕困难，不怕失败，不怕冷眼，永不服输，坚守一根筋二愣子精神，苦干实干加巧干，才能突破各种桎梏走向成功。

参考文献

[1] 百度百科. 中村修二 (日裔美籍电子工程学家) [EB/OL]. [2021-07-31]. https://baike.baidu.com/item/%E4%B8%AD%E6%9D%91%E4%BF%AE%E4%BA%8C/5163990?fr=aladdin.

[2] 诺贝尔奖得主中村修二：成功秘诀就是赌博[EB/OL]. (2015-09-07) [2021-07-31]. https://www.sohu.com/a/30812105_115428.

6

富二代桑格何以两获诺贝尔奖？

（发表于 2022-2-17 14:17）

生于富豪之家的桑格[1-3]，是一位名副其实的富二代。然而，他并未像诸多不学无术的富二代那样堕落成纨绔子弟，而是凭两个诺贝尔奖成为了科学大师。任何一位科学家获一次诺贝尔奖已实属不易，而他竟两次把诺贝尔奖收入囊中。这是为什么呢？从他的经历看，答案显而易见，其可浓缩为两字——热爱。

受家境影响，桑格从小对生物学有着浓厚兴趣，因此他选择了剑桥大学的生物化学专业作为志业。在上学期间，他的成绩一般、能力平平，故他毕业求职时遇到了麻烦——找不到接收单位。为此，他在求职信的最后都加上了一句话：我自带干粮，不要薪水。最终，他入职了剑桥的一个科研实验机构。

他在一间暗无天日、气味难闻的地下实验室工作，期间无怨无悔，凭兴趣埋头苦干，经 10 余年默默无闻的努力后，他完整定序了胰岛素的氨基酸序列，证明蛋白质具有明确构造；凭此成果，他于 1958 年获得诺贝尔化学奖。

首度获奖时，他还不是教授；得奖后，校方才给予他教授头衔和行政职务。

得奖后，他并未忘乎所以，始终认为自己是普通人。源于科研带来的踏实感、愉悦感和成就感，他并未停下进取的脚步，一直在苦苦探寻新的研究方向。找到了新方向——给 DNA 测序，他第一时间推掉了各项行政工作，没日没夜地泡在实验室，仍一如既往，亲力亲为做实验。

经过近 20 年苦行僧般的探索，他终于开发出了一套高效的 DNA 测序方法，名为“双脱氧链终止法（桑格法）”。后来，这套方法逐渐演变成了世界通用的 DNA 测序手段，并为浩荡的“人类基因组计划”提供了坚实的实验方法。

凭此成果，他再次接到了瑞典的电话——获得 1980 年诺贝尔化学奖。

总而言之，他取得的所有成就，靠的是不懈探索——日积月累的试错和千万次的从头再来，靠的是科研热情——以好奇心刨根问底，靠的是把精力用到正途——聚焦于实验过程和可靠结果而非论文发表（他一生只发表了屈指可数的几篇论文）。

退休后，他拒绝了英国女王授予的爵士勋章。后来，他被同行称为“基因学之父”，可他却自嘲：“我只是个一辈子在实验室里瞎混的家伙。”

在他家里，不摆任何奖章和奖杯；他像普通人那样遛弯养花，不事张扬，过着简单纯朴的生活。直到 2013 年 11 月 19 日，这个快乐而古怪的科学大师，在梦中安然离世。

爱迪生曾说过这样一句话：“热爱是能量，没有热爱，任何伟大的事情都不能完成。”是啊，热爱科研不一定成为科学大师，而缺乏热爱则一定不会成为科学大师！

参考文献

[1] 诺贝尔奖吗？我得过啊. 两次. [EB/OL]. (2019-01-17) [2022-02-17]. https://www.sohu.com/a/289615204_120066732.

[2] 一个普通人两次获得诺贝尔奖的启示[EB/OL]. (2021-05-14) [2022-02-17]. https://www.sohu.com/a/466392142_253294.

[3] 英国最牛“啃老族”：我家有钱有船，还有两座诺贝尔奖[EB/OL]. (2020-10-17) [2022-02-17]. https://m.thepaper.cn/baijiahao_9592925.

7

两获诺贝尔奖的最低调者——巴丁

（发表于 2022-5-28 13:28）

迄今为止，仅有玛丽·居里（居里夫人）、约翰·巴丁、弗雷德里克·桑格三人两获诺贝尔自然科学奖。这三人都具有淡泊低调的行事风格，而约翰·巴丁尤甚，以至于鲜为人知。

巴丁[1-4]因发明晶体管和建立超导 BCS（B 代表巴丁，C 代表库珀，S 代表施里弗，后两者是巴丁的学生）理论，分别于 1956 年和 1972 年两次获得诺贝尔物理学奖，是诺贝尔奖历史上第一个在同一学科两次获奖的科学家。

巴丁究竟低调到什么程度呢？请看以下事例：

1945 年 4 月，巴丁加入到贝尔实验室固体物理研究小组（肖克利任组长，组员还有布拉顿），当时晶体管的研制遇到了卡脖子难题而停滞不前。巴丁提出了至关重要的“半导体表面态理论”解决了此难题，与布拉顿合作开发出世界上第一只点接触晶体管。在研制过程中，肖克利的贡献甚微，当然没被列入专利发明人。为了抢功，他背着巴丁和布拉顿，基于点接触晶体管的基本原理独自研发了更先进的结型晶体管。在晶体管成果公布之时，张扬的肖克利极力突出自己的成就，故意冷落原创者巴丁和布拉顿，由此引发了一种怪象：提起晶体管，人们第一时间想起的总是肖克利，而不是巴丁或布拉顿。然而，温和淡静的巴丁从不为自己辩解。

在 1957 年的一次物理学会议上，巴丁让其学生宣布 BCS 理论，他连会议都不参加。

有人提出过“巴丁数”这一概念，用于形容“谦虚程度”；此数越高，表示越谦虚。物理学家巴哈特曾说：“一般人的巴丁数等于 1 就很不错了，而巴丁的此数为无穷大。”

某著名作家曾想为这位两获诺贝尔奖的传奇人物著书立传，却遭到了他的极力反对。

巴丁夫妻恩爱，家庭和睦，爱好广泛。他喜欢打高尔夫球，有一位几十年的老球友。有一天巴丁对那位老朋友说，下个月我要退休了。那位老兄说，老伙计呀，我们打了几十年球，你能不能告诉我，你是干什么工作的呀?

巴丁的低调由此可见一斑。

他有跋扈自恣的资本，但一直低调；他有傲视群雄的业绩，但一直谦虚。是啊，性格决定命运，优良的性格既是家庭幸福的源泉，也是事业成功的基石。

反观我国学界，某些学者凭跟风式工作戴上了学术帽子而忘乎所以，某些学者凭鸡肋式成果拿到了学术奖励而牛皮哄哄，某些学者凭不值一提的学术成就而自吹自擂。对照下巴丁先生，岂不汗颜!

古语云："地低成海，人低成王。"确实，在低调的心态支配下，才能专心致志而精益求精，才能淡泊明志而行稳致远，才能胸怀大志而方得始终。

参考文献

[1] "双料诺贝尔奖"得主约翰巴丁的低调[EB/OL]. (2022-05-22) [2022-05-28]. https://www.toutiao.com/article/7100427344988635689/?channel=&source=search_tab.

[2] 低调的大神！他改变了半导体产业！史上唯一两次获得诺贝尔物理奖，却几乎被人遗忘[EB/OL]. (2021-05-13) [2022-05-28]. http://www.360doc.com/content/21/0513/19/55327189_977024994.shtml.

[3] 又一开挂天才，两次夺得诺贝尔物理奖，却低调到几乎被世人遗忘[EB/OL]. (2020-07-24) [2022-05-28]. https://baijiahao.baidu.com/s?id=1673066592507881856&wfr=spider&for=pc.

[4] 约翰·巴丁：两夺诺贝尔物理奖，低调平淡中显辉煌[EB/OL]. (2018-04-10) [2022-05-28]. http://www.360doc.com/content/18/0410/17/35201910_744503763.shtml.

8

从居里夫人的抱怨谈起

（发表于 2020-8-8 09:55）

前几天，在成都出差期间，我阅读了《居里夫人文选》一书[1]和王鸣阳的书评[2]。读后，我觉得有些感想，就写成这篇博文与大家分享。

居里夫人是人类历史上最伟大的科学家之一，她一生两次获得诺贝尔奖，是迄今为止唯一两度获此项殊荣的女性；她的成就包括开创了放射性理论、发明分离放射性同位素技术、发现两种新元素钋和镭。后来，人们将放射性同位素用于治疗癌症，已被证明是有效手段之一。

记得原来看过几本有关居里夫人的科普读物，其多把居里夫人塑造成高大全的完美形象，诸如“聪明勤奋、成绩优异、生活简朴、热爱科学、舍己为人、淡泊名利、贡献专利、造福人类”。然而，她却是一位相当接地气的朴实女性，有着普通人一样的喜怒哀乐，对看不惯的事儿也敢于吐槽。

她曾抱怨道：“我们差不多花了四年时间才取得了在化学方面所要求的那些科学证据，证明了镭确实是一种新元素。如果我有足够的研究条件，做这同样的事情也许只需要一年。我们可以想象，一位热忱无私的学者，全部身心埋头于一项伟大的研究，可是一生都受到物质条件的掣肘，最终也未能实现自己的梦想，他该会留下多么大的遗憾啊！这个国家有她最优秀的儿女，是她最大的一笔财富，然而他们的天赋、才能和勇气竟然遭到荒废，这不能不让我们感到深深的痛惜。”对于法国政府在她成名之后给予的优惠，她没有“感恩”，反而将之奚落为“迟到的改善”。

上述居里夫人所抱怨的 100 多年前科研人员面临的种种困难，我国不少有真才实学的科研人员也时常遇到，怀才不遇。

那么，科研人员究竟需要什么呢？需要的是对研究工作过程的支持，而非“迟到的改善”；需要的是提供专心从事研究工作的良好环境，而尽量少些“来自外界的干扰”——诸如频繁的量化考核。

如果国家能为有志科研人员的发展提供这样的环境：能翻多高的跟斗就给其铺多厚的垫子，能激起多大的浪花就给其修筑多深的池子，则能极大地激发其科研激情和创造力，这必将导致高创新性乃至原创成果如雨后春笋般涌现。

近年来，我国已充分认识到原创无与伦比的价值，为此连续出台多项科研新政，把“原创”提到了前所未有的“第一高度”；国家自然科学基金委员会也设立了原创探索项目，采用非常规评审方法扶持处于萌芽期的原创工作。那么，我国如何突破原创工作的瓶颈呢？关于此，康乐院士曾指出：“我国要想提升原创性的科学研究，我们的科学家、管理部门和资助机构应该着眼长远，有很大的耐心去孕育、培养、支持创新思想。”[3]我觉得康院士的这番话说到了点上，必须点赞！

据我所知，我国有些科研人员已做出了原创成果，但仍需完善；有些科研人员已产生了原创学术思想，但需要“落地”。此时，若有关部门和有话语权的专家能如“伯乐”一样甄别出潜伏的“千里马”，给予其一定的人财物支持，把其“扶上马再送一程”，那该有多么美好的前景。古希腊物理学家阿基米德曾说：“给我一个支点，我就能撬起地球。”诚哉斯言，给“千里马”一次机会，则极有可能创造一个奇迹。

参考文献

[1] 玛丽·居里. 居里夫人文选[M]. 胡圣荣，周荃，译. 北京：北京大学出版社，2010.

[2] 王鸣阳. 科学创新，社会的责任——读《居里夫人文选》有感[J]. 科普研究，2010, 5(2): 82-85.

[3] 中国科学院院士：我们总是在喊口号，中国科研还有很长的路要走！[EB/OL]. (2018-05-29) [2020-08-08]. https://www.sohu.com/a/233336160_505837.

— 9 —

保持对新思想的敏感性才可能得诺贝尔奖

（发表于 2020-10-10 10:54）

在国外某大学饭厅，几位在一张饭桌上吃饭的人士，不时小声交谈，偶尔比划，常出现这样的场景：

场景 1：我今天有个新想法，你们有兴趣听听吗？其他人异口同声地说：想听，快说吧。

场景 2：我发现过去的某理论有缺陷，且已想出了改进的方法。还没等其说完，有位美女教授抢着说：太好了！明天去我们那儿讲讲。

场景 3：我看海报得知某知名教授要来化学系讲座，门票 200 美元一张，我已买了一张。其他人立马问道："还有票吗？"

以上场景并非虚拟，而是我根据石毓智先生的文章《斯坦福大学何以后来居上？》[1]描绘的。

在这篇文章中，石先生谈到：观察人们吃饭时谈论什么，是了解他们内心在想什么、对什么最感兴趣的最佳窗口。连吃饭的时间都不愿意浪费的人，就有一种执着精神，这是干好一件事情的前提。我对这些人吃饭时谈论什么进行了长期观察，发现他们谈论的几乎都是与自己的研究、学习、工作有关的事，没有听到一次是有人在议论别人是非的，也没有人传播社会上的八卦新闻，甚至像体育、政治这些大众话题也几乎听不到。他们是把吃饭作为工作时间的延伸，相约的往往不是私人朋友，而是与研究、学业有关的人士。他们在吃饭中间交流信息，激发灵感，寻找合作契机。整个饭厅几百号人同时吃饭，但是一点不觉吵闹，大家都是在平静交谈。

只有短短 120 年历史的美国斯坦福大学已有近 30 人获得诺贝尔奖，与其他世界名牌大学相比，能与之争锋者鲜见。这是为什么呢？从上述场景或石先生的观察可见一斑。

结合石先生这篇文章的观点，我认为科研人员要做出高创新性乃至原创成果，需做到以下四点：（1）富有捕捉新思想的敏感性；（2）善于吸纳新思想；（3）经常思考最根本的问题；（4）沿着可行的新思路执着探究。如此，即使平庸的人也可能做出高创新性成果，而那些天资好的则极有可能做出原创成果从而成为科学大师。

我也曾留意过国内科研人员在食堂吃饭、朋友聚会时的聊天话题，几乎都是以八卦、是非、扯淡等为谈资，鲜有涉及学术方面的；即使偶尔想围绕某人的新思想深聊几句，也常因其他人不感兴趣而被打断。更可悲可叹的是，相关科研院所明明知道某些人有新思想和突破性成果，也不会邀请其进行学术交流，而是会邀请能为单位带来利益的大咖讲老掉牙的工作。这些均反映出其骨子里并不热爱科研、对学术没有激情。

每到诺贝尔奖颁奖季，我国学界的“诺贝尔奖焦虑症”就会复发一次，分析“病因”的文章登上各种媒体。为“对症下药”，我开出的“药方”是：（1）改善科研环境；（2）有志科研人员保持定力[2]把科研当成事业，且按上述四点静心攻坚克难。照此，我国科研人员频得诺贝尔奖的前景可期。

参考文献

[1] 斯坦福大学何以后来居上？[EB/OL]. (2018-11-17) [2020-10-10]. https://www.sohu.com/a/276159086_659080.

[2] 秦四清. 保持科研定力才能行稳致远[EB/OL]. (2020-9-8) [2020-10-10]. http://blog.sciencenet.cn/blog-575926-1249710.html.

— 第十章 —

成果评价

1

再谈“早发表晚评价”对科研评价的指导意义

（发布于 2020-2-20 12:53）

2017 年，我曾写过《学界必须遵守“早发表，晚评价”的基本原则》一文[1]，谈过“早发表晚评价”原则在科研评价中的必要性。然而，目睹国家层面破“四唯”后学界“换汤不换药”的现状，觉得有必要再次强调“早发表晚评价”对科研评价的指导意义，于是在原文的基础上补充完善形成此文，以引起大家对科研评价问题的深入思考和讨论。

做科研的同学们可能都有这样的体会：当自己辛苦撰写的论文刚一面世，尤其是发表在顶级刊物上，自己会认为这是一重磅成果，是个“宝”，在学界能引起强烈反响，自己会欣喜若狂；过些日子再看，发现有些地方表达不够准确，有少许的遗憾；过几个月再看，或发现考虑的因素不够全面、或发现前提假设不够严谨、或发现数据分析漏洞百出，以至于结论的可信性大打折扣，此时自己觉得这样的论文是棵“草”；再过几个月和同行高手讨论时，人家说你的论文立论不成立，凝练的关键问题“本末倒置”，结论可能会误导同行。自己听到这些，真乃洋鬼子看戏——傻眼了，觉得这样的论文与“垃圾”并无两样，以至于想找块豆腐撞过去。

如果这样的论文连自己都不认可，则不可能被同行认可，更不可能通过实践或时间的检验。确实，发现论文的错误需要时间，而确认论文的价值更需要时间。华罗庚教授[2]之所以提出“早发表晚评价”这一科研评价原则，是因为他早就认识到：科研工作要经过历史检验才能逐步确定其真实价值，这是不以人的主观意志为转移的客观规律。

做理论研究的学者，从创建理论、发展完善到通过验证，往往需要较长时间，如爱因斯坦创立的广义相对论、魏格纳提出的大陆漂移说，都是经过长期验证才得到广为认可；做实验研究的学者，实验结果必须通过同行的可重复性检验方能站住脚，这通常也需要一个较长的时间过程；做技术研发的学者，产品的效果不是广告说了算而是市场说了算，这也绝不是一朝一夕所能搞定的。

纵观科技史，这样的论文才可能流芳百世：（1）发表后争议巨大，但后被实证“一剑封喉”；（2）发表后几乎长期无人理睬的“睡美人”，后被恍然大悟者慧眼识珠发现其潜在重要价值，吸引后来跟风者一窝蜂跟进。当然，或有其他的，欢迎大家补充。

科研中急于求成的心态要不得，科研评价也来不得半点虚假且必须遵守其客观规律。科研中有了新认识或新发现，自己要反复检验，不要为了“上镜”抢先发表漏洞百出的论文。确实有突破性研究论文发表了，本人一定要耐住性子，某些部门和新闻媒体也不要为吸引眼球“放卫星”炒作，须知实践（时间）是检验认识是否正确的唯一标准，而这通常需要一个长期的过程。其实啊，也不必担心，因为“是金子早晚会发光，是沙子会无声无息沉入海底”。科研嘛，本来就是一个大浪淘沙的过程，假的真不了，真的也无法否定。

2019 年，中共中央办公厅、国务院办公厅印发了《关于进一步弘扬科学家精神加强作风和学风建设的意见》[3]，并发出通知，要求各地区各部门结合实际认真贯彻落实。意见第（十二）条指出：“反对浮夸浮躁、投机取巧。深入科研一线，掌握一手资料，不人为夸大研究基础和学术价值，未经科学验证的现象和观点，不得向公众传播。”这话说的到位，是尊重科研规律的体现，必须点赞。

无疑，正确的论文价值导向是看论文本身的质量——突破或解决了什么样的科技难题，而不是看论文发表的载体——刊物；评判论文质量的公正“裁判”是实证，而不是少数的审稿专家；评判成果意义的“裁判”是时间而不是宣传。短期的科研评价违背了客观规律应予改革，而中长期或长期的科研评价方为正途，如此才能鼓励十年磨一剑者潜心攻坚克难。

参考文献

[1] 秦四清. 学界必须遵守“早发表，晚评价”的基本原则[EB/OL]. (2017-08-05) [2020-02-20]. https://blog.sciencenet.cn/blog-575926-1069662.html.

[2] 数学家华罗庚的故事[EB/OL]. [2020-02-20]. https://www.yjbys.com/lizhi/gushi/618469.html.

[3] 中共中央办公厅 国务院办公厅印发《关于进一步弘扬科学家精神加强作风和学风建设的意见》[EB/OL]. (2019-06-11) [2020-02-20]. https://www.gov.cn/zhengce/2019-06/11/content_5399239.htm.

2

探讨破“SCI 至上”后的科研评价原则

（发布于 2020-2-27 11:39）

大家知道，科研的价值在于质量而不是数量，科技问题只有“已解决”和“未解决”之分。显然，未解决问题的难易程度和意义大小，是衡量研究者创新能力和工作价值的“标尺”。若研究者创立了原创性理论方法，解决了别人历经长期探索仍无计可施的重大科技难题，则这样的工作为“一流”；若其提出了高创新性的理论方法，解决了较为重要的科技难题，则为“二流”；若属于在前人基础上改进不大或拾漏补遗式的跟风工作，则为“三流”。

那么，什么样的问题称得上科技难题呢？公认的科技难题都有哪些呢？

不妨参考教育部、科学技术部、中国科学院、国家自然科学基金委员会等四部门发起征集且已出版的《10000 个科学难题》，中国科协近些年发布的“重大科学问题和工程技术难题”，*Science* 公布的 125 个科学前沿问题等。这些是权威部门发布的，应该有一定的代表性和公认性。在此基础上，每个学科根据自己的具体情况，广泛征集大家的意见，把难题分类，经大多数人同意后发布。

若有那么一天，研究者宣称自己解决了某一难题，可向所在学会或单位提交评审材料，如代表性论文、专著或科研报告，初筛（退回跟风工作，拒绝并永不评审违背业已公认科学原理的工作等）后，由学会或单位组织一次由国内外专家组成的评审委员会进行鉴定，根据科学原则进行面对面质疑讨论，看看是否真的解决了或解决到什么程度，确认成果水平属于“一流”“二流”或“忽悠”。至于“三流”跟风工作，建议交给所在单位下属研究室或院系的学术委员会评审。若国家层面想给研究者“帽子”、奖励以资鼓励，根据成果水平对等授予即可，这可基本上避免出现各种“不服”意见。

这样的话，自然会鼓励研究者潜心攻坚克难，亦可减缓学界学术浮躁之风气，因为攻克任何科技难题都需要较长的时间过程，靠投机取巧绝无可能；再者，也就主动消除了“SCI 至上”风气下 SCI 为成果科学性及其价值背书的可能，体现了“看疗效而不看广告”之求实理念。如此，何乐而不为呢？！

3

简谈科研评价的优先抓手

（发布于 2020-12-30 21:58）

这些天，科学网博主讨论破“五唯”后如何进行科研评价的博文较多，但大多集中于对个人的评价方面。我觉得，科研人员应有一定的情怀，不要仅从个人角度考虑，更多地应从国家层面考虑。美国第 35 任总统肯尼迪发表就职演说时说过一句名言：“不要问你的国家能为你做些什么，而要问一下你能为你的国家做些什么。”是啊，国家培养一个科研人员需花费巨大的成本，每一个科研人员应胸怀报国之志为之尽心尽力，正所谓“滴水之恩当涌泉相报”。

我想说的是，国家层面之所以痛下决心破“五唯”，主要是基于：（1）在大量的投入下，虽然我国论文、专利的数量上去了，但总体质量堪忧；（2）高影响因子与高引用论文多了，但原创性成果仍凤毛麟角；（3）凭论文相关指标上位的不少“帽子”人才，个人确实名利双收，但几乎未起到推动学科跨越式发展的率先垂范作用。确实，国家需要的是能解决重要问题的高创新性成果，尤其是原创成果；需要的是能确实引领学科跨越式发展的领军人物。为实现这些目标，破“五唯”势在必行。

那么，破“五唯”后应优先抓什么呢？

我的看法是，应在全国范围内摸摸家底，看看：（1）哪些学科已诞生了原创成果？国家层面如何扶持才能完善？如何推广应用？（2）哪些学科已有了做出原创成果的苗头？国家层面如何让“星星之火可以燎原”？（3）哪些学科具有做出高创新性成果的潜力？国家层面如何进行前瞻性布局与引导？只有弄清了这些问题，才能有的放矢凝聚力量，把好钢用在刀刃上，以率先实现某些学科的超越或跨越式发展。如此，不仅可起到示范作用，而且可极大地增强我国科研人员的学术自信，从而加速我国由科技大国向科技强国的转变。

摸清家底难度大吗？有难度但并非想象中的那么难。每个学科谁创新能力强，谁有“真货”，圈内大部分科研人员心里是有数的，只不过怕得罪大咖不愿在公众面前说而已。必要时，每个学科开学术大会时，派人微服私访该学科的普通科研人员，便可找出“潜伏”的真才实学者。然后，国家层面邀请本学科和相关学科的专家召开面对面评审会，让其上会讲解自己的亮点成果，进行公开辩论。若专家在实质性问题上驳不倒答辩人，自然能确认答辩人确实有“真货”。

4

理性的人才评价标准：让不同层级的人才各得其所

（发布于 2022-3-25 11:50）

具有一定有益才能的人士皆可称为人才，但人才对促进科技发展和社会进步的贡献有大小之分，因为其能力（含智力、创造力和潜力）有高低之分；按贡献大小，人才大致可分为三类——天才、中才和庸才。鉴于此，为让不同层级的人才各得其所、人尽其才，制订人才评价标准时须“对症下药”，不可一刀切。

纵观科技史，只有天才能解决悬而未决的重大科技难题，从而大幅推动科技发展和社会进步，是人类社会亟需的人才。天才凭好奇心谋求攻克难题之道，属于“不用扬鞭自奋蹄”的人士，其成长仅需要宽松自由的环境，并不需要他人监督看管；其并非是被有意识地培养出来的，更不是以“数数（数论文数量、影响因子、被引用量、项目等）”论英雄的产物；其广为人知往往源于开创性成果的可靠性和重要性或“伯乐”的赏识和推荐。由此而论，任何基于“数数”的人才评价标准，均不适用于天才或潜在的天才。有人可能认为开创性成果更易发表在高大上刊物，更能促进单位的“排名”上升；但实则不然，有关理由可看《不要把顶级刊物论文与顶级成果划等号》这篇文章[1]。是啊，若把这样的标准强加给天才或潜在的天才，只能约束其挥洒卓越才能的空间，这实质上是在扼杀天才，从而使天才蜕变成中才乃至庸才。

判断潜在的天才并非难事。找几位高手“会诊”，看看其研究是否针对重大难题涉及的本源实体，是否围绕实体行为和机理开展数理解析，是否在遵循业已公认科学理论的前提下独辟蹊径探究出表征该行为和机理的系统原理和方法，能否合理解释以前的悖论，是否得到了实证支持，等等。若答案均为是，则答案不言而喻。对这样的人士，管理者应视为“宝”，即取消对其的考核、解除其后顾之忧，以利于其在探索的王国中自由驰骋、在向科学高峰攀登中甩开膀子。

中才因其能力不够强大，只能跟在天才后面做些捡漏补遗工作，但这样的工作也有增幅大小和意义大小之分，且可为单位的应景式“排名”做出相应的贡献。因此，若不以“数数”标准对其加以制约，则其只能做出更加低水平重复的成果或选择“躺平”，这对自己、单位和国家都无甚益处。

庸才因其能力十分有限，不是做科研的料，应有自知之明，走及早分流之路是上策，如考取公务员、当中学老师、去生产单位。在其分流时，所在单位应施以温暖的援手，不可横生枝节干涉。

自从国家层面破“四唯”新政实施后，诸多基层科研单位并未真正理解其内涵——引导科研脱虚向实（潜心研究真问题，做出真学问），反而不分青红皂白地一概实施更为严酷的“数数”考核政策，诸如非升即走，职称后退。这极其不利于天才或潜在天才的脱颖而出；即使对中才，也几乎剥夺了其中某些人士通过不懈努力升级为天才的机会。因此，从总体上看，这种严酷考核政策的弊远大于利。

在我看来，“为天才留空间，为中才立规矩，为庸才找出路”这句话[2]说得相当理性。以此为指南制订人才评价标准，才能使不同层级的人才安心于不同层面的工作，减缓学界浮躁之风越演越烈的趋势；如此，何乐而不为呢？！

参考文献

[1] 秦四清. 不要把顶级刊物论文与顶级成果划等号[EB/OL]. (2019-09-02) [2022-03-25]. https://blog.sciencenet.cn/blog-575926-1196279.html.

[2] 南方日报. 为天才留空间 为中才立规矩 为庸才找出路[EB/OL]. (2008-01-07) [2022-03-25]. http://news.sohu.com/20080107/n254496672.shtml.

5

再论同行评议制的局限性和适用性

（发布于 2019-4-29 09:29）

以前我写过几篇博文[1,2]讨论同行评议制存在的问题，这篇就算做个总结吧，简单概述下同行评议制的局限性和适用性。

按英国 Boden 教授的观点，同行评议（方法）是指："由从事该领域或接近该领域的专家来评定一项工作学术水平或重要性的一种机制（活动）。"[3]后来，同行评议由方法演变成了一种约定俗成的制度，广泛用于论文评审、项目评审、科技成果鉴定和科技奖励评定等。

同行评议制从诞生起就存在缺陷。例如，在实行同行评议制的美国国家科学基金会的历史上，曾两次出现对同行评议制的不信任案，要求国会出面调查同行评议中的不公正性。王平与赵子良[3]总结了同行评议制的固有缺陷：（1）无法堵塞人情关系；（2）无法防止"马太效应"；（3）难以堵塞剽窃与造假行为。

以下以论文评审为例，再谈谈同行评议制的适用性。

先看看废除同行评议制怎么样？如果没有同行评议制，那么那些违反人类业已公认科学原理的论文、作业式的论文、逻辑混乱的论文等就会登堂入室，譬如"永动机"类的论文或许会刊登在期刊上误导"吃瓜群众"。显然，同行评议专家在甄别上述"糟糕"论文方面容易达成一致——拒稿。由此看来，虽然同行评议制不是万能的，但没有同行评议制是万万不能的。

那么，在甄别高创新性工作方面，同行评议专家能否展现出"火眼金睛"的功力呢？创新性越强的论文越容易发表在高大上的期刊上吗？

2015 年 *Proceedings of the National Academy of Sciences of the United States of America*（*PNAS*）发表的一篇文章[4]指出，同行评议专家常常推荐接受平庸论文而拒绝有开创性贡献的论文；2016 年 *PNAS* 发表的另一篇文章[5]指出，同行之间的竞争会导致更多不公平的评议、降低评议意见的一致性，以至于把不少高质量的工作拒之门外；2017 年 *Nature* 发表的一篇文章[6]指出，高创新性论文常常发表在较低影响因子的期刊上。这意味着同行评议制通常适用于识别"糟糕"工作与"从 1 到 *N*"的工作，而难以胜任甄别"从 0 到 1"的工作。

在 2009 年以前，我们无论将稿件投到中文期刊还是英文期刊，几乎

“百发百中”，因为那都是改进式的工作。搞笑的是，评议专家往往给予此类稿件相当高的评价。例如，我们考虑岩质平面滑动型斜坡的滑面介质由应变软化和应变硬化介质组成，引入突变理论和混沌动力学理论分析其演化过程，写了篇比过去工作有些进步的“鸡肋”论文 *Nonlinear evolutionary mechanisms of instability of planar-slip slope: catastrophe, bifurcation, chaos and physical prediction*，投稿到本领域内的权威 SCI 期刊 *Rock Mechanics and Rock Engineering*，该期刊返回的审稿意见提及：“The referees are favourable to publishing the paper based on the motivation that the topic is interesting and contributes in an important manner to the state of the art.”

然而，自从我们 2009 年一头扎进“锁固段”中，提出锁固段脆性破坏理论以来，麻烦来了，论文发表开始变得困难重重。记得 2009 年下半年，我们把《崩滑灾害临界位移演化的指数律》投稿到《岩石力学与工程学报》，没过一周收到了退稿意见，大意是“斜坡的地质条件很复杂，即使存在锁固段，锁固段也应有多种类型，各种类型锁固段均受降雨、地震、开挖等作用影响，其演化过程也很复杂，不可能存在位移比常数 1.48。”意见很明确，认为我们在“胡扯”，专家不相信我们的结论。看到该审稿意见，我相当不服觉得应该申辩，立马打电话给该期刊常务副主编说：“存不存在常数，相不相信论文的结论，不要靠常规经验和想象做出判断。需要提醒的是，如果专家认为我们的公式推导在假设条件、推导过程、公式简化方面有问题，请指出具体问题在哪里？如果专家认为我们的滑坡实例分析有问题，也请告诉我们具体问题在哪里？如果指不出具体问题所在，靠拍脑袋做决定，这不是科学的做法，则拒稿理由不成立。”后来，该期刊另找了别的同行专家，该论文才得以面世。

纵观科学史，高创新性工作在初期均难得到同行认可和支持是一种常态，其原因在于同行专家的“认知局限”和（或）“利益冲突”。关于此，丁肇中先生曾说过一句名言：“专家评审并不是绝对有用的，因为专家评审是依靠现有的知识，而科学的进展是推翻现有的知识。”[7]一般说来，论文的创新程度越大，则“离经叛道”的程度越大，初期被别人理解的难度也越大。换句话说，在原创初期，真理通常掌握在少数人手里。

如何提高专家甄别高创新性工作的能力呢？除不断提升自己的学术鉴赏力外，更重要的一点是：要看某项工作本身的逻辑自洽性和初步证据的强壮性，而不应看与过去认识的一致性。即使该工作不够系统和深入，也不要轻易否定，而应鼓励发表。如此，才能保护创新火苗初期不被熄灭，才可能使星星之火得以燎原。这应是任何一个合格的评议专家职责所在！

参考文献

[1] 秦四清. 再扯扯“同行评议”的适用性[EB/OL]. (2017-06-19) [2019-04-29]. http://blog.sciencenet.cn/blog-575926-1061673.html.

[2] 秦四清. 如何发表 NI (Nature Index) 论文? [EB/OL]. (2018-02-22) [2019-04-29]. http://blog.sciencenet.cn/blog-575926-1100706.html.

[3] 王平, 宋子良. 同行评议制的固有缺点与局限性[J]. 科技管理研究, 1994, (4): 22-26+13.

[4] SILER K, LEE K, BERO L. Measuring the effectiveness of scientific gatekeeping[J]. Proceedings of the National Academy of Sciences, 2015, 112(2): 360-365.

[5] BALIETTI S, GOLDSTONE R L, HELBING D. Peer review and competition in the Art Exhibition Game[J]. Proceedings of the National Academy of Sciences, 2016, 113(30): 8414-8419.

[6] STEPHAN P, VEUGELERS R, WANG J. Reviewers are blinkered by bibliometrics[J]. Nature, 2017, 544(7651): 411-412.

[7] 邱晨辉. 丁肇中: 一生最重要选择就是只做一件事[EB/OL]. (2014-10-21) [2019-04-29]. http://news.sciencenet.cn/htmlnews/2014/10/305802.shtm.

— 第十一章 —

建言献策

1

不要把顶级刊物论文与顶级成果划等号

（发布于 2019-9-2 10:27）

今年，中共中央办公厅、国务院办公厅印发了《关于进一步弘扬科学家精神加强作风和学风建设的意见》[1]，并发出通知，要求各地区各部门结合实际认真贯彻落实。"意见"第（十二）条指出："反对浮夸浮躁、投机取巧。深入科研一线，掌握一手资料，不人为夸大研究基础和学术价值，未经科学验证的现象和观点，不得向公众传播。"

然而，"意见"公布后，仍有不少单位把发表在顶级刊物上的论文视为某一方面的"重大突破性成果"或"里程碑式成果"而强力宣传，那么，这种做法可靠吗？

大家知道，未经验证的所谓成果只能算作一种可能成立的学术观点，其是否正确应经得住同行的重复性验证、质疑，其有多大意义也往往需要较长时间才能知晓。

有人说，顶级刊物发表的文章都是经过资深编辑、权威专家把关才最终出版的，刊登的论文质量是顶呱呱的。若真如此，那么为啥在这些刊物上发表的文章还能被撤稿？为啥同行不能重复某些论文的研究结果？为啥论文中所提到的"潜在重大意义"迟迟不能落地？

一般说来，论文的创新程度越大，则"离经叛道"的程度越大，初期被别人接受的难度也越大。越是顶级刊物，越不愿意冒风险刊登这样的论文。2018 年诺贝尔生理学或医学奖得主本庶佑指出："一流的工作往往推翻了定论，因此不受人待见，评审员会给你提很多反面的意见，你的文章也上不了顶级刊物。迎合时代风向的文章比较容易被接受，否则的话，需要花费较长时间才能获得认可。"[2]

其实，推翻已有定论或开拓新领域的原创类文章确实难以在顶级刊物上发表。2015 年 *PNAS* 发表的一篇文章[3]指出，审稿专家常常推荐接受平庸论文而拒绝有开创性贡献的论文；2016 年 *PNAS* 发表的另一篇文章[4]指出，同行之间的竞争会导致更多不公平的评议、降低评议意见的一致性，以至于把不少高质量的工作拒之门外；2017 年 *Nature* 发表的一篇文章[5]指出，高创新性论文倾向于发表在较低影响因子的刊物上。这意味着同行评议制[6]通常适用于识别“糟糕”工作与“从 1 到 N”的工作，而难以胜任甄别“从 0 到 1”的工作。简言之，顶级刊物通常不发表顶级成果。纵观科学史，诸多诺贝尔奖得主的开山之作通常发表在名不见经传的刊物，是对这一观点的有力支撑。

综上，正确的论文价值导向是看论文本身的质量，而不是看论文发表的载体——刊物；评判论文质量的公正“裁判”是实证，而不是少数的审稿专家；评判成果意义的“裁判”是“时间”，而不是“宣传”。把顶级刊物论文视为顶级成果是浮夸浮躁、投机取巧的表现，且这种过度夸大顶级刊物论文价值之风与“意见”相违背，应予叫停。

参考文献

[1] 中共中央办公厅 国务院办公厅印发《关于进一步弘扬科学家精神加强作风和学风建设的意见》[EB/OL]. (2019-06-11) [2019-09-02]. https://www.gov.cn/zhengce/2019-06/11/content_5399239.htm.

[2] 秦四清. [转载]为何一流的工作难以在顶级刊物上发表? [EB/OL]. (2019-08-04) [2019-09-02]. http://blog.sciencenet.cn/blog-575926-1192349.html.

[3] SILER K, LEE K, BERO L. Measuring the effectiveness of scientific gatekeeping[J]. Proceedings of the National Academy of Sciences, 2015, 112(2): 360-365.

[4] BALIETTI S, GOLDSTONE R L, HELBING D. Peer review and competition in the Art Exhibition Game[J]. Proceedings of the National Academy of Sciences, 2016, 113(30): 8414-8419.

[5] STEPHAN P, VEUGELERS R, WANG J. Reviewers are blinkered by bibliometrics[J]. Nature, 2017, 544(7651): 411-412.

[6] 秦四清. 再论同行评议制的局限性和适用性[EB/OL]. (2019-04-29) [2019-09-02]. http://blog.sciencenet.cn/blog-575926-1176096.html.

2

从 Nature 子刊的疯狂扩军谈起

（发布于 2018-9-22 10:38）

近些年，*Nature* 出版集团（NPG）加快了子刊扩军的速度，截至 2018 年 1 月 14 日，*Nature* 的子刊共有 51 种。

NPG 这样做的好处显而易见，可获得更多的论文首发权，不断拓展自己在多个学科领域的影响力，奠定自己在学术出版界龙头老大的地位。还有，*Nature Communications*（*NC*）是个开放获取期刊，在这个期刊发表论文要收取不菲的版面费。若以后其他子刊仿效 *NC* 的做法，NPG 数钱得数到手抽筋。

估计对 CNS 期刊及子刊患有崇拜症的某些国度的科研人员，看到或听到这个消息，会奔走相告、欣喜若狂，因为这意味着在不少人顶礼膜拜的期刊上发表论文的难度大大降低了，容易以此拿到望眼欲穿的“帽子”啦。

大家知道，因为容易摘的“苹果”被“牛顿”们摘走了，在科研上留给我们的都是难啃的“硬骨头”了，在任何领域要想取得一点重要突破，谈何容易。另一方面，近些年老牌出版集团不断扩军，新的出版集团如“雨后春笋”般地冒泡，即新诞生的期刊不断增多。这势必导致发表在著名期刊上的论文整体研究质量的水平日趋降低。

期刊只是论文发表的载体，不管任何期刊，热点跟风式研究都容易在其上发表，而推翻以前认识或开创新领域的研究，尤其是理论成果，则很难发表。这是因为即使找权威专家审稿，他们也常常依据过去的知识和认知做出判断，而重要原始创新工作往往会推翻以前的认识，难免让他们也产生强烈抵触。再者，越权威的专家，脑袋里往往有更多的“条条框框”，他们也一心要为“真理”而斗争，就会不自觉地成为创新的“绊脚石”。有人统计过，得诺贝尔奖的首发成果，大多发表在名不见经传的期刊上，只有很少一部分发表在所谓的顶级期刊（如 CNS）。例如，日本科学家已拿了多项诺贝尔奖，其得主的不少开山之作，大多首发在本国期刊，有不少还是日文期刊呢。这说明了什么？值得大家深思啊。诺贝尔奖只认原创及其价值（内涵），不看期刊档次。然而，我国的科研评价制度，则着重“广告”（期刊档次），而不着重“疗效”（内涵），其价值导向何其滑稽呀。

人类科学研究之初并无期刊，后来有了期刊也只是提供论文发表的平台而已，并无对论文评价与鉴定的功能。纵观科学发展史，过去有些大科学家的研究成果，并未以期刊论文形式发表，有的停留在手稿、私人书信与笔记本上，有的则留存于书的注解上（例如费马大定理的提出[1]），但这并不影响其科学价值、社会价值等。无疑，科研成果的价值由实践或时间裁定，而不是由论文发表的期刊档次决定。

参考文献

[1] “这里空白的地方太小，写不下.” [EB/OL]. (2018-01-12) [2018-09-22]. https://www.sohu.com/a/216282402_223014.

3

从圈子对发顶刊文章的影响谈起

（发布于 2021-7-15 20:35）

记得 2020 年底，我和某 SCI 期刊（由国内几家单位联合主办）社长聊天时说：“我们用两年多时间撰写了一篇有关锁固段断裂前兆与标志性地震演化规律的原创文章，写完后请国内几位知名专家审阅，都觉得文章的创新性、科学性、逻辑性和故事性不错，故信心满满投稿给 *Nature*，未送审被拒，后投给 *Science* 也未送审被拒，意见均是：不能引起广泛的兴趣，建议改投专业期刊。这让我大失所望，确实原创工作不受待见啊。我看过不少刊登在这些期刊上的地震机理文章，基本上是‘一叶障目’的认识，但因为作者是洋大牛，也就发了。”

社长回应道：“我觉得是圈子在作怪。若你属于圈子里的人，即使工作创新性不强、科学性不足，在顶刊发文章并非难事；否则，连编辑这一关都过不去。”

听了社长这话，我半信半疑。

昨天下午，某青年才俊来所和我团队进行了学术交流，他博士毕业于加拿大多伦多大学，在美国 Los Alamos 国家实验室做过博士后研究，现就职于国内某知名大学。他在国外留学时，在 *Physical Review Letters*、*Earth and Planetary Science Letters*、*Geophysical Research Letters*、*Journal of Geophysical Research* 等 NI 期刊上发表过多篇论文。晚上一起吃饭时，聊到圈子的事儿，他说：“我在国外时，文章投给顶刊，因有牛单位和牛人背书，几乎都送审；但回国后，情况完全不同了，好文章投给顶刊，几乎都不送审。”

期刊肩负着传播新知识推动科技发展的重任，因此在遴选要刊登的论文时，应该唯论文的创新性和科学性，而不应被圈子左右。然而，实则不然。不少期刊编辑和受邀审稿的同行评审专家，有“看人下菜碟”的毛病，对于不属于任何圈子的小人物撰写的论文，即使有新观点、新认识，且逻辑链和证据链完整，也往往拒绝；而大牛写的论文，即使淡如水，也往往得以发表。这样长期下去，期刊的信誉度必然大打折扣。

容易理解国外顶刊不愿刊登我国学者原创工作的原因，因为毕竟科学研究是有竞争性的，若风头被中国学者抢了，肯定心里郁闷。然而，从另一方面看，这些被国外顶刊拒绝的工作，反倒给国内期刊提供了机会。正如 *Cell Research* 编辑部主任程磊所言："好在有一点对我们有利，那就是真正中国原创的东西想在国外顶刊上发表几乎不可能，这就给我们留下了一个空间。"[1]鉴于此，国内期刊管理者和编辑要主动走出去，和一线学者广交朋友了解其科研动态，以争取把其高创新性乃至原创工作优先发表在国内期刊；此外，有条件的国内期刊要开办"绿色通道"和"快速通道"，由学术鉴赏力深厚的主编直接裁定工作质量决定是否发表，而无需走常规的专家审稿套路，这样亦可最大限度地保护创新。

最后，借用现任 *Cell Research* 主编李党生的一句话作为本文的结束语吧，他说："创新必然伴随着风险，试想如果连我们自己的期刊都不愿意承担适度的风险，那怎么能为我国科学家在最新的科研领域和国际同行竞争提供话语权的保障呢？"[2]

参考文献

[1] 学术期刊办刊人聊中国学术界的"科研自信"[EB/OL]. (2019-10-14) [2021-07-15]. http://www.zhishifenzi.com/depth/depth/7220.html.

[2] 专访李党生：亚太生命科学领域最有影响力的期刊是如何炼成的（组图）[EB/OL]. (2017-07-11) [2021-07-15]. https://www.sohu.com/a/156277306_260616.

4

好学术文章是改出来的吗？

（发布于 2021-11-16 21:35）

不少人说："好学术文章是改出来的。"果真如此吗？且听我慢慢道来。

从文章的外在形式上看，一篇好文章应思路清晰、内容精简、表述准确、论证有力、图表美观、引用规范……这样才能便于读者阅读理解。要做到这些，除对初稿反复调整、打磨、润色等外，几乎没有更好的办法。从这个角度看，貌似好文章是改出来的。

然而，若文章内核的创新性不强、科学贡献很小，无论文章的外在形式多么吸引眼球，只能认为其可读性强，但称不上真正的好文章。

文章好不好主要由其内核的创新性和实质贡献决定，文笔流畅只能起到锦上添花之功效；然而，若没有这样的充盈内核，写得再好也只能归为名不副实的鸡肋文章。

判断一篇文章的创新性和贡献，应着重看：

（1）突破了什么（学术定论、主流共识、思维定式、研究范式、现行做法、权宜之计、学术僵局等），提出了什么（新思想、新原理、新理论、新方法）实现突破的，突破的程度多大，意义多大；

（2）逻辑推理的前提和过程有无漏洞，证据是否足够——无偏性和无反例，逻辑和证据是否支持结论。

若文章中的工作找到了突破某重要科技难题的妙招，能推动学科跨越式发展和人类社会进步，就是真正的好文章；若这样的文章条理清晰，则如虎添翼。能做出这样工作的作者，通常逻辑能力强劲，表达功夫上乘，撰写的文章可读性也强。反之，那些跟风克隆的内卷式文章，多属于提供数据验证前人工作的抬轿文章，因为缺乏新的学术思想，对我们认识世界乃至改造世界的贡献寥寥，即使写得再华丽，即使文章发在 CNS 期刊或未来的《宇宙学报》，又有什么价值呢？！

科研是异常艰辛的智力劳动，只有全身心投入、长时间潜心探索，才有可能取得突破。即使再有天赋的研究者要想做出优异成绩，都需要付出足够的时间成本。若把大把时间用于钻研上，当灵感光顾茅塞顿开时则可能做出原创成果；反之，若把大把时间用于做拾漏补遗实验与写论文、改论文上，虽可多快好省地挣得名利，但只能出些鸡肋成果。

综上，真正的好文章是基于奇思妙想干出来的，是靠十年磨剑磨出来的，是坐冷板凳练出来的，而文章的认真撰写和反复修改只能起到锦上添花作用。当然，若没有硬核这个“锦”而只有软核这个“陋”，花儿的装扮效果会大打折扣。换句话说，即使把最美的花儿插到牛粪上，花儿不可能改变牛粪的本质，即牛粪依然是牛粪，绝不可能成为“锦”，最多只是表面光鲜而已。虽然花儿能暂时汲取牛粪低劣的营养而盛开，但随时间延续营养的急速断供（牛粪不能长期供给营养），花儿终将枯萎，干瘪的牛粪也随之会原形毕露（比喻经不起实践检验的成果终将淡出历史舞台）。

某资深院士曾和我说：“现在突破任何一个科技难题都非常困难。一般说来，若某研究者一年内发表 10 篇论文，极有可能全是水货；若十年内发表 1 篇论文，则有可能是硬货。”实际上，他这句话表达了“板凳要坐十年冷，文章不写一字空”之理念，我理解并赞同，并愿以此与大家共勉。

5

论文发表与学术声誉

（发布于 2018-8-19 10:59）

记得 2018 年 7 月份的某一天，和一帮博士研究生聊天时，有位帅小伙说“秦老师，说实话，我对科研没有兴趣，毕业后打算找家大公司工作，但要毕业，所里有 SCI 论文发表要求，我明年就要毕业了，但论文数量不够，很着急，我想写篇灌水的论文凑凑数，不知您如何看？”

看来，这位同学是率真的人，既然问我的看法，也得给点“正能量”的提醒或建议；我略想了下，和他以及持有差不多想法的同学，谈谈我的看法。

科学家大都通过发表论文向学术界展示自己的研究成果，成果有大小、有高低，但应以增长人类认识世界的知识以及促进社会进步为目的，如果仅为了毕业、职称、奖励、“帽子”等，即为了论文而写灌水的论文，对自己未来的学术声誉非常不利。即使你毕业后不在学术圈，但毕竟“白纸黑字”是抹不掉的记录，这样的论文不会为自己加分，反而会减分，正所谓“早知今日，何必当初”。更可怕的是，有些人为了利益而铤而走险，靠抄袭甚至造假在所谓高大上的期刊上发表论文，虽或许能得逞于一时，但迟早有一天会被揭露，正所谓“法网恢恢疏而不漏”，想必不少人还记得这句话“出来混，总是要还的”。

学术声誉是靠论文质量一点一滴累积起来的，这来自于扎实的长期研究，不能急于求成，发表每一篇论文得有“干货”支撑。发表灌水论文的成本低、速度快，但潜在的负面影响大；至于抄袭和造假，更是严重的学术不端，想都不要想。有些人如果开了发表这样论文的先河，尝到了“甜头”，可能抑制不住自己，以至于想蒙混更多篇垃圾乃至“有毒”论文，甚至向学术不端靠拢。这样，不会太久，学术圈必然对其有负面看法，学术声誉就会破产。大家知道，建立自己的学术声誉很难，但毁掉自己的学术声誉可能会在“一夜”间；某篇不良论文一旦发酵，后果可想而知。如果声誉毁了，还能“修复”吗?

写到这里，想起了一个真实故事：有位博士研究生，一年发了 10 多篇论文，其中有 8 篇国际 SCI 论文，后来才知道，这些 SCI 论文是把某外国学者提出的用于硐室的某耦合模型，略微改进了下边界条件，用于斜坡稳定性分析，这样也算有可取之处，但你发一篇就行了，没想到这位学生上瘾了，换一个斜坡实例写一篇投稿到不同期刊，打一枪换一个地方，这样连续快速灌水了 7 篇 SCI 论文。这还不算，因为发表论文有奖励，后来胆子更大了，玩了个“顺手牵羊”，竟然把该外国学者的某篇论文几乎原封不动地“翻译”了一下，以原创论文形式发表在某中文期刊，以为外国学者看不到，后来被人家发现举报了。但该学者没有“痛下杀手”深追，最终让这位学生给他发了个书面道歉信了之。我估计这件事会对该学生造成长期的“心理阴影”，一辈子很难抬起头来。

其实，科学家的声誉不在于发表论文的篇数，不在于发表论文的载体——杂志档次，而在于是否推动了某一科技领域的实质性进展，是否突破或解决了某悬而未决的科技难题。的确，真正原创性的重要成果哪怕只有一项，也足以令人敬仰膜拜，而平淡无奇的科研，即便有数百篇 SCI 论文面世，也不过是太仓稊米，不足为道。要论论文发表数量、杂志影响因子、引用率，不少年轻人甚至会“秒杀”屠呦呦和袁隆平先生等。然而，这些“输家”的成果和声誉却会流芳百世，而那些所谓的“赢家”大都会“昙花一现”，在科技发展史上留不下一点痕迹。明白了这一点，就不要为论文而论文。坚守内心的安宁，踏踏实实做研究，认认真真谋发展，把每一篇论文看成自己的“孩子”，乃科学家的本分。

6

学界应推崇“研质”而非“颜值”

（发布于 2020-6-2 11:11）

在这个看脸的时代，貌似颜值比能力更重要。例如，相亲首看脸蛋，而不是内在；看娱乐新闻，“小鲜肉/小鲜花”们的八卦占据着头条；有些公司招聘员工，长得漂亮的就会优先选择。好多人就是这么肤浅。

人们过分关注颜值而忽视了最本质的东西，纯属本末倒置。这种现象的产生，一是因为有些人内在贫瘠，企图用高颜值来掩饰自己；二是社会的浮躁和急功近利使得人们无法静下心来去发现真正的美丽而着眼于表面的浮华。其实，对人生而言，颜值只是一个暂时的跳板，唯有能力才能决定人生的高度。

大家知道，研究者是以成果的价值论英雄的，谁要说以颜值论英雄，简直是搞笑。譬如，英国物理学家霍金颜值几乎为零且身有残疾，但为人类认识星空做出了巨大贡献；韩国生物学家黄禹锡虽长相英俊，但因学术造假被判缓刑。

虽然这样简单的道理大家都懂，但在浮躁和急功近利的大环境影响下，学界也未能脱俗患上了“颜值至上”病。这个病以论文“颜值”（论文相关指标，如刊物影响因子、被引次数、ESI 排名等）作为衡量“研质”（研究质量与成果价值）的指示器，即高“颜值”等同于高“研质”、低“颜值”等同于低“研质”；研究者只要发表了高“颜值”论文，其就被认为是高端人才。

要比论文“颜值”，得让高琨、屠呦呦、田中耕一、中村修二等诸多诺贝尔奖得主情何以堪呀，肯定不少“青椒”能秒灭这些人；要说 CNS 刊物发表的都是高大上成果，那为何其刊登的不少论文会撤稿呢，为何诸多成果经不起时间检验呢？这均有力地说明，以论文“颜值至上”为“研质至上”极不正经，乃自欺欺人。关于此，2018 年诺贝尔生理学或医学奖得主本庶佑曾一针见血地指出：“为了让论文更容易被知名刊物接收而做的研究，绝不会是很好的工作。我认为发表在 *Cell*、*Nature*、*Science* 上的工作未必就是好研究，倒是被 *Cell*、*Nature*、*Science* 拒绝的时候，你的研究或许才是真正一流的工作。”[1]*Cell Research* 编辑部主任程磊也曾说：“好在有一点对我们有利，那就是真正中国原创的东西想在国外大刊上发表几乎不可能，这就给我们留下了一个空间。”[2]

长期以来，我国各科研院所奉行论文“颜值至上”的金科玉律，那么实施效果怎样呢？大家知道，我国成为SCI论文大国但不是科技强国，除了在基础科研设施建设方面有些许亮点外，在最能反映人类智慧的科学原理、定律等方面几无建树，在卡脖子技术方面仍受制于人。实践是检验真理的唯一标准，实践结果表明，奉行论文“颜值至上”这种“只看广告不看疗效”的做法对国家科技发展并未起到预期作用，早就该痛下决心改革了。

我国学界之所以长期推崇论文“颜值至上”，本质上是因为对自己的学术极度不自信。在不自信的情况下，势必会以“颜值”冒充“研质”为科研成果背书。是啊，自卑太久，就站不起来了。

幸好，国家层面已意识到症结所在，近些年连续出台了多部极具针对性的科研导向新政。在此，我衷心希望各科研院所要把其落到实处，以在学界形成“研质至上”的良好氛围，以激励更多的研究者静心攻坚克难，从而为科技发展和社会进步做出实质性贡献。

参考文献

[1] 秦四清. [转载]为何一流的工作难以在顶级刊物上发表? [EB/OL]. (2019-08-04) [2020-06-02]. http://blog.sciencenet.cn/blog-575926-1192349.html.

[2] 知识分子. 学术期刊办刊人聊中国学术界的“科研自信”[EB/OL]. (2019-10-14) [2020-06-02]. http://www.zhishifenzi.com/depth/depth/7220.html.

7

掌握力学才可能攻克地学难题

（发布于 2023-5-29 20:09）

力学是现代科学最早成熟的学科，也为现代各门学科的发展奠定了基础，其和数学一起成为人类认识自然的两大重要工具。能量守恒原理的发现者亥姆霍兹认为："一切自然科学的最后目的，是把自己变成力学；只要把自然现象归结为简单的力，这件事就完成了，并且证明了自然现象只能这样来归结，那么科学的任务将就此终结了。"[1]牛顿强调："自然的一切现象，完全可以根据力学的原理用相似的推理一一演示出来。"[2]由此可见，力学的作用是何等的伟大！

不少同行对我说："你能搞懂地震，主要得益于你掌握了大量的力学知识，并能灵活运用之。"确实，我从上高中起，就对静力学、运动学和动力学情有独钟，之后又系统学习了理论力学、材料力学、结构力学、弹性力学、弹塑性力学、水力学、土力学、断裂力学、损伤力学、岩石力学等，并逐渐知晓了其精髓。随着科研活动的深入，我越来越感受到，力学才是攻克地学难题的法宝。

如上所述，力学是一门既经典又现代的成熟基础学科，其涉及的基本概念、原理、理论等，已通过了大量实验和工程实践验证，几乎无人怀疑其科学性和可靠性。若要说地球内部各圈层与构造块体的相互作用，遵循什么样的普适性地学原理，我孤陋寡闻；然而，我知道的是，其运动模式和规律一定遵循牛顿三大定律，其变形和破坏过程一定符合能量守恒原理，这都是公认的基本力学原理。

墨子云："力，形之所以奋也。"[3]。确实，在力的作用下块体会变形乃至损伤；当损伤累积到足够程度时，块体会断裂。当力满足一定条件时，块体会启动，然后可能呈现匀速运动、加速运动或其他变速运动。再者，块体之间的相互作用，无不以应力、应变为媒介，以能量为抓手。研究者通过观测这些演变，再与演变机理结合，可找到普适性模式和规律，以揭示地球演变奥秘。

非均匀性是圈层与构造块体的根本物质属性。该非均匀性的存在，造就了千姿百态的地形地貌，造就了演变过程中非线性行为的出现，造就了能量（如地震波）传播的衰减——奠定了地球宜居性的物质基础；再加之加卸载的非连续性，造就了随机的火山与地震时空分布。非均匀性的存在，虽导致研究难度增大，但也使圈层与构造块体演变具有某种特定模式和规律性。譬如，构造块体内锁固段的强非均匀性与低脆性，使其体积膨胀点至峰值强度点的破裂呈现“大—小—大”模式；据此模式和我们发现的指数律，使得大地震（标志性地震）的预测成为现实。

当前，地学界面临着诸多亟待攻克的难题，诸如驱动圈层和块体演变的动力学机理、重大地质事件的本质成因、普适性的成矿作用模式。要突破之，仅靠地质学家、地球物理学家、地球化学家不行，还需要具有一定地学知识的力学家参与进来并深入其中；如此，则前景可期，伟业将成。

可喜的是，近些年不少具有地质背景的力学家已深度参与地学难题的研究，其中唐春安教授是一位典型代表。他基于热力学、物理学和力学基本原理，从龟裂的形成机理入手，提出了以地球自身热平衡为驱动力的地球演化新假说——地球大龟裂[4]，据此科学解释了构造板块的形成、地球表面气候变化、生物演化与灭绝、雪球事件、大氧化事件、地表沙漠形成、蒸发岩成因、红层成因、水循环、全球变暖等，这为人们认识地球演变提供了新的视角。

愿更多的力学家参与解锁地学难题，其不仅会提供新思路，而且会提出更加可靠的破解之道，从而为地球科学研究持续注入活力。

参考文献

[1] 著名学者关于力学的语录[EB/OL]. (2015-06-12) [2023-05-29]. http://www.360doc.com/content/15/0612/10/2198695_477576412.shtml.

[2] 北大力学，全国培养院士最多的力学学科[EB/OL]. (2020-05-21) [2023-05-29]. https://www.thepaper.cn/newsDetail_forward_7497985.

[3] 墨子科学名言名句[EB/OL]. (2023-01-02) [2023-05-29]. https://www.xuezaoju.com/mingyan/article_01113131371373.html.

[4] 地学新进展！地球大龟裂——基于力学的地学思考[EB/OL]. (2021-06-30) [2023-05-29]. https://zhuanlan.zhihu.com/p/385320805.

8

学界应倡导容忍“异类”之风

（发布于 2023-2-19 16:48）

衡量国家科技强盛的重要标准，是大师级科技人才和卓越成果的数量。我国鲜有大师级人才；主要原因之一是学界缺乏容忍“异类”的胸怀。

在科研领域，所谓的“异类”，当然不是愣头青，而是看上去情商不高、不懂人情世故、不合群的人士，其均具有勇于理性质疑、敢于标新立异、善于心无旁骛钻研等特征。

例如，因发现准晶体而获 2011 年诺贝尔化学奖的谢赫特曼[1]，曾被主流学界认为是“异类”。

谢赫特曼发现准晶体后，主流学界嗤之以鼻，认为他的研究是伪科学。就连当时的科学权威、著名化学家、两届诺贝尔奖得主鲍林也公开说：“谢赫特曼是在胡言乱语，没有什么准晶体，只有‘准科学家’。”此后，谢赫特曼的遭遇可想而知。不仅论文难以发表，他本人也被迫离开当时的美国国家标准与技术研究所的研究小组。

所幸的是，谢赫特曼坚持住了，才有了另一个研究小组独立发现类似现象，并且与此前谢赫特曼团队的研究结果同时发表在 1984 年 11 月的 *Physical Review Letters* 上，也才有后来的实践证实了他的发现。于是，人类有了一种全新的可以用来造福社会的物质材料。

谢赫特曼的经历并非个案。纵观科学史，创立相对论的爱因斯坦、提出大陆漂移说的魏格纳，等等，都曾被当时的主流学界认为是“异类”。

综上，容忍“异类”才可能让创造之花早日盛开，保护“异类”才可能让科学大师尽早横空出世，广泛地支持“异类”才可能造就真正的科技强国。

当然，并非所有的“异类”都能成就伟业，但只要其中少数人士成功了，那么我国重大原创成果荒芜的局面将被改观，大师级人才鲜见的态势将被扭转。因此，我国学界应秉持独立之精神，自由之思想，倡导容忍“异类”之风。

参考文献

[1] 简岩. 异类思维与科学进步[J]. 百科知识, 2011, 11(21): 1-1.

9

真学者须有自己的学术标签

（发布于 2022-10-2 13:39）

前几天，我和几位朋友聊天时，某朋友说：“20 世纪 90 年代，一提到伍法权教授，同行会把他和统计岩体力学联系到一起；一提到秦四清教授，同行就会想到非线性工程地质学……”另一位朋友接茬道：“现在，我仅知道某教授戴上了某学术帽子，拿到了某奖项，但却不知道他研究啥？”

是啊，在 20 世纪八九十年代，学术氛围较为宁静祥和，大多数学者以学术为志业，做出了不少值得称道的成果，以此铸就了自己的学术标签；然而，此后学界浮躁风蔓延，不少学者不择手段地争名夺利，虽然光环无数，但成果平庸，鲜有自己的学术标签。

纵观科学史，每位科学大师都有自己的学术标签。譬如，人们一提起牛顿，就想到了万有引力定律；一提起门捷列夫，就想到了元素周期表；一提起麦克斯韦，就想到了电磁理论；一提起爱因斯坦，就想到了相对论。确实，大师之所以成为大师，必然以做出重大卓越成果为前提。

在茫茫人海中脱颖而出谈何容易！要脱颖而出，学者必须做出够分量的成果。按成果的分量（级别），学者的学术标签可分为三个层次：

（1）低级：通过引进或自创的新手段，大幅推动了改进式研究的进展（有显著的增量和意义），做出了一般创新性成果；

（2）中级：通过多学科交叉融合，攻克了重要难题，做出了较高创新性成果；

（3）高级：依赖于自己提出的独辟蹊径学术思想，攻克了重大难题，做出了原创成果。

具有上述三个标签之一的学者，可称之为真学者。

具有中级或高级标签的学者，腰杆自然会硬起来，既不会人云亦云，不会趋炎附势，也不会盲目崇拜权威；如此，学术自信定会油然而生。

要成为具有高级标签的学者，应善于跳出常规思维的束缚，善于刨根问底，善于化繁为简，善于以逻辑链的严密性和证据链的强壮性检验所提学说的扎实性。如此，前景可期，大业将成矣。

10

真学者的风骨

（发布于 2022-2-25 09:33）

在我看来，真学者应具有：（1）做出真学问的能力；（2）卓尔不群的道德品质——风骨，两者缺一不可。具体来说，何谓风骨也？独立人格、自由精神、光明磊落与持正不阿是也。孟子所说的“富贵不能淫，贫贱不能移，威武不能屈”，是对此风骨内涵的进一步诠释。

从古代至近代，我国一些学者，如不事权贵的李白，“横眉冷对千夫指，俯首甘为孺子牛”的鲁迅，“视教授做官为大粪堆上插花”的傅斯年，便具有这样的风骨。

在现实中，衡量某学者是否为真学者的试金石之一，是看其对待名利的态度，因为这是其风骨的真实表现。譬如，某学者凭自己的好奇心不懈探索取得了卓越成就，但不事张扬；若在事前毫不知情的情况下，自己被某组织授予名利，即被动得之，当然问心无愧，坦然接受之无可厚非。在科学史上，这样的学者很多，如两获诺贝尔奖的居里夫人与桑格，其可称之为淡泊名利的真学者，是学术共同体效仿的榜样。更有甚者，攻克了重大难题且拒绝一切名利的学者，如佩雷尔曼，乃为真学者中的楷模——纯粹的真学者，其是脱离了低级趣味的智者，被学术共同体乃至老百姓由衷地尊敬。

行文至此，感慨万千。在长期“五唯”导向的不良影响下，我国今之所谓学者，其中有几多能称得上真学者，更遑论楷模？

确实，我国不少学者并没有做出什么值得称道的成就，但靠“跑圈子、拜码头”等强项主动出击，拿到了本不该属于自己的名利；还有不少学者小有业绩就去主动争仕，以谋求更大的名利。君不见，“南郭先生”们为争抢帽子在大咖面前奴颜婢膝，“赵括”们为争抢项目围绕官员点头哈腰，“马谡”们为争抢官职巴结评委毫无底线。这些情景常见而非罕见啊。一旦学者失去了风骨，则怪事连连，即使常被同行所诟病，仍乐此不疲。

学者靠歪门邪道争名夺利，须出卖自己的尊严，因为天下没有免费的午餐。这样的学者表面风光，但实则如眼睛里进沙、喉咙里卡刺、耳朵里入虫，心中的惶恐自知。是啊，无欲则刚，而有欲折刚。渴求名利但不愿走正道的学者，势必迷失自我而趋炎附势，势必热衷追逐大咖而非真理，势必枉费心机而一事无成。

概括起来，失去风骨的学者，如同大势已去的太监，面前只有利益而没有是非，故这样的学者只能成为学术实质性进步之路上的阻碍者，成为靠投机取巧牟利而贻害无穷的贪婪者，成为以劣币驱逐良币的失信者。

艺术大师徐悲鸿说："人不可有傲气，但不可无傲骨。"的确，学者若没有傲骨，则不可能挺直脊梁踏实做学问；反之，学者若有了铮铮铁骨，则不会轻易向困难低头、向权贵弯腰，势必自信满满地永远向前以成就伟业。但愿我国未来能涌现出更多的真学者，以解决真问题为己任，以做出真学问为目标，从而在科学史上留下浓墨重彩的一笔。

11

为何理论预测模型失灵？

（发布于 2022-7-2 17:43）

前几天，我看到张学文先生在杨正瓴先生一篇博文[1]下的评论：我曾经学习×××的统计相关方法，经过自己分析，我确实发现某两个变量具有正相关，可以用于长期预告。我这样做了预告，可预告都失败了。后来我理解到完全无关事物的大量统计，也会出现一定数量的伪预告公式，原来自己的统计知识不够。考虑到不少研究人员曾遭遇这样的问题，我觉得有必要写一篇博文谈谈自己的粗浅看法，以起到抛砖引玉作用。

理论模型一般分为统计模型和物理模型。

在对某事物演变机理认识不清的情况下，人们不得已基于观测数据，采用回归、AI 等统计方法建立预测模型，以达到预测未来之目的。然而，数据质量及其时空属性、统计方法选择的人为性、模型的非确定性等，严重影响预测结果的可靠性。如果预测时步较短，或能得到较好的结果，但不过是巧合耳；反之，则可能令人大失所望。

为便于理解，举一个例子（图 11-1 中的曲线表示真实的*y*-*t*关系，其可由透彻的研究来确定）。如果张三利用*A*点和*B*点间的数据，则能得到*y*-*t*的统计正相关关系；李四利用*C*点和*D*点间的数据，则能得到*y*-*t*的统计负相关关系。然而，这两种关系都不能可靠地表征真实的*y*-*t*关系。由此，不同的人士据不同的关系会导致无休止的争论；不管争论的结果如何，其实都毫无意义，因为皆如“盲人摸象”。再者，不管根据哪种关系预测未来某一时间*t*对应的*y*值，当*t*较大时难免出现较大误差，甚至预测的变化趋势与实际截然相反。

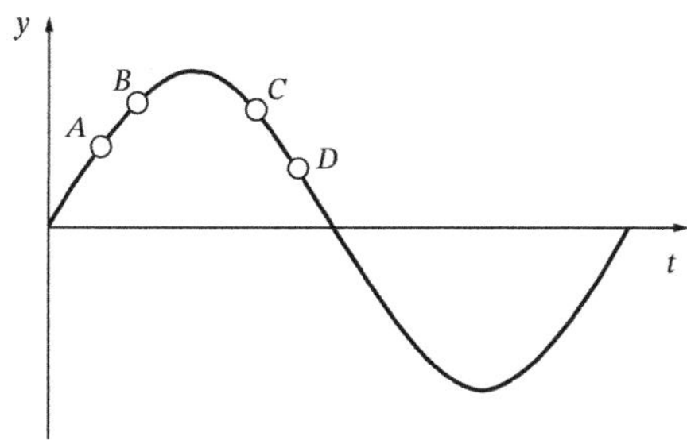

图 11-1　*y*-*t*关系

如果某人基于某事物演变的物理机制，建立物理模型预测未来，预测结果的可靠性就能大幅提升。显然，对物理机制认识得越清，建立的物理模型越扎实，预测结果就越可靠。换句话说，谁真正掌握了物理机制，就相当于谁知道了图示的y随t变化规律；据此建立扎实的物理模型，用之预测事物的未来演变状态会出现误差，但不会大，更不可能出现趋势相反的情况。

真正掌握某事物演变的物理机制——物理现象的内禀产生机制，难度极大，因为我们面临的大多是"黑箱系统"。要真正掌握之，不能仅基于室内实验和野外观测数据的统计分析做推断，因为此种推断（见上述）具有强非确定性；最有前途的是，靠思想实验和数据的结合。譬如，爱因斯坦基于思想实验，认识到引力源于质量造成的时空弯曲；他对引力物理机制的这一正确认识，奠定了广义相对论的基础；他提出的该理论，后被大量观测结果所证实。

我在 2019 年写的一篇博文[2]中提出："预测事物未来的演变行为，须在掌握其演变机制和规律的前提下，以科学理论和方法为指导进行。能可靠预测未来是人类科研活动的最高境界，但大多数学科目前的科研还停留在现象描述阶段或内禀机制的粗浅认识阶段，不具有预测事物未来演变行为的能力。"为深化认识内禀机制，诸君应苦干、实干加巧干。

参考文献

[1] [小结] 我在《气象学》里"遥相关 teleconnection"方面一点思考[EB/OL]. (2022-06-26)[2022-07-02]. https://blog.sciencenet.cn/home.php?mod=space&uid=107667&do=blog&id=1344641.

[2] 秦四清. 关于地震预测基本概念的辨析[EB/OL]. (2019-07-07) [2022-07-02]. https://blog.sciencenet.cn/blog-575926-1188439.html.

12

何谓科技创新活动中的首要“妙手”？

（发布于 2022-6-8 20:29）

2022 高考湖南语文作文题，要求考生结合围棋中的三个术语——“本手、妙手、俗手”，写一篇体现考生感悟与思考的文章。这样“以棋喻理”的文章看似不难写，但要出彩也并不易。

读了《三国演义》，我们知道刘备集团靠诸葛亮出山后的锦囊妙计打了不少胜仗，但后来数次北伐均无功而返，最终被曹魏灭国；看了《曾国藩传》，我们知道杨秀清、石达开、陈玉成、李秀成等太平天国名将频出奇谋妙计而连战连捷，但最终却栽在靠“结硬寨，打呆仗”的湘军手中。

这两则事例意味着，要想笑到最后——取得最后的战略胜利，必须在大方向正确的前提下，稳扎稳打、步步为营，而靠妙计的局部战术胜利难以左右大局。当然，若大方向正确，“妙手”“妙计”或“妙招”可起到锦上添花作用。

曾长期蝉联围棋世界第一的“石佛”李昌镐，便是稳扎稳打、步步为营的典范。他下棋时，追求的不是某一节点令人叹服的妙手翻盘，而是每一步的子效，大多为“半目胜”。李昌镐的对手也表示：“他最令人头疼的并不是有什么必胜绝技，也不是有什么力挽狂澜的妙手，而是他的每一步都稳扎稳打不露破绽。”[1]

这给我们的科技创新活动以启示。科研人员要攻克科技难题，沿着正确的方向求索是第一要务。若偏离了正确方向而走向歧路，无论其途中有无任何“妙招”，都无济于事。纵观科技史，解决任何难题，正确的方向通常只有一个。若能找到，则前行时一路顺风；否则，徒劳无功。譬如，攻克地震预测难题，可能的方向有两个：寻找可判识前兆或演化规律。过去，诸多研究长期聚焦于寻找电磁异常、应变或应力变化等前兆，结果令人失望。我们的新认识是：这样的前兆仅出现在震时而非震前，因为只有在震时震源体的物理力学性质会发生显著变化。这是浅显易懂的道理，也意味着过去的主流地震预测研究方向出现了严重偏差。幸好，我团队早就认识到了这一点，因而致力于寻找地震演化规律，虽历尽千辛万苦但真让我们找到了。行文至此，心生感叹：确实，思路决定出路啊。

在总体方向正确的情况下，探索之路也不会一帆风顺，即难免因科研人员的思维“短路”或“断路”走弯路或甚至掉入陷阱。为尽量避免之，应确保破题时逻辑链的缜密性和证据链的强壮性——稳扎稳打、步步为营；除此，灵感或能提供“妙招”，助破题一臂之力，起锦上添花作用。在多数情况下，灵感源于冥思苦想后的顿悟，属于有准备的人。不过，要注意的是，不少所谓的“灵感”是错觉，在甄别不清时会把人们带入死胡同。为便于理解，讲一个真实的故事。有一天，某博士生给我说他的灵感来了：AI 方法比过去的统计回归方法更好，用之能建立岩爆和影响因素之间的可靠关系，这样不就能实际预报岩爆了吗？我当时笑答曰：你先试试看吧。过了一阵，他又告诉我：用几十个案例试了试，回溯性检验效果特别好。我说：别高兴得太早，你前瞻性预测一个岩爆试试。又过了些天，他垂头丧气地和我说道：不灵呀。我总结道：一开始我想说这不可行，但你肯定不服，还挫伤你的探索锐气；这样也好，自己求索后就会真正懂得这样的道理，即智能的或非智能的统计方法，若不与明确的物理机制挂钩，得到的统计关系未必能反映真实的因果关系，故难以攻克包括岩爆在内的地质灾害预测难题。

沿着正确的方向，在真灵感的加持下，科研人员一旦找到了支配事物演变的“命门”，则往往茅塞顿开一通百通，从而走上了“自然而然”之道，即直觉和本能常与自己形影不离，绝妙的想法是那么自然——浑然天成、顺理成章，此乃“无招胜有招”是也。科研做到这种程度，科研人员才能体会到科研之乐，才能享受到科研的成就感，才能领略到“会当凌绝顶，一览众山小”的美妙。

总之，攻坚克难往往是一项系统工程，既需要科研人员具有多方面的知识储备，又需要其沿着正确的方向，以奇思妙想攻克每一环节的桎梏，以稳扎稳打、步步为营的策略夯实前行的每一步。显然，在掌握了足够的知识后，科研人员攻坚克难的首要“妙手”在于找到正确的方向；方向对了，可最大限度地规避无效科研，才能事半功倍地取得坚实的创新成果。

参考文献

[1] 搜狐. 从古今典故谈善弈者通盘无妙手[EB/OL]. (2022-06-01) [2022-06-08]. https://www.sohu.com/a/553102694_121384305.

—13—

什么情况下学者应知无不言或免开尊口?

（发布于 2022-6-5 16:02）

维特根斯坦指出：“凡你能说的，你说清楚；凡你不能说清楚的，留给沉默。”[1]用更直白的话来说就是，对自己完全搞懂的事儿，知无不言；对自己一知半解或完全不懂的事儿，免开尊口，此时沉默是金。这里的“完全搞懂”，是指真正掌握了某事物的演变机制和规律。

虽然是这个道理，但实际上难以做到。我注意到不少学者管不住自己的嘴和手，即对一知半解的事儿敢于信口开河，对完全不懂的事儿也敢于强词夺理。这样久而久之，学者的公信力势必大打折扣，由此专家也就沦落为“砖家”。

譬如，2022 年 6 月 1 日四川省雅安市芦山县 6.1 级地震的发生，引起了某微信群网友们的热烈讨论：有人说是 2013 年芦山 7.0 级地震的余震，有人说是 2008 年汶川 8.1 级地震的余震，还有人认为不能排除是前震的可能。由于均缺乏科学依据，谁也说服不了谁。后来，我没忍住怼道：“判断某次地震是什么事件（如前震、主震、余震），必然涉及地震序列，而地震序列又必然涉及时空范围，即地震区或研究区的物理边界和时间的起止范围。在能科学厘定该时空范围的前提下，还得有判断地震事件类型的可靠方法。在未解决这两个基础科学问题前，没有人能知道某次地震是什么事件。研究地震与研究其他的事物一样，必须得讲科学。否则，只能陷入无休止且毫无意义的争论，而无法推动地震研究的实质性进展。”

在遇到突发灾难事件时，学者有义务做科普为大众排忧解难，但必须以自己真正懂得事件的成因机制为前提。若能做到而不做，则不是有责任心的学者；若能做到，则应知无不言、言无不尽。反之，在自己不甚了解的情况下，不应胡编乱扯而扩散无知，因为这只能起到添乱和误导的效果。

人生有涯，而学海无涯；学而知不足，愈进则愈惘。是啊，即使对学富五车的智者，在自己专业范畴内能真正通透的事儿也寥寥无几，更何况普通的学者。再者，任何学者，若谈论非本专业的学术问题，就不自觉地成了外行或准外行，未必有什么真知灼见；若非要发表见解，须基于坚实的科学依据。因此，学者谨言慎行是起码的素质，用科学说话是基本的要求。

子曰："知之为知之，不知为不知，是知也。"这提醒人们：在事物的认知上来不得半点虚伪和骄傲，且要以实事求是的态度看待已知和未知。只有这样，我们才能获得前行的动力以不断扩大知识边界，才能以谦虚谨慎的态度深度钻研学问，才能在探索之路上不断纠错以找到真理，才能以求真务实的科学精神取得卓越成果。

参考文献

[1] "凡你能说的，你说清楚，凡你不能说清楚的，留给沉默。"——维特根斯坦. 原版原文是? [EB/OL]. (2018-02-01) [2022-06-05]. https://www.zhihu.com/question/266495814.

14

冷眼看填补空白

（发布于 2022-5-22 10:42）

看新闻，不时看到谁谁在权威刊物上发表了论文，填补了某方向的研究空白；某某的科技成果鉴定结论，填补了某领域的研究空白。我历来以审辩式思维看待这些报道，以冷眼洞察其真实性和意义。

我们知道，每个研究领域和方向都存在多处尚待开垦或深挖的处女地（空白），但究竟要不要做，取决于其价值，即存不存在真问题，解决此问题有多大意义。

第一类空白，多存在于文献中，不涉及真问题，解决之也无多大意义，做这类研究属于捡漏补遗的工作。譬如，张三和李四分别做了 200 摄氏度和 300 摄氏度的花岗岩热破裂实验，有人觉得在 200 摄氏度和 300 摄氏度之间有研究空白，非要做 250 摄氏度的实验；王五和赵六分别做了鸟屎 + 石墨烯和马粪 + 石墨烯电催化活性实验，有人认为驴粪 + 石墨烯实验尚未做过，准备开展实验研究。显然，这样的填补空白研究，除了对发文章有用，但对提高我们对某事物的认识水平几无价值。

遗憾的是，我国诸多科研人员，长期热衷于这类填补空白的研究，因为容易发表论文，特别是高影响影子论文。关于此，川大李言荣校长毫不客气地指出："长期以来，我们比较习惯于跟踪、模仿和验证性的工作，习惯于从文献中找问题、找方向，尤其是习惯于填补某个学科和专业领域中所谓的短板和空白。但是，这些工作终究是在别人栽的大树上添枝加叶、添色补彩，要想超越至领跑，单靠这种方式显然是不可能的。"[1]

第二类空白，涉及科学上和技术上存在的真问题，攻克之具有重要意义，属于开创性或不可或缺工作。譬如，揭示某类事物演变的底层机制，建立描述其演变的原创科学理论，以可靠地预测未来为人民的生命财产安全保驾护航；研发具有自主知识产权的关键芯片，以提升制造业基础技术水平和预防被他国卡脖子等。

然而，填补这类空白，需要一大批科研人员以攻坚克难为己任，以奇思妙想为利器，以坐得住冷板凳为前提。试问，在长期急功近利的浮躁环境下，有几人愿意这样做呢？

好在，国家已意识到存在的学术环境和科研评价问题，近些年连续出台的破“四唯”新政将逐渐起到拨乱反正的作用；好在，某些科研院所和高校，已决心破除沉疴积弊，以解决真问题做出真学问为导向；好在，某些有志科研人员，已不愿再随波逐流，打算静心钻研以成就伟业。是啊，如果有更多的单位和个人以此为追求，则国家科技真正强盛的那一天将为时不远。

参考文献

[1] 李言荣院士：提出真问题比热衷于填补空白更重要[EB/OL]. (2022-03-16) [2022-05-22]. https://wiki.antpedia.com/article-2715657-420.

15

我们何时能写出伟大的方程?

（发布于 2022-5-4 10:00）

2004 年，英国权威科学期刊 *Physics World* 以“简洁性”“实用性”与“历史相关性”为标准，评选出了史上最伟大的方程式[1]，结果是麦克斯韦方程组、欧拉公式、牛顿第二定律、毕达哥拉斯定理、质能方程、薛定谔方程、1 + 1 = 2、德布罗意方程组、傅立叶变换、圆周公式榜上有名。2022 年 4 月，加拿大圆周理论物理研究所，公布了最伟大物理方程的评选结果[2]：诺特定理从 16 个著名物理方程中脱颖而出，获得唯一冠军（图 11-2）。

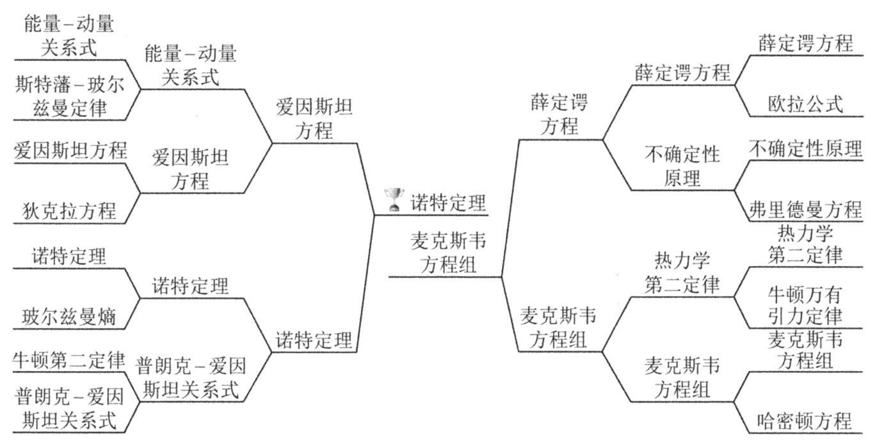

图 11-2　各轮投票中的赢家

在我看来，上述方程都是伟大的，彰显了人类智慧，对认识自然意义非凡。我并不关注这些方程的名次；我关心的是，我国科学家何时能写出类似的伟大方程，以填补这方面的空白。

我们知道，客观事物的演变具有一定的规律性，而规律可用方程描述，正如狄拉克所指出的“自然的法则应该用优美的方程去描述”。方程的好处是，可量化已知量和未知量的关系，便于检验规律的正确性以免扯皮，还便于指导实践和预测未来。从亚里士多德、牛顿、爱因斯坦的时代直到今天，无数的方程展现了人们破解物质运动、光电闪耀、时空变幻等事物的不懈探索精神，是人类认识世界知识库的重要组成部分。

人们一般使用数学语言表述方程。关于此，普朗克曾强调："数学语言奇迹般地适合于表述物理定律，它真是一件出人意料的美妙礼物。"华罗庚悟道："宇宙之大，粒子之微，火箭之速，化工之巧，地球之变，生物之谜，日用之繁，无处不用数学。"培根认为："数学是打开科学大门的钥匙。"由此看来，要想写出优美的方程，必须学好数学且能灵活运用之。

那么，何谓伟大的方程呢？我觉得其应具有简洁、普适、重要和实用四个特点。前两个可不是我的原创观点，普朗克早就认为："我以前同现在一样，相信物理定律越带普遍性，就越是简单。"

我国科学家要写出伟大的方程，须以好奇心探究支配事物演变的底层机制，须以工匠心筛选刻画该机制的主控变量，须以深厚的数学功底构建变量之间的量化关系，须以强壮的实证确认该关系的可靠性和普适性。如此，前景可期，大业将成矣。

"青椒"是科技创新的生力军，而今天恰逢五四青年节。趁此节日，我希望青年学者们发扬解放思想、勇于探索、不断创新、追求真理等五四运动精神，在谱写伟大方程的征途上大显身手。

参考文献

[1] The greatest equations ever[EB/OL]. (2008-07-17) [2022-05-04]. https://blog.csdn.net/iteye_16723/article/details/81601252.

[2] 【物理方程】最伟大的方程[EB/OL]. (2022-09-05) [2022-05-04]. https://mp.weixin.qq.com/s?__biz=MzA5ODMwOTExNA==&mid=2662041233&idx=3&sn=5f24baa8fee32334fae2083552034858&chksm=8bcca004bcbb29129ebdbe5424568c1295f72ea01634b3c94b067a5b8a8845f3e290dddb5386&scene=27.

16

科研项目与科研成果

（发布于 2022-4-25 14:39）

在牛顿、居里夫人、爱因斯坦等所代表的那些年代，学者取得卓越科研成果，凭的是高度智慧和不懈探索，而几乎不需什么科研项目和大量经费。

然而，时过境迁。譬如，过去做理论研究的学者，根据严密的逻辑推理导出方程大多能发表，但现在通常还需要实验验证才能发表，做实验是必须花钱的。除此，学者交绩效、带研究生、去野外考察、进行学术交流等，也需要一定的项目经费。由此而论，现代科研处于“钱不是万能的，但没有钱是万万不能的”状态。当然，若花费少量国家经费或甚至自掏腰包做出了卓越成果，那么这样的学者乃真豪杰也，令人佩服之至。

科研项目有横向（往往被认为“低级”）和纵向（往往被认为“高级”）之分，但成果质量和价值并无此类划分，即无论做何种类型项目，只要科研成果能解决真问题，推动科技实质性进展，都是值得点赞的成果。

对绝大多数学者而言，项目是取得成果的经费保障，但项目立项不等于成果产出，更不能认为越高端的项目其潜在的成果质量和价值越高。在项目实施后，只有切切实实攻克了重大科技难题的成果（以被确认的重大科学发现和（或）技术发明为标志），才能被认为是卓越成果；反之，那些捡漏补遗、几乎原地踏步的所谓成果，乃鸡肋耳，不足为道。

遗憾的是，国家这些年立项了诸多高端项目，但鲜见以重大科学发现为标志的卓越成果，其主要原因在于：

（1）科学发现具有偶然性的特点，难以通过高端项目“砸”出来。

（2）按以前“五唯”政策选拔出的“帽子”人才把持着高端项目，但其中部分人缺乏领航团队凝练和解决关键科学问题的能力。

鉴于此，建议以不唯资历而唯能力标准，主管部门和（或）“伯乐”推荐那些具有开阔科研视野和强大洞察力与创造力的学者，担任高端项目的主持者。

需注意的是，高端项目对产出高技术成果有一定作用，因为高技术的研发往往涉及众多环节，通常需要一批不同专业的科研人员在大量经费支持下协同攻关。

然而，对以基础研究为主、以科学发现为宗旨的国家项目，不宜设置高端项目，而宜像撒胡椒面一样全面布局中低端项目；如果非要设置高端项目，项目主持者也须符合上述标准。

不少“帽子”人才过于贪婪，以近乎相同的申请争抢更多的项目，让自己和团队疲于奔命；然而，其并未把大块时间用于钻研，故只能做出鸡肋成果。我团队如何对待项目申请呢？在此，简单写两句吧，或许对别人有所启示。自 2009 年以来，我团队专注于锁固段脆性破裂行为以来，已几乎放弃了横向科研项目，主要依靠纵向项目（以实验揭示锁固段损伤机制和锁固段之间的力学作用为目的）维持团队运行。我团队以是否“够用”为原则决定是否申请项目，即项目经费够用了，就不再申请新项目，这样可保障团队成员的精力聚焦于科研攻关。我很清楚，项目经费源于人民的血汗钱，应尽量做到物尽其用，如此才能问心无愧。

17

学术素养与科学成就

（发布于 2021-1-28 13:27）

学术素养是研究者在科研过程中所表现出来的综合素质，主要由学术意识、学术知识、学术能力以及学术伦理道德组成。其体现的是研究者的创新精神和执行能力，是取得卓越科学成就的保证。以下，我将分别予以简述。

1）学术意识

学术意识在很大程度上指科学问题意识。显然，问题有意义大小之分，有科学性强弱之分，即有关键和次要之分。重大科学成就往往始于关键科学问题。在某种程度上也可以说，虽然解决问题很重要，但提出关键科学问题似乎更重要。

2）学术知识

诚然，在科学突破日益艰难的今天，攻克任何一个科学难题，几乎都需要多学科知识。因此，研究者除掌握本学科知识外，还应了解相关学科知识，以备不时之需。研究者的知识越丰厚，则看待问题的视野越宽广，解决问题的可选招数越多。譬如，我寻找锁固段体积膨胀点应变的理论解时，遇到了桎梏，百思不得其解。于是乎，绞尽脑汁想啊想，忽然想到了博士后期间我学过的重整化群理论。因为用该理论确定的相变临界点（稳定与非稳定的分界点）与体积膨胀点（稳定与非稳定破裂阶段的分界点）有着相同的物理意义；想到了这点，就找到了突破口，难题也就迎刃而解了。

3）学术能力

分析问题，研究者应依赖于细致的对比分析和严密的逻辑推理，这样才能具有透过现象看本质的能力，也才能不被假象所迷惑。需注意的是，推理过程要尽可能把各种影响因素囊括在内，通过分析排除次要因素，抓住主要因素，进而揭示在主要因素作用下事物的演化机理和规律。

那么，该如何解决关键科学问题呢？我认为，不管是用公认的理论（数学、物理学、力学等）工具还是实验、探测、观测手段，应以事物的内在机理为抓手，构建基于机理的科学理论、科学原理才可能从本质上解决问题。进而，判断问题是否已得到真正解决，则依赖于实证的检验。

不少研究者都有不可估量的潜能，需要某个机遇释放，若其一生致力于做跟风式科研，则不大可能有释放的机遇；若在灵感光顾后致力于攻克科学难题，或许潜能得以充分释放成就一番伟业。

4）学术伦理道德

研究者在科研中和发表成果时，要视学术为自己的生命，自觉遵守学术伦理道德规范，保证原始数据的代表性、真实性和无偏性。换句话说，如果数据确有误差，修正时须有坚实的依据；如果某些数据出现“异常”，即反映的规律和特征与自己设想的不符，不可随意去掉，而应反复实验找到产生“异常”的根源，然后才可以发表可重复的成果。在某些情况下，若实验中出现了“异常”数据，或许隐藏着特殊的机理，揭示之还有可能诞生重大的科学发现呢。

总之，研究者的学术素养越高，则其科研洞察力和决策能力就越强，这不仅可大大减少其走弯路的机会，而且可大幅提升其创造力和学术鉴赏力，从而高效率地取得更加卓越的科学成就。

18

以智慧之光照亮科学探索之路

（发布于 2022-4-7 21:58）

2020年，我给博士生上课时，某同学问了我一个问题：什么是顶级的智慧？当时，我这样回答：对做科研的人来说，顶级的智慧与无与伦比的创造力画等号，即其能攻克别人不能解决的难题。我自感这样的解释太抽象，难以令人满意。过几天，我又将给博士生上网课，为预防同学问类似问题时我的解答不给力，特意做了点功课——写就了这篇文章。

纵观科学史，科学大师凭借丰富的想象力、深邃的洞察力、严密的逻辑推理能力与强劲的论证能力，为科学发展和社会进步做出了载入史册的伟大贡献，其均是高度智慧的结晶，不懈探索的产物。

由于科学之树上低垂的果实几乎已被摘完，留下的都是难啃的“坚果”——更加复杂的难题，故解决之难度极大。

为攻克这些难题，研究者需要找到正确的破解之道。然而，科研具有方式随意性、灵感瞬间性、路径不确定性等特点，故研究者在科学探索之初找不到或摸不准路径是常态，甚至方向满拧也并非罕见。鉴于此，为前行时尽可能找准路径以少走弯路，研究者需充分发挥自己的智慧。

莎士比亚指出：“简洁是智慧的灵魂，冗长是肤浅的藻饰。”[1]翻开科学史的画卷，科学大师历经千辛万苦，从貌似毫无规律的现象中找到了普遍规律，把貌似不相干的事物相联系发现了支配原理；令人惊奇的是，描述这些规律和原理的公式是如此简洁。譬如，前些年评选出的世界十大最美公式中，名列前三的分别是麦克斯韦方程组、欧拉公式与牛顿第二定律。

简洁一方面源于“自然界总是习惯于使用最简单和最容易的手段行事”[2]；另一方面源于科学大师在解决复杂难题时，掌握了主控“行事”的参量及其本质联系。例如，牛顿用时间、空间、物质和力四个基本概念构建了统一的经典力学体系，麦克斯韦用简洁的数学语言实现了电、磁、光的统一。

因此，为攻克涉及多变量及其相互作用的事物演变机制和规律难题，研究者须以化繁为简的招数应对，而要做到此，研究者需要：（1）融会贯通多学科知识；（2）跳出原来的条条框框，以独辟蹊径的思路开拓创新；

（3）善于去伪存真、去粗取精，以抓住要害和根本。如此，才能筛选出少数主控参量，揭示本质机制，进而基于机制建立以主控参量表征的简洁理论模型，即实现规律的定量描述。由此而论，以智慧进行科学探索之路，实质上是追寻至简之路；但要找到此路，需经历曲折复杂且艰辛的穷究过程。

确实，简洁是智慧的灵魂。此智慧之光可照亮研究者的科学探索之路，以便其绕过路上的陷阱、避开路上的泥潭，直奔科学顶峰。

参考文献

[1] 简洁是智慧的灵魂，冗长是肤浅的藻饰[EB/OL]. (2017-03-23) [2022-04-07]. https://www.sohu.com/a/129983534_649574.

[2] 表面浸润的内在机制：最小作用量原理[EB/OL]. (2020-08-19) [2022-04-07]. http://www.360doc.com/content/20/0819/21/11604731_931180615.shtml.

— 19 —

倡导理性质疑之风

（发布于 2021-6-24 18:31）

我和某位朋友聊天时，他说："科学大师的理论要不要质疑？甚至能不能推翻？"我说："可以质疑呀，但想推翻要掂量掂量自个，无论如何，不要蛮干，要讲究策略。"我把我们之间的对话整理成此文，以便于大家各抒己见开展讨论。

我们知道，质疑是推动科学发展的动力之一。若科研人员缺乏质疑精神，盲目相信权威和已有的认识，则难以发现真问题，也无从做出卓越成果。

然而，科研人员决不能为质疑而质疑，即制造噱头为吸引眼球而质疑，为忽悠名利而质疑，为争输赢而质疑，为意气之争而质疑。质疑的真正价值在于提供多视角的看法，引起广泛的讨论，从而搞清事实，推进认识，发现真理。因此，在质疑时，我们不应忘记"理性"两字。理性质疑指的是质疑既要讲逻辑还要重实证，其目的是"去其糟粕，取其精华"。

在我看来，正确的质疑方式应该是：

1）须先彻底弄清前人的理论

在网上，我经常看到不少人连前人理论的基本概念和原理都一知半解，就开始盲目地炮轰，简直是搞笑。确实，弄清概念和原理的内涵和外延并非易事，尤其是涉及比较抽象理论的概念和原理，更需要下一番功夫才能吃透，以避免盲目质疑。

鉴于此，质疑者应仔细研读原文献，以彻底把握前人的学术思想、弄清理论的来龙去脉、理解公式的物理意义，这样才可能取得有益的质疑效果。

2）讲逻辑重实证

先看看前人理论涉及的逻辑链是否严密，即推理的前提条件（假设、公理、实验/观测数据）是否成立，推理（演绎、归纳、类比）过程是否有漏洞，能否保证逻辑链的闭环性。如果自己觉得该理论存在逻辑链不够严密和（或）解释力较弱问题，再看看实证的强壮性；如果强壮性有保证，八成是自己的理解出了问题，此时应按下质疑的"暂停键"继续深思；如果发现实证不够强壮，则应回头结合逻辑寻找问题的根源，经反复深究，确认无误后，再开展理性质疑不迟。当然，尚未得到充分实证的学说不能称之为科学理论。对这样的学说要不要质疑，价值有多大，自己掂量着办。

有人可能会问："质疑某项理论单讲逻辑行不行？"这个不行。因为逻辑推理不一定靠谱，即基于不同的前提条件和不同的推理方式，会得到不同的结果——多解性，这也是认识不同的根源。每个人都有思维的局限性，自己觉得完美无缺的推理，在别人看来可能漏洞百出。判断逻辑推理结果正确性的唯一可靠的途径是实证检验，除此无他。

对几乎业已公认的科学理论，从中发现些问题是有可能的，改进完善之也是科研人员的较好选项。然而，要想推翻之，则几乎不可能。这是因为得到几乎公认的科学理论，经过了包括创立者在内的大量同行的逻辑校核与实证检验，否则怎么可能被这么多人认可。这些人，不大可能智商都有问题吧？也不太可能都被欺骗了吧？

科学发展是向下兼容的，一项新理论的诞生往往能兼容过去的旧理论，而不是推翻旧理论。如爱因斯坦的相对论就兼容了牛顿力学。毋庸置疑，新陈代谢是科学发展的主旋律，即未来总会有更好的兼容旧理论的新理论诞生。关于此，爱因斯坦在论及"相对论"时也谦虚地承认："所有的物理学理论，不论是牛顿的、还是我自己的，都是尝试性的猜测。它们总会被更好的猜测所取代。"因此，科研人员在旧理论的基础上发展新理论，是一个较为可行的目标。

有些学科还缺乏科学理论，是亟待发掘的富矿领域，是科研人员大有作为的广阔天地。科研人员与其想推翻科学大师的科学理论，不如转战于此尚待开垦的新领地，或能事半功倍成就一番伟业。

20

自我质疑至关重要

（发布于 2022-2-27 10:08）

理性质疑是推动科学发展的动力之一，应予提倡。阅读文献或与同行交流时，学者见闻某个新颖的假说或理论，无论作者多么权威、思想多么出乎预料、见解多么令人激动，第一反应八成是怀疑，接下来会质疑，即看其依据是否扎实，论证是否有力，结论是否可信，等等。这是“枪口向外”的质疑，学者已习惯之。

尽管“吾日三省吾身”已众所周知，但鲜有学者习惯于“枪口朝内”的质疑，即自我质疑（self-questioning）——反省自己甚至敢于否定自己，因为这需要莫大的智慧和勇气。

我注意到，学术水平和学术鉴赏力越低的学者，越难做到此。譬如，某些人士，包括外行和准外行，凭直觉和自认的逻辑想推翻业已公认的科学理论，这几无可能，因为这些理论通过了包括创立者在内大量同行的逻辑校核与实践检验；然而，修补完善之甚至建立兼容之的新理论确有可能，这是因为新陈代谢是科学发展的主旋律。这些人士之所以有这样的念头，是因为受其有限知识和能力的制约，难以把握前人理论中概念和思想的精髓而产生误解。除此，其往往自命不凡、自视甚高，容不得一点他人的质疑和批评。一旦遇到此，第一反应往往是心生不快，进而出言强辩，甚至狡辩，沦为杠精；更有甚者，出口成“脏”，丧失了学者的风度。这样下去，前景堪忧啊。为此，建议这些人士深刻反省自己的思维模式，扩大知识面，强化论证能力，多和高手交流，这样方能走出误区、回归理性。

然而，成就斐然的大师，容易做到自我质疑。例如，英国物理学家斯蒂芬·霍金，在多年深入探索后，断然否定了自己赖以成名的“黑洞悖论”，并把自己的错误公之于众[1]；另一位英国环境科学家詹姆斯·洛夫洛克，也否定了曾带给自己荣耀的“盖亚理论”[2]。这种求真务实的科学精神，令人肃然起敬。

的确，大多数学者都具有“敝帚自珍”的情结，然而科学具有“铁面无私”的特征，即一直通不过实证检验或已被证伪的假说，都应视之如草芥、弃之如敝屣。

毋庸置疑，寻求学术真谛的过程通常是一个不断试错、纠错、再试错、再纠错的过程。在这个过程中，走弯路是常事儿，而一贯正确十分鲜见。因此，通过自我质疑，认识到自己的观点经不起推敲，自己的假说不成立，自己的理论有缺陷，并不是坏事，更不是什么耻辱，反而是促进深度思考以纠错的“灵丹”，进而加快研究进程的“妙药”。鉴于此，学者关注的焦点要放到学术求真上来、放到研究价值上来；与之相比，自己的面子并不重要。

法国牧师纳德·兰塞姆曾指出：“假如时光可以倒流，世界上将有一半的人可以成为伟人。”[3]某智者把这句话解读为：“如果每个人都能把反省提前几十年，便有 50%的人可能让自己成为一名了不起的人。”[4]这说明自我反省是成功的重要基石。因此，学者养成自我质疑的好习惯，不仅可纠偏自己的研究方向，而且可规避学术道路上的陷阱和雷区，这有助于自己在有生之年做出值得称道的贡献。

参考文献

[1] 霍金自我否定称黑洞不存在：所有物质均可逃脱[EB/OL]. (2014-01-27) [2022-02-27]. https://tech.sina.com.cn/d/2014-01-27/08319131268.shtml.

[2] 英著名学者反省预测：气候在变暖 灾难被夸大[EB/OL]. (2015-03-26) [2022-02-27]. https://www.bioon.com/article/bb4b5e866895.html.

[3] “假如时光可以倒流，世界上将有一半的人可以成为伟人.”[EB/OL]. [2022-02-27]. https://baijiahao.baidu.com/s?id=1776700383399494378&wfr=spider&for=pc.

[4] 现代文阅读《年轻人更要善于反省》题目及答案[EB/OL]. (2020-11-28) [2022-02-27]. https://www.ruiwen.com/wenxue/yuedudaan/484280.html.

— 21 —

为何说实证是最应被强调的科学方法？

（发布于 2022-2-19 13:10）

大家知道，深刻地理解世界运行规律，主要依赖于理性认识，而凭感觉、经验则难以做到。获得理性认识的第一步往往源于逻辑推理。

逻辑推理的可靠性主要在于前提（已知条件（如公理）、假设等）的扎实性与推理过程的严谨性。如果逻辑推理的可靠性不能满足，则不可能得到正确结论或认识；如果能满足，一定能得到正确认识吗？

答案是不一定，因为人们基于可靠逻辑推理得到的认识只能满足自洽性和主观合理性，而不能确保一定符合客观事实。所以，在得出认识后，要通过实证加以检验。经反复检验无误后，才能确认该认识是正确的。譬如，海水稻[1]到底能不能在盐碱地里丰收？尽管袁隆平团队基于以前大量的扎实工作推断，可能行得通，但经多地多年试种后才予以确认。

纵观科学史，人类认识世界的几次飞跃，主要在于：旧理论预测的结果与新实测结果大相径庭，或者旧理论未预测到新实测结果，或者旧理论不能合理解释新实测结果。由此而论，实证是最应被强调的科学方法。

历经长期实践，大家普遍认可科学应具有三大特征：（1）客观性：科学研究和论述必须是遵从客观实际的；（2）验证性：科学研究的结论必须是可验证的；（3）系统性：科学研究和科学理论必须是系统的、完整的。为什么人们把近代科学称之为实证科学[2]，其原因就在于此。

辩证唯物主义认为实践是检验真理的唯一标准，这是由真理的本性和实践的特点决定的。真理是主观符合客观的认识；要判定主观是否符合客观，就必须对主观和客观进行比较。换句话说，作为真理的标准，必须具有把主观和客观联结起来的特点，唯有依赖于实践才能实现。人类科学史上业已认可的科学理论，如牛顿力学和爱因斯坦的相对论，不仅具有这样的特点，而且通过了反复实践检验，这说明其符合真理的标准。因此，某些人士仅想靠自诩的完美逻辑推翻之，无异于水中月、镜中花。

与科学相比，伪科学也讲究逻辑，甚至还讲究量化——列出一堆“不明觉厉”的方程，但不能通过严格的实证检验，因为其违反业已公认的科学理论。因此，如何鉴别科学和伪科学，答案已昭然若揭。

总而言之，研究者讲究可靠的逻辑推理，可减少犯错误的机会，但不一定能得到正确认识；要确认认识的正确性，唯实证耳，除此无他。鉴于此，为在科学探索征程上取得事半功倍的效果，研究者一定要通达此道理。

参考文献

[1] 缅怀袁隆平教授，回顾“海水稻”生物科技[EB/OL]. [2022-02-19]. https://baijiahao.baidu.com/s?id=1766553362923746207&wfr=spider&for=pc.

[2] 为什么把近代科学称之为实证科学?[EB/OL]. (2020-10-19) [2022-02-19]. https://zhidao.baidu.com/question/1390453510683637460.html.

22

学者如何提升自己的认知层次?

（发布于 2022-2-13 17:06）

前几天，我无意中看到了一篇文章[1]，其把人们的认知分为四个层次：不知道自己不知道，知道自己不知道，知道自己知道，不知道自己知道。我觉得这种分类相当有趣且靠谱，基于此并做适当发挥写成此文，以让诸君在研究之路上少走弯路。

第一层次：不知道自己不知道

处于这种层次的人士，想当然认为自己无所不知、无所不能，从而呈现出极度盲目自信的巨婴状态，但实际上不能分清表象与本质、臆想与事实、客观与主观等——缺乏基本常识和判断能力。此种人士通常为民间科学爱好者和被其招安的糊涂学者。

第二层次：知道自己不知道

处于这种层次的人士，明白知识的无边性与自己认知的局限性，通达“山外有山，天外有天，人外有人”的道理，始终对未知领域保持敬畏和好奇。此种人士主要为普通学者，但未来有巨大的上升空间。

第三层次：知道自己知道

处于这种层次的人士，清楚自己认知能力的“天花板”，因而定位明确——仅在某一专业方向深耕和发表见解；能解决难度不大的问题，在业内有一定的影响力。此种人士可称为业内行家。

第四层次：不知道自己知道

处于这种层次的人士，善于融会贯通所学知识，并把这种本领作为自己随时可用的利器；善于从多元、多层次角度看待问题，并能抓住问题的本质；善于靠直觉和本能探寻解决问题之道；善于以化繁为简之术找到破解问题的“金钥匙”；善于以知识 + 灵感 + 理性 + 实证攻克高难度问题；善于举一反三、触类旁通，即对类似问题出手就是相应的破解之法。此外，必要时，此种人士可轻松自如地“降维直击”别人的错误认知，使其豁然开朗、醍醐灌顶。用形象的话来说，此种人士如同顶级武林高手一样，能做到“气随心动，收放自如，随机应变”，即达到了“无招胜有招”境界，乃智者也。

显然，通过不断地提升认知水平，学者可事半功倍、取得成功。那么，该如何做呢？

1）扩大知识面

英国哲学家培根曾说：“读史使人明智，读诗使人灵秀，数学使人周密，科学使人深刻，伦理学使人庄重，逻辑修辞使人善辩；凡有所学，皆成性格。”[2]因此，学者多看文献多读书（尤其是科学史的书）可开阔思路。

2）提升学术素养

学术素养是学者在研究过程中所呈现出的综合素质，主要由学术意识、学术知识、学术能力以及学术伦理道德组成。通过提升学术素养，学者的洞察力和决策能力必然会增强，由此其创造力和学术鉴赏力亦会增强，这有助于规避陷阱从而直达胜利彼岸。

3）常和高手交流

和比自己棋艺高的棋手下棋，能提高棋艺；同理，和比自己层次高的学者交流，会获益匪浅。然而，诸多学者不愿如此，因为怕在和高手交流中因自己的陋知丢脸。此乃多虑耳，因为常和高手交流恰恰是让陋知升华为慧见的捷径；有了慧见，何愁大业不成；成就了大业，学者才有了货真价实的面子。

行文至此，凭窗眺望，只见雪花飞舞、遍地银装、玉树琼枝。此情此景，不由想到了陈毅元帅的一首诗：“大雪压青松，青松挺且直；要知松高洁，待到雪化时。”是啊，面对浩瀚的未知世界，学者只有以坚忍不拔的青松精神不断超越自我，向险峻的学术高峰迈进，为高洁的学术殿堂增光，才能实现舍我其谁之王者风范。何谓真学者？唯此耳！

参考文献

[1] 认知四层[EB/OL]. (2022-01-03) [2022-02-13]. https://xueqiu.com/4649450597/207788558.

[2] 读史使人明智，鉴以往而知未来，三本经典史书引你去思考，去感悟[EB/OL]. (2018-11-04) [2022-02-13]. https://baijiahao.baidu.com/s?id=1616192325486940925&wfr=spider&for=pc.

23

在后 SCI 时代提高学术鉴赏力是当务之急

（发布于 2021-1-21 13:47）

近些年，国家陆续出台了一系列破“五唯”政策和措施，这标志着后 SCI 时代的到来。显然，在后 SCI 时代，如何合理评价科研人员的学术贡献和从中选拔优秀人才，已成为亟需解决的问题。欲实现合理评价，则依赖于管理者和专家的学术鉴赏力。

在 SCI 时代，简单粗暴的“数数”“看外貌”评价造成的最严重后果之一是学术鉴赏力的大幅度降低。本来评价科研人员的成果应看其质量和意义，但实际上却是“看广告不看疗效”，即以刊物影响因子评价论文质量，以论文引用量评价论文意义。其中，两个重要的标志是：凡是在国际著名学术刊物上发表的 SCI 论文，均被认为是“高大上”的化身，尤其在 CNS 刊物上发表的论文，更被认为是“权威”的化身；外国科学家说过几句赞誉之词的论文，即被视为“真理”的化身。这种本末倒置的做法，更加削弱了原本不高的学术鉴赏力，从而制约了我国原创科学理论和关键技术的健康发展。

管理者和专家评价论文的学术贡献也好，申请书质量也罢，只要坚持公正公平原则，以创新性、科学性、潜在影响力为准绳，给出客观合理的评价意见并非难事。譬如，评价某科研人员的代表性成果时，不妨按如下招数：

（1）突破了什么（学术定论/主流共识/思维定式/研究范式/现行做法/权宜之计/学术僵局等），提出了什么（新思想/新原理/新理论/新方法）实现突破的，有无普适性，意义多大，创新性多强；

（2）逻辑推理的前提和过程有无漏洞，证据是否强壮——无偏性和无反例，逻辑和证据是否支持结论。

当然，具体评价时，最不应看重的是被评价者的学术观点与自己或主流观点的一致性，因为原创成果往往会推翻以前的认识。如果按照上述两条不能否认被评价者的成果，就应当“伯乐”予以支持。

确实，学术鉴赏力的提高并非一朝一夕所能实现的。为缩短进程，需要管理者和专家丰富自己的知识面、把握学术前沿、精读科学史汲取营养、多和学术素养高的人士交流，如此等等。

特别地，提升高层管理者与大咖们的学术鉴赏力至关重要，这对识别与推动处于“萌芽期”的重大原创工作将大有裨益，对快速占领某一领域的“学术制高点”将起到助推作用，对我国由科技大国向科技强国“拐点”的逼近将起到正能量作用。

在此，愿我国具有较高学术鉴赏力的人士不断涌现；这样的人士越多，国家科技进步才能更加健康地突飞猛进。

24

在后 SCI 时代科研人员亟需提升创造力

（发布于 2021-10-23 11:50）

今天一早，在某微信群观看了某网友发布的一个视频。视频里，某对院士夫妇对我国科技现状谈了些肺腑之言，大意是：在大量的投入下，我国的科技水平比过去确实有进步，但仍和科技发达国家有很大差距。以大型医疗设备为例，这些设备是基于基本物理学原理研制的，我国超过 95% 的设备都依赖于进口，我国物理学家对此的贡献几乎为零。虽然我们培养了一大批老师，也送出去了一大批优秀的学生，慢慢地有些人成长起来了，但目前绝大多数人士仍停留在会用设备和管理设备的层次上。这牵涉到一个大问题，原创性几乎全是国外的。看完该视频，再联想到其他学科的发展现状，我不禁想问："我国科研人员的创造力，尤其是原创能力，哪里去了？"

确实，在长期"五唯"的误导下，我国绝大多数科研人员陷入了做短平快研究的泥潭，如有的靠高精尖的进口设备利用样品稀缺性发顶刊论文，有的靠追踪热点模仿克隆发权威论文，更多的靠捡漏补遗发一般期刊论文，但唯独鲜见颠覆以前认知的原创论文。由于多发论文，尤其是顶刊和权威论文，会给科研人员带来巨大利益，这必然诱使其逐渐淡忘科研初心而走火入魔，必然严重削弱其好奇心而增强其功利心，使得其原本不高的创造力严重下滑，从而产出了一大批缺乏智慧含量的鸡肋成果。长此以往，导致如下问题，积重难返。

（1）科研人员的个体价值难以体现，科学精神逐渐丧失，使得"跑圈子""拜码头"等成为时尚；

（2）那些具有强大创造力且"十年磨剑"的科研人员被打入冷宫，而那些多出、快出所谓成果的科研人员名利双收；

（3）科技界的整体创新动力日趋枯竭，原创能力日趋衰退；

（4）科技界已几乎沦为功利场、名利场，甚至可能走向是非不分、黑白颠倒的局面。

为提升科研人员的创造力，一方面，须破除体制性、机制性障碍，近些年国家发布的破"五唯"新政已为之铺平了道路，但愿各科研机构能将其落到实处；另一方面，科研人员要有家国情怀和责任感，学习并珍视老前辈的静心钻研、求实创新、一丝不苟等科学精神，充分发挥自己的主观能动性，瞄准真问题，做出真学问。是啊，在物质条件极度贫乏的年代，屠呦呦等科研人员尚能取得卓越成就，而在今天这样一个人力物力财力丰富的时代，却不能做出更加卓越的成就，岂不令人汗颜！

当代科研人员需要集体反思：把自己的聪明才智用于正途——攻坚克难，为科技发展和人类社会实质进步添砖加瓦，为自己的科研人生画上圆满的句号，为子孙后代留下念想，有那么难吗？连尝试都不愿做吗？人过留名，雁过留声。如果科研人员打着科研的幌子为获得暂时的名利，纵然能风光一时，但不可能青史留名；自己白来人世间走一遭，到头来只能是遗憾无穷，徒唤奈何！

25

在后 SCI 时代需要什么样的人才?

（发布于 2021-9-2 10:36）

近些年，国家陆续出台了一系列破“五唯”举措，这标志着后 SCI 时代的到来。大家知道，创新是引领发展的第一驱动力，而创新则靠人才实现；因此，只有把确有大本事的人才选拔出来，并给其挥洒才能的空间，才能突破诸多领域科技发展的僵局。

人才，按能力大小，有一流和非一流（二流、三流等）之分。显然，一流人才能洞穿未知谜团从而塑造科学之魂，实现重要技术突破从而为人类造福，是地球村最迫切需要的人才。

在前 SCI 时代，我国选拔出的各类帽子人才，总人数世界第一，其中为数不少的高帽子人才（视为一流人才）理应做出了众多重要科技成就，否则怎么可能戴上高帽子呢？这样的话，我国的科技成果必然成就斐然而傲视群雄；然而，国家层面破“五唯”的举措表明，国家对巨额投入下的科技产出甚不满意。出现这样的悖论，说明以前的人才选拔标准存在严重问题。

在前 SCI 时代，诸多科研院所主要以“SCI 至上、数数、以刊评文、高被引”等为标准选拔人才，结果选出了一批以跟风、克隆、灌水乃至造假见长的所谓一流“人才”。我接触过一些这样的“人才”，通过深入交流总体印象是：（1）缺乏创造力但善于模仿；（2）未掌握基本概念和原理但善于蒙混；（3）缺乏深度逻辑推理能力但善于照搬；（4）被伪命题蒙蔽而不自知；（5）学术鉴赏力较低但善于忽悠；（6）擅长夸夸其谈但确无实货。因为这些人才做出的鸡肋工作既不会显著增长人类对世界的认识，也不会促进科技实质性进步，所以迎来了国家层面的当头棒喝：坚决破“五唯”，以原创科学成果论英雄，以攻克卡脖子技术掰手腕。确实，以上述标准通常能选拔出二流、三流人才等，而几乎不可能选拔出一流人才。在我看来，区分一流人才和非一流人才的标准，是看其所做出工作的创新性和意义，即只有以开创性的理论方法解决了重大科技难题的人才，才能称得上一流人才。

那么，衡量一流人才的具体标准是什么呢？

1）具有系统化的学术思想

基于各种现象、实验数据、观测信息等，善于思考它们之间的相互联系，以一条理性主线将其联络和贯通起来，形成以攻克重大科技难题为目标的系统化学术思想。这样的思想往往具有哲学性、深刻性、前瞻性、可靠性，往往是打开难题大门的金钥匙。纵观科技史，牛顿、爱因斯坦等都是这样的典范，其不仅是大科学家，而且也是大思想家。

2）创建了成体系的理论方法

解决某一难题需要诸多难点的突破，把点的突破有机地结合起来，便有了面的突破——整体突破，所以说以点带面往往能事半功倍。在正确的学术思想指引下，基本上可实现面的突破，突破后则能初步形成一套理论方法。再经过打磨和实证，理顺节点之间的逻辑纽带，沟通细节和框架之间的要道，则成体系的理论方法便可落地生根、开花结果。

3）能引领学科跨越式发展

目前，不少学科处于半死不活的境地，其根本原因在于发展缺乏强劲新动力。满足上述两条标准的一流人才一旦横空出世，则能以解决某一科技难题为契机，为学科发展注入强劲新动力——新思想和新理论方法，从而带动学科的跨越式发展。鉴于此，各学科要多留意这样的人才，要甘愿为其成长垫石铺路，因为此乃学科发展之大幸也。

纵观科技史，真正的一流人才，是靠自己天马行空、独辟蹊径探索出新路进而做出一流成果脱颖而出的，大多是被“伯乐”发现的，几乎都不是有意识培养出来的，其成长仅需要合适的土壤和环境，被世人所知在很大程度上则依赖于机遇。

真正的一流人才，因有真才实学而不会阿谀逢迎，因有超高的智慧而不会溜须拍马，因有超前的思想而居高临下，因有远大的抱负而特立独行。因此，各级“冒号”们不要因这些人才的强烈个性而抵触之、埋没之，反而要以使命和责任为重，奖掖后进者。但愿我国涌现出更多的“伯乐”，以识别出更多的“千里马”，为其纵横驰骋、建功立业提供更广阔的天地，此乃学科前进之幸也，科技进步之幸也，社会发展之幸也。如此，何乐而不为呢？！

26

愿有更多“仰望星空”的科学家

（发布于 2021-9-21 12:05）

岁岁中秋，今又中秋；赏月望星空，胸中天地明。以此祝大家中秋快乐，心想事成！北京现在天高云淡，但愿晚上星光灿烂。

有人说，站立起来行走使人类超越了低级动物，而“仰望星空”使人类想要超越自身。确实，正如高晓松所言：“生活不止眼前的苟且，还有诗和远方。”这句话之所以广为流传，是因为诸多人士都愿意做那个“仰望星空”的人。关于此，黑格尔说：“一个民族有一群‘仰望星空’的人，其才有希望。”[1]任正非先生道：“科学家们要多抬头看看‘星星’，你不看‘星星’，如何导航啊？”[2]

纵观科学史，科学巨匠们，如牛顿、爱因斯坦、杨振宁等，是当之无愧的“仰望星空”的一群人，其能洞穿未知之谜团，塑造科学之魂；或能打开认识世界的另一扇窗，发现那里无尽的美。他们曾与我们一样，生来本是宇宙的尘埃，但因志向高远、心怀远大，从而孜孜以求以超人的智慧点亮了星空，成为璀璨耀眼的“星星”。他们的对手不是先贤达人，而是科学桎梏；他们的追求不是争名夺利，而是满足好奇心；他们的向往不是被人崇拜，而是为人类造福；他们的目的不是光宗耀祖，而是革故鼎新。由其导航，他们不会迷失方向；由其点灯，他们越走道路越宽广。

在后 SCI 时代，我们确实需要更多“仰望星空”且脚踏实地的科学家，其不仅有远大的抱负、崇高的理想，而且能以超前的学术思想、卓越的成果引领学界大踏步前行。

这样的科学家，不媚权、不媚上、不追名、不逐利、不媚俗，在滚滚红尘中特立独行，以“虽千万人吾往矣，虽千里无人吾也往矣”之勇气和毅力，耕耘在“无人区”，攻坚在“最高峰”，取胜于行稳致远。

这样的科学家，能有机融合科学思维和哲学思维，形成独特且系统的结构化学术思想，从而引领同行在攻坚克难的征途上找到最优路径，这无疑可加速科研进程。

这样的科学家，看待问题有高度，思考问题有深度，分析问题有力度，即具有透过现象看本质的深邃洞察力和无与伦比的创造力。

这样的科学家，善于从错综复杂的连环套问题中，凝练出最本质的科学问题，且进而能找到解决本质问题的“金钥匙”，给同行以醍醐灌顶般的洗礼。

这样的科学家，能以“无招胜有招”之境界实现指哪打哪的破解之法，能以化繁为简之功力揭示事物演化之宗，从而为人类认识世界的知识库增添价值连城的贡献。

这样的科学家越多，越能解决真问题，成就真学问；这样的科学家越多，越能缩短攻坚克难进程，越能引领学科跨越式发展；这样的科学家多起来，才能早日实现强国梦，早日使我国屹立于世界之林。

参考文献

[1] 黑格尔：一个民族有一群仰望星空的人，他们才有希望[EB/OL]. [2021-09-21]. https://baijiahao.baidu.com/s?id=1720195250486504992&wfr=spider&for=pc.

[2] 任正非再谈科技创新：研究 6G 是未雨绸缪 允许海思继续爬喜马拉雅山[EB/OL]. (2021-09-15) [2021-09-21]. https://rmh.pdnews.cn/Pc/ArtInfoApi/article?id=23463897.

27

科研人员要有家国情怀

（发布于 2021-8-11 10:51）

家是最小国，国是千万家，每个人的生命体验都与国家紧紧相连。责任和担当，乃是家国情怀的精髓所在。无论是《礼记》里“修身齐家治国平天下”的人文理想，还是《岳阳楼记》中“先天下之忧而忧，后天下之乐而乐”的大任担当，抑或是陆游“家祭无忘告乃翁”的忠诚执着，家国情怀从来都不只是豪言壮语，而是人们心中的责任感和使命感。那种与国家民族休戚与共的情怀，那种以天下为己任的使命感，正是个人前途与国家命运的同频共振。

国家兴亡，匹夫有责。自新中国成立，特别是改革开放以来，科技强国的责任越来越多地落在了科研人员身上。20 世纪 50 年代，为了祖国的强盛，钱学森、邓稼先、郭永怀等一批科学家毅然回国，不计个人名利默默奋斗数十年，成为“两弹一星”元勋；此后，屠呦呦、袁隆平等科学家，以赤子之心、拳拳之情投身建设科技强国、实现中国梦的伟大实践，体现了心有大我、至诚报国的崇高境界。

然而，目前仍有不少科研人员，整天追踪热点，跟风做鸡肋工作，整天绞尽脑汁为发论文而论文，整天只为个人着想而不考虑国家利益，这样靠投机取巧以个人快速攫取名利为目的的工作，几乎不会为人类认识世界的知识库增添什么有价值的贡献，这不仅浪费了自己的宝贵年华，而且挤占了本不宽裕的科研资源。美国第 35 任总统肯尼迪发表就职演说时，说过一句名言：“不要问你的国家能为你做些什么，而要问你能为你的国家做些什么。”[1]是啊，国家培养每一位科研人员都需要不菲的花费，国家为推动每一领域的科技进展都需要投入巨大的成本；若花费与重要科技成果产出一直不成正比，若巨额投入不能推动科技实质性进展，国家利益如何保障？对此，科研人员晚上睡不着时应扪心自问，自己还有点家国情怀吗？

在国际环境日趋严峻的今天，科研人员要向老一辈具有家国情怀的科学家学习，要自觉把个人利益和国家利益融为一体，要优先奔着目前国家最急迫的问题去干，这才是对家国情怀的最好诠释和实践。

目前最急迫的问题，可概括为建立原创科学理论与攻克卡脖子技术。

养兵千日，用兵一时。在紧要关头，有志科研人员要挺身而出，聚焦最急迫的问题，苦干实干加巧干做出卓越成果，以展现济世救民、匡扶天下的担当。如此，我国的发展才不会受制于人，科研人员在强国征途上才能体现不可或缺的作用。

参考文献

[1] 百度知道. 不要问你的国家能为你做什么，而要问你能为国家做什么. [EB/OL]. [2021-08-11]. https://zhidao.baidu.com/question/1764553774442160348.html.

28

期刊编辑应唯论文创新性是瞻

（发布于 2019-1-24 09:51）

期刊要办好，刊登的论文质量是关键；从众多稿件中筛选出优秀稿件，即使对资深编辑也并非易事。前些日子，我和某地学期刊的副主编聊天时谈起这个话题，他也深有同感。我谈了以下看法，他十分赞同。

部分国内期刊编辑和受邀审稿的同行评审专家，有看人下菜碟的毛病。青年学者写的论文，即使有新观点和（或）新认识，也往往被毙；而资深专家写的论文，即使淡如水，也往往得以发表。一篇论文能否发表，不应看作者的资历，而应看论文本身有无创新性。

同行评议对无新意的作业式论文，容易达成共识——拒稿；改进已有工作的论文，则容易被放行；但创新性很强，特别是颠覆已有认识的论文，往往在同行评审时被灭，而这才是期刊最需要刊登以提升影响力的优秀论文。如果同行评审专家对这类论文给出了差评和拒稿建议，编辑们举棋不定时，往往交由主编或副主编拍板定夺。这时候，就要看主编或副主编的胆识和魄力了。优秀的主编或副主编应具有突出的科学鉴赏力，敢于力排众议，一票否决，以甄别出优秀论文。*Cell Research* 目前办得风生水起，与该刊常务副主编李党生有很大关系，他敢于否决专家的负面评审意见，从中抢救出了不少有真正创新的优秀论文。

一般说来，论文的创新程度越大，则“离经叛道”的程度越大，初期被别人接受的难度也越大。作为编辑和审稿专家，遇到这样的论文时，在其不违背公认的科学理论的情况下，应侧重看其立论是否满足逻辑自洽性；即使其超出了现有的理解框架，即使其认识不够成熟，即使其证据不够充分，也应推荐优先发表。退一步说，即使其最终被证明是错误的，也可能会启迪别人的思维，也比那些“无病呻吟”的灌水论文强得多。在艰难的科学探索过程中，谁敢保证自己提出的新观点是百分之百正确呢？*Nature* 资深编辑亨利·吉在讨论科学的易错性时曾说：“我们在 *Nature* 上发表的一切都是错的。我们发表的所有东西，都只是对现实的近似，将来肯定有人会做出更好的东西。如果我们在 *Nature* 上发的都是绝对正确的话，我们很快就没工作了，很快就把所有的东西都发现了。”[1]鉴于此，编辑不要过分保守，不敢发表“非共识”论文，而要敢于冒风险为创新火苗的升腾加油。

衡量某期刊是否为优秀期刊的重要标志，是看其是否刊登过具有重要影响力的传世论文。如果其出版过几篇这样的论文，则应视为优秀。然而，要做到这一点，期刊主管编辑拍板定夺某篇论文的“命运”时，只需考虑论文的创新性及其潜在的价值，而不应考虑与过去认识的一致性，以及作者的背景与资历。

参考文献

[1] 《自然》资深编辑亨利·吉:“《自然》上的一切都是错的” [EB/OL]. (2017-04-03) [2019-01-24]. https://www.sohu.com/a/131762095_465226.

29

如何实施“揭榜挂帅”制？

（发布于 2020-5-23 19:37）

今年的政府工作报告[1]在“提高科技创新支撑能力”部分明确提出：重点项目攻关“揭榜挂帅”，谁能干就让谁干。这一举措，体现了英雄不问出处的先进理念，将极大地调动社会各界创新争先的积极性，对国家科技创新事业具有极大的促进作用。

2019 年，我在博文《攻坚克难宜采用“毛遂自荐”制》[2]中指出：“无论如何，国家科技投入的目的无非是解决科技难题，促进社会可持续发展。当然，投入要有针对性，谁的研究有了突破的苗头，继续做下去能看到胜利的曙光，就应该支持谁。若国家层面善于营造这样的科研环境。谁能翻多高的跟斗就给其铺多厚的垫子、谁能激起多大的浪花就给其修筑多深的池子，则‘千里马’们会大展宏图，科技强国之梦会早日成真。”现在看来，我提出的“毛遂自荐”制相当靠谱，与“揭榜挂帅”制有异曲同工之妙。

“揭榜挂帅”制，有利于潜伏的“千里马”脱颖而出。无论其是“正规军”还是“游击队”，只要有真本事，哪怕无“人脉”，皆可出来一争高下。那么，如何实施“揭榜挂帅”制呢？在此，我提出 3 条不成熟的建议，供大家讨论。

1）设好榜

聚焦某些亟待突破的重大科学问题与关键技术（如大地震机制及其物理预测方法、致癌统一机制与治癌特效药研制、高精度光刻机核心技术与产品研制），突出刚性目标需求。要实现这样的刚性目标，必然需要揭榜者有“真货”和“硬货”支撑。是啊，没有金刚钻，谁敢揽瓷器活呀。不难预料，在“瓷器活”面前，善于跟风模仿的“南郭先生”们会知难而退。

2）选好帅

要选好帅，必须打破常规评审机制。取消函评，直接搞会评。国家有关部门可组织由多学科专家组成的项目评审会，人数不宜少于百人，会议实况要通过网络现场直播，以便于大家监督。在会上，揭榜者要讲解自己独到的见解、高招及其可行性，然后专家进行质疑讨论。如果专家提出的主要问题揭榜者能圆满回答，且赞成票超过半数，则应予资助。投票不要无记名，而要实名。不同意资助的专家，要说明具体反对理由，不能敷衍。若揭榜者认为反对理由不成立，可提交专家组组长仲裁。若仲裁结果支持揭榜者，则把反对票视为废票，重新计数。

3）明奖惩

对顺利实现既定目标的项目，要给予“帅”奖励和荣誉。对不能按时实现主要目标但有望实现的，经申请批准后可适当延期；延期后仍不能实现的，则取消该项目，并对“帅”进行适当惩戒，如追回剩余科研经费、加入科研诚信“黑名单”、未来几年内不让其申请项目等。

参考文献

[1] 2020年政府工作报告全文[EB/OL]. (2020-05-22) [2020-05-23]. https://www.gov.cn/zhuanti/2020lhzfgzbg/index.htm.

[2] 秦四清. 攻坚克难宜采用“毛遂自荐”制[EB/OL]. (2019-11-23) [2020-05-23]. https://blog.sciencenet.cn/blog-575926-1207256.html.

30

愿更多的有志科学家从事前瞻性科研

（发布于 2020-2-4 10:10）

在这次新冠疫情暴发后，中国工程院院士、军事科学院军事医学研究院研究员陈薇说："当年 SARS 之后，如果国家对冠状病毒研究有更长效的支持，有更多团队持续来做这个研究，那么不管疫苗还是药物，至少会有比今天更好的局面；国家有必要长期支持一批团队一辈子就做某种病毒或细菌的深入系统研究，不追热点，甘坐冷板凳，别管这个病毒是来了还是走了。"[1]

实际上，陈薇院士强调了前瞻性科研的重要性。

我们知道，科研工作的价值在于创造性、科学性、前瞻性以及实用性。前瞻性科研指的是"事前诸葛亮"一样的工作，即在某件事情未发生前所做的、以探索其本质为宗旨的且成果能得到实际应用的创新研究。前瞻性科研注重对研究对象内在关联性、演化性与协同性的认识，对多因素作用下其表现特征的挖掘，以及对其后果的防控措施。

作为对比，回溯性科研指的是：结果已经出现，但可根据过往信息且依据多种已有方法来反演结果，以检验方法的有效性或推测可能的机理。在这方面，因各种高大上"计谋"皆可派上用场，且不用皓首穷经寻求真谛即可发表诸多高大上论文，这确实是诸多所谓的科学家大显身手之地，但几乎百无一用，因为"纸上谈兵终觉浅，绝知此事要躬行"。

前瞻性科研需要有志科学家耐得住寂寞、坐得住冷板凳，静心攻关以探求研究对象的本质。即使如此，或许终其一生并无突破性成果问世，所以也不可能得到各种名利，甚至连生存都成了问题。试想，在我国目前科研评价体系"换汤不换药"的情况下，有谁愿意做这样的亏本"买卖"呢？

然而，科技的发展和社会的进步，亟需这样的科学家。一旦其在某一领域做出前瞻性成果，对国家的潜在回馈将无与伦比；一旦国家"有事"，其会冲在最前列献上"锦囊妙计"。养兵千日用兵一时，在关键时刻能为国家分忧解难的科学家，才是人民群众的真心英雄。

有备才能无患或少患，为应对未来各种潜在灾难的威胁，愿更多的有志科学家从事前瞻性科研。在此，也希望国家有关部门合理布局前瞻性科研战略，为这样的科学家或团队提供人财物支撑。

参考文献

[1] 疫情拐点将到? 陈薇院士: 最坏打算, 最充分方案, 最长期奋战! [EB/OL]. (2018-03-07) [2020-02-01]. http://news.sciencenet.cn/htmlnews/2020/2/435299.shtm.

31

年轻人如何准备高级职称答辩才有胜算？

（发布于 2019-12-17 14:18）

本月 12 日下午，实验室学术秘书给大家发通知：为帮助答辩人（均为年轻的男性科研人员）提升汇报质量，实验室组织正副高职称晋级预答辩会，特邀请时间方便的老师出席指导！

看到通知，我想自己是一位年近六旬的老朽了，除了能为年轻人看看基金本子或为其晋升职称支点招外，几乎已无“余热”可以发挥。想到此，于是乎决定参加第二天上午的预答辩会。

每一位答辩人按照个人简历、研究成果、未来研究设想三个单元进行了汇报。针对汇报情况，我和其他老师一样，逐一进行了点评。在我看来，他们在研究成果单元汇报时存在的共性问题是：

（1）贪多求全

大多数答辩人贪多求全，不分主次把所有的科研成果都列出来讲解，想以成果数量多取胜。大家知道，科研的价值在于质量而不是数量，科技问题只有“已解决”和“未解决”之分，这与“宁可伤其十指不如断其一指”的道理一样。任何一位科研人员，终其一生，能把一件事儿搞明白已属不易，更何况从事科研并不太长的年轻人？

其实，只要把自己最得意的一项成果在短时间内讲透，就已足够，没必要画蛇添足。想必大家知道“舍得”这个知名词汇的涵义，要想在激烈的职称竞争中胜出，要果断舍去那些“雕虫小技”式的所谓成果，方可得到“正果”。

（2）未澄清关键问题

科研的目的是解决某一关键科学或技术问题，而解决关键问题需要找到突破口。在汇报时，要把问题的来龙去脉以及重要性，简明扼要地说清楚。此外，还要阐明问题的症结究竟在哪里？为什么别人解决不了？突破口在哪里？高招是什么？

（3）创新点不亮

做页岩破裂机制力学模型研究的，可通过与以前工作对比、实验验证、工程应用以及论文引用评价情况，系统地阐释模型的先进性、可靠性、适用性。

做仪器研发的，可通过与国内外已有仪器性能参数对比、耐久性测试、工程应用以及国际发明专利申请情况，说明技术原理的先进性和元器件的可靠性。

这样的话，可让评委明晰你的研究工作是否具有创新性及其创新程度。

（4）演讲“欠火候”

演讲时，要自信满满，富有激情，用词精练，表述准确，勿用口头语；在幻灯片切换时，要组织好语言以“无缝衔接”。

预祝各位答辩人成功！

—第十二章—

科普知识

1

震级标度

（发布于 2019-5-18 12:09）

震级是表示地震大小的参量，或者说是表征地震波辐射能大小的参量。虽然某次地震对应的地震波辐射能是一个定值，但由于测定原理和（或）方法的不同，震级的表示也应有所不同，于是乎就有了震级标度的概念。根据其发展历史[1-3]，分别简述如下。

1）地方性震级标度M_L

1935 年里克特（Richter）研究美国南加州的地震时引入了地方性震级M_L，现称为里克特震级，简称为里氏震级（属于里氏震级系统的一种）。他规定在震中距为 100 千米的地方，如果“标准地震仪”（伍德-安德森地震仪，周期是 0.8 秒，放大倍数为 2080）记录到的地震波最大振幅是 1 微米，则震级为 0；如果振幅是x微米，震级为其对数。里克特提出的方法虽然是经验性的，但简单易用，为以后震级测定方法的发展奠定了基础。

2）面波震级标度M_S

伍德-安德森地震仪是一种短周期地震仪，它可以较好地记录短周期地震波。然而，地震波在传播过程中，由于高频地震波（即短周期波）的衰减速度要远远大于低频地震波，当地震仪距离震中较远时，其记录能力变得有限。为此，1945 年古登堡（Gutenberg）将测定地方性震级的方法推广到浅源远震，提出了面波震级标度M_S，这弥补了地方性震级标度的不足。

3）体波震级标度（m_b/m_B）

面波震级测定也存在问题。当地震的震源深度较深时面波不发育，但在远震距离上 P 波是清晰震相。1956 年，古登堡和里克特（Gutenberg and Richter）采用体波（P/PP/S）来确定震级，称作体波震级。几乎所有的地震（包括核爆炸），无论距离远近、震源深浅，都可以在地震波形图上较清楚地识别 P 波，因此体波震级具有广泛应用。

体波震级分为由短周期地震仪测定的体波震级m_b和由中长周期地震

仪测定的体波震级m_B，有时也将体波震级写成m并称之为统一震级。m_b用 1 秒左右的地震体波振幅来量度地震的大小，而m_B用 5s 左右的地震体波振幅来量度地震的大小。因此，m_b和m_B是对不同频段的地震波振幅分别进行计算得到的震级，两者有显著不同，不能将其混为一谈。

由于面波震级标度与体波震级标度是在地方性震级标度的基础上发展而来的，故目前将这三者通称为里氏震级系统。

遗憾的是，里氏震级系统存在着两个主要问题：一是其与地震发生的物理过程没有直接联系，即物理含义不清楚；二是通过统计分析，发现其存在“震级饱和”现象（表 12-1），即随地震波辐射能增大震级却不再增大。因此，采用里氏震级系统有时会低估地震的地震波辐射能。

不同震级标度的饱和震级　　**表 12-1**

震级标度	饱和震级
M_L	7.0
M_S	8.5
m_b	6.5
m_B	8.0

4）矩震级标度M_W

鉴于震级饱和问题，1979 年日本地震学家金森博雄提出了矩震级M_W的概念。矩震级的计算公式中用到了地震矩M_0（$M_0 = \mu AD$，μ是剪切模量，A是破裂面的面积，D是地震破裂的平均位错量），其具有严格的物理意义。从公式看，地震破裂面积越大、位错量越大，则地震矩越大，从而释放的地震波辐射能也就越大。正因为如此，矩震级不会像其他震级一样存在饱和问题。

5）其他震级标度

除上面 4 种常用震级标度外，还有如下不常使用的震级标度[4]：（1）日本气象厅震级标度（M_j）：用最大地面位移或最大地面速度计算而得；（2）能量震级标度（M_e）：根据宽频带 P 波能量谱密度得到的地震波辐射能计算而得；（3）持续时间震级标度（M_D）：根据地震波持续时间和尾波长度计算而得；（4）断层面积震级标度（M_{FA}）：由断层面积计算而得，大约等效于m_b值；（5）未知震级标度（M_{UK}）：计算方法不明或不能确定出版来源的震级；（6）灾害信息震级标度（M_K）：根据地震灾害信息确定的震级。

有些媒体报道地震时，习惯用“里氏震级”，这有时很不靠谱。如对 2011 年日本M_W9.0 地震，有媒体曾报道：“2011 年 3 月 11 日在日本本州东海岸附近海域发生里氏震级 9.0 地震”从上述简介知，里氏震级系统存在着震级饱和问题；对如此规模的地震，正确的说法是：“2011 年 3 月 11 日在日本本州东海岸附近海域发生矩震级 9.0（或M_W9.0）地震。”由于地震发生后不久，速报震级通常缺失具体的震级标度，那么暂时的说法应是：“据某地震台网测定，某年某月某日（还可加上某时某分某秒）在某地发生某级地震。”注意不要随意加“里氏”两字，以免画蛇添足。待到以后某地震台网给出某次地震的具体震级标度时，正确且简洁的说法应为：据某地震台网测定，某年某月某日（还可加上某时某分某秒）在某地发生“标度 + 数值”地震，如M_S6.0 地震或M_W6.0 地震。在撰写有关学术论文与学位论文时，不提具体震级标度的写法是不可取的。

参考文献

[1] 陈运泰，刘瑞丰. 地震的震级[J]. 地震地磁观测与研究, 2004, 25(6): 1-12.

[2] 图解地震震级[EB/OL]. [2019-05-18]. https://www.6tor.com/civil_ngineering/795.html.

[3] 细说地震震级[EB/OL]. [2019-05-18]. http://dzj.huangshan.gov.cn/dzcs/8912372.html.

[4] 宋治平，张国民，刘杰，等. 全球地震目录[M]. 北京：地震出版社, 2011.

2

震级与能量

（发布于 2019-5-14 10:35）

在网上经常看到有人说：震级增加一级，释放的能量增加约 31.6 倍；一次 6.5 级地震释放的能量约是一次 5.5 级地震的 32.6 倍。那么，这些说法严谨吗？

一次地震释放的能量（地震能）包括地震波辐射能、摩擦热能、表面能等，其中地震波辐射能仅占地震能的一小部分。当能量与震级联系到一起时，此时的能量应特指地震波辐射能。因此，不能笼统地说某次较大地震释放的能量是一次较小地震的多少倍。正确的说法是：某次较大地震释放的地震波辐射能是一次较小地震的多少倍。

据有关学者的研究[1]，地震波辐射能与震级的关系为：

$$\lg E = 1.5M_S + \text{constant} \tag{1}$$

$$\lg E = 1.5M_L + \text{constant} \tag{2}$$

$$\lg E = 1.5M_W + \text{constant} \tag{3}$$

$$\lg E = 2.4m_b + \text{constant} \tag{4}$$

式中，E为地震波辐射能，M_S为面波震级，M_L为地方震级或近震震级，M_W为矩震级，m_b为短周期体波震级。

由上述公式知，当两次地震的震级标度均为M_S或M_L或M_W时，两次地震的震级差（ΔM，$\Delta M \geqslant 0$）与相应地震波辐射能之比（E_2/E_1，$E_2 \geqslant E_1$）的关系为：

$$E_2/E_1 = 10^{1.5\Delta M} \tag{5}$$

当两次地震的震级标度均为m_b时，两次地震的震级差（Δm，$\Delta m \geqslant 0$）与相应地震波辐射能之比（E_2/E_1，$E_2 \geqslant E_1$）的关系为：

$$E_2/E_1 = 10^{2.4\Delta m} \tag{6}$$

由式(5)和(6)可看出，地震波辐射能之比与震级标度有关。由式(5)知，当震级差为 1.0，地震波辐射能之比约为 32.6；而由式(6)知，当震级差为 1.0，地震波辐射能之比约为 251.2。

再回到本文开头提出的问题，严谨的说法是：（1）以M_S或M_L或M_W表示的震级每增加一级，地震波辐射能增加约 31.6 倍；以m_b表示的震级每增加一级，地震波辐射能增加约 250.2 倍。（2）一次M_S6.5 或M_L6.5 或M_W6.5 地震的地震波辐射能分别是一次M_S5.5 或M_L5.5 或M_W5.5 地震的约 32.6 倍；而一次m_b6.5 地震的地震波辐射能是一次m_b5.5 地震的约 251.2 倍。

综上，科学家科普震级与能量关系时，应注意关键词“震级标度”与“地震波辐射能”，否则会以讹传讹，给公众传播不可靠的知识。

参考文献

[1] 地震波能量与震级的关系[EB/OL]. (2010-03-29) [2019-05-14]. https://www.cnblogs.com/baul/articles/1699542.html.

3

震级影响因素

（发布于 2019-6-26 09:51）

张三说震级与断层错距正相关，李四说震级与断层长度或地表破裂带长度正相关。那么，震级究竟与哪些因素有关呢？要回答此问题，需从地震波辐射能的表达式入手。

一次地震释放的能量（地震能）主要包括地震波辐射能、摩擦热能与表面能，其中地震波辐射能仅占地震能的一小部分。我们已导出锁固段破裂事件对应的地震波辐射能（E_r）的表达式为：

$$E_r = \frac{1}{2}V\Delta\tau\Delta\varepsilon = \frac{1}{2}GV\Delta\varepsilon^2 \tag{1}$$

式中，V为锁固段体积；G为锁固段剪切弹性模量；$\Delta\tau$为应力降；$\Delta\varepsilon$为伴随应力降产生过程的剪切应变增量。

因为震级与地震波辐射能的对数呈线性关系，所以据式(1)可分析震级的影响因素。可看出震级取决于锁固段体积、剪切弹性模量与应力降或应变增量。一般说来，锁固段的强度越高，其剪切弹性模量通常越大，因此震级与锁固段的承载力（由尺度和强度决定）成正相关。与断层中的非锁固段和软弱介质相比，锁固段的承载力远大于前两者，故锁固段破裂事件的震级一般远大于前两者的震级。换句话说，每个地震区较大的地震通常由锁固段破裂产生，而较小的地震可由三者产生。我们的研究表明，最小有效性震级M_v为界定地震区锁固段破裂事件的门槛值，其物理依据就在于此。

同一个锁固段的体积和剪切弹性模量可视为常量，故同一个锁固段破裂发生的某次地震，其震级仅与此次地震产生的应力降量级或应变量级有关。

对地震机制的理解不同，决定了计算地震波辐射能的公式不同。在黏滑模型理论框架下，前人给出的地震波辐射能计算公式较复杂，应用时需明确黏滑应力降应力路径。与其相比，公式(1)不仅具有明确的物理意义，形式简单，而且能更好地表征某次地震的辐射能释放过程。广义上说，地震是岩石（体）破裂所致而不是黏滑所致，故基于黏滑模型的地震波辐射能表达式，其前提条件错误。

再回到本文开头提到的问题。因为断层错距在一定程度上能表征锁固段沿断层的滑移量（应变增量），且滑移量与错距正相关，所以张三的说法靠谱。伴随着锁固段沿断层的滑移，断层运动导致地表破裂带产生；然而，地表破裂带长度并非与滑移量成正比，其主要与震时涉及的已存断层长度有关。事实上，较大的地震不一定对应着较长的地表破裂带，或者说也并不需要较长的发震断层，如 1976 年唐山M_S7.8 地震的发震断层长度约为 48km[1]，地表破裂带长度与之相当，均远小于根据震级与断层长度（或地表破裂带长度）经验公式得到的结果。综上分析，可知李四的说法错误。这也提示我们，根据发震断层资料建立震级与断层几何参量的统计关系时，选择错距作为几何参量物理意义明确，可得到较可靠的关系。

下面，再谈谈流体对震级的影响。在流体作用下，锁固段的承载力降低，故相应的震级减小，这与杨睿的试验结果（图 12-1）一致。由此可以看出，若流体注入或库水渗入到发震断层中，能降低预震与标志性地震的震级，从而减轻地震造成的危害。

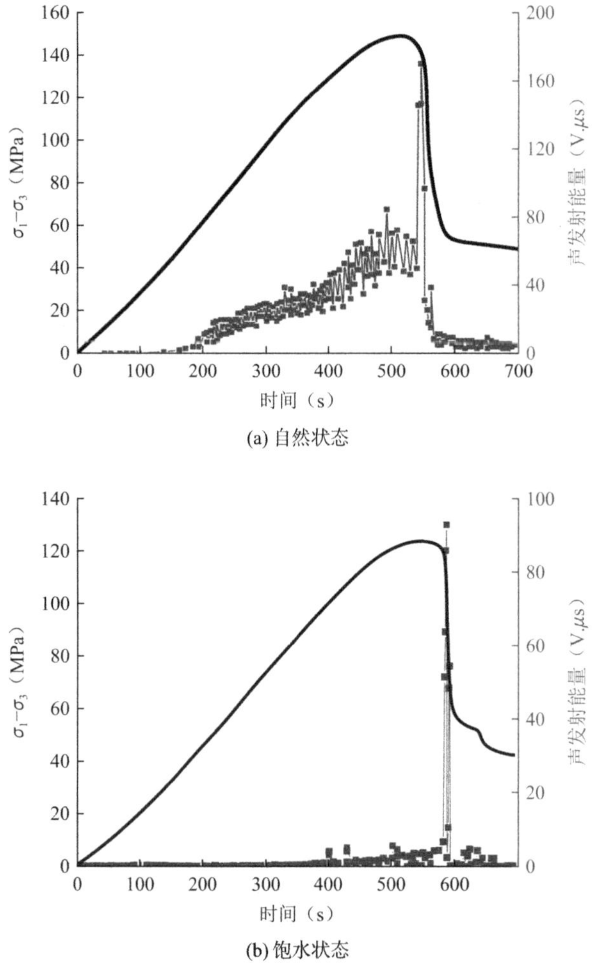

(a) 自然状态

(b) 饱水状态

图 12-1　三轴压缩下自然状态砂岩的声发射能率变化特征[2]

参考文献

[1] HUANG B S, TEIN YEH Y. The fault ruptures of the 1976 Tangshan earthquake sequence inferred from coseismic crustal deformation[J]. Bulletin of the Seismological Society of America, 1997, 87(4): 1046-1057.

[2] 杨睿. 不同含水状态砂岩三轴压缩声发射特征试验研究[J]. 矿业研究与开发, 2016, 36(5): 79-82.

4

地震目录

（发布于 2019-5-27 10:12）

经常有朋友问我这样的问题:（1）你们预测地震采用的监测数据是啥?（2）地震目录是啥?（3）哪家单位提供的地震目录好?

我们预测地震采用的监测数据是地震目录。地震记载已有 12000 多年的历史了，这为研究每个地震区的地震活动性及其演化规律提供了长期的数据。我们的研究表明，根据地震目录得到的累积 Benioff 应变（CBS）可表征锁固段沿断层面的剪切应变（每个锁固段的 CBS 与剪切应变成线性比例关系，但比例系数不同），故其反映了深部断层滑移量的重要信息。鉴于地表或近地表监测数据（如地应力和钻孔应变等）难以表征深部断层运动，再加上观测周期较短，用其作为预测地震的基本监测数据可靠性差。可以这样说，地震目录是目前能用于预测大地震（标志性地震）的唯一可靠数据。

地震目录是指按时间先后顺序，记载地震事件参数（包括发震时间、震中位置、震级强度、震源深度等）的记录集合。由于 1900 年以前的地震无仪器记录，一般是根据历史记载的灾害信息估计地震参数，故把这样的目录称之为历史地震目录；自 1900 年起有仪器记录，可通过台网地震仪记录资料的分析给出地震参数，故把这样的目录称之为现代地震目录。

鉴于历史地震目录参数，特别是震级参数，具有强非确定性，因此学者们常通过详细的资料分析、现场调查和烈度分布计算分析，进行复核与修订。即使是现代地震目录，也需通过修订减小地震参数的测定误差。目前地震参数的测定大致分为两个阶段：（1）第一阶段——地震速报：使用较少地震台站的观测数据进行地震参数计算机自动测定与人机交互快速测定，并及时发布地震信息；（2）第二阶段——精细分析：利用所有收集到的地震台站记录进行地震参数的进一步分析，给出最终修订结果。因此，对同一次地震，速报震级与最终测定震级可能相差较大。以 2008 年汶川地震为例，中国地震台网给出的速报震级为M_S7.8，后修订为M_S8.0，最终修订为M_S8.3。

不同学者和机构提供了不同时间范围全球的地震目录，根据我团队使用情况，简介较好的地震目录，以便于大家进行活动构造、地震预测和工程地震研究时参考。

1）《全球地震目录》（宋治平等，2011，地震出版社）

该书提供全球公元前 9999 年至公元 1963 年间不小于 5 级地震目录和 1964 年至 2011 年 5 月不小于 6 级地震目录，共计 3 万余条，包括地震时间、震中（经度、纬度、英文地名、中文地名）、深度、震级、震级标度以及资料来源。我认为该目录是目前收集地震事件最多且数据较为可靠的地震目录。

2）美国国家地震信息中心（NEIC）地震目录

NEIC 提供自 1900 年以来全球的地震记录。其特点是数据更新快，参数较准确。

网址为：https://earthquake.usgs.gov/earthquakes。

3）国际地震中心（ISC）地震目录

ISC 提供自 1900 年以来全球的较大地震记录，其通常还给出其他机构测定的震级参数，便于用户比选。

网址为：http://www.isc.ac.uk/iscbulletin/search/catalogue/。

4）ISC-GEM 地震目录

该目录包括自 1900 年以来全球的较大地震，其版本不断升级，目前为 6.0 版。登录该网站，注册后可免费下载地震目录。自 2015 年以来，美国 NEIC 目录多次修订的依据主要来自 ISC-GEM 地震目录。其特点是震级均以矩震级标度表示，且给出了误差范围。

网址为：http://www.isc.ac.uk/iscgem/。

5）美国哈佛大学（HRV）快速震源机制解

HRV 提供自 1976 年 1 月 1 日以来全球较大地震的 GCMT 数据库（the Global Centroid Moment Tensor database），给出三种不同标度（$M_{\mathrm{W}}/M_{\mathrm{S}}/m_{\mathrm{b}}$）的震级。

网址为：http://www.globalcmt.org/CMTsearch.html。

6）NOAA 地震数据与信息

NOAA 提供公元前 2150 至目前全球较大地震的地震目录，有多种震级标度可参考。

网址为：https://www.ngdc.noaa.gov/hazard/earthqk.shtml。

5

地球何时进入了地震活跃期?

（发布于 2017-8-15 11:24）

每当全球发生一次大地震或大地震连发时，常有关于“地球是否进入了地震活跃期”的争论，与之相伴的则是关于“地震是否增多”的争论。

自 2016 年 4 月以来，在阿富汗、缅甸、日本、厄瓜多尔、瓦努阿图群岛、南桑威奇群岛、中国等地相继发生了多次 7.0 级及以上地震，使得上述争论再次成为人们关注的焦点。

那么，真实情况到底是怎样的？先看看部分专家观点吧。

1）部分专家观点

关于“地球是否进入了地震活跃期”，我们先来看看部分地震专家的观点。

我国某地震专家认为，从 2004 年至今这十几年间，全球进入了一个 8 级以上巨大地震相对活跃的时段，并且预计还将持续一段时间；美国某地震专家认为，目前是否进入地震活跃期，还很难说；此外，某些地震专家认为，由于现在通信发达，信息传播便捷，越来越多的地震灾害被媒体所报道，导致大家感觉地震多了。

2）事实究竟如何？

那么，该如何看待专家们的观点呢？还是让地震数据来告诉我们真相吧。

由于地震数据离不开“时空”这两个基本属性，故在寻求“地球是否进入了地震活跃期”的答案时，研究空间尺度必须是地球；又因地震周期历时很长，研究时间跨度也必须足够长，不能采用“数十年”或“百年”尺度，而应采用“千年”尺度甚至更长，而这恰恰是以往专家最容易忽视的地方。

图 12-2 示出了笔者绘制的全球地震序列图，相关地震数据引自受国家重点基础研究发展计划项目（973）资助、由宋治平等于 2011 年汇编完成的《全球地震目录》。我们的研究表明，公元 0 年后全球$M \geqslant 8.0$ 地震记录

较为完整。从图 12-2 中可直观地看出：**约从公元 1510 年起全球就进入了地震活跃期**（特别是$M \geqslant 8.5$ 地震更为显著），且一直持续至今。因此可以推断，在未来相当长的时间，全球地震活动将呈现越来越活跃的趋势。

由此可知，文章开头所提问题的正确答案是：地球正处于地震活跃期，所以地震确实比过去多了，这是客观事实。因此，谈论“地震活跃期”这个话题，咱得以数据为准绳，不能泛泛而谈。

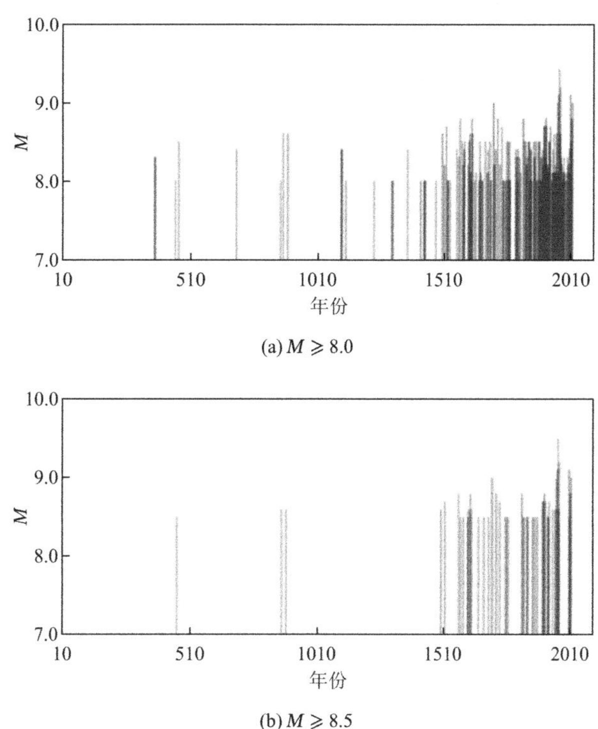

(a) $M \geqslant 8.0$

(b) $M \geqslant 8.5$

图 12-2　全球地震序列图（公元 10 年至 2011 年 5 月 15 日）

3）地震产生机制和规律

显然，针对本文开头所提问题，基于全球地震目录进行统计后便可得到合理答案，但这仅仅是一种表象解释。若要进一步在更深层次给出合理解释，还必须得从地震产生机制和规律谈起。

我们的研究表明，地震主要源于锁固段的脆性破裂，其不同规模的破裂产生不同量级的地震。在锁固段的体积膨胀点和峰值强度点之间，地震活动呈现“大—小—大”模式（图 12-3）。我们定义在两点处发生的地震为标志性地震，两点之间的地震为预震，临近峰值强度点的预震为前震。从图 12-3 看出，标志性地震的演化遵循确定性规律——指数律。

在缓慢构造应力加载下，一旦孕震构造块体（对应的地面区域为地震区）内某锁固段发生断裂，其承受的大部分荷载将转移至下一锁固段，可加剧其破裂。随着锁固段的依次断裂，剩余锁固段承受的荷载越来越大，其破裂速率也越来越快；如此，随着时间的推移，地震区的地震活动将趋于频繁。再者，由于断裂次序靠后的锁固段承载力越高，其相应标志性地震和预震的震级也普遍越大。这两种作用叠加必然造成随时间的延续，地震活动性越强（频率高和震级大），CBS 的加速趋势也越显著。

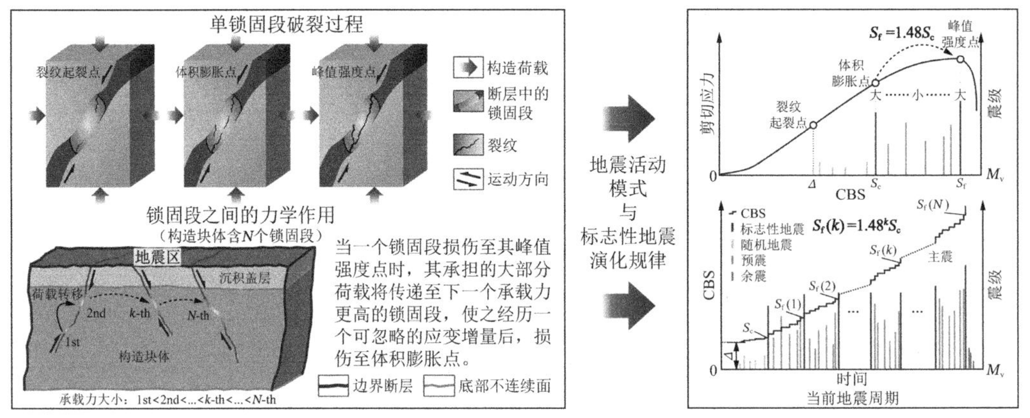

图 12-3 锁固段破裂产生的地震序列和标志性地震演化规律示意图

从图 12-4 看出，古浪地震区从 1927 年 5 月 23 日古浪M_S8.0 地震后 CBS 开始陡增，这意味着地震频率和震级开始增大，也表明该地震区自此进入了地震活跃期。需注意的是，以每个地震区作为研究对象，地震活跃期开始时间不同，但无论地球还是地震区，目前均处于地震活跃期，这得到了我们对全球 62 个地震区震例分析的支持。

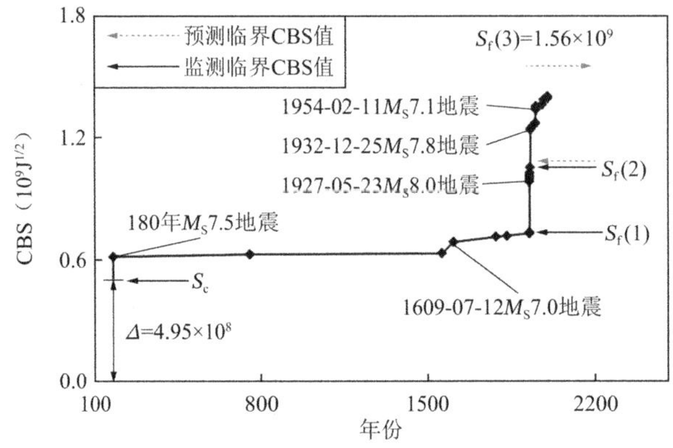

图 12-4 误差修正后古浪地震区当前地震周期（180 年至 2015 年 11 月 21 日）$M_S\geqslant5.5$ 地震的 CBS 与年份的关系

（180 年甘肃高台西M_S7.5 地震、1927 年 5 月 23 日古浪M_S8.0 地震与 1932 年 12 月 25 日昌马M_S7.8 地震是标志性地震，其演化遵循指数律；1609 年 7 月 12 日酒泉东南M_S7.0 与 1954 年 2 月 11 日山丹东北M_S7.1 地震，是预震）

4）建议

综上，地球约从 1510 年起已进入了地震活跃期，目前各地震区均处于地震活跃期，故今后人们会感觉到地震越来越多，震级越来越大，这是正常的地震演化规律。因此，我们建议处于地震活跃地区的国家和地区尽早提高防震减灾能力，以减轻地震灾害损失。

6

"灰犀牛""黑天鹅""龙王"及其启示

（发布于 2022-5-11 09:59）

通过阅读文献，我大概知道某些地震学家以"灰犀牛""黑天鹅"与"龙王"比喻地震的意思。然而，要科普这些概念，必须严谨和通俗些。为此，我查阅了几篇文献[1-4]，并撰写此文，以便于诸君了解之。

"灰犀牛（gray rhino）"这一概念，在美国学者 Michele Wucker 撰写的著作 *The Gray Rhino: How to Recognise and Act on the Obvious Dangers We Ignore* 中提出，比喻发生概率极大、具有一系列预警和明显征兆但却被忽视因而造成巨大影响的事件，如 COVID-19 大流行。为何以"灰犀牛"命名呢？这源于这样的场景：灰犀牛体型笨重、反应迟缓，你能看见它在远处却毫不在意；一旦它向你快速奔来，定会让你猝不及防，甚至被撞飞。

"黑天鹅（black swan）"一词，随着 Nassim Nicholas Taleb 教授所著 *The Black Swan: The impact of the Highly Improbable* 一书的出版而流行，比喻一种极其罕见、未曾预见、造成巨大影响的事件，如"9•11"事件。为何以"黑天鹅"命名呢？其来历是：一直以来，欧洲人认为天鹅都是白的，因为自古以来他们所观察到的所有天鹅都是白的；直到有一天，欧洲探险者在澳大利亚发现了黑天鹅，才彻底改变了人们的观念。

瑞士 Didier Sornette 教授是 Taleb 的朋友。基于"黑天鹅"的理念，他在论文 *Dragon-Kings, Black-Swans and Prediction of Crises* 中提出了"龙王（dragon king）"的概念。"龙王"有可能比"黑天鹅"的影响更为严重，但却可以预测，如大城市发生直下型 M_W7.0 地震造成的灾害和损失。

因为"灰犀牛"事件往往是有预兆的，故国家有关部门对群众反映的预兆，应及时开展调查研究，不应一概以"谣言"对待。落实后，应立即采取行之有效的预防措施。

"黑天鹅"的出现归因于人们的认知盲区，而盲区往往源于归纳法的局限性。人们常用的归纳法，难以从过去的经历中归纳出颠扑不破的真理，因而难以可靠地预测未来。鉴于此，只有以事物演变的底层机制为抓手，以数理科学为工具，才能揭示并洞察事物演变的真正规律。我们对地震行为的研究表明，"黑天鹅"般的地震（标志性地震，罕见但常造成巨大损失），其演化遵循确定性规律——具有可预测性；进而，可预估后续的“龙王”事件。这意味着至少某些“黑天鹅”事件可被认知和预测。人类之所以不能前瞻性预测更多此类事件，是因为研究尚未到位；既然如此，那就沿着正确的方向继续努力吧。我历来认为世界是可知的，并对此持乐观态度。

凡事预则立，不预则废。对科研人员而言，“预”体现在前瞻性科研结出的硕果；对管理人员而言，“预”体现在基于此硕果做出的应急预案和防范性措施。显然，前者不牢，后者抓瞎。为让更多的“预”在防灾减灾工作中发挥主导作用，必然要求更多的科研人员致力于“事前诸葛亮”类的工作。一旦其在某一领域做出突破性成果，对国家的潜在回馈将无与伦比；一旦国家“有事”，其会冲在最前列献上“锦囊妙计”。养兵千日用兵一时，在关键时刻能为国家分忧解难的科研人员，才值得敬佩，才是人民群众心中的真心英雄。

参考文献

[1] 从“黑天鹅”到“龙王”：看不见的危险[EB/OL]. (2016-11-29) [2022-05-11]. http://www.360doc.com/content/16/1129/19/32762466_610529794.shtml.

[2] 为什么新冠疫情是“灰犀牛”，而不是“黑天鹅”? [EB/OL]. (2020-07-25) [2022-05-11]. https://baijiahao.baidu.com/s?id=1673149368849070622&wfr=spider&for=pc.

[3] 英语新闻词汇：“灰犀牛”用英文怎么说? [EB/OL]. (2017-08-16) [2022-05-11]. http://skill.qsbdc.com/mobile/index.php?aid=18174&mid=3.

[4] SORNETTE D. Dragon-kings, black swans and the prediction of crises[J]. International Journal of Terraspace Science and Engineering, 2009, 2(1): 1-18.

7

一图搞懂声发射与地震

（发布于 2022-5-11 09:59）

看文献时，经常看到有些学者搞不懂声发射（AE）与地震（EQ）的概念，觉得有必要科普下，以便于大家写文章时用准术语。

其实，不管声发射还是地震（图 12-5），都是岩石脆性破裂释放弹性应变能的产物。在室内小尺度岩样加载实验中，其破裂事件称为声发射而不称为地震，因为其产生于实验室。地球内部岩石的破裂事件可称之为地震。按破裂事件规模可分为微震、小震、中强震、强震、大震、巨震；按成因可分为塌陷地震、火山地震、人工诱发地震（如矿震、流体注入地震）、构造地震等。

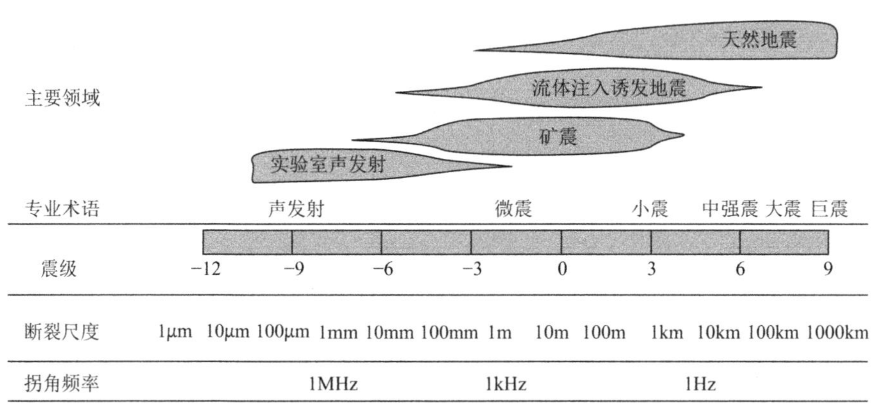

图 12-5　不同尺度岩石破裂关键参数示意图（据文献[1]修改）

既然两者都是岩石破裂的产物，那么学者可通过室内岩石声发射现象探索地震演化机理。诸多研究已经揭示，从厘米级受载岩样中的微破裂、米级的矿山微震活动到千米级尺度的地震，其频次-震级关系与变形时空分布等的一阶统计具有相似性[2]；不同尺度的岩样蠕变实验[3]表明，其通常具有典型的初始、等速与加速蠕变三阶段特征，且较大破裂或宏观破裂常由微裂纹成核、扩展与连通而成；Vallianatos 等[4]也指出，从实验室尺度到地球尺度的岩石（体）破裂行为可能具有普适性。

尽管诸多学者已在不同尺度的岩石损伤断裂研究中取得了重要进展，

但仍存在以下不足：（1）未注意发震结构与岩样在几何方面的区别；（2）未注意两者在加载和环境方面的区别。从事岩石力学的学者们知道，岩石的几何条件、其所处的温压环境以及对其的加载速率等，会影响岩石的均匀性与脆性，而这些属性又会影响其力学行为。鉴于此，需在澄清发震结构的基础上有的放矢开展研究，以少走弯路。

参考文献

[1] LEI X, MA S. Laboratory acoustic emission study for earthquake generation process[J]. Earthquake Science, 2014, 27(6): 627-646.

[2] LEI X. How do asperities fracture? An experimental study of unbroken asperities[J]. Earth and Planetary Science Letters, 2003, 213(3-4): 347-359.

[3] BRANTUT N, HEAP M J, MEREDITH P G, et al. Time-dependent cracking and brittle creep in crustal rocks: A review[J]. Journal of Structural Geology, 2013, 52: 17-43.

[4] VALLIANATOS F, MICHAS G, BENSON P, et al. Natural time analysis of critical phenomena: The case of acoustic emissions in triaxially deformed Etna basalt[J]. Physica A: Statistical Mechanics and its Applications, 2013, 392(20): 5172-5178.

8

什么样的断层会出现蠕滑/黏滑现象？

（发布于 2019-12-1 10:38）

我在某微信群和学者们讨论断层运动形式和地震关系时，感觉不少学者忽略了关键因素——断层运动形式依赖于断层带内介质及其应力应变特性。为此，撰写此文以阐述之。

从事地学研究的人员知道，活断层的基本活动形式是蠕滑和黏滑，有些断层则兼具两种方式。国内外的诸多研究表明，纯粹的蠕滑断层是非常罕见的，一般情况下同一条活动断层蠕滑和黏滑现象都存在，但有的以蠕滑为主，有的以黏滑为主。

断层蠕滑是指天然构造断层速率缓慢的稳态滑动；断层黏滑是指伴有地震的间断性断层快速滑动。需指出的是，术语“黏滑”的出处，最早来自于在压剪作用下两块岩石接触面的光面摩擦效应，而天然断层（图 12-6）两盘非光滑接触，且一般在两盘间存在“带”（断层带），故把该术语用于描述天然断层的滑动行为并不恰当。然而，鉴于不少学者已习惯了该术语，本文将沿用之。

图 12-6　天然断层

大量岩石力学实验表明，在一定的温度和围压条件下，断层泥的剪切应力-位移曲线呈应变硬化型（图 12-7），即随位移增大剪应力随之增大。

在B点前，断层泥中的颗粒破裂只能发生小地震；在B点后，颗粒已断裂成更小的颗粒，其破裂只能发生更小的地震（可能不被记录），可认为是“无震”情况——断层呈现稳态蠕滑。注意在地震区每轮地震周期长期的构造加载下，断层泥的应力-应变状态基本上位于B点后。

一般说来，在一定的温度和围压条件下，硬的岩石，其应力应变曲线呈应变软化型；而软的岩石、土往往呈应变硬化型。不少学者容易混淆之，故在此提个醒。

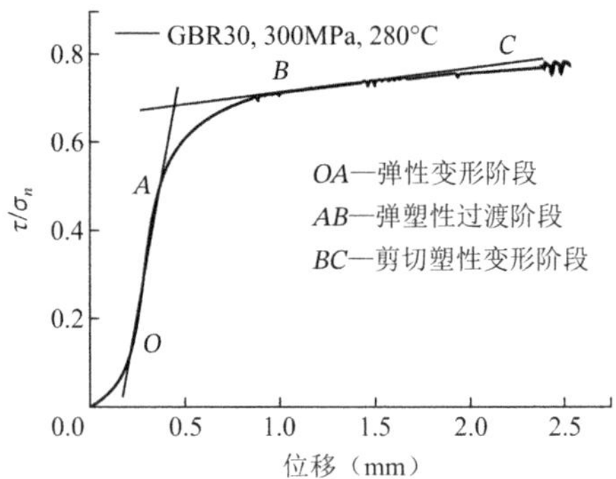

图 12-7　断层泥剪切应力-位移曲线[1]

若断层带内既有软弱介质，又有高强介质——锁固段，会出现蠕滑和黏滑并存现象。或者说，对应软弱介质的断层段为蠕滑段，而对应锁固段的断层段为黏滑段。容易理解，若断层的锁固段占比较大，则以黏滑为主；反之，则以蠕滑为主。

锁固段破裂产生应力降发生地震时，破裂释能给断层以动能，其带动断层两盘相对快速滑动；在锁固段断裂前的震间阶段，由于其承载力高，则呈现黏结现象。注意，破裂是“因”，滑动是“果”，或者说震源在锁固段上而不是两盘。

向宏发等[2]认为：“大范围的断层蠕滑能释放已积累的巨大构造应变，从而减轻发生突发型地震位错的可能性。”这种理解正确吗?

根据上述分析可知，对软弱介质和锁固段并存的断层，在锁固段断裂前，其总体上处于加载阶段，此时的蠕滑表示该断层整体上处于能量积累阶段而非能量释放阶段，这意味着蠕滑并不能减小地震发生的可能性，相反还会增大这种可能性。当然，若断层带内仅有软弱介质，再大的蠕滑也无震发生。

综上，分析活断层与地震的关系时，断层带内是否存在锁固段是关键。为此，建议未来的研究聚焦于此。

参考文献

[1]　王泽利，何昌荣，周永胜，等. 断层摩擦实验中的应力状态及摩擦强度[J]. 岩石力学与工程学报, 2004, 23(23): 4079-4083.

[2]　向宏发，虢顺民，张晚霞，等. 中国大陆区断层蠕动的若干地质形迹[J]. 地震学报, 1997, (01): 93-98.

—9—

为何板内地震不一定沿活断层分布？

（发布于 2019-7-17 09:53）

关心地震的人们可能早就注意到这样的现象：在板内地震区，多数地震沿活断层分布，而少数地震并非如此。这是为什么呢？

我们的研究表明，地震区内活断层中的锁固段支配构造地震演化过程。锁固段逐次破裂发生地震，每一次破裂的起始部位为震源，故同一个锁固段有多个震源。鉴于此，锁固段的空间分布（埋深、尺度、走向、倾角）控制着震源的位置，以及震中（震源在地面的投影）距断层线（断层与地面的交线）的距离。

为便于理解，以图 12-8 为例简单说明。在活断层 A 上发育有锁固段 A，由于其埋深较浅、倾角较陡且沿断层的展布长度较小，震源①和②的震中距断层 A 的断层线较近，故容易判断这两次地震的发震断层为断层 A。在活断层 B 上发育有锁固段 B，由于其埋深较大、倾角较缓且沿断层的展布长度较大，震源③和④的震中距断层 B 的断层线较远，故难以直观判断这两次地震的发震断层为断层 B。可能的情况是，因震源③的震中距断层 A 的断层线较近，某些学者可能误认为其所属的发震断层为断层 A；因震源④“前不着村后不着店”，某些学者或推测其所属的发震断层为隐伏断层，或一头雾水不知其所以然。显然，事实并非如此。

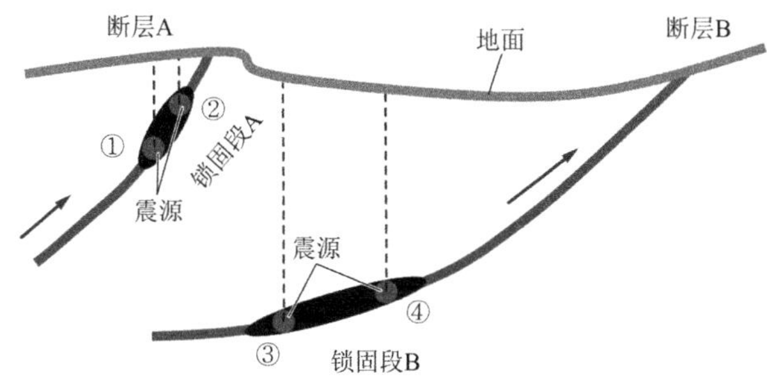

图 12-8　断层、锁固段与震源示意图

从以上分析知，有些地震震中距活断层线较近，有些地震震中距活断层线较远，而有些地震震中距周围的活断层线均很远。这些现象的出现实属正常，并非另类。然而，这些现象并非说明地震与活断层无关，实际上与其运动有着密切联系。

那么，为何多数地震沿活断层分布呢？其主要原因是：（1）板内构造块体断层锁固段位于康拉德面（低速高导层）以上，也就是锁固段埋深较浅；（2）大断层倾角一般上部较陡而下部较缓，故埋深较浅的锁固段倾角也较陡。

学者进行科研时，应具有“透过现象看本质”的能力，这样才能追根溯源进而真正地认识事物。

10

图示预震、前震、主震与余震的概念

（发布于 2020-7-15 23:02）

我们已弄清楚，较大地震的震源体是锁固段。大尺度、扁平状的锁固段承受高温压和缓慢的剪切加载，呈现出强非均匀性与低脆性。我们通过大量类锁固段实验发现，其变形破坏过程中产生的 AE（声发射）序列，具有图 12-9 所示的特征。

可看出，在体积膨胀点以前，发生了一些较小的 AE 事件，可称之为“普通地震”；在体积膨胀点与峰值强度点，各发生了一次大 AE 事件，可称之为“标志性地震”；两点之间的 AE 序列呈现“两头大、中间小”特征，这里把“中间小”的事件称之为“预震”，临近峰值强度点的“预震”为“前震”；由于在峰值强度点发生主破裂，可把该点的“标志性地震”称为“主震”；“主震”后的事件称为“余震”。

当然，在全序列已知的情况下，容易识别“预震”“前震”“主震”和“余震”。然而，在部分序列已知的情况下，就难以识别了。假定上述实验仅进行 AE 监测，且无法直接观察类锁固段的应力应变行为和变形破坏现象，即与孕震锁固段的情况一致。随着实验进行，当该类锁固段损伤演化至体积膨胀点时，观测到事件较之前的大，会误认为是“主震”；又发现后续的事件较小，自然会认为是“余震”，但其实是“预震”，因为后面还有“主震”。这说明弄清破裂全序列特征，有助于识别“主震”。

有不少人认为，某个地区常发生小地震是好事，其释放了能量，大地震就不发生了。然而，实则不然。从图 12-9 可知，在主破裂前确实发生了不少小事件，但并没有像这些人说的那样能阻止大事件的发生。由此而论，只有彻底理解了岩石破裂（地震）机理，才能避免陷入臆想的泥潭，也才能正确判断地震趋势。

接着，谈谈鉴定“余震”的原理。在峰值强度点前，虽然破裂可释放部分弹性应变能，但类锁固段处于宏观加载状态，为整体能量积累阶段；而在峰值强度点（含）后，类锁固段处于宏观卸载状态，为整体能量释放阶段，此阶段破裂发生的 AE 事件可视为“余震”。

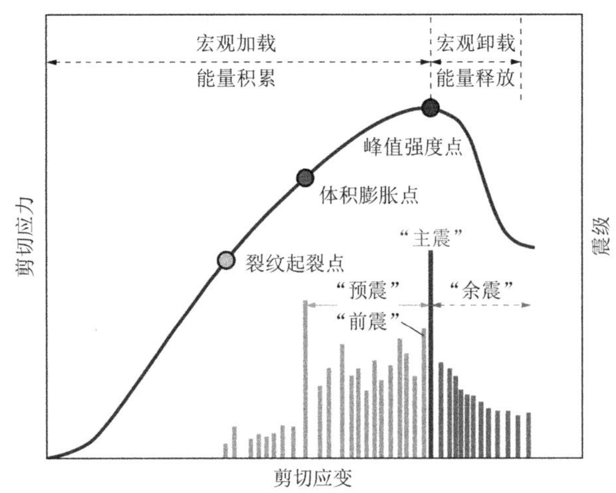

图 12-9 压剪下类锁固段变形破坏过程示意图

以上仅谈了用类锁固段模拟单孕震锁固段的情况。实际上，构造地震涉及多锁固段破裂。以唐山地震区（图 12-10）为例，每个锁固段的破裂地震序列（从第 2 锁固段起，只有体积膨胀点和峰值强度点之间的地震序列，这是由锁固段之间的作用模式决定的）与图 12-9 所示的 AE 序列类似，并无“创新”之举。我们的研究表明，在每一轮地震周期，构造块体（对应的地面区域为地震区）内多锁固段按照承载力由低到高的次序依次断裂，显然只有当最后一个承载力最高的锁固段在峰值强度点断裂时，发生的标志性地震才是主震。

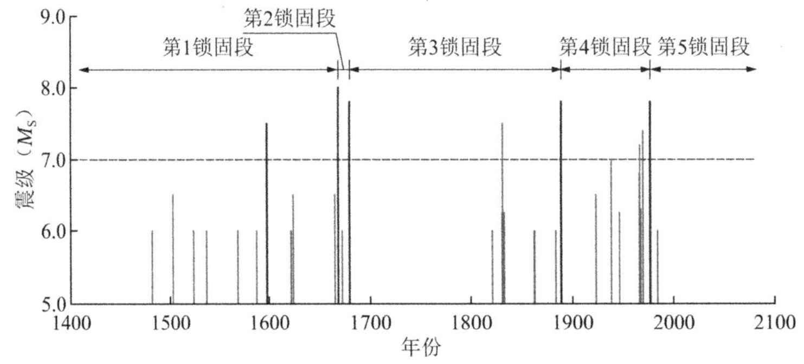

图 12-10 唐山地震区（1400 年至 2015 年 11 月 21 日之间）$M_S \geqslant 6.0$ 地震序列

（深色线条表示标志性地震，浅色线条表示预震）

对构造地震而言，如果不能划定地震区和确定地震周期，不清楚地震产生机理与规律，且缺乏判识主震的准则，是无法知晓某次地震是什么事件的。只有把这些彻底弄清了，概念也理顺了，才能以不变应万变，从而科学地识别预震、前震、主震与余震。

11

背景地震概念之辨析

（发布于 2023-2-2 11:52）

背景地震（background earthquake），又称为本底地震，一般指某个地区或某个地震区内的较小地震。关于其定义，尚未统一。譬如，《工程场地地震安全性评价技术规范》GB 17741—1999[1]定义背景地震为一定区域内未有明显构造标志的最大地震；Polo[2]定义背景地震为未产生显著地表破裂带的地震。

显然，“明显”或“显著”都是模糊概念，即按上述定义判断某次地震是否为背景地震具有强人为性；再者，上述定义未指明背景地震的发源地，且缺乏明确的物理意义。鉴于此，需重新给出严谨的定义。

根据我们的研究，地震几乎全部源于锁固段和非锁固段的脆性破裂，其中前者主控较大事件的发生，而后者主要产生较小事件。锁固段破裂产生的地震与断层运动密切相关，可称之为常规构造地震。然而，非锁固段破裂产生的地震则不一定与断层运动有关，如塌陷地震、火山地震、水库诱发地震；如果把这样的地震称为背景地震应该不会有争议。

需注意的是，被断层围限而成的锁固段，其破裂产生地震的震中位置可能距断层较远，无明显构造标志；再者，当锁固段破裂产生地震的震级较小时，不产生显著的地表破裂带。因此，按上述定义，易把常规构造地震误判为背景地震。这是前人未意识到的问题，需引起足够的重视。

那么，如何区分常规构造地震与背景地震呢？为此，我们提出了适用于特定地震区（同一个地震区、同一轮地震周期的地震有内在关联）的最小有效性震级（M_V）确定方法，可把主震前不小于M_V的地震归为常规构造地震，而将小于M_V的地震归为背景地震。

综上，我们把背景地震定义为在某地震区同一轮地震周期内小于M_V的地震。背景地震按事件类型，又可细分为背景预震、背景前震与背景余震。

板内地震区的背景地震在震源深度上有何特点呢？一般而言，其震源深度或者相当浅（通常为几千米），或者相当深（一般大于 30km），这是因为非锁固段多赋存于盖层和基底下部。当然，非锁固段也可能存在于基底中；此时，就不能单独根据震源深度判定地震类型了。

下面，举一个例子。

据中国地震台网测定，北京时间 2023 年 1 月 30 日 7 时 49 分在新疆阿克苏地区沙雅县（北纬 40.01°，东经 82.29°）发生$M6.1$（视为M_S震级标度）地震，震源深度 50km。这次地震发生在我们所划分的喀什地震区（图 12-11）。我们确定的该地震区最小有效性震级$M_v = M_S6.2$。由于阿克苏地震震级小于M_v，故其应视为背景地震。进而，由于该背景地震位于 2008 年$M_S7.5$ 标志性地震和下一次标志性地震之间，且该地震区目前 CBS 监测值远离下一次标志性地震的临界 CBS 值，故该背景地震具体为背景预震（图 12-12）。

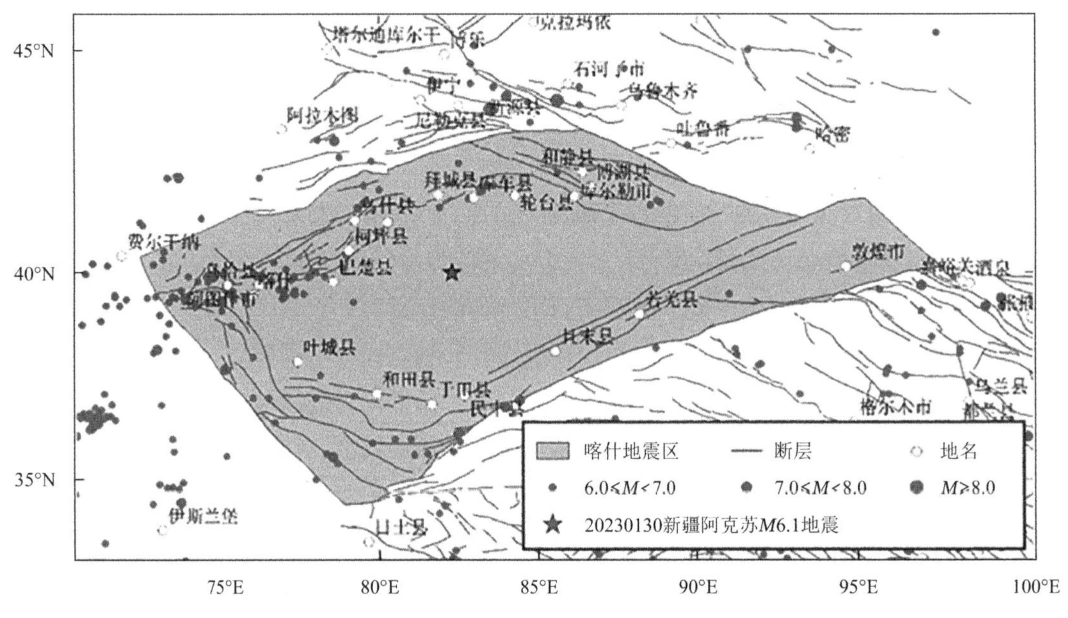

图 12-11　喀什地震区地震构造图

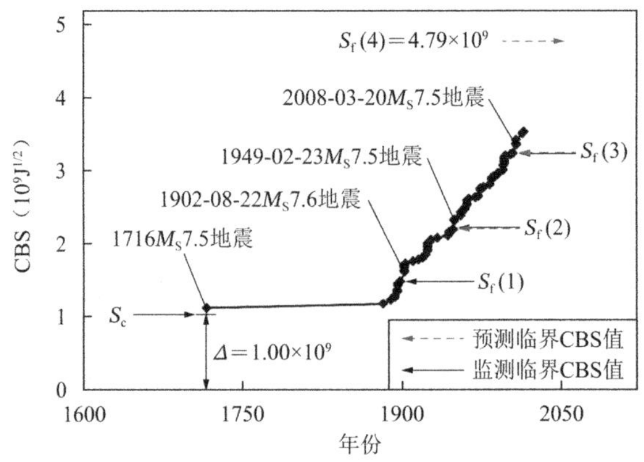

图 12-12　误差修正后喀什地震区当前地震周期（1600 年至 2015 年 11 月 21 日）$M_S \geqslant 6.2$ 地震的 CBS 与年份的关系

参考文献

[1] 国家质量技术监督局. 工程场地地震安全性评价技术规范: GB 17741—1999[S]. 北京: 中国标准出版社, 1999.

[2] C M, De, Polo. The maximum background earthquake for the Basin and Range province, western North America[J]. Bulletin of the Seismological Society of America, 1994, 84(2): 466-472.

12

大地震偏爱哪个月份呢?

（发布于 2018-8-10 09:29）

根据少量、不完整的地震数据，网上有些人嚷嚷说大地震（$M \geqslant 7.0$）多发生在 4～5 月份，有些人则说多发生在 8～9 月份，那么大地震的发生有倾向性吗？容易发生在哪个月份呢？

要对上述问题给出令人信服的解答，可能不少同学首先想到的是基于地震数据进行统计分析。然而，统计分析的可靠性依赖于样本容量、样本完整性与准确性以及统计方法的选择，若对这些事儿有不同选项，那么可能会得出不同结论。正如印度某著名统计学家所言：对统计学的一知半解常常造成不必要的上当受骗，对统计学的一概排斥往往造成不必要的愚昧无知。[1]

为保证足够的样本容量，我选用了宋治平等编著的《全球地震目录》（地震出版社，2011）为数据源，其有公元前 9999 年至公元 2011 年 5 月的全球地震目录记载。同学们知道，数据处理时，选择的时间跨度越长（时间越早），虽样本数量越多，但地震目录的完整性越差。事实上，自 1900 年起，才开始有仪器记载的地震目录，若选择 1900 年之后的地震目录，虽可保证$M \geqslant 7.0$地震目录的完整性，但样本量较小。这遇到了一个两难问题。为此，我采用了两种数据处理方法，一是选择公元前 9999 年至 2011 年 5 月的$M \geqslant 7.0$地震（图 12-13），二是选择 1900 年至 2011 年 5 月的$M \geqslant 7.0$地震（图 12-14），数据筛选时未进行不同震级标度的统一转换（对统计结果影响不大），且对未标明月份的地震进行了删除处理，这样看看所得结论有何异同。

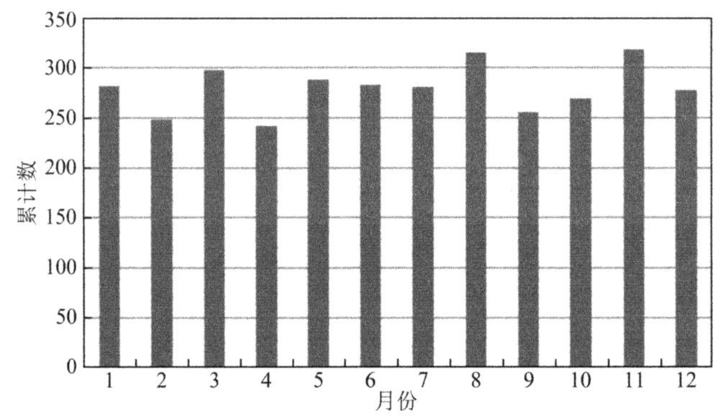

图 12-13　公元前 9999 年至 2011 年 5 月之间全球$M \geqslant 7.0$地震发生月份的累计数分布

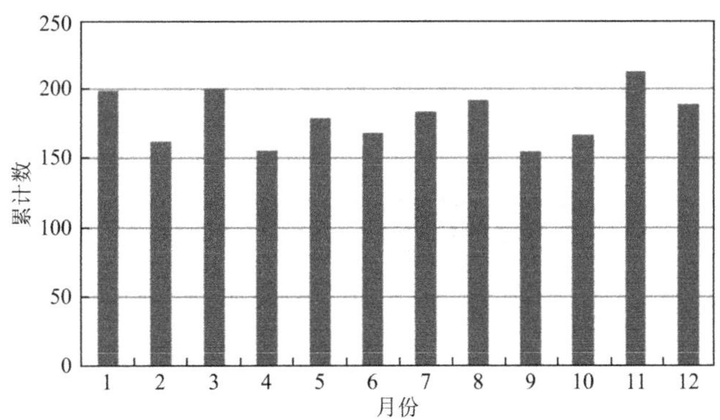

图 12-14　1900 年至 2011 年 5 月之间全球$M \geqslant 7.0$地震发生月份的累计数分布

从图 12-13 看出，总体并无特别显著的差异，其中 3 月（298 次）、8 月（316 次）和 11 月（319 次）略多些，11 月份最多。

从图 12-14 看出，总体也无特别显著的差异，其中 1 月（199 次）、3 月（201 次）和 11 月（213 次）略多些，11 月份最多。

综合这两种情况看，截至 2011 年 5 月，11 月份似应为“冠军”得主。

看到这里，估计某些同学要给上述作业点赞了，但上述结论可靠吗？别急，接着往下看，就知道正确答案了。

我们对全球各主要地震区的研究表明，除标志性地震和标志性预震遵循确定性规律外，其他地震均为随机事件。由于标志性地震和标志性预震仅占这些地震的很少一部分，且其发生时间也具有较强的不确定性，可大致认为地震的发生时间具有随机性。基于这种理解，可给出一个合理的推论：如果观测时间足够长，那么大地震发生在某个月份的概率是近似等同的，即大地震并不偏爱某个月份。

网上充斥着各种吸引眼球的热点话题，但其中不少话题经不起严密的逻辑推理，只要同学们具备一定的科学知识和科学素养，无需数据分析，即可识破网上的各种“忽悠”。以本文说的事儿为例，大地震和某个月份既不“沾亲”也不“带故”，不可能偏爱某个月份，运用高中学到的概率论知识，同样能得出与本文一致的结论。

统计分析既不能反映事物间的因果关系，也不能得出完全令人放心的结论。所以说，以后用统计分析研究数据之间的关联性，进而下确定性的结论时，得谨慎点。

参考文献

[1] 统计陷阱丨统计学犹如比基尼，掩盖的是最重要的地方[EB/OL]. (2015-06-09)[2018-08-10]. http://blog.sciencenet.cn/blog-528739-896622.html.

13

地震预测、预报与防震减灾

（发布于 2013-4-23 10:28）

目前，地震学家连预测的门都没摸到，谈预报无异于痴人说梦。现在处于预测研究时期，达到预报的要求还有很长的路要走。这是目前的真实现状，对此必须有清醒的认识。

预测的目的是最大限度地防震减灾，长、中、短、临的预测各有不同的减灾效果：

（1）如果我们在数十年前，知道了某一个地区将发生大震（major earthquake），预测的震级与震源深度准确，就可制订合理的抗震设防烈度参数。这样，从建筑物的抗震源头抓起，就可减轻未来大震的危害。

（2）如果我们在几年或几个月前，知道了某一个地区将发生大震，就可对危房、医院、学校等进行加固，也可减轻大震的危害。

（3）如果我们在 1 个月前，知道了某一个地区将发生大震，便可安排救援人员携带相关救援设备进驻该地，以在地震发生后第一时间进行救援。

（4）如果我们在数日前，知道了某一个地区将发生大震，可把防震避震知识手册发到老百姓手里，这也可减轻地震灾害对人类的威胁。

有人说，房子在大震期间不塌，人员伤亡不就可以大大减少了吗？这话没错，但仅把房子搞结实还不行，此外搞多结实也是个现实问题。

从汶川地震滑坡造成的巨大损失看，仅提高建筑物的抗震性能不够。如果我们能提前预测该震或知道该震的发生不可避免，对邻近居民区的滑坡提前进行加固，或实施避让搬迁措施，也能大大减轻地震造成的损失。

依据我们国家的经济实力，还无法大幅提高建筑物的抗震等级。建筑物抗震等级提高到何种级别，则需判明该地区的地震烈度，这必然要求解决在建筑物使用寿命范围内大震是否发生、震级多大等问题，而解决这些问题，本质上都与大震预测问题有关。如果我们能判定该地区在长时期没有大震发生的可能，则建筑物的抗震等级会降低，这可大幅降低工程造价。

无疑，这些问题也都与大震预测问题有关。

解决大震预测问题与把房子搞结实是相辅相成的，并不矛盾。

总之，只有解决大震预测问题，才能取得减灾实效，也才能做到物尽其用以避免浪费。

—第十三章—

岩石破裂

— 1 —

岩石脆性破坏表征与 Weibull 分布适用范围

（发布于 2017-6-12 12:13）

先看看脆性破坏是如何定义的？通常认为，结构或构件在破坏前无明显变形或其他预兆的破坏类型称为脆性破坏。显然，这个定义不严谨，如对岩石这种非均匀介质，宏观断裂前，必须经历压密、弹性变形、稳定破裂与非稳定破裂阶段，尽管岩石越均匀宏观断裂前变形很小，但必然有变形。何谓明显变形？如何度量？这都是模糊的说法。再者，岩石宏观断裂前，必须通过体积膨胀点，在该点或发生大事件或微破裂开始丛集，这是宏观断裂前应出现的唯一破裂前兆。

那么，脆性破坏如何定义才较为合理呢？在断裂力学中，Ⅰ、Ⅱ与Ⅲ型裂纹扩展导致的介质破坏，均可视为脆性破坏类型。从这种理解出发，不妨定义脆性破坏为：以裂纹萌生、扩展为主导致的破坏类型。

接下来，又遇到问题了，**岩石脆性破坏程度或者说破坏的猛烈程度如何表征呢？**对尺度相同的岩石（体）或岩样，受载时每次裂纹扩展必然导致应力降产生，显然应力降的大小及其下降速率能衡量破坏的猛烈程度，若认为应力降是瞬时发生的（以声速传播），即下降速率近似为常数，则可仅用应力降大小表征其破坏的猛烈程度。然而，遗憾的是，应力降的大小难以测量，故应寻求某种易测得的替代物理量。

很多学者认为，采用 Weibull 分布[1]能较好地描述岩石脆性破坏过程，其形状参数m不仅与介质的均匀性有关，而且还与介质所处的环境条件（如应力水平、温度、加载速率等）以及破坏模式有关，本质上可反映岩石破坏脆性程度。m值越大，岩石破坏的脆性程度越大。m值可通过室内岩石力学实验测定，是一个易测的物理量。

任何模型都有一定的适用范围，用于描述岩石脆性破坏行为的 Weibull 分布也不可能神通广大，包治百病。如何确定其适用范围呢？

近期，我们建立了m与体积膨胀点处分维的力学关系[2]，即：

$$m = 2D_{\mathrm{f}} \tag{1}$$

先看看这个表达式对不对呢？显然，m越大，岩石的脆性破坏越猛烈，分维D_{f}值越大。例如，在页岩压裂试验中，人们已经发现页岩的脆性度越大，形成的缝网结构越复杂，即分维越大。再看一个例子，岩样 A 含有一条长度为L、倾角为θ的裂纹，岩样 B 含有两条与岩样 A 相同的裂纹。假设在某种应力水平下，岩样 B 的两条裂纹同时扩展，那么岩样 B 的应力降大于岩样 A 的应力降，即岩样 B 的m值大于岩样 A 的m值。由于岩样 B 的分维值大于岩样 A 的分维值，从定性分析上看，这种正比关系成立。

在三轴压缩下，随围压增大，m值应减小，D_f值亦应减小，这与杨永明等[3]采用 CT 扫描技术观测三轴压缩下砂岩裂纹扩展得到的结果（图 13-1）一致，表明这种关系合理。

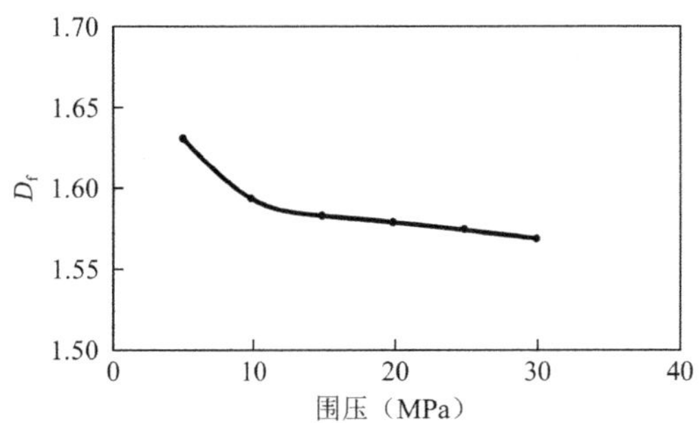

图 13-1 砂岩破坏裂纹分维（D_f）与围压的关系[3]

因为$D_f < 3.0$，故$m < 6.0$，这可能说明 Weibull 分布适用于描述$m < 6.0$的非均匀岩石脆性破坏行为。Weibull 提出的统计强度理论以最弱环模型为基础，认为材料强度由其最弱环的强度决定，即最弱环一旦破坏，就会引发整个链条发生连锁反应式的破坏。我们的理解是，Weibull 分布适用于“环”（微元体）的强度分布差异在一定范围的介质破坏，差异太大或太小都不适用。如对极其均匀的材料——玻璃，微元体的强度相同几乎等同（没有最弱环），此时有$m \to \infty$。再如在冲击或爆炸下的岩石宏观破裂，不同强度的微元体瞬时破坏，其强度差异性在极快速加载条件下未能得到充分体现，也有$m \to \infty$。这与 Weibull 分布的基础依据——最弱环模型相悖。

看到这些，可能有人不服气，会说“某些室内岩石压缩试验测定的m值远大于 6.0，且基于 Weibull 分布建立的损伤本构模型与试验结果符合得很好，这如何解释呢？”这是因为岩石非均匀性与其尺度有关，室内试验采用的岩样尺度较小，尺度越小，岩样越均匀，当岩样体积$V \to 0$时，由 Weibull 分布知，微元体的破坏概率$P \to 0$，即介质难以发生破坏。如上所述，材料越均匀，Weibull 分布的适用性越差。王士民等[4]的研究表明，当$m = 5.0$时，岩样破裂行为更加趋于均质材料的性质，这也说明 Weibull 分布的应用必须受限。再说一句，不看某种模型的适用范围，仅看拟合结果好坏，是难以评价模型正确与否的，如采用高次多项式拟合应力-应变曲线，可能得到比 Weibull 分布更好的效果，但因没有明确的物理意义而缺乏科学意义和应用价值。

幸好，实际岩体（如崩滑体与大地震的能量载体等）破坏涉及的尺度较大，且加载速率极其缓慢，具有适度的介质非均匀性和破裂脆性度，这都会导致较低的m值。对这种蠕变破坏或近似蠕变破坏，我们的研究表明，合理的m值范围为[1.0,4.0]，在该范围内 Weibull 分布能很好地描述岩石（体）的脆性破坏行为[5]。

参考文献

[1] WEIBULL W. A statistical distribution function of wide applicability[J]. Journal of Applied Mechanics, 1951, 18(3): 293-297.

[2] 杨百存，秦四清，薛雷，等. 岩石加速破裂行为的物理自相似律[J]. 地球物理学报，2017, 60(5): 1746-1760.

[3] 杨永明，鞠杨，毛灵涛. 三轴应力下致密砂岩裂纹展布规律及表征方法[J]. 岩土工程学报, 2014, 36(5): 864-872.

[4] 王士民，朱合华，冯夏庭，等. 细观非均匀性对脆性岩石材料宏观破坏形式的影响[J]. 岩土力学, 2006, 27(2): 224-227.

[5] 陈竑然，秦四清，薛雷，等. 岩石脆性破坏表征与 Weibull 分布适用范围[J]. 地球物理学进展, 2017, 32(5): 2200-2206.

—2—

非线性科学用于解决岩石力学问题的适用性

（发布于 2015-6-23 18:06）

【**博主按**】: 有不少青年学者发邮件问我:“非线性科学（包括分形几何、突变理论、协同学、混沌理论等）中的哪些分支在岩石力学研究中有用？前景如何？”以下做个简单评述，希望对这些学者们有点帮助。

从 20 世纪 80 年代初起，非线性科学开始在诸多学科中得到应用，包括岩石力学界。那时，诸如分形、分维、有序、突变、协同、混沌、分岔、涨落等新名词不断冲击着学者们的耳膜，带来一阵阵的新鲜感与兴奋感。

首先兴起的是分形热。从裂纹扩展路径、碎块分布、粒径到节理网络，人们都找到了“分形”。那时的文章不是分形就是分维。学者们在一块聚会如果不聊几句 Cantor 集、盒维数等，都会被看作下里巴人。注意，分维只是一个几何参数，如何合理描述岩石演化过程的力学行为？如何能和力学参数建立有机联系？目前看来，仍困难重重，莫非分形几何学在岩石力学中的应用已江郎才尽？

接着兴起的是突变理论应用。是啊，对困扰人们许久的岩爆、崩塌、滑坡、冲击地压等失稳机制与预测难题，学者们已绞尽脑汁，仍一筹莫展，这些新理论有可能为突破这些难题提供机遇啊。

看看，Thom 的突变理论是多么“高大上”啊，专门研究系统从渐变到突变的行为。岩爆、崩塌等可不就是这样的过程吗？学者们仿佛找到了救命稻草一般，一窝蜂地开展了系统研究。

研究发现，对岩体几何失稳问题，如滑移-弯曲斜坡，其失稳取决于力的组合与系统的几何与力学参数；而对物理失稳问题，如断层失稳和岩爆等，学者们也搞出了不少突变模型，典型的如压机-试样力学系统（图 13-2）。不少学者认为失稳的必要条件是压机的刚度与试样峰后应力应变曲线拐点处斜率的绝对值之比小于 1，这样就从“矮穷矬”的强度理论发展到了“高富帅”的刚度理论。刚度理论能用于分析孕震断层失稳吗？答案是不能，因为在不甚清楚孕震系统内在物理机制的情况下，理论分析做不到“对症下药”，即具有强盲目性。

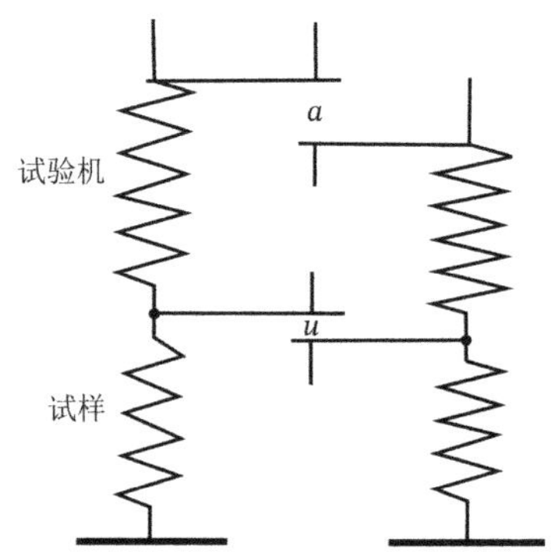

图 13-2　压机-试样力学系统

稍后，混沌理论粉墨登场了，包括我在内的不少学者基于时序数据重建系统动力学特征的方法，发现滑坡、崩塌与大震演化过程都存在“混沌”，这意味着系统演化的长期行为不能被预测。更搞笑的是“蝴蝶效应”竟然飞进了同学们的窗口，永驻心间。“蝴蝶效应”被洛伦兹形象地比喻为“亚马孙雨林一只蝴蝶翅膀偶尔振动，也许两周后就会引起美国得克萨斯州的一场龙卷风”。[1]我们对全球地震的研究清晰地表明，大震（标志性地震）演化遵循着确定性的规律，何来混沌？记得有位学者批评“统计”的时候说过“你想要什么结果，就能统计出什么结果”。类似地，对“混沌”也可这样批评。对搞不明白的自然现象，仿佛混沌成了“替罪羊”。在我看来，别说亚马孙雨林一只蝴蝶扇动翅膀，就是把铁扇公主的芭蕉扇借给孙猴子，也不可能引起千里之外得克萨斯州的一场龙卷风。一般而言，某外在因素的作用程度和范围非常有限，起决定作用的是内因！弹性力学中有个圣维南原理，说明了作用力的局部效应。简言之，只有在系统处于临界状态的时候，外因可能起到“压垮骆驼最后一根稻草”的作用。

与混沌理论几乎同时，自组织临界性也开始“上镜”。重正化群理论是研究临界性的利器。我觉得重正化群理论是研究破裂失稳过程物理自相似的“金钥匙”，在岩石力学研究中大有用武之地。遗憾的是，不少学者把一部好好的经书念歪了，Geller 等[2]就是典型代表之一。现在已经清楚了，自组织是“因”，临界性是“果”；正因为岩石破裂过程具有自组织的特点，才能预测其失稳行为。

综上，重正化群对研究岩石破裂失稳问题非常有价值，而其他的非线性科学分支则用途不大。随着时间的流逝，有生命力的理论一定会根深叶茂，反之则会“昙花一现”，正所谓大浪淘沙嘛。

参考文献

[1] 蝴蝶效应——为了避免结束，只好避免开始[EB/OL]. [2015-06-23]. https://zhuanlan.zhihu.com/p/307448125.

[2] GELLER R J, JACKSON D D, KAGAN Y Y, et al. Earthquakes cannot be predicted[J]. Science, 1997, 275(5306): 1616-1617.

3

科学发现之旅：常数 1.48 的由来

（发布于 2018-7-23 09:31）

纵观浩瀚的科学发展史，科学巨匠们通过深度思考后的奇思妙想，构造出了载入史册的伟大公式，在科学的星空中熠熠闪光，照亮了人类认识自然奥秘的路径。想必同学们对下述公式都耳熟能详吧：

质能方程$E = mc^2$，创立者爱因斯坦，意义：深刻地揭示了质量与能量之间的关系。

万有引力公式$F = Gm_1m_2/r^2$，创立者牛顿，意义：巧妙地将质量、距离与引力联系起来。

尽管这些公式形式简单，但意义深远，且往往与**常数**形影不离，真令人叹服。然而，诸多载入史册的公式几乎都是外国人创造的，咱勤劳聪明的中国人，不能总当看客呐，能不能在某一领域为人类认识某种自然现象的奥秘，贡献一个常数呢？下面讲述发现常数 1.48 的故事。

2009 年，我团队弄明白了支配一大类斜坡稳定性的地质结构是锁固段、控制断层运动模式与地震活动性的也是锁固段。受压剪作用的锁固段被加载至体积膨胀点开始出现加速应变（位移）增长或发生标志性地震，这是宏观断裂（峰值强度点）前可识别的前兆。如果能建立两点之间的力学联系，那么就能预测锁固段在峰值强度点的力学行为（如下一次标志性地震），问题是如何建立其联系呢？

利用可描述介质脆性破坏行为的 Weibull 分布，建立剪切损伤本构模型，求一阶导数能给出锁固段在峰值强度点的剪切应变表达式，但体积膨胀点处应变表达式如何建立是个难题。否则，这件事儿早被外国人抢去了。

好在我 1993 年在博士后研究期间，用重整化群理论研究斜坡失稳问题时做过一些研究，但当时不明白重整化群临界点的物理含义，在 2009 年的时候终于开窍了——原来临界点（不稳定不动点，图 13-3）对应着体积膨胀点啊。于是，在前人研究基础上，经过一系列复杂的推导[1]，得到：

$$\frac{\varepsilon_f}{\varepsilon_c} = \left(\frac{2^m-1}{m\ln 2}\right)^{\frac{1}{m}} \quad (1)$$

式中，ε_f和ε_c分别为峰值强度点处和体积膨胀点处的剪切应变；m为 Weibull

分布形状参数，其与岩石的非均匀性和加载条件有关，可作为反映岩石脆性的指标。

进行这一步的时候，我想完蛋了，锁固型滑坡、标志性地震的物理预测难以实现了，因为m值是个变量，其与岩性、岩石结构、尺度、形状、温度、围压等有关；由于地球不可入，其难以测定。

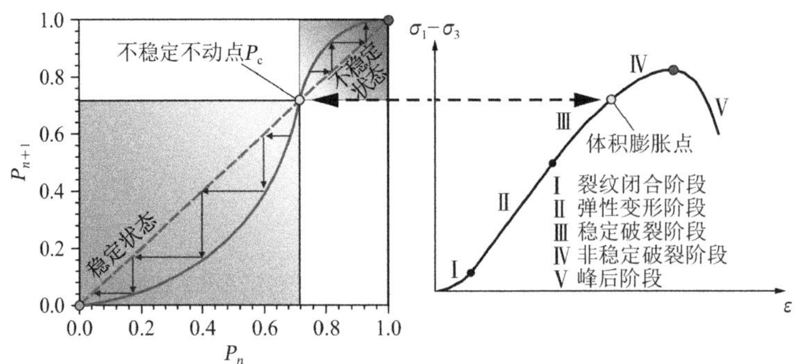

(a) 重整化群理论中不稳定不动点P_c迭代求解过程　　(b) 锁固段变形破坏过程

图 13-3　不稳定不动点和锁固段体积膨胀点的对应关系

怎么办？貌似“山重水复疑无路”，其实“柳暗花明又一村”。我自然而然想到，上述应变比随m值的变化是个啥样子呢？从图 13-4 看出，应变比随m值的变化不敏感，令人大喜过望，这样就有可能对式(1)进行简化。

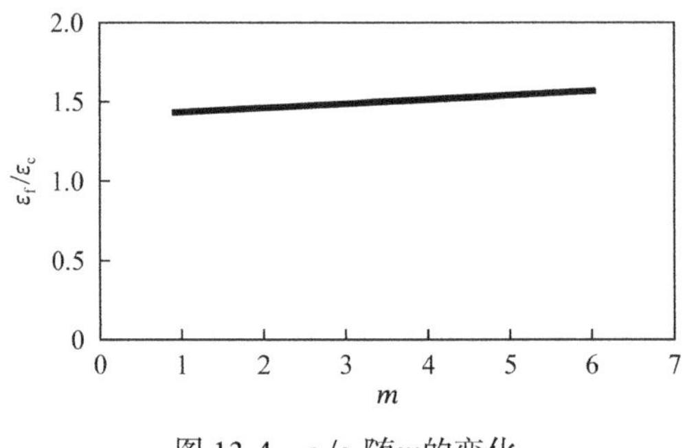

图 13-4　$\varepsilon_f/\varepsilon_c$随$m$的变化

接着，另一个问题又来了，如何简化呢？这得首先搞明白m值的分布范围，为此又经过一系列查阅文献与推理分析。天然锁固段以大尺度、扁平状为几何特征，承受极其缓慢的剪切加载，孕震断层锁固段还承受较高的温度和压力作用。在这样的条件下，锁固段将呈现强非均匀性与低脆性的特有特征，即m值应处于低值。那么，到底m值取多大合理呢？经过详细的推理分析[2]，m取值在[1.0,4.0]合理；在这个范围内，取应变比的平均值，可得到：

$$\frac{\varepsilon_f}{\varepsilon_c}=1.48 \tag{2}$$

这就是常数 1.48 的来历。该常数的发现，避免了测定锁固段几何和力学参数的选取困难，使得对某些滑坡和大地震的物理预测成为可能。

因为任何理论表达式在推导过程中都会引入某些假设条件（如本文的 Weibull 分布），

都是对实际对象演化过程的近似描述，可能会有一定的误差。我们也曾测试过，在 1.47～1.49 区间取任意值替代 1.48，看看哪个数值效果好？结果是，即使为 1.475 或 1.485，都不如 1.48 效果好；此外，对实际案例的分析表明，采用 1.48 产生的预测误差最小。

那么 1.48 和其他已知常数有联系吗？或者说能用其他常数表示吗？我们发现这个可以有，其关系是：

$$1.48 \approx \frac{\sqrt{2}}{3}\pi \tag{3}$$

但若换成 1.47 或 1.49，就不行了。

峰值强度点和体积膨胀点应变比有必然的力学联系是偶然的吗？有实验数据支撑吗？Xue 等[3]通过分析大量单轴压缩下岩石力学实验数据，发现两者的应变比可近似视为常数，意味着两者可能存在确定的力学联系。

以此为基础，我们发展了多锁固段脆性破裂理论和相关预测方法。不过，从理论诞生到能逐渐用于实战，我们已经走过了约 9 年的历程，可谓“十年磨一剑”。

我们通过对锁固型斜坡失稳与全球 62 个地震区的实例分析，表明常数 1.48 确实存在，这使得对锁固型斜坡失稳的预测和标志性地震的预测成为可能。常数 1.48 是“上帝”送给人类的礼物！

上述故事启发我们，即使世界上最复杂的现象之一——地震，也存在着简单的演化规律，同学们研究自然对象演化本质的时候，也极有可能发现其他的常数和简单的规律。正如伽利略所言：“自然界总是习惯于使用最简单和最容易的手段行事。”我们的科研感悟也是如此——“大道至简”“万变不离其宗”。做科研的同学们知道，如果某项研究除遵循逻辑自洽与实证原则外，其发现的规律是简单和普适的，且能合理解释前人难以解释的现象，那么可认为该研究是对某一自然现象本质演化的客观正确表述。

愿不同行业已解决了生存问题的同学们静心科研，不为名利羁绊，勇攀科学高峰。科学探索和发现之旅带给我们的永恒快乐，远胜于名利带给人们的暂时愉悦，尽管探索之旅总是那么艰辛，但其乐无穷，令人流连忘返。

参考文献

[1] 秦四清，徐锡伟，胡平，等. 孕震断层的多锁固段脆性破裂机制与地震预测新方法的探索[J]. 地球物理学报, 2010, 53(4): 1001-1014.

[2] 陈竑然，秦四清，薛雷，等. 岩石脆性破坏表征与 Weibull 分布适用范围[J]. 地球物理学进展, 2017, 32(5): 2200-2206.

[3] XUE L, QI M, QIN S Q, et al. A potential strain indicator for brittle failure prediction of low-porosity rock: Part Ⅰ—Experimental studies based on the uniaxial compression test[J]. Rock Mechanics and Rock Engineering, 2014, 48(5): 1763-1772.

4

扰动作用下孕震系统的稳定性

（发布于 2019-2-25 18:18）

孕震系统（构造块体）在演化过程中，总会受到外界和内部某些因素的扰动，如外界荷载的变化、潮汐作用、地震波作用等。注意，所谓扰动是指与驱动板块与断层运动的力（地幔对流）相比十分微小的力。

为便于理解扰动对系统稳定性的影响，以小球稳定性（图 13-5）为例加以说明。如小球位于平衡位置b点，受外界扰动作用从b点到b'点，扰动作用去掉后，小球围绕b点做几次反复震荡，最后又回到b点，这时称小球处于稳定状态。如果小球的位置在a或c点，在微小扰动下，一旦偏离平衡位置，则无论怎样，小球再也回不到原来位置，则称小球处于非稳定状态。

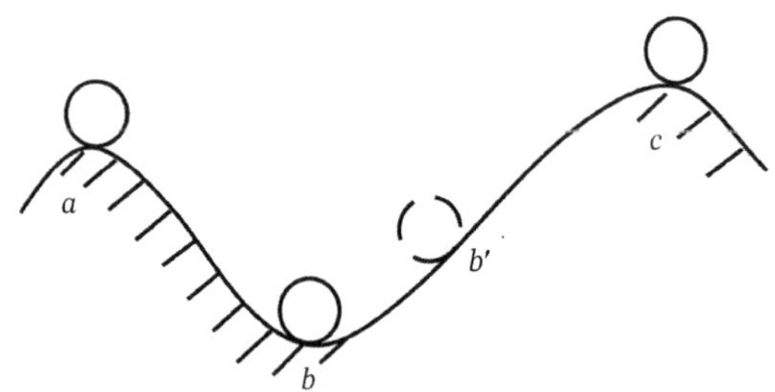

图 13-5　小球的稳定性

显然，只有小球处于非稳定状态时，扰动才可能导致其失稳；反之，小球处于稳定状态时，扰动不能导致其失稳。

学过岩石力学的同学们知道，通常认为受载岩石处于峰值强度点时，其处于非稳定状态，适当的扰动可触发其失稳。对孕震系统而言，也理应如此。然而，我们的研究表明，尽管某次标志性地震对应着第k个锁固段的峰值强度点，但发震载体为第$k+1$个锁固段，标志性地震发生在该锁固段的体积膨胀点；预震发生在体积膨胀点与峰值强度点之间；只有主震发生在最后一个锁固段的峰值强度点。这意味着如果扰动能影响孕震系统的稳定性，只有在主震时才能见分晓。遗憾的是，当前各地震区主震尚未发生，且距主震临界状态尚远。鉴于此，当前地震周期主震发生前的地震均与扰动作用无关。

以昆仑山口西地震区（图 13-6）为例，该区已发生了 3 次标志性地震，即 1924 年 7 月 3 日和 14 日新疆民丰东M_S7.25 双震、1973 年 7 月 14 日西藏尼玛北部M_S7.5 地震与 2001 年 11 月 14 日青海昆仑山口西M_S8.0 地震（图 13-7）。可看出，1997 年西藏玛尼M_S7.3 地震是该区第 2 锁固段在峰值强度点前的 1 次显著前震，该震发生后昆仑山口西地震区处于临界状态，直至 2001 年才发生 M_S8.0 地震，滞后约 4 年，期间曾发生诸多低于M_S5.6（$M_V = M_S$5.6）的中小地震（图 13-8），其中最大一次地震为 1998 年 1 月 13 日玛尼M_S5.4 地震，显然这些地震均能引起应力涨落，但即使最大的一次也并未能级联性地发展成标志性地震；此外，在长达约 4 年的时段潮汐效应也能起到扰动触发作用，该地震区应在达到临界状态后不久发生标志性地震。然而，事实并非如此，说明扰动不会引起标志性地震的发生。

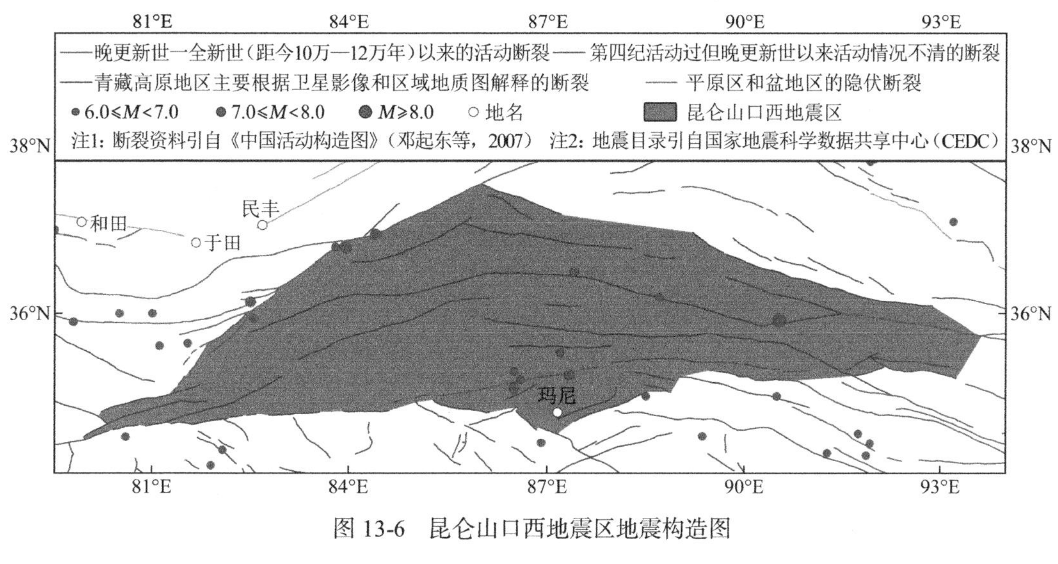

图 13-6　昆仑山口西地震区地震构造图

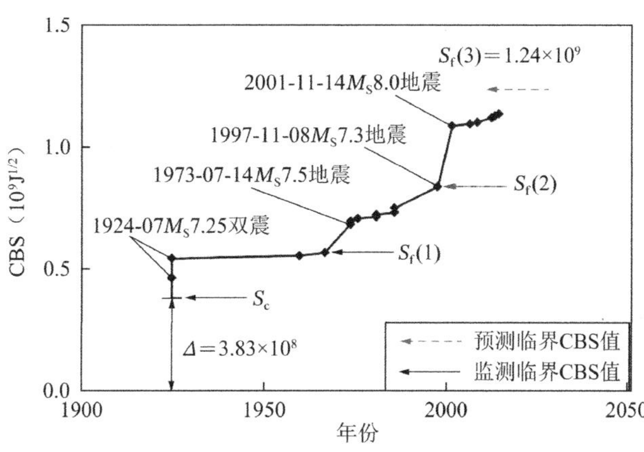

图 13-7　误差修正后昆仑山口西地震区当前地震周期（1924 年 7 月 3 日至 2015 年 11 月 21 日）$M_S \geqslant 5.6$ 地震的 CBS 与年份的关系

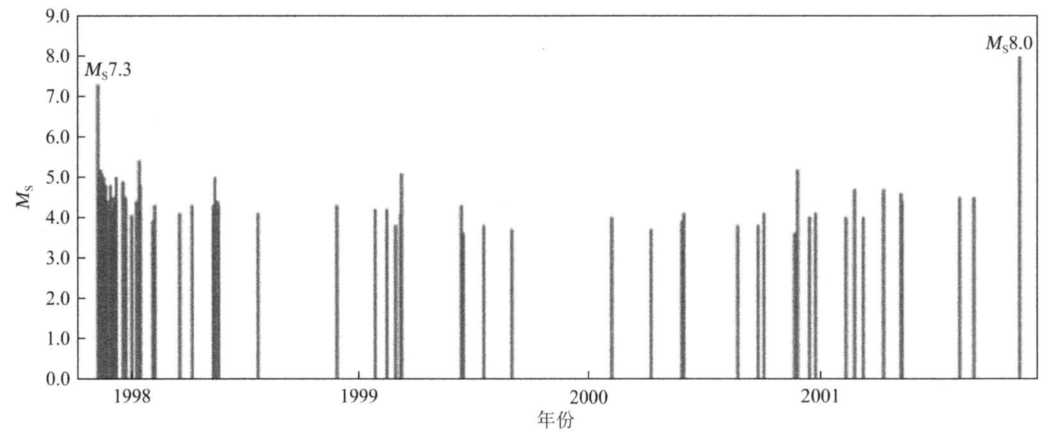

图 13-8　昆仑山口西地震区 1997 年 11 月 8 日至 2001 年 11 月 14 日间地震序列

接着再谈谈外界荷载变化对孕震系统的作用，还是举例说明吧。这些年北京新建了许多高楼大厦，人口和汽车数量等猛增，这些荷载叠加起来比潮汐效应厉害多了，为何没能触发较大的地震？北京地下是有活动断层的，历史上也曾发生多次不小于 6.0 级地震。

上述分析有力地说明，除主震外的其他地震，扰动不会影响孕震系统的稳定性，起决定作用的是地幔对流这个驱动力。

任何学说，必须要有基本原理和坚固证据的支撑，否则就是“空中楼阁”。

5

为何地震应力降远小于岩石失稳应力降?

（发布于 2019-2-25 18:18）

实测天然地震应力降数据的统计结果表明，地震应力降通常不超过 10MPa[1-3]。然而，在室内不同温度和围压条件下进行岩石破裂（图 13-9）或黏滑（图 13-10）实验模拟地震过程，岩样失稳时的应力降通常为数十至数百兆帕，比地震应力降高出 1～2 个量级。

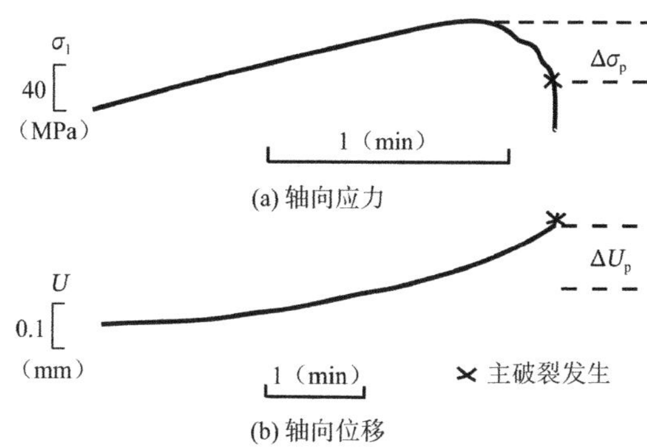

图 13-9　岩石破裂前的轴压与轴向变形[4]

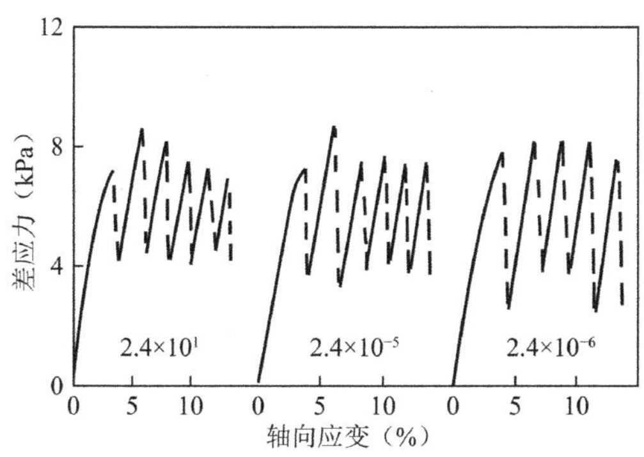

图 13-10　花岗岩的差应力-轴向应变关系[3]

影响岩样失稳应力降的因素包括岩样几何特性（尺度、形状）、岩样非均匀性、岩样含水量、温度、围压、加载速率、压机刚度等，而主控因素为非均匀性、温压、加载速率和压机刚度。

天然地震的主要发震结构为锁固段，其具有大尺度、扁平状的几何特征，承受极其缓慢的构造应力加载，处于高温压环境。试想，如果对类锁固段的岩样进行压剪实验，在峰值强度点（或近峰后点）破裂失稳应力降应该与天然地震的应力降差不多吧？很遗憾，某些实验和数值模拟结果表明，地震应力降仍然远小于岩石破裂失稳应力降。

为此，学者们进行了长达数十年的探索，仍百思不得其解。

欲科学解答这一难题，还得从地震机理入手。过去人们进行的岩样实验，实质上相当于单锁固段实验，而地震区则存在多锁固段。那么，考虑多锁固段时，地震应力降的情况怎样呢？

我们以前的研究表明，当第k个锁固段损伤至其峰值强度点时，第$k+1$个锁固段"恰好"演化至其体积膨胀点。然而，是第k个锁固段在其峰值强度点处发震还是第$k+1$个锁固段在其体积膨胀点处发震，仍无确定性结论。在2018年，事情有了转机，我们建立了断层锁固段力学模型（图13-11），以断层中存在两个锁固段的情况为例，进行了力学分析和数值模拟[5]，指出锁固段之间的强作用模式能够很好地描述地震产生过程，这样终于把这笔糊涂账算清楚了。答案是第$k+1$个锁固段在其体积膨胀点处发震，发震载体是第$k+1$个锁固段，而不是第k个锁固段。

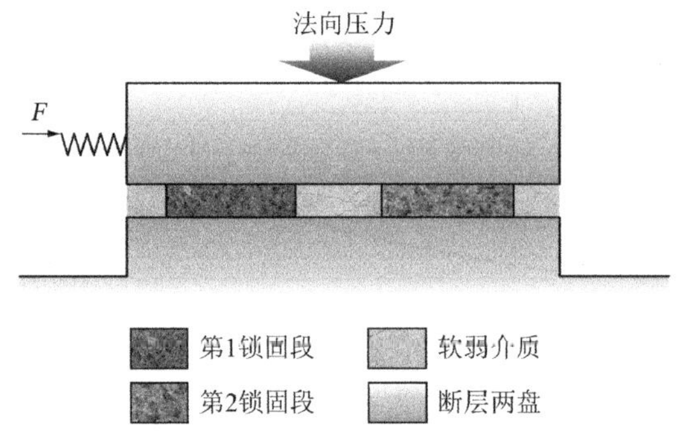

图13-11　受剪切作用的断层锁固段力学模型

根据锁固段强作用模式，除主震（最后一次标志性地震）外，所有标志性地震均为**锁固段体积膨胀点处**发生的地震。这意味着这些地震只能产生**局部应力降**。只有当最后一个锁固段损伤累积至峰值强度点时，发生的最后一次标志性事件，即该地震周期的主震，能量得以充分释放，才能产生显著的峰后应力降。

由于全球62个地震区当前地震周期的主震均尚未发生，过去学者们测量统计的即使为标志性地震的应力降，如1976年唐山M_S7.8地震和2008年汶川M_S8.1地震等，也只是某个地震区锁固段破裂的局部应力降，而岩石力学实验测量的均为岩样峰后应力降，自然会远大于现有的地震应力降观测结果。可以预料，在当前地震周期的主震发生时，地震区在该周期内积累的应变能将得到较充分的释放，估计其应力降量级可能接近室内实验的测量结果。

总之，解答任何科学难题的关键在于对自然现象演化机理的正确认识，否则只能是蜻蜓点水而不得要领。

参考文献

[1] KANAMORI H, ANDERSON D L. Theoretical basis of some empirical relations in seismology[J]. Bulletin of the Seismological Society of America, 1975, 65(5): 1073-1095.

[2] HANKS T C. Earthquake stress drops, ambient tectonic stresses and stresses that drive plate motions[J]. Pure and Applied Geophysics, 1977, 115(1): 441-458.

[3] 臧绍先. 地震应力降与岩石破裂应力降[J]. 地震学报, 1984, 6(2): 182-194.

[4] 耿乃光, 郝晋昇, 李纪汉, 等. 应力途径与岩石的摩擦滑动[J]. 地震学报, 1987, 9(2): 201-207.

[5] 陈竑然, 秦四清, 薛雷, 等. 锁固段之间的力学作用模式[J]. 工程地质学报, 2019, 27(1): 1-13.

6

浅析岩石（体）破裂失稳研究之“痼疾”及其破解之道

（发布于 2019-1-9 10:11）

我看过岩石（体）破裂失稳研究方面的大量文献，尽管这些研究对探索岩爆、滑坡、地震等机制有所裨益，但在研究方法（力学分析、破裂实验与数值模拟）等方面，不同程度地陷入了某些误区而长期不能自拔，若这些“痼疾”不除，虽能发表众多注水论文，但无济于事。

1）地质概念模型问题

研究实际岩体失稳，首先必须理解主控其稳定性的地质结构——地质原型，才能概化出地质概念模型，进而才能有的放矢地开展多方位、多层次研究。如研究地震机制，得知道“谁”在发震。如果不能知晓是断层锁固段破裂发震，而认为是断层两盘的弹性回跳或断层突滑发震，那么就会抽象出错误的地质概念模型；模型搞错了，研究得越深入，只能在错误的道路上越走越远。

人们通过力学实验研究岩石破裂失稳过程时，多以单体岩样为对象，而实际岩体失稳涉及多体的相互作用问题，所以从单体实验揭示的某种失稳机制和规律，不能直接外推应用于实际对象。还有一点要注意，有些学者研究过“双体”相互作用问题，其实为“串联”模型（图 13-12），而实际滑坡和地震涉及的多锁固段模型（图 13-13），貌似为“串联”而实为“并联”模型，两者在力学行为上有很大不同。

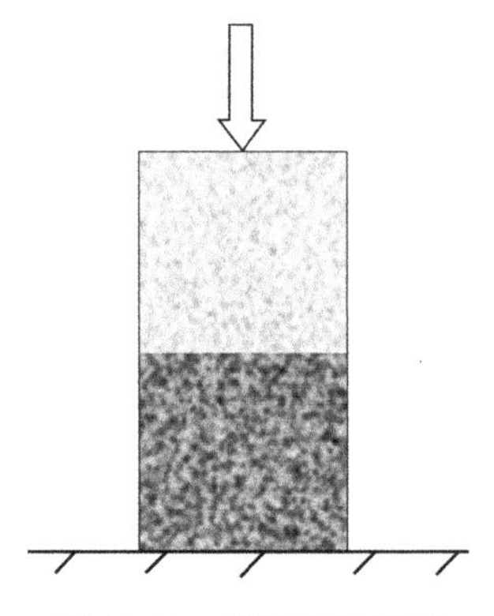

图 13-12　双体串联模型

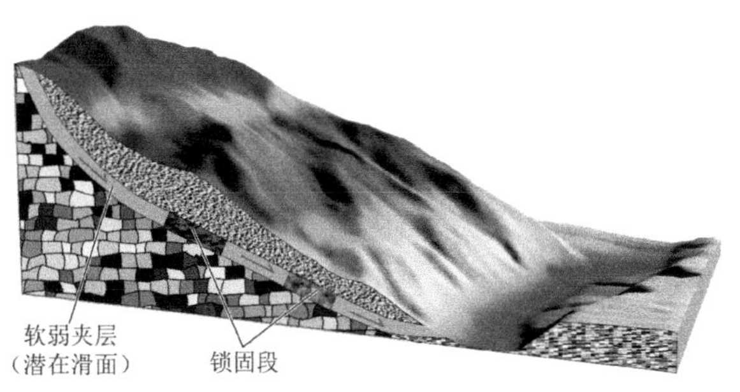

图 13-13　锁固型斜坡地质概念模型

综上所述，人们在研究岩石（体）失稳过程时，要有透过现象看本质的能力，才能避免陷入误区，而要做到这一点，抽象出正确的地质概念模型是关键。

2）岩样与实际岩体在几何属性和受载条件方面的差异性问题

基于正确的地质概念模型，可厘清主控岩体稳定性的地质结构，进而了解其几何属性与受载条件，这可指导室内力学试验，以为探寻岩体失稳前兆和失稳演化规律提供有价值的**线索**。例如，孕震锁固段以大尺度、扁平状为几何特征，处于高温高压环境，承受极其缓慢的构造应力加载，这使其具有强非均匀性和低脆性的属性。知道了这些，进行室内岩样破裂试验时，才能尽可能地考虑这些属性，以使室内力学模拟试验结果逼近真实过程。

还有，室内岩石力学实验，多采用刚性伺服控制试验机加载，以得到完整的应力-应变曲线且便于观察峰后破坏行为。然而，当研究多体相互作用的依次断裂情况时，并不存在这样的“伺服控制”机制，故将室内试验结果用于解释实际岩体破裂失稳机制时应慎重。

过去完成的诸多岩石力学实验盲目性太强，与地质原型严重脱节，做了太多的无用功，以后必须要注意。

3）本构模型的复杂化问题

影响岩石（体）变形破坏行为的因素众多，且其过程涉及非线性和不连续问题，所以在本构模型研究方面，人们不仅要考虑多因素，还要耦合损伤和断裂理论等，导致模型中涉及多个难以测定的参数，从而极大地增强了模型的非确定性。

鉴于此，我的想法是：（1）通过剖析地质概念模型和进行力学实验，筛选出控制变量，以抓住“宗”；（2）通过破裂特征点应力或应变比，进一步消去某些变量，使模型得以简化而便于应用。

大多数自然现象的演化是极其复杂的，但背后支配其演化的原理或定律可能是简单的，正所谓“大道至简”嘛。杨振宁先生也曾指出：“对于宇宙，其实可以通过一组方程式来了解，包括牛顿的运动方程、麦克斯韦方程、爱因斯坦的狭义与广义相对论方程、狄拉克方程和海森堡方程。**这几个方程式主宰了我们所看到的一切非常复杂的现象**，当你懂得它们的威力时，就会发现其所散发着的一种物理学的美。”[1]

4）数值失稳预测问题

在谈这个问题之前，先看看室内岩样的宏观断裂（失稳）能否预测。已知条件为岩样结构和对其的应力加载速率，但未知岩样强度（即使同一地点取的同一种岩样，其强度也不会相同，有较强的离散性）；进行多物理量监测，仅根据监测信息能预知加载到何种应力发生失稳吗？若在不掌握其破裂失稳演化规律的情况下，显然答案是否定的。对孕震锁固段而言，在其峰值强度点处会发生一次大地震。由于其岩石结构和强度是未知的，对其的加载速率也未知，已知的只有监测信息，如地震目录，若不知道大地震发生的规律性，何谈预测预报问题！再回到数值失稳预测问题，能用数值模拟方法解决上述岩样的失稳预测问题吗？肯定不能！若某种方法对简单的岩样失稳预测都不行，又何谈复杂的岩爆、滑坡乃至地震预测问题呢？

总之，在岩石（体）失稳预测研究中，地质概念模型不能与地质原型脱节，简化的力学模型不能与概念模型的几何属性和受载条件脱节。在此基础上，抓住主控因素，构建简约的本构模型与失稳预测模型，并进行实例验证，才可能找到“大道”，才能揭示岩爆、滑坡、地震等的演化过程之谜。

参考文献

[1] 我心目中的科学与艺术[EB/OL]. [2019-01-09]. http://blog.sciencenet.cn/blog-3322199-1155729.html.

— 7 —

简谈探寻岩石（体）破裂失稳演化规律的方法

（发布于 2019-6-30 09:36）

岩石（体）是非均匀介质，在受压或压剪条件下其断裂前必须以体积膨胀点的出现为先导。体积膨胀点是裂纹稳定扩展阶段和裂纹非稳定扩展阶段的分界点，不管是何种岩石（体），也不管是多大尺度的岩石（体），在受压或压剪条件下且加载应力达到某种水平时必然出现，这体现了尺度不变的属性。

诸多研究[1-3]已经揭示，岩石（体）破裂行为在空间域和时间域具有层次结构，其本质破裂行为具有尺度不变性。

在掌握破裂行为尺度不变性的基础上，利用分形几何学可探究破裂的时空分布特征，利用重正化群理论可揭示破裂的自组织演化特征。然后，考虑岩石（体）尺度与形状和加载条件对其力学属性和变形破坏行为的影响，从破裂特征点（裂纹起裂点、体积膨胀点、峰值强度点、残余强度点）的应力比或应变比入手，以消去某些变量，进而根据约束条件可得到简化表达式，或能从万变中找到不变的“宗”，即岩石（体）破裂失稳演化的一般规律。否则，可能是竹篮打水一场空。

岩石力学学者关注的研究对象，如冲击地压、岩爆、岩滑、地震等，通常涉及大尺度岩体的损伤过程，累积损伤可导致突变——失稳。我们知道，在同样的加载条件下，当尺度增大到某种程度时，岩样的峰值强度趋于不变（图 13-14）。由此推测，体积膨胀点处的应力也应趋于不变。那么，体积膨胀点与峰值强度点的应力比应趋于定值。大量岩石力学实验结果表明，一定围压下较大尺度岩样（硬岩类）的两点应力比在 80%左右，支持这一认识。这提醒我们：（1）大尺度岩体的破裂行为“潜伏”着某种参量比的不变性，其对揭示岩体的损伤演化规律和构建普适性本构方程大有裨益；（2）将小尺度岩样破裂实验结果外推探究岩体断裂前兆和失稳机制时，不应忽视尺度效应。

图 13-15 是在不同单轴加载条件（如不同加载速率）下，不同种类小尺度岩样试验的峰值强度点与体积膨胀点应变比统计结果，可看出大部分应变比落在较小的范围（图 13-15 中蓝线之间）。如此试想，对大尺度、扁

平状且承受缓慢加载的天然锁固段（属于硬岩类），情况又该如何呢？

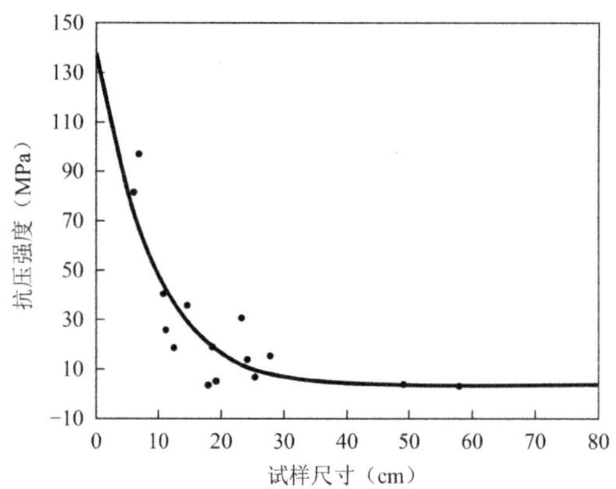

图 13-14　黄石灰岩抗压强度尺寸效应[4]

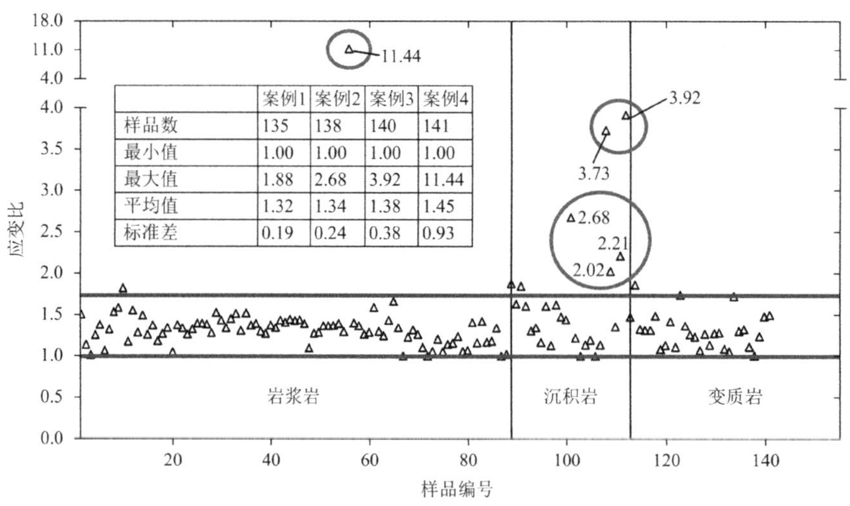

	案例1	案例2	案例3	案例4
样品数	135	138	140	141
最小值	1.00	1.00	1.00	1.00
最大值	1.88	2.68	3.92	11.44
平均值	1.32	1.34	1.38	1.45
标准差	0.19	0.24	0.38	0.93

图 13-15　岩样应变比试验结果[5]

容易推断，天然锁固段的应变比应落在更小的范围。我们的研究表明，天然锁固段的应变比可近似为 1.48 的常数。我们分析了锁固型滑坡案例和全球 62 个地震区震例，表明该常数确实存在。该常数的存在，避免了准确测定锁固段几何与力学参数的困难，使得对锁固型滑坡和标志性地震的预测成为可能。

综上，要寻找大尺度岩体的破裂失稳演化规律，应以其几何特征和受载环境为抓手，从其破裂行为的尺度不变性着眼，从破裂特征点应力比或应变比着手，进而可得到简化、易用的力学表达式。这样，才可能在茫茫黑夜中找到光明，才可能在漫漫征途中找到正确的路径。

参考文献

[1] LEI X, KUSUNOSE K, SATOH T, et al. The hierarchical rupture process of a fault: an

experimental study[J]. Physics of the Earth and Planetary Interiors, 2003, 137(1-4): 213-228.

[2] BRANTUT N, HEAP M J, MEREDITH P G, et al. Time-dependent cracking and brittle creep in crustal rocks: A review[J]. Journal of Structural Geology, 2013, 52: 17-43.

[3] VALLIANATOS F, MICHAS G, BENSON P, et al. Natural time analysis of critical phenomena: The case of acoustic emissions in triaxially deformed Etna basalt[J]. Physica A: Statistical Mechanics and its Applications, 2013, 392(20): 5172-5178.

[4] 刘宝琛，张家生，杜奇中，等. 岩石抗压强度的尺寸效应[J]. 岩石力学与工程学报，1998, 17(6): 611-614.

[5] XUE L, QI M, QIN S Q, et al. A potential strain indicator for brittle failure prediction of low-porosity rock: Part Ⅰ—Experimental studies based on the uniaxial compression test[J]. Rock Mechanics and Rock Engineering, 2014, 48(5): 1763-1772.

8

为何保持软岩长期稳定所需的安全系数通常比硬岩的高？

（发布于 2023-2-10 10:43）

前几天，有位青年学者问我：在相近的加载条件（应力、温度、加载速率等接近）下，软岩保持长期稳定所需的安全系数，是否比硬岩的高？

这既是个有趣的问题，也是个好问题，值得从原理上探究。鉴于此问题对岩石力学同行或有借鉴意义，故写就这篇文章。

根据裂隙岩样的三轴压缩实验曲线（图 13-16），可将其变形破坏过程划分为 5 个阶段[1]：

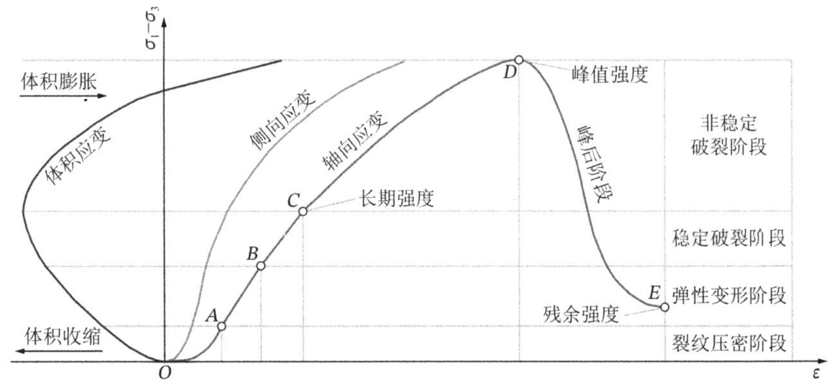

图 13-16　三轴压缩下岩样的变形破坏过程示意图（据文献[1]修改）

（1）裂纹压密阶段（*OA*）：岩样中原有张开的结构面逐渐闭合，充填物被压密，压缩变形具有非线性特征，应力-应变曲线呈缓坡下凹形。

（2）弹性变形阶段（*AB*）：经压密后，岩样由不连续介质转化为似连续介质，进入弹性变形阶段，该过程长短主要视岩性坚硬程度而定。

（3）稳定破裂阶段（*BC*）：超过弹性极限以后，岩样内开始出现微裂纹，且随应力差的增大而发展。当应力保持不变时，破裂也停止发展。由于微裂纹出现，岩样体积收缩速率减缓，而轴向应变速率和侧向应变速率均有所增高。

（4）非稳定破裂阶段或累进性破裂阶段（*CD*）：进入本阶段后，微破裂的发展出现了质的变化。在此阶段，即使加载应力保持不变，破裂仍会不断地累进性发展，即通常某些最薄弱环节首先破坏，应力重分布的结果又引起次薄弱环节破坏，依次进行下去直至整体破坏。体积应变在点*C*由收缩转为膨胀，该点为体积膨胀点，其对应的应力称为损伤应力或长期强度。

（5）峰后阶段（*DE*）：岩样内部的微破裂面发展为贯通性破裂面。在此阶段，岩样承载力迅速降低，变形破坏继续发展，直至岩样被分离成相互脱离的块体而完全破坏。

由上述简介知，自岩石体积膨胀点起，即使施加的荷载不再增加，破裂仍会自发进行，直至整体（宏观）破坏。因此，要保持岩石的长期稳定，施加到其上的应力不应超过长期强度。鉴于在实际应用中，实验结果一般给出峰值强度参数，故可定义峰值强度与长期强度之比为安全系数。当安全系数足够大时，可保证施加到岩石上的应力低于长期强度；这样，就能确保岩石处于长期稳定状态。

大量的岩石力学实验结果表明，在相近的加载条件下，硬岩的长期强度与峰值强度之比，通常大于软岩的比值。例如，不少实验结果给出硬岩的比值约为 80%，而软岩的比值约为 50%。因此，从岩石力学原理上看，在相近的加载条件下，保持软岩长期稳定所需的安全系数，一般应比硬岩的高。

参考文献

[1]　张倬元，王士天，王兰生，等. 工程地质分析原理[M]. 北京：地质出版社，2009.

— 第十四章 —

地震探秘

1

活断层的发震模式

（发布于 2019-3-6 14:03）

按邓起东等人[1]的定义，活断层是指晚更新世（10～12 万年）以来一直在活动，现今正在活动，未来一定时期内仍会发生活动的各类断层。按活断层发震与否，可分为：（1）发震断层，指曾发生和可能再发生较大地震的活断层；（2）蠕滑断层，不发生地震或能发生小地震的稳态滑动断层。

为何发震断层能发生较大地震呢？这是因为断层内存在能积累较高能量的地质结构（锁固段和非锁固段，非锁固段指承载力远低于锁固段但高于断层中软弱介质的部分），在某个构造应力加载步下其破裂时可能发生较大地震。反之，若断层内不存在这样的结构，即断层内仅有软弱介质，则不会发生较大地震（软弱介质中某些强度高的颗粒破裂可发生小地震），断层整体上表现为稳态蠕滑。

如果某地震区当前地震周期某发震断层中的锁固段和非锁固段已发生宏观断裂，则在该周期几乎不再发生较大地震，其后呈现稳态蠕滑方式。换句话说，在一定条件下，原来的发震断层可转化为蠕滑断层。

如果发震断层中的锁固段和非锁固段承载力较高，且当前的构造应力水平未达到其裂纹起裂点的应力水平，其长期并不发震，会被误认为是“死断层”，这往往会造成严重低估其发震潜力的后果。

以下，再谈谈流体（水）对活断层的作用。

对蠕滑断层，流体进入其内部且起作用后，因可降低软弱介质的强度和有效应力，则在一定程度上能提高断层的运动速率。

对发震断层，流体进入其内部且起作用后，也可降低锁固段和非锁固段的强度。相应地，这将降低裂纹起裂所需的应力水平。如此，较小的构造应力水平可导致裂纹扩展发生地震。换句话说，流体的作用使处于“潜伏（不发震）”状态的发震断层提早发震了，即流体起到了诱发断层“活化”的作用，此时发生的地震可称为诱发地震。又因为每次地震或震群都会引起应力降，如果构造应力不再持续增大至达到或超过原来的应力水平，地震不会再次发生。所以说，首批诱发地震后再次发生的地震由构造应力加载所致，流体的作用仅影响后续地震的频率和强度，这些后续地震应视为构造地震。这说明地震类型不是一成不变的，其处于动态变化中，对此应有理性的认识。

明白了上一段的意思，下面就更容易理解了。如果发震断层中的锁固段和非锁固段在流体作用以前曾发生较大地震（对应承载力不太高的情况），说明构造应力已达到或超越了其裂纹起裂所需的应力，并不需要流体起“活化”作用，流体的作用仅影响后续地震的频率和强度，这些地震应视为构造地震。

鉴于流体（如库水或页岩开采压裂液）是否渗入发震断层内且能起多大作用较难判断。为此，本文对诱发地震给出一个简单的定义，供大家讨论。水库蓄水后或压裂液注入后，流体作用使原来未发生过较大地震的发震断层“活化”而导致的首次较大地震或震群为诱发地震。

最后，再谈谈流体对地震频率和震级的影响。

从大量岩石力学实验知，流体在锁固段和非锁固段的孕震过程中主要有两种作用：（1）降低其强度；（2）加速其破裂（即某个加载步下发生的地震多一些）。这意味着地震的频率增高、震级减小。相对而言，没有流体作用时，地震的频率低、震级较大。因为震级是影响地震烈度的主要因素，所以从总体上衡量，流体参与导致的地震，相对危害较小，即“弊端”相对小一些。

总之，要深入探索和揭示自然现象的演化规律，除有严密的逻辑思维外，还得有辩证思维的助力。辩证思维的特点是从对象的内在矛盾的运动变化中，从其各个方面的相互联系中进行考察，以便从整体上、本质上完整地认识对象。思考问题时，若有了辩证思维的助力，可避免陷入“非此即彼”的怪圈，有助于全面地、动态地洞察问题的本质，进而揭开各种谜团。

参考文献

[1] 邓起东，张培震，冉勇康，等．中国活动构造基本特征[J]．中国科学 (D 辑：地球科学), 2002, 32(12): 1020-1030+1057.

2

重新认识构造地震

（发布于 2022-9-30 17:46）

估计不少朋友一看到这个题目，立马会有这样的疑问：诸多科学家搞构造地震（以下简称为地震）已好多年了，难道还没认清地震的基本脾气秉性——诸如地震产生机制、规律、行为？

其实，即使我装聋作哑，学界对此也有“自知之明”，在此仅列举一二。譬如，美国国家科学基金会（NFC）发布了地球科学 2020—2030 年的优先科学问题[1]，其中第 4 个是：“什么是地震？”；德国地学家 Bormann 说：“在研究了多年地震预报后，科学家唯一了解的事情是，其实什么都不了解。”[2]这意味着，历经多年的探索，人们对地震的基本脾气秉性知之甚少，更遑论地震的预测预报了。

那么，问题究竟出在哪儿？

通过观测早就知道，绝大多数地震与断层相关。为此，科学家们主要聚焦于断层行为研究，这无疑是正确的方向。然而，断层的运动方式与孕震能力严重依赖于断层内的介质；若忽视介质的力学属性和行为，则会从源头上误解地震。

我简明扼要地捋一番。若断层内介质为软介质（断层泥），因其在一定的温压条件下呈现应变硬化行为，则断层运动总体表现为稳态蠕滑；若断层内含有硬介质——锁固段，则由于其能积累足够能量且以破裂方式释能从而产生较大地震。这些是基于大量岩石力学实验结果总结出来的正确认识。

回头看，过去提出的地震产生机制学说（如弹性回跳和黏滑学说）如果成立，必然要求断层内含有硬介质，否则断层只能呈现如上所述的稳态滑动。然而，在构造加载下硬介质破裂就会地震，这是产生地震的最简单机制，已得到大量岩石力学实验和观测结果的支持；由此而论，所谓的弹性回跳和黏滑地震机制学说是冗余的，根据奥卡姆剃刀律，其应被剔除。那么，为何不少科学家长期把这两种学说奉为圭臬呢？究其根源，皆是缺乏深度思考惹的祸。

前人也提出过岩石破裂致震机制学说，但出现了严重误解——通常主观地认为岩石仅在断裂点（峰值强度点）发生一次地震。这种认识对均匀介质（如松香和玻璃）是正确的；然而，岩石是非均匀介质，在断裂点前后会发生多次地震，只不过在断裂点发生的地震较大而已（图 14-1）。

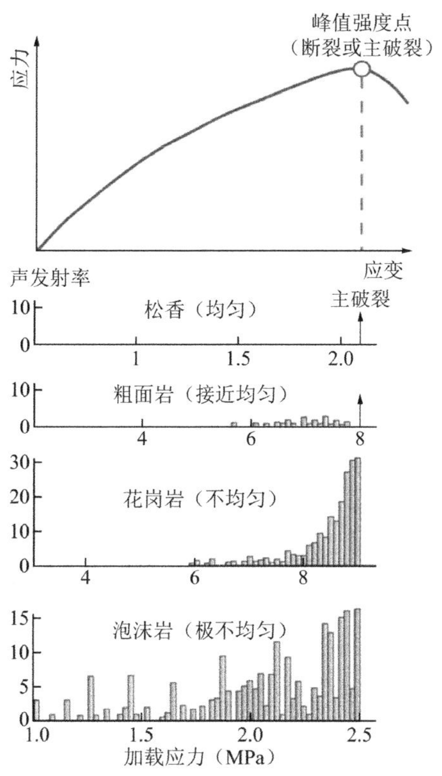

图 14-1　不同非均匀程度材料破坏的声发射序列（改自文献[3]）

（室内受载岩样破裂称为声发射——实验室地震，而地球岩石破裂则为天然地震）

此外，以前地震专家仅盯着某条断层（带），而未解决哪些断层（带）存在相互作用或哪些地震存在关联性的问题，这也是长期搞不清地震周期、地震类型（预震、前震、主震、余震）、地震演化规律等的又一大原因。

在长期误解地震产生机制和无法界定地震关联性的情况下，地震科学研究必然会停滞不前，这也是 NFC 提出要重新研究“什么是地震？”这样问题的由来。诚然，这些都是地震科学的基础问题；由此看出，攻克基础问题对推动地震科学健康发展是何等重要啊。

幸好，我们已攻克了这些基础问题，且进而解决了地震演化模式、地震演化规律、主震与前震判识等一系列更难的基础和应用问题，统一了以前的地震产生机制学说，创立了公理化的多锁固段脆性破裂理论，提出了配套预测方法。我们知道，科学发展具有阶段性的特征，即目前谁的理论与实际相符，就应以谁的理论作为主流理论，并将之用于指导实践和下一步科学研究，直至更好的理论出现。多锁固段脆性破裂理论能很好地反映地震的脾气秉性，且前景可期，故有关部门应打破门户之见，突破学科壁垒，将其作为指导防震减灾的主流理论使用，以取得防震减灾实效。

参考文献

[1] 美国国家科学基金会地球科学十年愿景里的 12 个优先科学问题[EB/OL]. [2022-09-30]. https://baijiahao.baidu.com/s?id=1775606312332275643&wfr=spider&for=pc.

[2] 断层深井捕获地震前兆 成果存在不同意见[EB/OL]. (2008-07-24) [2022-09-30]. http://lvse. sohu.com/20080724/n258361181.shtml.

[3] MOGI K. Magnitude frequency relation for elastic shocks accompanying fractures of various materials and some related problems in earthquakes[J]. Bull Earthquake Res Instit, 1962, 40: 831-853.

3

如何理解地震周期？

（发布于 2021-1-9 13:27）

1）周期现象

事物在运动、变化过程中，某些特征多次重复出现，其连续两次出现所经过的时间称为“周期”。在日常生活中，我们已观察到诸多有趣的周期现象，如日出日落是周期现象，一个周期是 24 小时，决定了一天的长短；四季轮回是周期现象，一个周期是 12 个月，决定了一年的长短；月亮从亏到盈变化是周期现象，一个周期是 28 天多，决定了一个农历月的长短。基于此，以至于有人认为“万事万物皆有周期，物不同周期不同而已。”

2）地震周期

那么，地震有周期现象吗？如果没有周期，则意味着发震结构一直处于加载状态；由于结构的强度总是有限的，在漫长的过程中加载应力早已超过其峰值强度乃至残余强度，地震应该早就“消停”了。然而，实则不然。自有地震记载以来，总体上全球地震活动呈渐趋猛烈之势。

上述分析说明，地震周期应存在。如此，地震周期该如何定义呢？按过去的说法，地震周期是指特定活动断层（段落）或一个地区从弹性应变积累到释放（地震）所需的时间。不过，该定义有明显的缺陷：（1）大量研究表明，多条断层（带）之间存在力学作用，故仅研究某条断层（带）的地震周期势必得出错误结果；因此，研究一个地区的地震周期，必须首先确定该区的范围，但过去专家们在确定该范围时，往往缺乏客观依据。（2）过去界定积累和释放存在认识误区，即认为无地震或发生中小地震的时段为能量积累阶段，而发生大地震为能量释放。正确的理解是：主震前为宏观加载下的能量积累阶段，在积累阶段不仅会发生中小地震，也会发生大地震，所以判识主震至关重要；主震与主震后的余震，标志着宏观卸载——能量释放阶段。总之，厘定地震周期的两大关键前提是：（1）能划定表征断层、地震内在关联性的孕震构造块体（对应的地面区域为地震区）；（2）有可靠的主震判别方法。

针对以上关于地震周期存在的问题，历经长期探索，我们首先解决了孕震构造块体划分和主震判识这两大关键问题，进而对地震周期旋回（图 14-2）和定义有了深入理解：某一孕震构造块体内多锁固段按照承载力由低到高的次序依次断裂，在断裂过程中会发生标志性地震和数量众多的预震；当最后一个承载力最高的锁固段断裂时，主震发生；与主震有关的余震活动结束后，一轮地震周期旋回完成。如此，周而复始。因为难以厘定能量积累开始的时间，所以可把两次相邻主震之间的历时定义为地震周期。

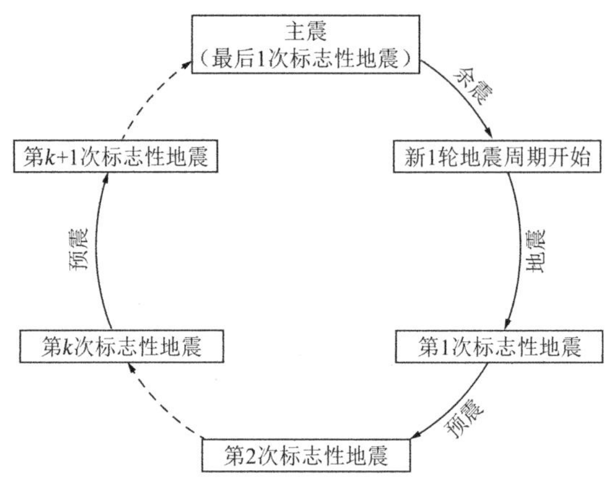

图 14-2　地震区地震周期旋回[1]

下面，将论证我们对地震周期的理解是否靠谱。一方面，由于震级与锁固段的承载力正相关，所以每个地震区的标志性地震和显著预震的震级总体上呈增大趋势（图 14-3）；另一方面，鉴于震级也与应力降正相关，当某个锁固段断裂时受下一个承载力更高的锁固段约束导致应力降受限，故标志性地震的震级可能会出现波动（图 14-4），但起码某次后续标志性地震（尤其是主震）的震级必然回升。这些分析与实际情况一致，表明我们对地震周期的理解可靠。

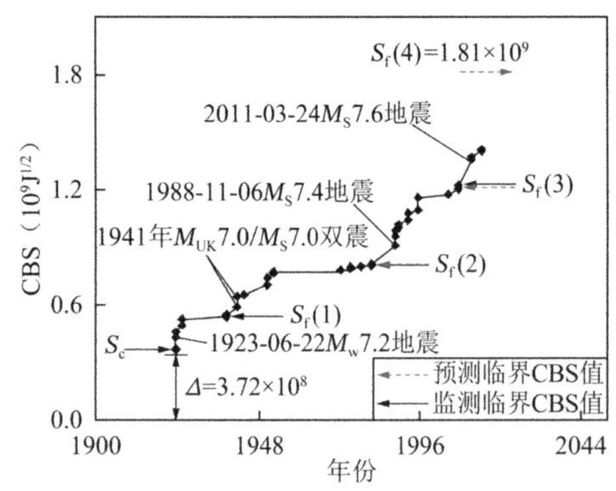

图 14-3　误差修正后澜沧地震区当前地震周期（1923 年 6 月 22 日至 2014 年 5 月 6 日）$M_S\geqslant5.6$ 地震的 CBS 与年份的关系

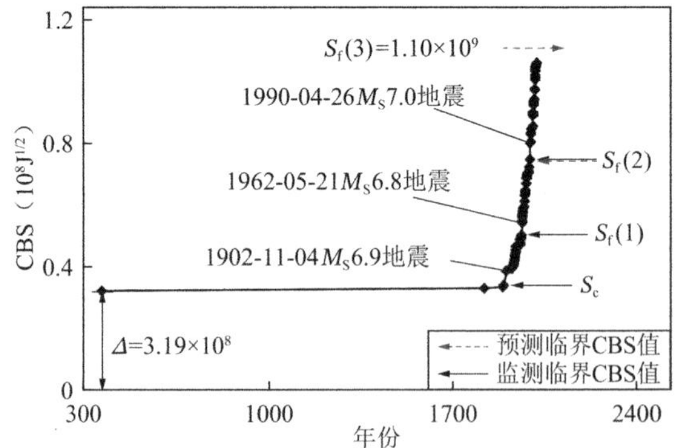

图 14-4　误差修正后格尔木地震区当前地震周期（318 年 5 月 26 日至 2017 年 8 月 21 日）$M_S\geqslant5.0$ 地震的 CBS 与年份的关系

有没有在相邻地震周期均已发生主震的地震区呢？从我们分析的地震区震例看，有史以来记录的地震绝大多数发生在当前地震周期，仅有少数地震发生在上一轮地震周期；个别地震区上一轮周期发生的主震虽有记录，但当前周期的主震尚未发生，所以迄今为止尚未发现发生过两次主震的地震区，也就是说尚不知道每个地震区的周期是多长。

看到这里，好奇的同学可能会问？某一地震区主震后的地震活动情况怎样呢？以澜沧地震区为例，该区上一轮地震周期曾发生泰国湄占M_K8.5 地震（460 年 7 月 22 日），这是一次主震（缺失余震记录），然后直至 1922 年 5 月 2 日才开始有地震（缅甸M_K5.0）记载，中间约有 1462 年无地震记载。当然，无记载的情况无非有两种：一种是确实无较大地震发生；另一种是有较大地震发生但无记载，这在无人类居住的情况下常有。我们查阅了该地震区涉及的云南、缅甸和泰国人类居住和文明情况，可认为起码约从 1044 年起至 1922 年 5 月 2 日缅甸M_K5.0 地震前，该地震区无较大地震发生，平静期起码约有 878 年。由此看出，主震后地震区的地震活动长期呈现“风平浪静”的特点。

3）讨论：Parkfield 地震具有周期性吗?

San Andreas 断层带上的 Parkfield 段[2]，在 1857、1881、1901、1922、1934、1966 和 2004 年，即时间间隔分别约为 24、20、21、12、32 和 38 年，曾发生震级约M6.0 级的地震，可看出其时间间隔并不具有周期特征。

1966 年地震后，美国地震学家认为 Parkfield 地震具有约 22 年的周期（称之为“特征地震”），据此估计在 1987 年左右应有一次强震发生；为此，在 20 世纪 80 年代中期，布置了当时已有的各种“高大上”监测仪器以捕捉前兆。但等啊等，一直等到 2004 年，期待中的强震虽姗姗来迟但终于发生了。令人遗憾的是，震前并未捕捉到显著性前兆，令美国地震学家感叹不已，击垮了其信心而一发不可收拾，自此认为“地震很难或不能被预测。”

Parkfield 位于加州，加州属于我们命名的旧金山地震区。该地震区的锁固段破裂门槛震级M_v为M_W7.0；因上述 Parkfield 地震小于M_v，其应为背景地震。从图 14-5 知，1857 与 1881 年两次地震为第一锁固段体积膨胀点和峰值强度点之间发生的背景预震；1901、1922 和 1934 年三次地震为第二锁固段体积膨胀点和峰值强度点之间发生的背景预震；1966 和 2004 年两次地震为第三锁固段体积膨胀点和峰值强度点之间发生的背景预震。这些背景预震（随机事件）连常规预震和标志性地震都不是，更谈不上主震，不可能具有周期性。前 3 次 Parkfield 地震貌似具有约 22 年周期，乃巧合耳。

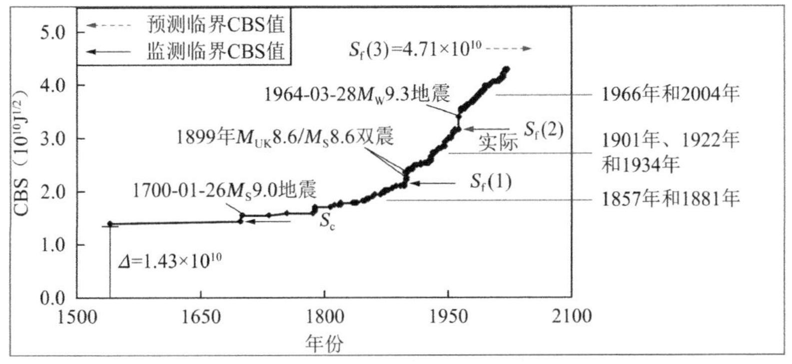

图 14-5　误差修正后旧金山地震区当前地震周期（1523 年 12 月 20 日至 2016 年 2 月 24 日）$M_W\geqslant7.0$ 地震的 CBS 与年份的关系

4）结论

因为过去对地震周期的理解有误，所以经常得到错误的预测结果。美国地震学家之所以认为“地震很难或不能被预测”，是因为其预测的是不能预测的预震和背景预震——其演化既没有规律可循也没有前兆。幸运的是，标志性地震的演化有规律可循，具有可预测性。如果美国地震学家早发现了这样的规律，肯定会得到不同的结论。我们坚信，随着人类对地震认识水平的提升——逐渐向正确的概念和原理靠拢，地震不能被预测的时代终将终结。

参考文献

[1] 杨百存，秦四清，薛雷，等. 2017 年伊拉克 M_W7.3 地震的类型界定及其震后趋势分析[J]. 地球物理学报, 2018, 61(2): 616-624.

[2] BAKUN W H, AAGAARD B, DOST B, et al. Implications for prediction and hazard assessment from the 2004 Parkfield earthquake[J]. Nature, 2005, 437(7061): 969-974.

4

如何厘定孕震构造块体和相应地震区的边界？

（发布于 2021-2-20 10:11）

1）引子

如果全球的地震具有内在关联，则研究地震活动和规律必须着眼于全球空间尺度，即不能按地震区孤立研究。若果真如此，那么可靠地预测单个大地震的时空强参数难度不亚于大海捞针。幸好，经长期的构造演化，地球内存在不同尺度的断层，其与层间滑动断层共同把岩石圈分割成不同层级的构造块体（图 14-6），每个构造块体内的断层、地震可能具有内在关联。然而，到底由什么样的断层围限而成的构造块体，其内部的断层、地震具有内在关联呢？这就提出了孕震构造块体和相应地震区的边界厘定问题，或者说孕震构造块体和相应地震区的划分方法问题。

显然，孕震构造块体涉及板内和板间块体，不可一概而论。我们知道，板块构造理论是地学研究的一次革命，其极大地推动了地球科学的发展。然而，用刚性板块运动学的理论不能解释大陆内部复杂的构造形变作用和强烈的地震活动，以至于有些人士据此否认该理论。我们认为，板块构造理论和断块构造学说各有优势，前者可作为划分板间构造块体的地质学依据，后者可作为划分板内构造块体的地质学依据，两者均可为划分相应地震区提供理论指导。断块构造学说[1]是我国地学大家张文佑先生提出来的，尽管板块构造理论目前在地学界占有统治地位，但断块构造学说的主要观点——岩石圈被断层分割成大小不等、深浅不一、厚薄不同和发展历史各异的断块（图 14-6），由此构成岩石圈的多层、多级和多期发展的断块构造格局也是正确的。我们的研究表明，板块构造理论和断块构造学说是互补的，不是对立的，两者的有机结合可揭开板间和板内孕震构造块体的“面纱”。

2）孕震构造块体和相应地震区边界确定原则

（1）板内孕震构造块体和相应地震区边界确定原则

某条断层在构造变形与地质演化中所起的作用，主要取决于其切割深度和规模，且断层在平面上的延伸与影响范围，一般也与其深度成相关。大规模的基底断层、地壳断层、岩石圈断层和超岩石圈断层，往往是构造块体间相对交错运动的构造大变形地带，其可被定义为区域性大断层。如上所述，地球岩石圈由被不同尺度断层（带）分割、可相对运动的层级构造块体组成，如构造板块、断块与活动地块。特别地，被区域性大断层围限而成的构造块体，由于其内部变形远小于区域性大断层的构造变形，故其基本上作为一个单元运动[2]，这说明区域性大断层可作为块体侧向边界。由此而论，板内构造块体可由区域性大断层或由区域性大断层与板块边界界定。

自从板块构造学说被广为认可后，岩石圈底界面一直被认为是板块运移的主要滑脱面，甚至是唯一滑脱面。然而，在大陆岩石圈构造研究中，诸多学者逐渐认识到岩石圈内还存在其他滑脱面（图 14-6），如康拉德面和莫霍面，有可能沿其发生不同程度的滑脱。

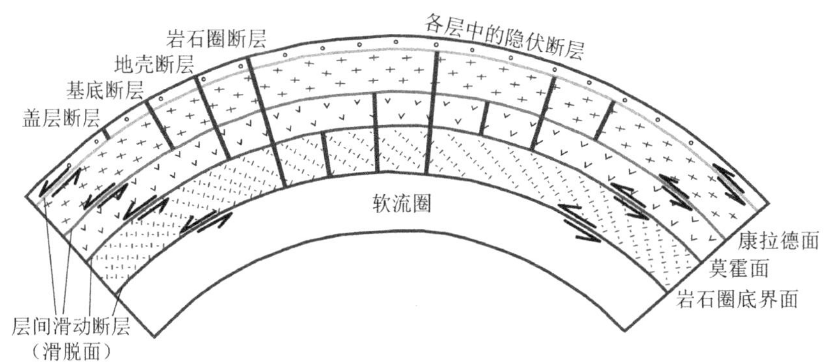

图 14-6　岩石圈内不同层级构造块体示意图[1]

板内构造块体（图 14-7）是否易沿某滑脱面滑脱，取决于该面的发育程度、摩擦阻力与施加的切向构造荷载；而块体能否发生较大地震，则取决于其能否沿滑脱面发生较大的相对运动和其内是否存在锁固段。鉴于此，需厘清块体沿某滑脱面的易滑脱性和块体内锁固段的存在性，即需确定孕震构造块体底边界。

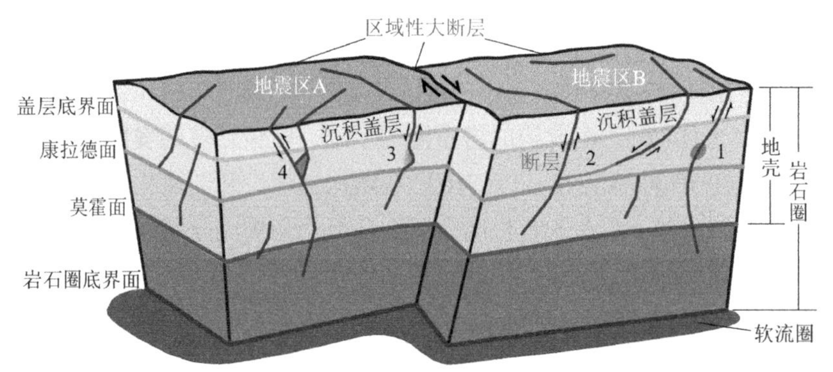

图 14-7　板内构造块体、地震区与锁固段示意图

1—岩桥；2—断层中的坚固体；3—凹凸体；4—断层所围限的块体

我们的研究表明，板内构造块体易沿康拉德面或低速高导层滑脱，且锁固段分布在其上覆块体内，故其可作为块体底边界，即其上覆块体为孕震构造块体。由此而论，只要是切穿基底的大规模断层，均可视为广义上的区域性大断层，皆可作为孕震构造块体侧向边界。

（2）板间孕震构造块体和相应地震区边界确定原则

鉴于板间构造块体涉及俯冲板块和仰冲板块（图 14-8），故需厘清赋存有锁固段的板块，才能明确孕震构造块体。有些学者指出板间地震沿板块边界呈带状分布，其产生和分布主要受俯冲板块控制，这意味着锁固段分布在其内，即俯冲板块为孕震构造块体。鉴于此，参考上述板内构造块体侧向边界确定原则，我们认为板间地震区边界可由区域性大断层和（或）板块边界约束，且应优先考虑汇聚型板块边界约束。

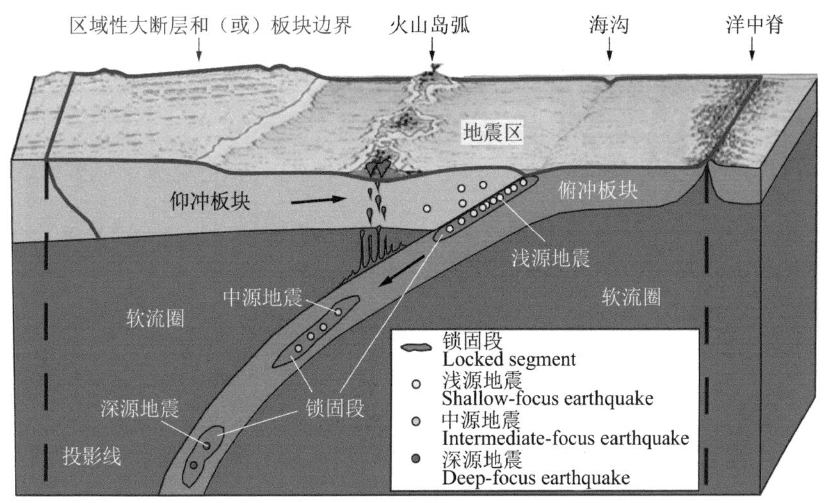

图 14-8　板间构造块体、地震区与锁固段示意图

3）地震区划分方法

显然，在同一个孕震构造块体和同一轮地震周期的地震具有内在联系；相邻块体通过剪切和（或）挤压产生相互作用，但各块体内锁固段破裂产生的地震活动所反映的某种演化规律互不影响。因此，地震区是代表相应孕震构造块体地震活动的区域，其可表征相应块体内源自锁固段破裂的地震活动。

基于上述孕震构造块体和相应地震区边界确定原则，我们以全球两大地震带（环太平洋地震带和欧亚地震带）为研究对象，参考多种构造资料，共划分了 62 个地震区（图 14-9），其中包括中国及其周边地区的 33 个地震区（图 14-10）。

若上述全球两大地震带的地震分区方案可靠，则均能通过多锁固段脆性破裂理论的检验。我们对 62 个地震区的震例分析表明，全部分区方案均通过了理论检验，即不仅每个地震区历史标志性地震的演化能够被回溯，对某些地震区标志性地震的前瞻性预测也已得到证实。

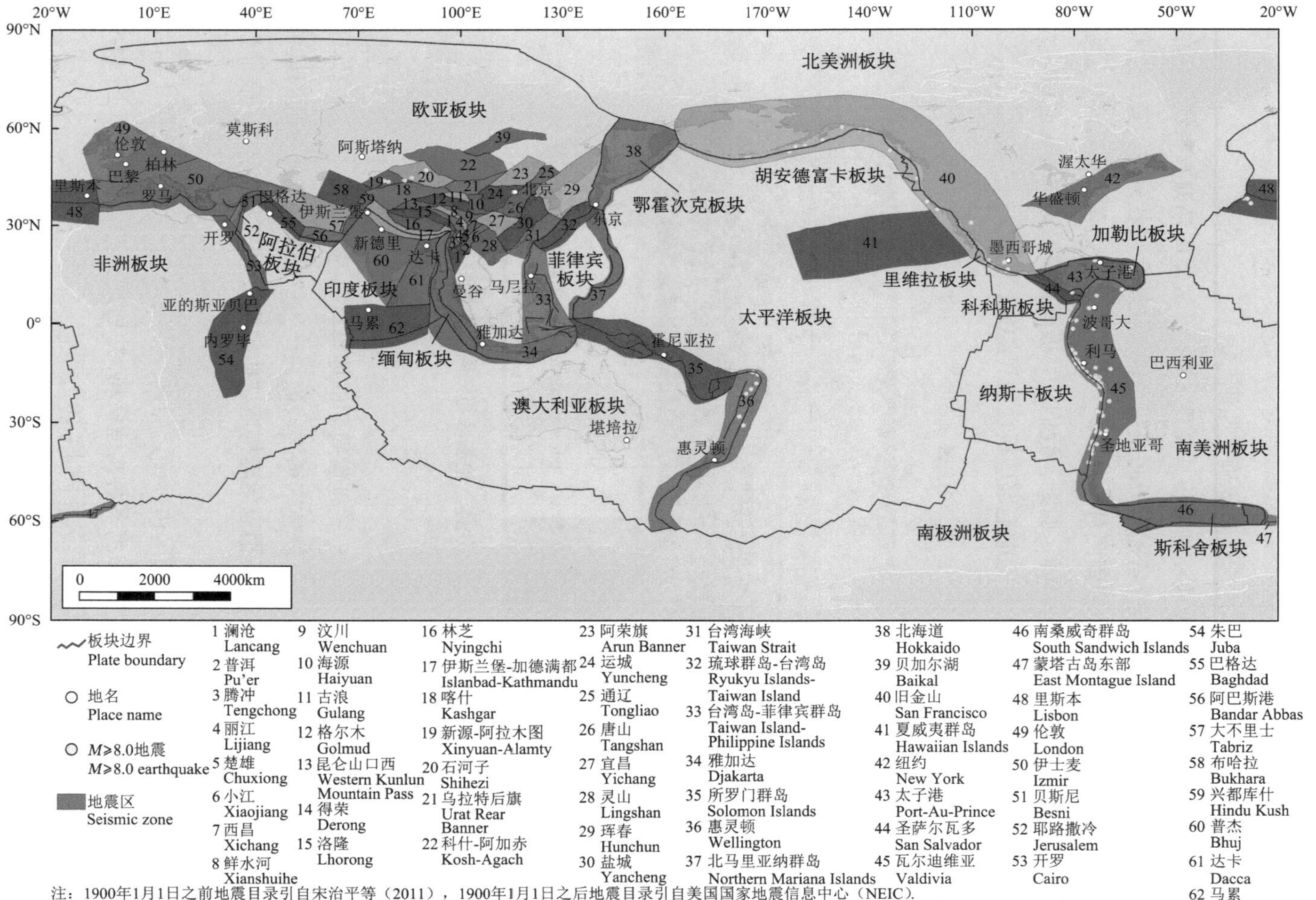

注：1900年1月1日之前地震目录引自宋治平等（2011），1900年1月1日之后地震目录引自美国国家地震信息中心（NEIC）。
The earthquake catalogues before and after 1900 are obtained from Song Zhiping et al. (2011&) and the USGS National Earthquake Information Center (NEIC).

图 14-9　全球两大地震带地震区划分图

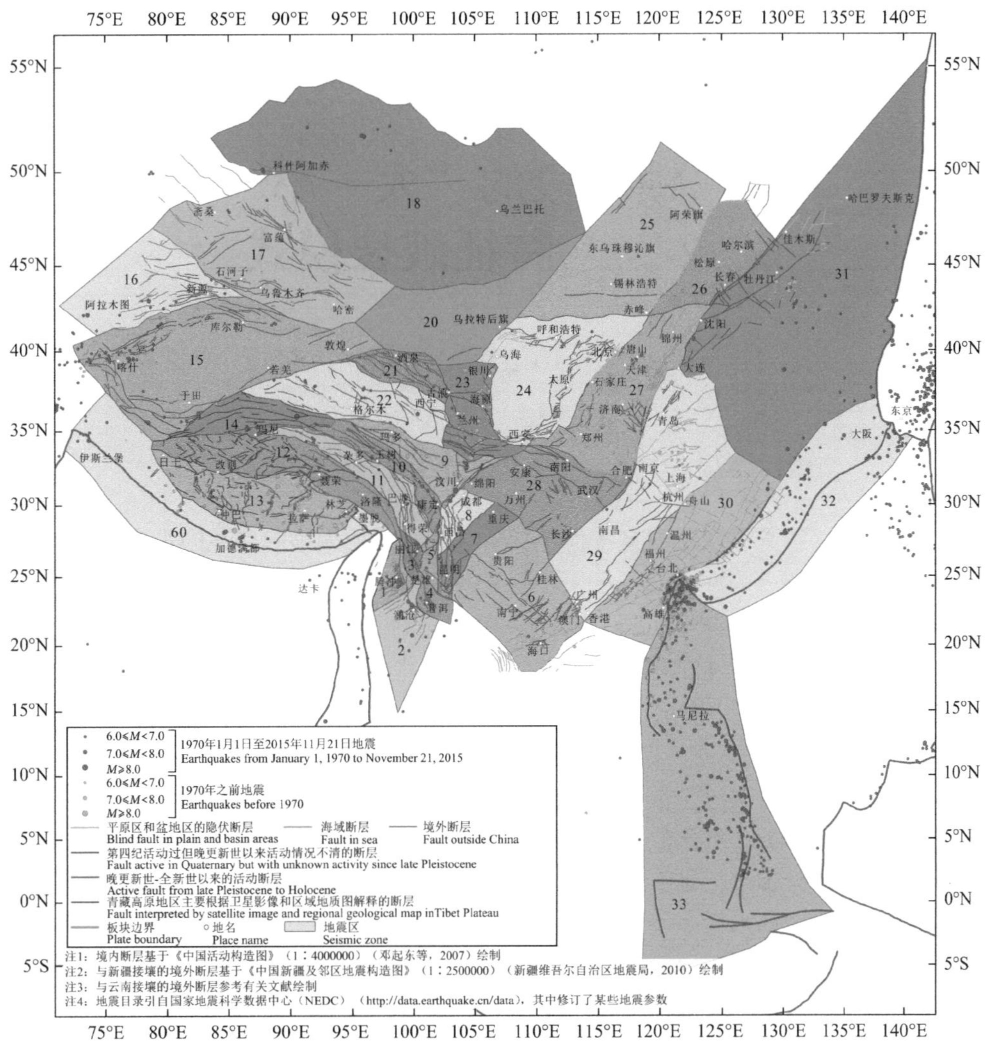

图 14-10　中国及其周边地震区划分图

参考文献

[1] 张文佑，叶洪，钟嘉猷."断块"与"板块"[J]. 中国科学，1978, (2): 195-211.

[2] KEILIS-BOROK V I, SOLOVIEV A A. Nonlinear dynamics of the lithosphere and earthquake prediction[M]. New York: Springer-Verlag Berlin Heidelberg, 2003.

[3] 吴晓娲，秦四清，薛雷，等. 孕震构造块体与相应地震区划分方法[J]. 地质论评，2021, 67(2): 325-339.

5

锁固段的“大—小—大”特征破裂模式

（发布于 2018-7-7 16:46）

本章基于博文《科学探索之旅：寻找大地震前兆的艰辛历程》[1]修改而成。

地震学家们寻找大地震前兆已有数十年的历史了，但迄今未找到在大地震发生前能重复出现的唯一前兆，以至于 *Science* 杂志在创刊 125 周年之际[2]，发出了科学之问（第 55 个难题）：是否存在有助于预报的地震前兆？

看来这个前兆，即使存在，也隐藏得很深。地震学家们已经耗费了毕生精力、穷经皓首去探寻，至今未果。但幸运的是，这个普适性前兆被我们发现了。那么，如何发现的？是被天上掉下的馅饼砸中的吗？别急，下面开始讲述这个科学“淘宝”故事。

通俗来说，地震来自于断层或板块运动导致的岩石破裂，室内受载岩样 AE（Acoustic Emission）实验或 MS（Microseismicity）监测分析是探索其宏观断裂前兆的常用手段。这里得说一下，前兆分为直接和间接两种：直接前兆就是破裂（AE/MS）模式，间接前兆就是因为破裂而导致的物理信号异常变化，如波速比、电磁异常等。本文重点谈前者。

那么，人们在实验室找到直接前兆了吗？如有些实验发现岩样宏观断裂前，会出现因微破裂丛集引起的 AE 活动指数级增长，但遗憾的是，这样的前兆不能在实验室中重复且一致地观测到，因为 AE 活动依赖于岩样的尺寸、形状以及加载条件等，即不同的实验会得到不同的结果。

怎么办？看来须从机理入手，才能另辟蹊径，“淘”到宝贝。我们发现，主控地震产生的地质结构——断层中的锁固段，其与岩样在诸多方面迥异，见表 14-1。

岩样与锁固段几何特征、加载条件与力学属性对比　　表 14-1

对象	尺度	形状	加载速率	温度/压力	均匀性	脆性
岩样	小	柱状	快	—	强	高
锁固段	大	扁平状	慢	—	低	低

由于锁固型的力学属性“标新立异”，我们推断其应展现特定的破裂模式和破裂规律。通过大量类锁固段室内实验和数值模拟，我们发现：（1）在其体积膨胀点和峰值强度点之间，破裂事件能级呈现“大—小—大”特征模式（图 14-11）；（2）其非均匀性越强、高宽比越小、法向应力越大、加载速率越慢，其特征破裂模式越显著；（3）在其体积膨胀点的高能级事件可作为断裂前兆。这一特征模式被锁固型岩崩和地震区监测数据（图 14-12 和图 14-13）所证实。需说明的是，地震区天然地震序列是“大—小—大”模式的重复，因为其涉及多锁固段破裂。

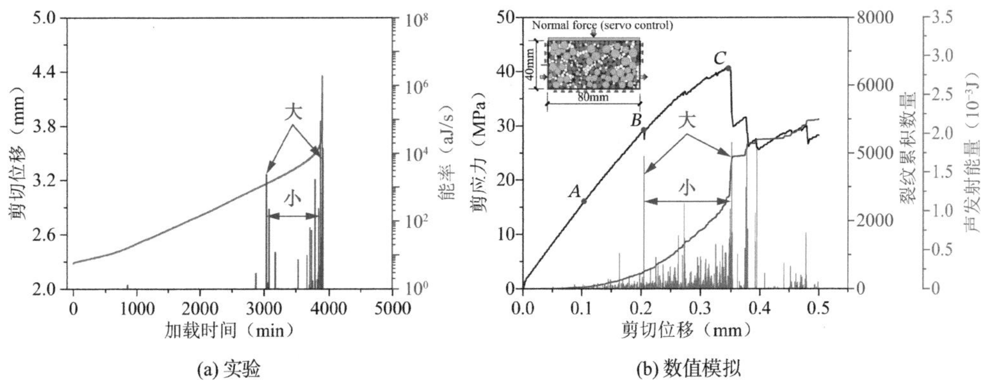

图 14-11　类锁固段实验和数值模拟结果

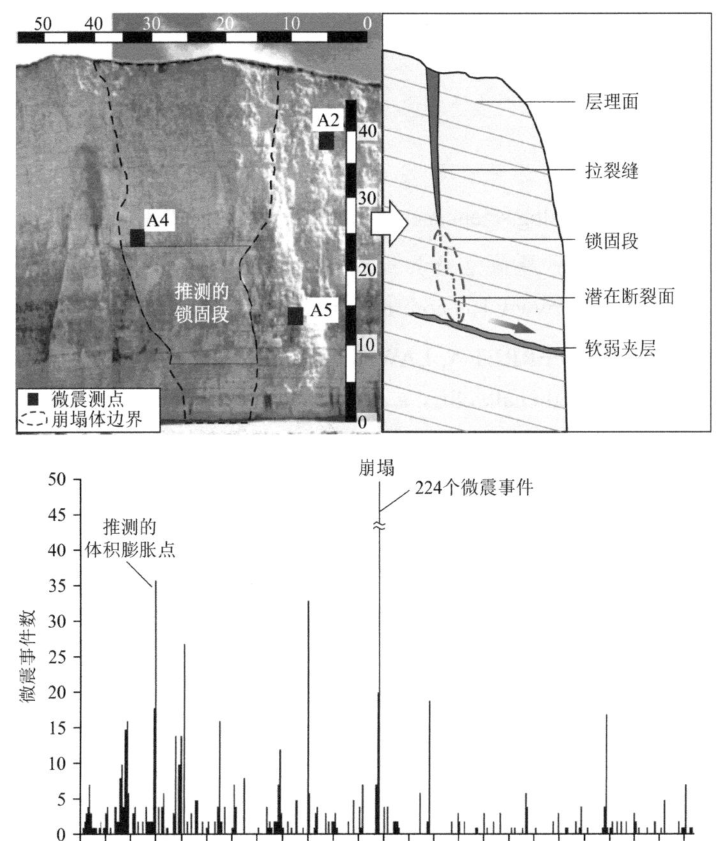

图 14-12　法国某陡崖剖面及其微震监测记录（据文献[3]修改）

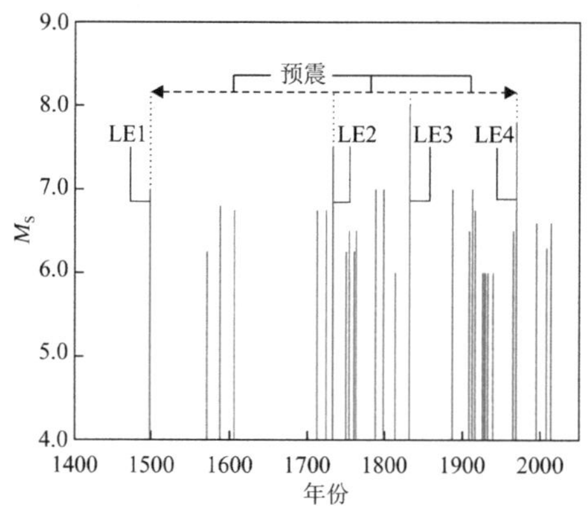

图 14-13　小江地震区 1500—2014 年间$M_S \geqslant 6.0$ 地震序列

（LE1-LE4 为标志性地震，其余为预震）

（LE1：1500 年 1 月 3 日宜良M_S7.0 地震；LE2：1733 年 8 月 2 日东川M_S7.5 地震；LE3：1833 年 9 月 6 日嵩明M_S8.0 地震；LE4：1970 年 1 月 4 日通海M_S7.8 地震）

进而，通过 PFC 数值模拟，翟梦阳[4]阐明了该模式的产生机理：在锁固段体积膨胀点和峰值强度点的破裂由压剪事件主导，而两点之间的破裂由拉张主导，因为压剪事件的释能远大于拉张事件的释能，故该模式必然出现。

参考文献

[1] 秦四清. 科学探索之旅：寻找大地震前兆的艰辛历程[EB/OL]. (2018-07-07)[2023-10-10]. http://blog.sciencenet.cn/blog-575926-1122732.html.

[2] Science 发布全世界最前沿最具挑战性的 125 个科学问题[EB/OL]. (2023-07-21)[2023-10-10]. https://www.163.com/dy/article/IA5O1SRL0511F8B9.html.

[3] SENFAUTE G, DUPERRET A, LAWRENCE J A. Micro-seismic precursory cracks prior to rock-fall on coastal chalk cliffs: a case study at Mesnil-Val, Normandie, NW France[J]. Natural Hazards and Earth System Sciences, 2009, 9(5): 1625-1641.

[4] 翟梦阳. 锁固段特征破裂模式的产生机理[D]. 北京：中国科学院大学, 2022.

6

科学史话：催生现代地震学的 1755 年里斯本地震

（发布于 2020-3-8 17:26）

英国哲学家培根曾说：“读史使人明智，读诗使人灵秀，数学使人周密，科学使人深刻，伦理学使人庄重，逻辑修辞之学使人善辩；凡有所学，皆成性格。”[1]读科学史，可略窥科学创造活动之门径，领悟科学大师“非凡一念”塑造科学之路，并可启迪后来者优选科研进阶通关之策略，成攻坚克难之豪杰。俗话说：“山外有山，天外有天，人外有人。”姬扬研究员道：“只有见识过真正的伟大成就，才能避免被那些花里胡哨的杂耍吸引；只有了解真正的科学大师，才不会盲目崇拜那些喧嚣一时的小丑。”[2]这诠释了“登高望远”的涵义。鉴于此，建议每个对世界怀抱好奇的人士，都应多读读科学史，以提升自己的科学品味且从中受益。

下面，咱就事论事，简介现代地震学诞生的背景。欲知晓此事，得从 1755 年里斯本地震[3]说起。

1755 年里斯本地震（Lisbon earthquake），发生于 1755 年 11 月 1 日早上 9 时 40 分，震级为 M8.5～9.0，震中位置为葡萄牙首都里斯本西约 100km 的大西洋底。

里斯本地震是人类历史上破坏性最大和死伤人数最多的地震之一，也是欧洲历史上最大的地震，导致的死亡人数约 6 万～10 万人。大地震后随之而来的海啸和火灾几乎摧毁了整个里斯本，令葡萄牙的国力严重下降，殖民帝国从此衰落。

18 世纪前欧洲神学界势力强盛，不许人们研究地震。里斯本地震后，欧洲的地震研究才从宗教的束缚中解放出来，开地震科学研究之先河，这标志着现代地震学的诞生。

首相庞巴尔在危难之间，不仅展现出了卓越的领导能力，而且还具有深邃的科学眼光，真乃时势造英雄也。他除了指导进行灾后重建外，还派人调研了如下问题：地震持续了多久？地震后出现了多少次余震？地震如何产生破坏？动物的表现有无不正常？水井内有什么现象发生？这些问题既包含了对震前自然界异常现象的调查，也包含了对地震活动性和地震烈度的研究等。这些调查在没有地震仪和人们对地震了解不多的时代具有重要意义，其促进了人们对地震成因和过程的了解，为后人留下了首部宝贵的完整地震资料，这些资料现在还存放于葡萄牙国家档案馆。因为庞巴尔是倡导开展地震科学调查和研究的第一人，他被认为是现代地震学的先驱。

特别值得一提的是，除葡萄牙本土的研究者外，受里斯本大地震的触动和启发，英国科学家约翰•米歇尔也对地震的成因和过程进行了研究。在 1760 年，他撰写了有关地震的研究报告，其中的几大亮点是：（1）试图用牛顿力学原理讨论地震动，认为“地震是地表以下几英里岩体移动所引起的波动”；（2）指出了里斯本地震的震中和震源的大致位置；（3）初步认识到不同地震波的走时，特别是 P 波和 S 波的速度差。

所有对里斯本地震的科学研究都极大地促进了现代地震学的诞生和发展。

科学家对里斯本地震的震级大小与成因研究仍在持续，目前尚存争议。鉴于孕震断层多锁固段脆性破裂理论（简称锁固段理论）能很好地描述板内和板间地震产生过程，故依据该理论谈谈对这些问题的认识。

里斯本地震发生在我们命名的里斯本地震区[4]（图 14-14）。只要确定了该震所属的地震区，就可根据锁固段理论确定其震级。

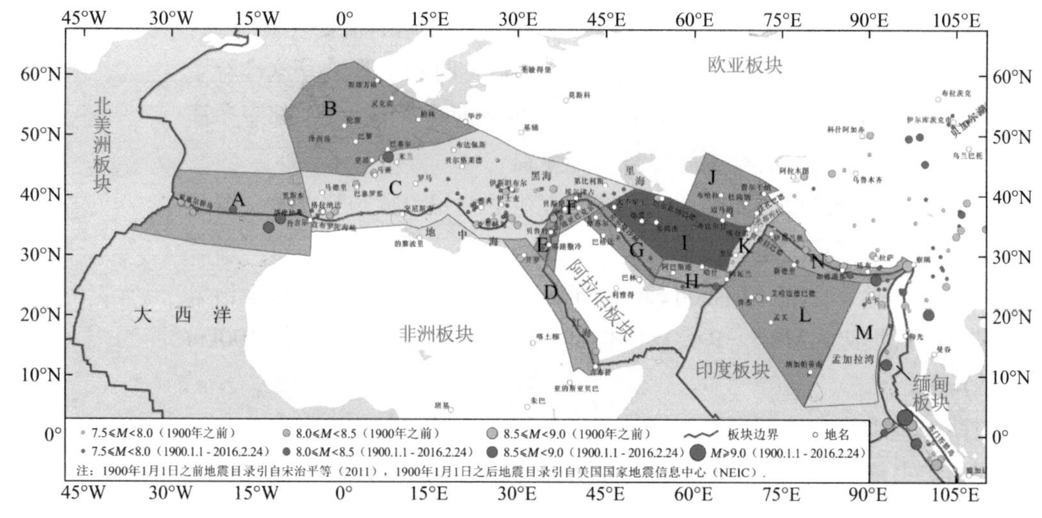

图 14-14 欧亚地震带部分地震区划分图

（A 区：里斯本地震区）

对 1755 年里斯本地震，Johnston[5]根据海啸波振幅得出的震级为M8.7，Gutscher 等[6]运用海啸建模与地震烈度估算震级为M8.5～9.0，Grandin 等[7-8]通过与 1969 年里斯本M_S8.0 地震烈度对比，用速度建模的方法推算震级为M_W8.5～8.7。根据锁固段理论涉及的震级约束条件，该震震级定为M_S8.5 较为合理。

在里斯本地震区当前地震周期，先后发生了如下标志性地震（图 14-15）：1531 年 1 月 26 日葡萄牙里斯本M_K8.0 地震、1614 年 5 月 4 日亚速尔群岛M_K8.0 地震、1755 年 11 月 1 日里斯本M_S8.5 地震、1761 年 3 月 30 日直布罗陀海峡西部M_S8.5 地震与 1941 年 11 月 25 日北大西洋东部M_W8.3 地震。这些地震的演化遵循着锁固段理论涉及的指数律。由此可知，

1755 年里斯本地震是第二锁固段损伤至峰值强度点发生的一次标志性地震，为可预测地震，属于破裂成因。

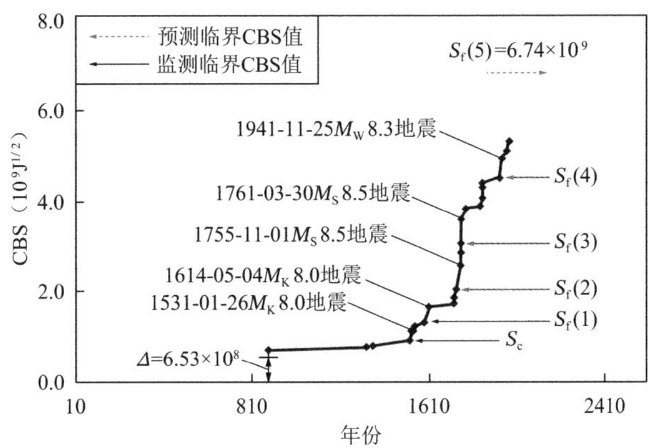

图 14-15 误差修正后里斯本地震区当前地震周期（公元前 218 年至 2016 年 2 月 24 日）$M_L \geqslant 7.3$ 地震的 CBS 与年份的关系

我们对环太平洋地震带和欧亚地震带 62 个地震区的研究均表明，锁固段主控构造地震产生，锁固段不同规模的破裂导致不同量级的地震发生；锁固段破裂发生的标志性地震，其演化遵循确定性规律——指数律，具有可预测性。

科学研究是一个不断“去伪存真”的探索过程，与其他科学一样，地震学也是不断发展的。随着研究的持续深化，科学家对构造地震成因及其规律的认识必然从“百家争鸣”到“一家独霸”，这是科学发展的归宿。

参考文献

[1] 培根谈读书原文（精选 33 句）[EB/OL]. [2020-03-08]. http://www.szly1818.com/juzi/131387.html.

[2] 姬扬.《一念非凡》书评[EB/OL]. (2016-06-01) [2020-03-08]. https://blog.sciencenet.cn/blog-1319915-981760.html.

[3] 1755 年葡萄牙里斯本大地震[EB/OL]. (2016-07-03) [2020-03-08]. https://www.docin.com/p-1663675423.html.

[4] 秦四清，杨百存，薛雷，等. 欧亚地震带主要地震区主震事件判识[J]. 地球物理学进展，2016, 31(2): 559-573.

[5] JOHNSTON A C. Seismic moment assessment of earthquakes in stable continental regions—Ⅲ. New Madrid 1811-1812, Charleston 1886 and Lisbon 1755[J]. Geophysical Journal International, 1996, 126(2): 314-344.

[6] GUTSCHER M A, BAPTISTA M A, MIRANDA J M. The Gibraltar Arc seismogenic zone

(part 2): Constraints on a shallow east dipping fault plane source for the 1755 Lisbon earthquake provided by tsunami modeling and seismic intensity[J]. Tectonophysics, 2006, 426(1-2): 153-166.

[7] GRANDIN R, BORGES J F, BEZZEGHOUD M, et al. Simulations of strong ground motion in SW Iberia for the 1969 February 28 (M_S = 8.0) and the 1755 November 1 (M～8.5) earthquakes–Ⅰ. Velocity model[J]. Geophysical Journal International, 2007, 171(3): 1144-1161.

[8] GRANDIN R, BORGES J F, BEZZEGHOUD M, et al. Simulations of strong ground motion in SW Iberia for the 1969 February 28 (M_S = 8.0) and the 1755 November 1 (M～8.5) earthquakes–Ⅱ. Strong ground motion simulations[J]. Geophysical Journal International, 2007, 171(2): 807-822.

7

地震们“讲理”不?

（发布于 2020-4-14 10:34）

我们的研究表明，构造地震主要源自锁固段的脆性破裂，其不同规模破裂产生不同量级地震。以此为抓手，我们发展了孕震断层多锁固段脆性破裂理论[1-2]。在该理论框架下，定义在锁固段体积膨胀点和峰值强度点处发生的地震为标志性地震，期间发生的地震为预震。地震（构造地震事件）主要由两者组成。

1）标志性地震演化规律

我们指出，标志性地震的临界 CBS 值满足如下指数律：

$$S_f(k) = 1.48^k S_c \tag{1}$$

式中，S_c 为第 1 锁固段体积膨胀点处标志性地震的临界 CBS 值，$S_f(k)$为第k锁固段峰值强度点处标志性地震的临界 CBS 值。

由于某一地震区的地震目录通常包含与锁固段脆性破裂无关的地震事件，因此设置最小有效性震级M_v以确定锁固段破裂事件的门槛震级。考虑到第 1 锁固段体积膨胀点前不小于M_v的地震目录通常不完整，初始 CBS 误差可能出现，我们导出了如下误差修正公式：

$$\varDelta = [S_f^*(1) - 148 S_c^*]/0.48 \tag{2}$$

式中，$\varDelta$为误差值，S_c^*和$S_f^*(1)$分别为误差校正前第 1 锁固段体积膨胀点和峰值强度点处标志性地震的临界 CBS 监测值。

进行误差校正后，可把第 1 锁固段体积膨胀点处标志性地震的临界 CBS 值作为已知值，据式(1)可预测后续标志性地震的临界 CBS 值。

2）标志性地震和预震的震级约束条件

若在某地震区的当前地震周期共发生了n次标志性地震，那么第n次标志性地震为主震。在统一震级标度情况下，对第i次到第$i+j$次标志性地震，其震级的**下限约束**满足：

$$M_i - M_{i+j} \leqslant 0.2\left[M_{i+j} < M_i(1 \leqslant i \leqslant n-2, j \geqslant 1 \text{ 和} i + j \leqslant n-1)\right] \tag{3}$$

对两次相邻标志性地震，其震级的**上限约束**满足：

$$M_{i+1}-M_i \leqslant 0.5[M_{i+1} \geqslant M_i(1 \leqslant i \leqslant n-2)] \tag{4}$$

对相邻标志性地震之间的预震，其震级的上限约束满足：

$$M_p \leqslant \min(M_{i+1}, M_i) - 0.2(1 \leqslant i \leqslant n-1) \tag{5}$$

式中，M_i、M_{i+j}和M_{i+1}分别表示第i次、第（$i+j$）次和第（$i+1$）次标志性地震的震级。

在此，顺便说明下，我们之前在震级的表述方面不够严谨，现已纠偏。

当最后一个锁固段被加载至峰值强度点发生断裂时，主震发生。可根据如下关系判识主震：

$$M_n - M_{n-1} > 0.5 \tag{6}$$

式中，M_n和M_{n-1}分别表示主震和最后一个锁固段体积膨胀点处标志性地震的震级。

3）讨论

如上所述，标志性地震的演化遵循式(1)所示的确定性规律，具有可预测性；在主震前的标志性地震，其震级上限与下限分别满足式(3)和式(4)，表明震级受限。这些均说明标志性地震“照章办事”。预震的发生虽没有规律以至于目前尚不能预测（标志性预震除外），但震级上限受约束，像人一样虽有脾气但能自控，还是讲究分寸的。

至于主震——当前地震周期的最后一次标志性地震，虽遵循确定性规律[满足式(1)]，但震级上限目前难以确定。尽管如此，只要我们事先知道其发生不可避免且震级足够大[满足式(6)]，在目前阶段已属难能可贵，就能取得防震减灾的实效了。

以下以运城地震区（图 14-16）为例，加以详细说明。

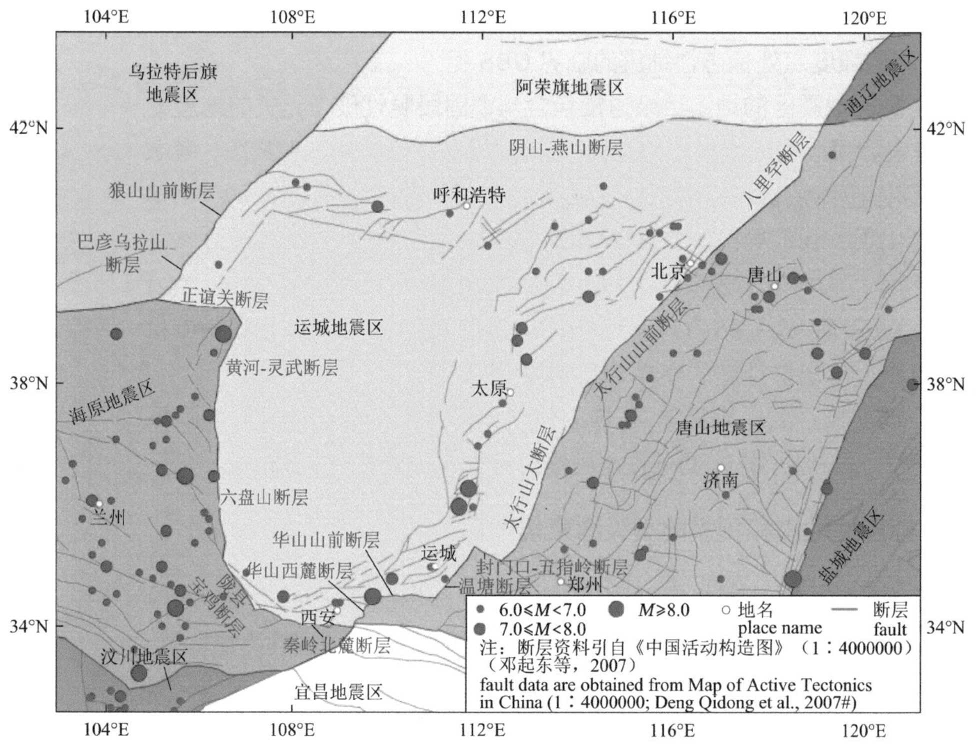

图 14-16　运城地震区及其相邻地震区地震构造图

该区是一个板内地震区，当前地震周期曾发生 3 次标志性地震：1303 年 9 月 25 日山西洪洞M_S8.0 地震、1556 年 2 月 2 日陕西华县M_S8.2 地震和 1695 年 5 月 18 日山西临汾M_S8.0 地震。由图 14-17 看出，这些地震的演化遵循着式(1)其震级约束条件满足式(4)。该区预震的震级不超过M_S7.0，满足式(5)。由此看出，地震按规则出牌且讲究分寸，不会像野马一样横冲直撞。

根据式(6)，我们判断 1695 年临汾M_S8.0 地震不为主震，故该区仍将发生下一次标志性地震；在其发生前，不同量级的预震会不时发生。目前，该标志性地震远离临界值，谈论其为时尚早。

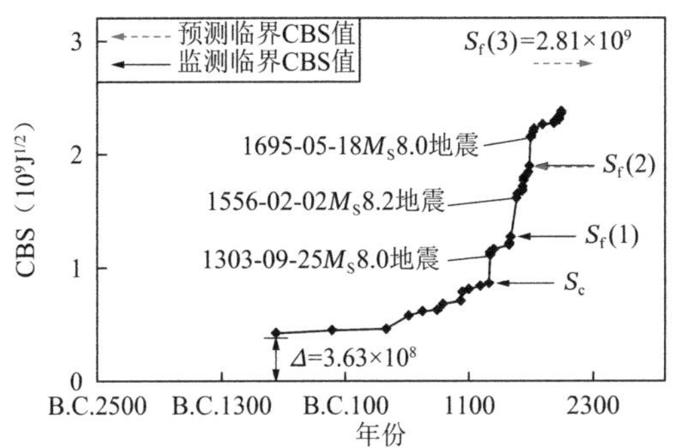

图 14-17　误差修正后运城地震区当前地震周期（公元前 2300 年至 2015 年 11 月 21 日）$M_S \geqslant 6.0$（$M_v = M_S6.0$）地震的 CBS 与年份的关系

4）结论与启示

我们对全球 62 个地震区的震例分析表明，地震以“上述规律和震级约束条件”严格要求自己，从不乱来，是“讲理”的。

在科研中，如果花费多年心血做到一定深度，仍觉得所研究对象呈现“不讲理”的行为，那就意味着研究方向需要纠偏或需要另起炉灶，千万不要一条道走到黑。

科研突破难，突破后进入到深水区再前进一步更难。在疫情期间，我也想仿效当年牛顿，解决一个困扰我们 3 年多的难题，但仍一筹莫展。谁让咱的智慧比人家差得远呢，但愿勤能补拙。

科学探索，永无止境；防震减灾，警钟长鸣！

参考文献

[1] 吴晓娲，秦四清，薛雷，等. 孕震构造块体与相应地震区划分方法[J]. 地质论评，2021, 67(2): 325-339.

[2] CHEN H, QIN S, XUE L, et al. Universal precursor seismicity pattern before locked-segment rupture and evolutionary rule for landmark earthquakes[J]. Geoscience Frontiers, 2022, 13(3): 101314.

8

“地震能否被预测”是科学命题吗？

（发布于 2018-9-11 10:42）

每当地球上发生一次严重破坏性地震，“地震能否被预测”总是一个有争议的热点话题。悲观派认为“因为地球不可入等原因，地震不能被预测”；而乐观派则认为“随着科学和技术的发展，地震是可以被预测的”。群众应如何从科学角度看待这个问题？应如何正确理解地震的可预测性问题？本文依据我们目前对地震产生过程的理解，给出解答，并期望起到抛砖引玉的作用。

若某个命题是科学的，除其本身须有具体明确的涵义外，还得满足逻辑自洽性与可证实性（或可证伪性）。例如，以前认为：原子是不能被进一步分割的最小粒子。如果能找到一个原子能够被分割，那么这个结论就是伪命题，在没能找到之前，这个结论可以暂时作为真命题。后来人们发现原子是由电子，中子等构成的，证明了以前的结论是错误的。

回到本文所说的事儿，“地震能否被预测”是科学还是非（伪）科学命题呢？咱根据上述说法先做个基本判断。

如果说“地震能被预测”，那么意味着不管大大小小的地震都能被预测，所谓能预测，隐含着两个必不可少的条件：一是得有靠谱的理论方法；二是预测的时空强三要素与实际相差不大。如果没有前者，那就是蒙和猜了，不足为道。关心地震的人们知道，地球每天发生的地震多如牛毛，没有人能预测所有这些地震。又有人说了，按照地震学界不成文的规定，地震一般指不小于M_S6.5 的破坏性地震，这些地震能预测就行。如此，咱接着做个简单推理，每个地震区内的岩性、构造不同，积累能量地质结构（锁固段）的强度与尺度不同，那么可预测的最小地震震级也会不同，用M_S6.5 这个“门槛”一统江湖显然并不合理。

如果说“地震不能被预测”，也太武断了，在某种程度上可以说是对人类智慧的蔑视，也是“世界不可知论”的具体体现。随着科学与技术的发展，过去认为某些不可能的事儿，不是现在已变成现实了嘛。我们的研究表明，特定地震区的某些标志性地震与标志性预震（利用地震区“时间域”或地震区内研究区的“空间域”模式），遵循着确定性规律——指数律[1]，具有可预测性。这说明这些标志性事件有规律可循，是可预测的，至于三要素预测精度，是可以通过实战逐步提高的，不是不能解决的问题。

综上，可认为“地震能否被预测”不是科学命题，而“什么类型的地震能被预测”才是科学命题。这里得强调下，该命题的内涵有两点：其一是可预测的地震类型得有明确的物理意义，其二是能用科学理论对其进行预测。下面，本文将举例说明哪些地震是标志性地震或标志性预震。

1）标志性地震

在孕震断层多锁固段理论框架下，标志性地震定义为某特定地震区锁固段发生在体积膨胀点与峰值强度点处的地震，因需要前两个标志性地震对应的 CBS 值，确定第一个可判识的标志性地震发生前 CBS 监测误差值Δ，可认为除前两个标志性地震外的后续标志性地震为可预测地震。

如唐山地震区（图 14-18），曾发生了如下标志性地震：1597 年 10 月 6 日渤海M_S7.5 地震、1668 年 7 月 25 日郯城M_S8.0 地震、1679 年 9 月 2 日三河—平谷M_S7.8 地震、1888 年 6 月 13 日渤海湾M_S7.8 地震与 1976 年 7 月 27 日唐山M_S7.8 地震。从图 14-19 看出，这些标志性地震的演化遵循着我们发现的指数律，后三次标志性地震为可预测地震。

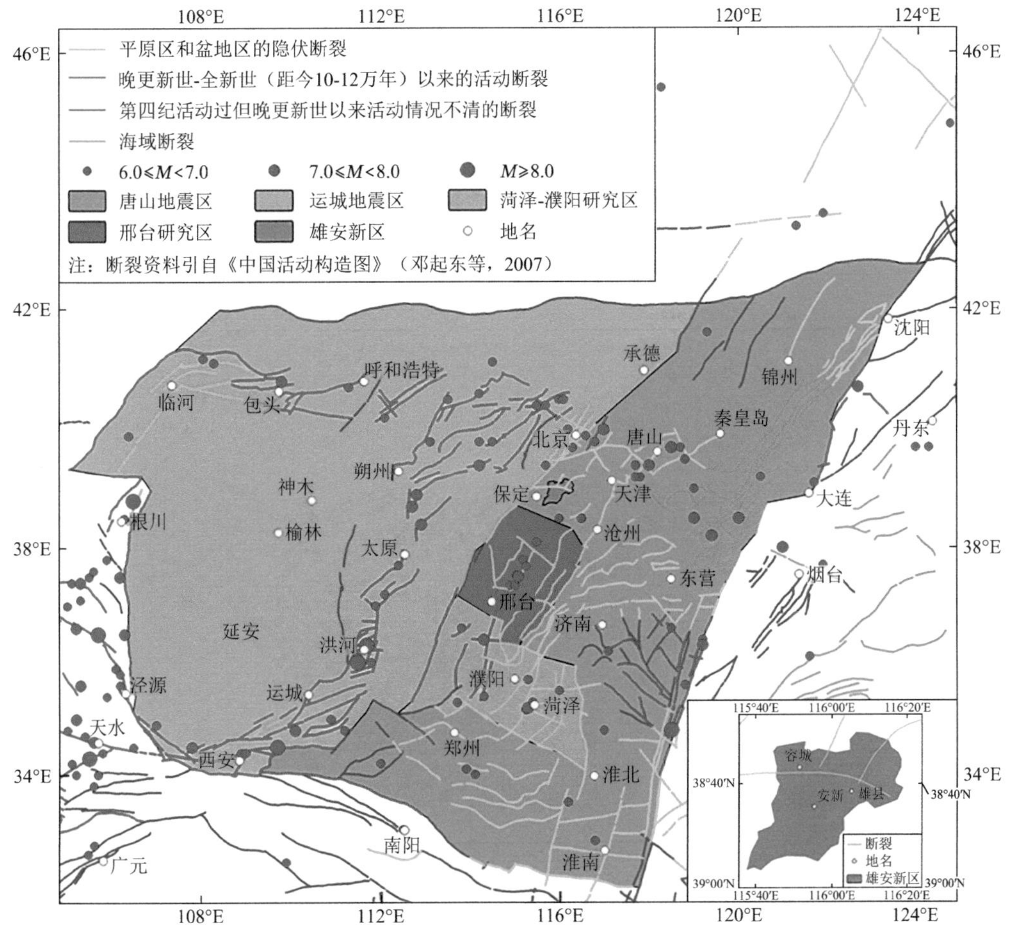

图 14-18　唐山和运城地震区地震构造图

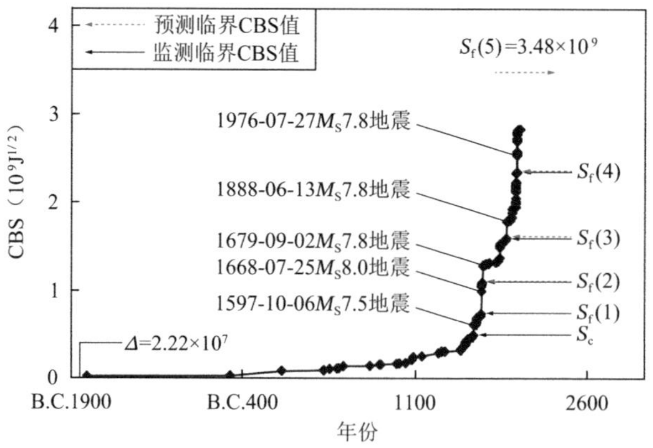

图 14-19 误差修正后唐山地震区当前地震周期（公元前 1767 年至 2015 年 11 月 21 日）$M_S \geqslant 5.0$ 地震的 CBS 与年份的关系

再如汶川地震区（图 14-20），有史以来，该区共发生三次标志性地震（图 14-21），即 1327 年 9 月四川天全M_S7.75 地震、1937 年 1 月 7 日青海玛多M_S7.8 地震与 2008 年 5 月 12 日汶川M_S8.1 地震。显然，汶川地震能被我们的理论所预测。

2）标志性预震

多锁固段破裂时，在相邻标志性地震之间会发生诸多预震。由于通常认为预震为随机事件，其无法被预测。然而，近期我们的研究表明，对存在次级锁固段的地震区或研究区，锁固段和次级锁固段的破裂行为具有自相似性，即次级锁固段破裂发生的标志性预震在“时间域”或“空间域”的演化规律，仍遵循我们发现的指数律，但震级约束关系满足另外特定的条件。

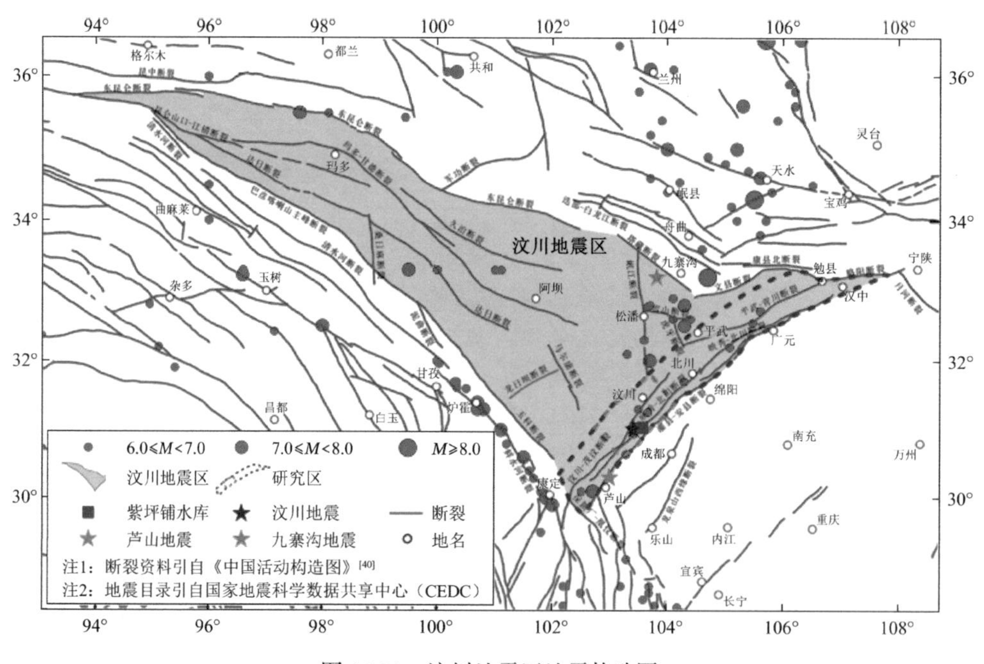

图 14-20 汶川地震区地震构造图

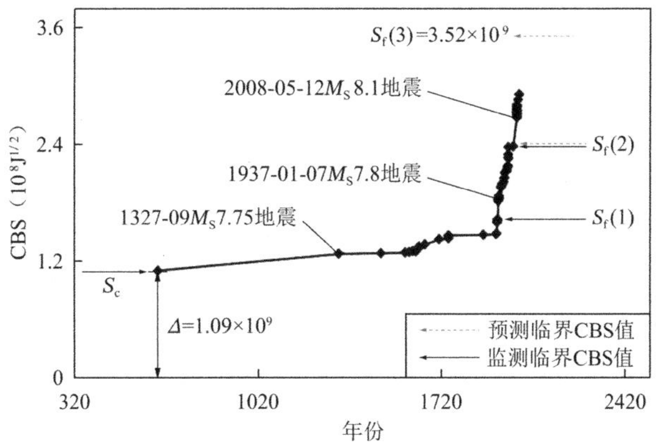

图 14-21　误差修正后汶川地震区当前地震周期（638 年 2 月 14 日至 2017 年 8 月 21 日）$M_S \geqslant 5.5$ 地震的 CBS 与年份的关系

标志性预震定义为某特定地震区或研究区次级锁固段在体积膨胀点与峰值强度点处的地震。

（1）“空间域”（在地震区内合理划分的研究区）模式

我们的研究表明，对特定地震区某一地震周期，在地震区内的研究区地震（在地震区中称为预震）演化遵循同一指数律，称之为“空间域”模式。具体做法是，在特定地震区内以断层为约束条件划分小区作为研究区，利用指数律可预测某些标志性预震。

以图 14-18 中划分的邢台研究区为例，该区曾发生 3 次标志性预震（图 14-22），分别为 777 年河北宁晋东北M_S6.0、1966 年 3 月 8 日隆尧东M_S6.8 和 1966 年 3 月 22 日宁晋东南M_S7.2 地震。同理，可认为宁晋东南M_S7.2 地震能被预测。需指出的是，1882 年 12 月 2 日深县M_S6.0 地震是 1966 年M_S6.8 地震前的 1 次显著子预震，1966 年 3 月 22 日宁晋东南M_S6.7 地震是 1966 年M_S7.2 地震前的 1 次显著子前震。

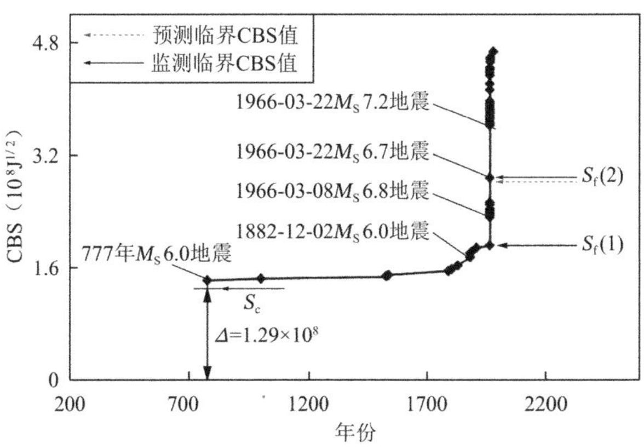

图 14-22　误差修正后邢台研究区（377 年至 2015 年 11 月 21 日）$M_S \geqslant 5.0$ 地震的 CBS 与年份的关系

（2）“时间域”模式

我们的研究表明，对特定地震区某一地震周期，在时间域上地震（在地震区中称为预震）演化遵循同一指数律，称之为“时间域”模式。具体做法是，截取某标志性地震发生后至未来预期标志性地震前某一时间段的地震序列，利用指数律可预测某些标志性预震。

仍以汶川地震区（图 14-20）为例，该区自 2008 年 5 月 12 日后发生了 3 次标志性预震（图 14-23），分别为 2008 年 5 月 25 日广元M_S6.4 地震、2013 年 4 月 20 日芦山M_S7.0 地震和 2017 年 8 月 8 日九寨沟M_S7.0 地震。类似地，至少 2017 年九寨沟M_S7.0 地震能被预测。若该区存在第 3 次级锁固段，则下一次标志性预震也能被预测。

上述分析说明，2013 年芦山地震和 2017 年九寨沟地震，均为汶川地震区下一次标志性地震（M_S8.0-8.3）前的显著预震，这两次地震直接相关且与汶川地震有着密切联系。

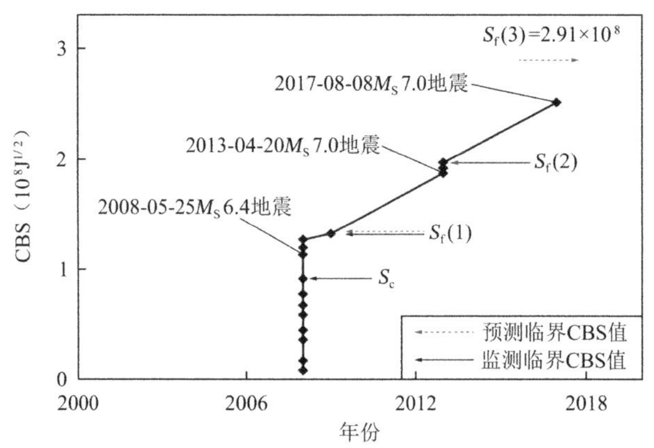

图 14-23 误差修正后汶川地震区（2008 年 5 月 12 日至 2017 年 8 月 21 日）$M_S \geqslant 5.4$ 地震的 CBS 与年份的关系

由于次级锁固段的存在，使得某些标志性预震能被预测，我们之前对某些地震区（中国及其周边地震区划分图 3.5 版）标志性预震的前瞻性预测，为此提供了可信证据。然而，预测下一次标志性预震时，需知道其对应的次级锁固段是否存在，若不存在则会得出错误结果。对此，目前尚无可靠方法，需开展进一步研究。

综上所述，特定地震区内某些标志性地震与标志性预震，因其发生的物理机制明确且有规律可循，故能被预测，为可预测地震类型。在目前认知水平下，除这些地震外的其他地震，为不可预测地震。这些可预测地震仅与锁固段或次级锁固段破裂对应的地震事件类型有关，而与其震级无关。换句话说，每个区的情况不同，如有些区我们能预测 6.8 级的标志性地震，而有些区我们只能预测 8.1 级的标志性地震。由此可见，地震能否被预测之争议，本质上是由对地震物理机制与规律认识不清所致。

尽管可预测的地震仅占全部地震的很小一部分，但其均为每个地震区演化过程中震级较大且危害较大的事件。新中国成立以来，我国已发生了多次破坏性地震，但其中造成惨重损失且令人记忆犹新的为唐山和汶川地震，如果当时有人能用科学理论做出前瞻性的确定性预测，则功莫大焉，此乃后话。不过，科学总是向前发展的，随着我们对地震产生过程的深入理解，已有了预测标志性事件的系统理论方法，历史已翻开了新的一页。我们也期待着，未来能有更好的地震预测科学理论方法面世，能预测更多的严重破坏性地震，以最大限度地防灾减灾。

参考文献

[1] 杨百存, 秦四清, 薛雷, 等. 什么类型的地震能被预测?[J]. 地球物理学进展, 2017, 32(5): 1953-1960.

9

地震产生机制学说的统一

（发布于 2020-6-8 10:34）

在探索科学真理的征途上，应提倡“百花齐放，百家争鸣”。然而，科学的归宿是“一统江湖”，即科学追求的终极目标是建立描述某一类事物的统一理论（学说）。若某一理论能合理解释某一类事物演化过程中出现的各种现象，能描述其演化规律，且能可靠地预测未来，那么可以说该理论代表了相对真理。

过去关于地震产生机制的主流学说[1]有三种：黏滑说、岩石破裂说和弹性回跳说。现在，我们已创立了锁固段脆性破裂理论。

前几年，我常提出以前各种地震产生机制学说的问题，让人反感。难道这些学说真的一无是处？再看看这些学说是否反映了真实地震产生机制的某个方面，或者说是否像盲人摸象一样摸到了大象的某个部位。

锁固段是孕震断层中的高承载力地质结构，其在震间阶段起阻滑作用，呈现黏结现象；而在震时阶段锁固段脆性破裂发生地震，给断层以动能导致其快速滑动；由于破裂释能伴随有应力降产生，故必然导致卸荷回弹，即弹性回跳。因此，若地震产生机制为锁固段脆性破裂，则能实现黏滑机制、破裂机制与弹性回跳机制这三种学说的完美统一（图 14-24）。不过，要注意破裂是“因”，回跳是“果”。

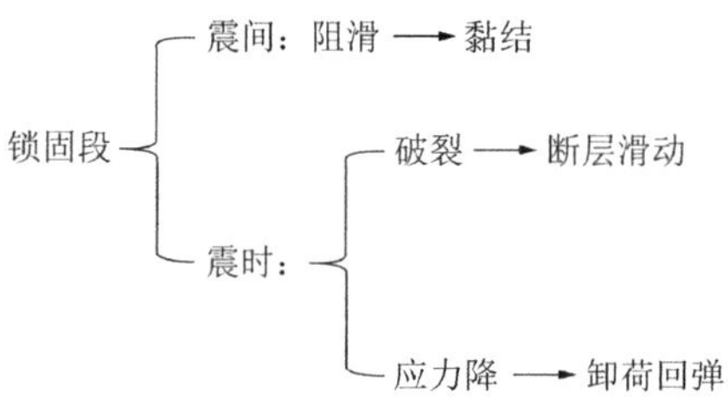

图 14-24　锁固段在震间和震时的行为

从 GPS 观测、大地测量结果和地震活动性来看，黏结断层（长期活动性微弱）常发生大地震；从构造地震的震源机制解来看，断层错动或断层中凹凸体（属于锁固段的一种类型）破裂发生地震；从震后调查结果看，某些发震断层确有明显弹性回跳迹象。这些都是由于锁固段存在和破裂产生的现象和结果。

根据上述分析，易知黏滑说、岩石破裂说和弹性回跳说仅反映了真实地震产生机制的某个方面，像盲人摸象一样仅摸到了大象的某个部位。具体说来，黏滑说的创立者是被现象蒙蔽了双眼，未看到本质；弹性回跳说的创立者则混淆了因果关系；岩石破裂说相当可靠，但遗憾的是未指明岩石的“籍贯”和“性别”。

仅能统一以前的地震产生机制学说，还不足以说明锁固段脆性破裂理论的科学性。为此，我将根据科学鉴定原则做进一步阐述。该理论不仅满足逻辑自洽性，还能合理解释各种地震现象与观测结果，还得到了全球 62 个地震区回溯性分析和前瞻性预测的支持。由此看出，锁固段脆性破裂理论是目前解释和预测地震最好的理论。当然，若有那么一天，某新理论超越了锁固段脆性破裂理论，那么后者就会自动退出历史舞台以让位于前者。这是由科学发展的阶段性所决定的，我们期待着这一天早日来临。

参考文献

[1] 吴晓娲，秦四清，薛雷，等. 基于震例探讨大地震的物理机制[J]. 地球物理学报，2016, 59(10): 3696-3710.

[2] 鉴定科学与非科学的原则和方法[EB/OL]. (2012-08-15) [2020-06-08]. http://www.doc88.com/p-396245247715.html.

10

为何事后能找到所谓的地震异常？

（发布于 2022-6-28 10:10）

长期以来，地震学家基于震前存在物理异常的执念，想找到可靠的地震前兆，但一直未能如愿。尽管如此，但事后总能找到所谓的“异常”。这是为什么呢？

我看过多篇有关文献，认为其存在如下共性问题：（1）数据分析采用的时段太短（图 14-25），一般为数天至数年（人为性强），难以反映地震孕育全过程，故可能严重失真；（2）异常（数据变化较大或曲线变化较剧烈处）识别较随意，即不管所谓的异常是否显著，只要有地震对得上即可；（3）不管观测台站距震中的远近，有硬凑的嫌疑。的确，要这么搞的话，当事后诸葛亮易如反掌。

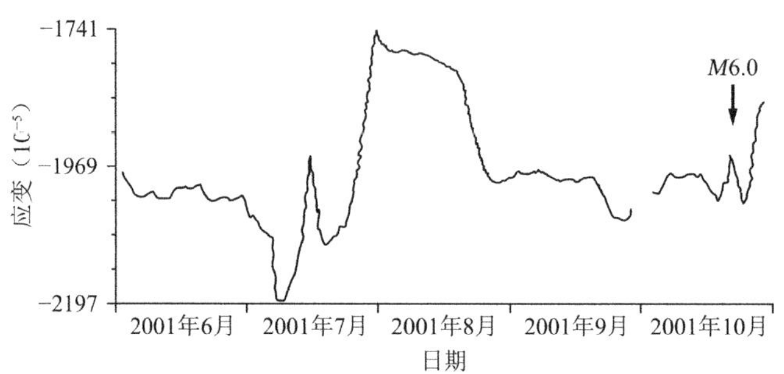

图 14-25　攀枝花仁和台钻孔应变 NW 向日均值曲线[1]

为澄清地震前是否存在可判识的地震异常，我将从地震物理机制说起。我们已经认清：

（1）较大地震主要源于锁固段的脆性破裂，而破裂又归于构造运动加载。

（2）破裂产生应力降，故只有在锁固段被加载至应力不小于破裂前的应力水平时，才能发生下一次较大地震。

（3）加载是非连续的，可视为间隔一段时间加载一次；每一步加载，锁固段不一定破裂发震；因此，对同一个地震区，较大地震通常会间隔一段不等的时间。

（4）即使应力或应变满足了锁固段剪切破裂条件，但由于断层黏滞性的约束，较大地震会滞后发生，且滞后时间没有规律可循。

基于上述认识，以应变随时间变化为例，看看其变化特征。其他的物理量，如应力、波速、电阻率等随时间的变化可以此类推。

为便于理解，我们分两种情况讨论。需要说明的是，由于固体潮引起的周期应变在数据处理时可剔除，故在下列讨论中不予考虑。

1）测锁固段的应变

假设能把应变片贴在锁固段上。如图 14-26 所示，某次地震后的每一步加载，应变增加；加载完成后，应变随时间近似不变，直至下一步加载；当累积应变满足发震条件时，锁固段破裂错动，此时应变显著增长。换句话说，在地震前（震间），锁固段应变随时间总体上呈多“小阶梯状”稳态增长趋势，且增长量与震时相比很小。如上所述，因为不知道加载到第几步和滞后多长时间地震发生，所以任何人都不能科学地预知地震何时发生，也没有办法预知震级多大，除非玩“剪刀-石头-布”的游戏瞎蒙乱猜。需注意的是，震级可能不大，故不需要预测预报。

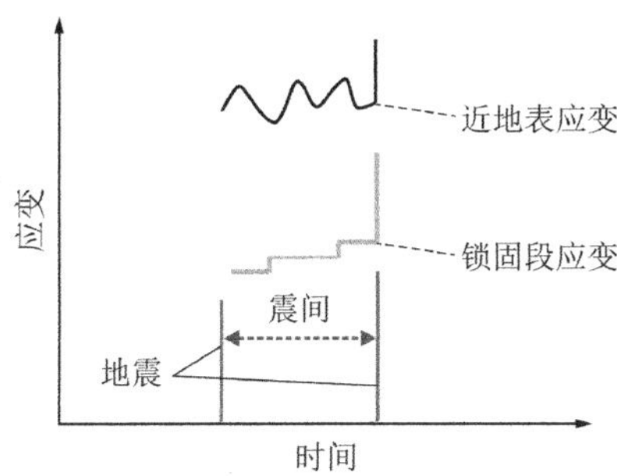

图 14-26　应变随时间的变化示意图

2）测近地表的应变

对板内孕震构造块体，锁固段位于基底中，距地表一般不小于 10km。按目前的技术，无法把应变片贴在锁固段上，故多采用近地表的钻孔应变测量方法。假定钻孔正好布设在锁固段上方，以取得最好的观测结果。

深部锁固段几乎不受气压、降雨、地面温度、地面振动、人类工程活动等因素的影响，但在近地表的钻孔应变则受这些因素的影响很大，其包含了“大幅打折（深部锁固段的应变，要通过很厚的岩土介质才能传递到近地表，故近地表的应变测量值必大幅小于锁固段的实际应变值，甚至完全不含后者的信息）”后构造加载的信息，但更多的是上述因素导致的扰动信息。因此，测定的应变-时间曲线，在震间会呈现多处“锯齿”，但在震时显著突跳，这与近地表的实际观测结果一致。若把“锯齿”的峰或谷作为异常预测预报地震，那就成了无稽之谈，因为其主要与扰动有关。

退一万步说，即使能排除扰动信息（相当于第一种情况），也无法做出可靠的地震三要素预测预报。

综上，在震间或震前，无论直接或间接（近地表）测锁固段的应变，都不可能观测到可判识的应变异常；然而，在震时，若观测台站距震源较近且震级较大，则能观测到应变突跳——显著异常，但此时地震已发生，来不及做出预测预报了。

我再次强调，无论根据异常还是规律预测预报地震，都必须基于地震物理机制；否则，即使采用更先进的监测手段，即使把观测仪器布满全球，仍无济于事，只会白白浪费“银子”和时间。

如果确有与物理机制密切相关的异常，且能重复出现，则标志着已找到可判识的地震前兆，故可靠的地震预测预报也就随之实现了。然而，长期的预测预报实践表明，此路不通。例如，卢双苓等[2]统计了我国大陆在1966—2002年间发生的1576次$M \geqslant 5.0$地震的宏观异常现象，其中动物习性异常58次，地光异常18次，地声异常17次和气象异常9次，分别占地震总数的3.68%、1.14%、1.08%和0.57%，表明这些宏观异常现象与大地震的相关性很差。既然相关性如此差，就更谈不上因果性。这意味着根据异常预测预报地震相当不可靠。

昨天，我在某微信群对群友们说：地震也好，滑坡也罢，虽然其演变千变万化，但遵循基本的力学与物理学原理，不可能干出格的事儿，这是我们能找到规律的根源，也是我们乐意从事科研的动力。就以此句话作为本文的结束语吧。

参考文献

[1] 朱航. 四川地区应力应变和重力的地震短临前兆异常特征[J]. 地震研究, 2003, 26(S1): 140-148.

[2] 卢双苓, 曲保安, 蔡寅, 等. 宏观异常与地震关系的统计分析[J]. 中国地震, 2015, 31(1): 141-151.

11

揭开深源地震机制的面纱

（发布于 2018-7-17 09:58）

深源地震是指震源深度大于 300km 的天然地震。尽管深源地震发震数量少，约占全球地震的 4%，通常情况下不会对建筑物、人类生命安全等造成严重灾害，但弄清深源地震机制对研究地幔结构、构造板块形态及运动特征、俯冲带热结构、火山活动、地幔对流、地幔自由水、俯冲板块内应力分布情况等均有重要的科学研究意义和实际价值，一直是地球动力学领域的重要研究方向。

自 20 世纪 20～30 年代发现深源地震至今，尽管学者们采用矿物高温高压实验、地球物理方法和数值模拟等方法对其机制进行了研究，但迄今为止仍未能从本质上搞清其孕育过程，始终是一个世界性科学难题。Sibson[1]认为，板内浅源地震的震源深度下限值与脆性-韧性转换带一致，所以容易理解浅源地震属于脆性破坏性质。与之相比，深源地震震源体处于更高的温度与围压环境，两者发震机制可能不同。对（中）深源地震机制，历经长期探索已提出了诸多假说，主要有：脱水致裂机制、相变失稳机制、剪切熔融失稳机制、反裂隙断层作用机制等。目前关于中-深源地震物理机制的主流假说，均存在诸多有争议的问题，且难以自圆其说，故需另辟蹊径探寻新学说。

我们已经提出，任何天然地震（除慢地震外）都是岩石的脆性破裂所致，深源地震也不会例外，应属于岩石的脆性破裂范畴，有同学自然会问“深部岩石处于高温高压状态，能不能发生脆性破裂呢？具备这样的条件吗？”别急着下结论，先拿证据[2]说话。

（1）深源地震主要发生在冷俯冲板块内部中心区域，而不是它的边界。深源地震的发生取决于俯冲带温度机制。尽管地幔处于高温状态，但板块内部中心区域均保持低温状态，深源地震发生区域温度可能小于 600℃[3]。

（2）看到这儿，好奇的同学忍不住会问，地球内部有放射性元素衰变，地球内部的温度会逐渐升高，在“火炉”的加温下，板块中心区域的温度是不是也逐渐升高呢？

近 30 年来，科学家通过室内高温高压实验，对地球深部的了解取得很大进展，并获得了足够多的证据表明上地幔中存在自由水。研究发现，温度和压力达到一定条件时，在板块内部和浅部的矿物开始脱水形成自由水，且在地球深部温度压力条件下其可能呈液态。那么，不难理解，地幔自由水的主要作用有：

降温作用：矿物脱水过程本身是吸热反应，而所生成的自由水对俯冲板块又具有冷却作用，使得俯冲速度快的“老”板块内部能够一直保持着相对低温的状态。

降压作用：脱水过程所生成的自由水会导致局部超压，进而降低破裂面上有效应力（降低震源体围压），使得岩石高压破裂成为可能。

此外，我们的研究还表明，自由水和火山活动同时影响着俯冲板块内部温度和围压（图 14-27）。火山喷发释放着地球内部大量的热量和压力，尤其是发生深源地震的俯冲板块附近，使俯冲带表面区域不会一直处于高温高压状态，起到“维稳”的作用，对深源地震的孕育与形成条件有着至关重要作用。

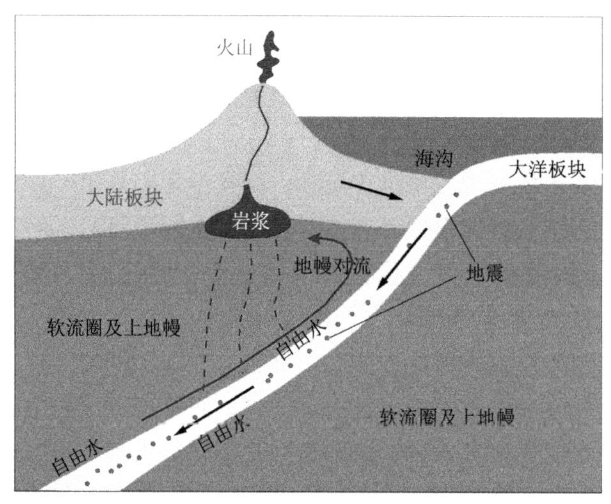

图 14-27　俯冲板块及火山等情况示意图

（3）岩石高温高压实验表明，花岗岩在 800℃以下、蛇纹石在 900℃以下、石榴石在 1000℃以下，均表现为脆性破裂行为。

（4）诸多学者的研究表明，深源地震与浅源地震的诸多特征具有相似性，如辐射图型、震级分布范围、震源-时间函数、破裂速度和应力降等。这意味着深源地震物理机制与浅源地震类似，是某种形式的破裂，由断层错动或板块俯冲所致。

（5）我们的震例分析表明，对全球发生过深源地震的地震区，若分析时去掉深源地震数据，则标志性地震演化规律不符合孕震断层多锁固段脆性破裂理论；若保留，则符合。这说明深源地震参与了标志性地震孕育过程，其可归因于锁固段的脆性破裂。

例如，北海道地震区（图 14-28）位于鄂霍茨克板块、欧亚板块、北美洲板块、太平洋板块与菲律宾板块交界附近。截止到 2016 年 2 月 24 日，该地震区曾发生$M \geqslant 7.5$ 地震 83 次，其中浅源地震 75 次，中源地震 3 次，深源地震 5 次。该地震区发生的 3 次标志性地震是：1898 年 6 月 5 日日本海沟$M_{UK}8.7$ 地震、1952 年 11 月 4 日勘察加东部近海$M_W8.9$ 地震与 2011 年 3 月 11 日日本宫城东部近海M_W9.0 地震。从图 14-29 看出，考虑深源地震的标志性地震演化规律，严格遵循着多锁固段脆性破裂理论。

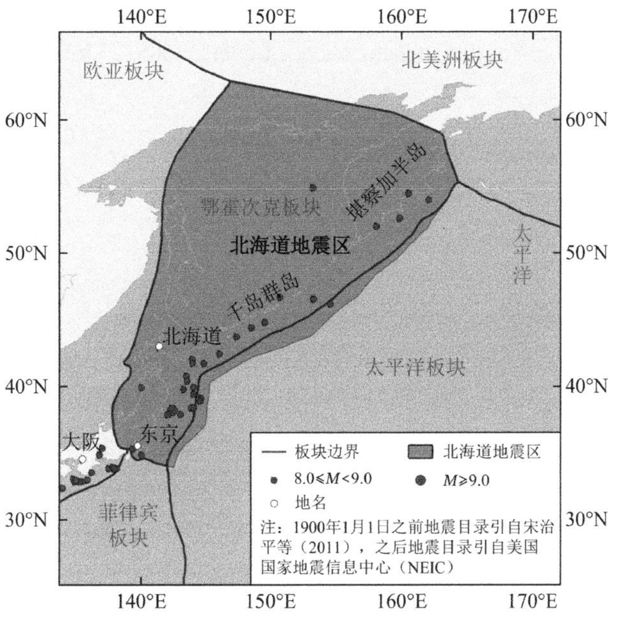

图 14-28　北海道地震区地震构造图

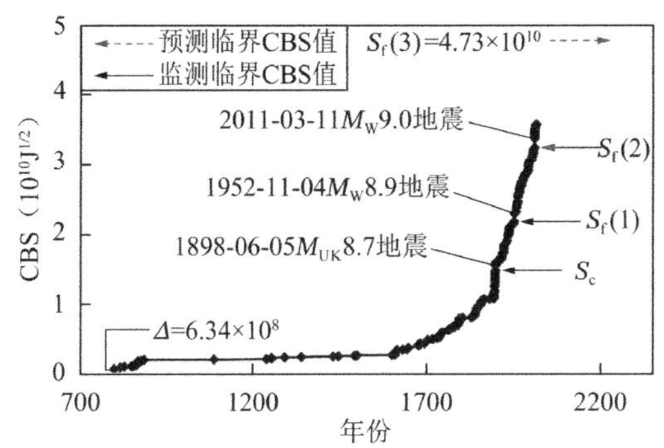

图 14-29　误差修正后北海道地震区当前地震周期（144 年 2 月 15 日至 2016 年 2 月 24 日）$M_W \geqslant 7.0$ 地震的 CBS 与年份的关系

综上分析，可认为深源地震震源体（锁固段）具有发生脆性破裂的环境条件，其与浅源地震机制一样，均为锁固段脆性破裂。

参考文献

[1] SIBSON R H. Fault zone models, heat flow, and the depth distribution of earthquakes in the continental crust of the United States[J]. Bulletin of the Seismological Society of America, 1982, 72(1): 151-163.

[2] 吴晓娲，秦四清，薛雷，等．基于震例探讨大地震的物理机制[J]．地球物理学报，2016, 59(10): 3696-3710.

[3] MCKENZIE D, JACKSON J, PRIESTLEY K. Thermal structure of oceanic and continental lithosphere[J]. Earth and Planetary Science Letters, 2005, 233(3-4): 337-349.

—12—

《雄安新区地震危险性评估》文章之导读

（发布于 2017-12-6 17:05）

该文基于文献[1]所写，故涉及的文献不再一一列出。

河北雄安新区位于京津冀地区核心腹地，由保定市所辖雄县、容城和安新 3 县组成。雄安新区周边曾发生 1679 年三河-平谷M_S7.8 地震、1966 年邢台M_S7.2 地震和 1976 年唐山M_S7.8 地震等严重破坏性地震。为给国家重大工程建设提供设计参数，减轻地震对人类生命及财产造成的损失，对雄安新区进行地震危险性评估具有重要意义。按照《中国地震动参数区划图》GB 18306—2015 和《建筑抗震设计规范》GB 50011—2010（2016 年版），雄安新区抗震设防烈度为 7 度，设计基本地震加速度值为 0.1g。

那么，问题就来了，过去不是有基于地震复发周期理念的确定性和概率地震危险性分析方法嘛，直接用行不行呢?

若传统方法可靠，就不费劲了，那么传统方法可靠吗？过去不少场地的地震危险性评估采用这些方法，出事儿的也不多呀。这是为什么呢?

这是因为，对任何一个区域而言，发生大地震都是小概率事件，虽然传统方法一般会严重低估某区域的地震危险性，相当不可靠，但即使误判了，在几十年内往往也“死无对证”。但若说某年某区域无大地震，点背时就会把自己玩进去。例如，H 同学运气差了点，在 2007 年说“茂县-汶川和北川-太平一带分别为 7.0 级和 6.5 级潜在震源区”，结果 2008 年汶川大地震的发生让人“躺枪”了。其实，这事儿不能怪 H 同学，人家也是依靠传统方法得出的“正确结论”，换作别人也一样，只能怪方法不可靠啊。再说透点，如果 H 同学在 1980 年说“龙门山断裂带 25 年内不会发生大地震”，说不定因这个认识给国家的建筑抗震节省大笔资金，能拿个科技进步一等奖呢，但偏偏在 2007 年说，因“不逢其时”而惜哉。事实上，若真的明白大地震物理机制和规律，在 1980 年应该说“龙门山断裂带的巨震危险性很高”，因为汶川地震区在 1976 年松潘-平武双震震群发生后，已基本处于临界状态了，巨震是早晚的事儿。

其实啊，地震危险性评估是以中长期预测为前提的，过去的所谓预测方法与地震物理机制及其规律脱节，均属于“蒙和猜”的游戏，只不过当事人深陷其中而不自知罢了。例如，过去不管官方还是民间科学的所谓成功预测，对象都属于预震，这种类型的地震数量多（有时能猜对），但一般为随机事件，如真有人能用科学方法预测世界上大部分的随机事件，给10个诺贝尔奖都不为过。然而，要预测数十年或数百年才发生一次的严重破坏性标志性地震，如2008年汶川大地震和2011年日本大地震(这些地震为标志性地震，遵循确定性规律)，未见任何可靠的报道，对该类地震即使猜也猜不对。

所以说，解决大地震预测以及地震危险性评估难题的必由之路，必须从物理机制入手，突破系列基础科学问题后，才能看到胜利的曙光。“大地震物理预测”是无法绕开的一道坎。

既然传统方法不可靠，咱得寻找可靠的新方法，我们提出的新方法要点是：

（1）明确该区域所涉及的一个或多个地震区，研判各地震区的地震趋势，给出未来将发生的标志性地震震级范围与预震震级上限；分析各地震区活动断层的发震潜力与地震活动性特征，预判标志性地震发生的可能地点。

（2）在上述分析的基础上，考虑断层展布情况及其与该区域的位置关系，以断层为约束条件，在各地震区内划分一个或多个研究区。根据新提出的标志性预震预测方法，给出研究区未来将发生的标志性预震与子预震震级上限；结合研究区活动断层的发震潜力评估和地震活动习性，预判标志性预震发生的可能地点。

（3）评判在给定时间范围内各研究区及其周围的发震潜力，根据有关地震烈度经验公式，计算在最不利情况下（如考虑震级上限和距离最近的情况）该区域的地震烈度。

（4）综合分析研究结果，给出该区域的抗震设防烈度建议值。

与传统方法比较，显然新方法更为科学合理，但仍存在某些不确定性的问题，需要以后逐步解决。据此新方法，我们评估了雄安新区地震危险性，得出了结论：“雄安新区抗震设防烈度从原7度调整为8度为宜。”可喜的是，该结论被《河北雄安新区规划纲要》采纳。

参考文献

[1] 杨百存，秦四清，薛雷，等. 雄安新区地震危险性评估[J]. 地球物理学报, 2017, 60(12): 4644-4654.

-13-

新认识：胡焕庸线具有地震地质涵义

（发布于 2021-2-14 14:41）

我原来几乎未关注过胡焕庸线及其涵义，因为我的科研兴趣不在于此。然而，近些天我看到几位科学网博主撰文重提此概念，勾起了我的好奇心——想看看胡焕庸线与我们划分的地震区有无联系。

胡焕庸线[1]，又称黑河—腾冲线，为一条大致沿着 45°倾斜的直线，是由我国地理学家胡焕庸在 1935 年提出的划分我国人口密度的对比线。在该线的西北侧，56.2%的国土只居住着 5.9%的人口，呈现一派“大漠长河孤烟”的景象；而在该线的东南侧，43.8%的国土居住着 94.1%的人口，呈现一派“小桥流水人家”的景象。随着时间的推移，人们逐渐发现，这条人口分割线与气象上的降雨线、地貌区域分割线、文化转换的分割线以及民族界线均存在某种程度的重合。

在我看来，胡焕庸线实际上是我国大陆宜居性的分界线，即在该线的西北侧地区宜居性差，而在该线的东南侧地区宜居性好。我们知道，影响宜居性的因素包括自然灾害、地理、气候、水资源、交通、人文、经济等，其中地震是最严重的地质灾害，是影响宜居性的主控因素之一。由此而论，胡焕庸线与地震区可能存在着某种联系。

在好奇心的驱动下，基于我国大陆大地震的分布、断层线（断层与地面的交线）的连续性及其延伸性，我严格地沿某些地震区的边界——区域性大断层，画了一条如图 14-30 所示的工号线，其与胡焕庸线几乎一致。工号线西北侧我国大陆地震强度和频度，远高于工号线东南侧我国大陆地震强度和频度。这说明胡焕庸线既是大体表征纵贯我国大陆北东向的一条断层线，也是表征我国大陆地震强度和频度显著差异的纵向分界线。

做个小结，胡焕庸先生当时是基于人口密度对比界定的胡焕庸线，并未认识到该线隐含有地震地质涵义；然而，冥冥之中自有定数，客观存在的现象背后必然有某种必然性。科研嘛，就是要透过现象看本质，才能寻觅到真谛。

基于上述分析，就可以反推为何胡焕庸线客观存在了。人类社会的发展史，基本上是与各种自然灾害（地震、火山、崩滑流、洪涝、旱灾、雹灾、风沙灾、冰雪灾等）的斗争史。如上所述，地震是最严重的地质灾害，是影响宜居性的主控因素之一。在大地震频发的地区，人类惹不起地震但能躲得起地震。为此，必然主动寻找合适的宜居地避害趋利——这是人类的本能，如此势必促进人口向更利于居住的地区迁移。就我国大陆地区而言，多种其他不利因素使得西北地区的宜居性本来就较差，再加上在漫长的岁月中大地震频发，可谓雪上加霜，促使该地区的人们相继做出向东南地区迁移的决定。久而久之，自然而然就形成了清晰的人口密度对比线——胡焕庸线。

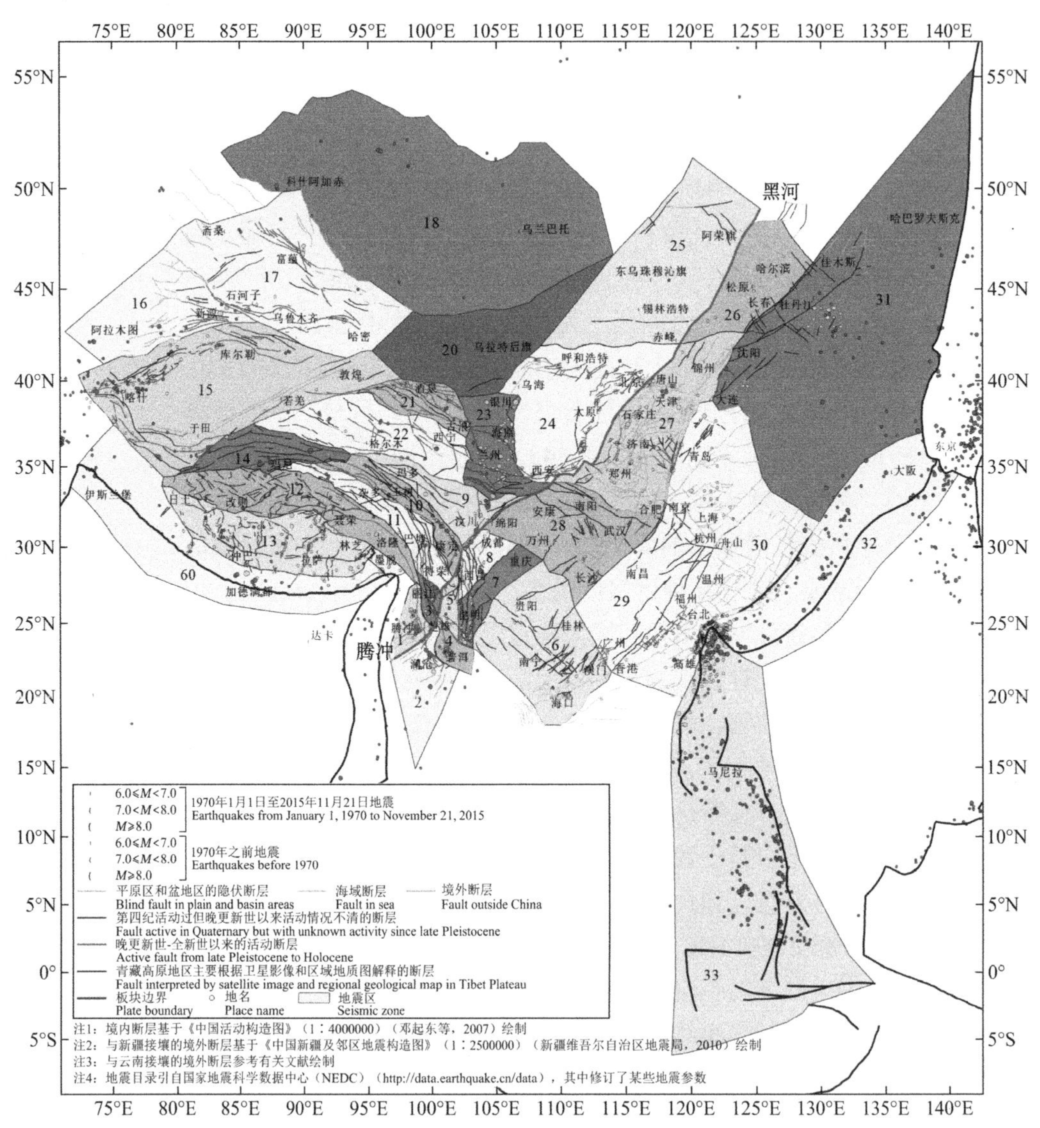

图 14-30　我国及其周边地区地震区划分图

接下来，再讨论一个问题：胡焕庸线能破吗？我们的研究表明，我国大陆各地震区当前地震周期尚未结束；随着时间的推移，无论该线的西北侧地震区还是东南侧地震区，地震的强度与频度都将趋于增大，但前者仍远高于后者。显然，一旦发生大地震，越是人口密度大且经济发达的地区，造成的人员伤亡和财产损失越严重。因此，若不维持现状，人为把胡焕庸线向西北侧移动，即人为扩大适于居住的区域，后果不难预料。我一直认为人类不可与大自然“叫板”，只能顺应自然。

在我国地学大家的推动下，预计宜居性将成为未来地学研究的一个热点。为科学评判我国各区域的宜居性，不妨以胡焕庸线为基准线，以地震灾害为主要抓手。如此，才能避免空谈，产出实实在在的成果。

本文研究首次赋予了胡焕庸线明确的地震地质涵义。我衷心期望该研究能起到抛砖引玉的作用，以把有关胡焕庸线的研究推向深处。

参考文献

[1] 胡焕庸线的地理意义及形成原因[EB/OL]. (2018-11-08) [2021-02-14]. http://www.gaosan. com/gaokao/232828.html.

—14—

科学解析近期四川地震

（发布于 2022-6-11 13:06）

据中国地震台网测定，北京时间 2022 年 6 月 1 日在四川省雅安市芦山县发生M_S6.1 地震；北京时间 2022 年 6 月 10 日在四川省阿坝州马尔康市发生M_S5.8/6.0 震群。昨天，北京广播电视台新闻广播某记者，围绕近期的四川地震话题，电话采访我，我做了简短的解答。考虑到这些解答对大家了解地震有所帮助，我把其整理成文并分享之。

Q1：什么是震群型地震？它与普通的地震有什么区别？它的危害性是否更大？震群型地震是否可以预测？

在一个较小范围、较短时间内，发生的一连串关联地震统称为震群。

震群是基本的地震活动方式，这是因为某次地震发生后，震源破裂（产生应力降）必然导致应力转移，其能引起震源周围岩石内部应力重分配，导致后续关联地震的发生。当然，如果应力转移量级较小而不满足后续地震的发生条件，或后续地震的震级太小，则只能观测到单个地震。

在一个震群内，通常有一个较大事件或两个较大且震级接近的事件。此次马尔康震群有M_S5.8/6.0 两次较大事件，可称为双震震群。

无论单个地震还是震群，其危害性主要取决于震级和震源深度。

根据我们的研究，目前只有地震区的标志性地震具有充分的可预测性，因为其演化遵循确定性规律且能预判其是否为主震。标志性地震后的震群，其震级上限能预知。

Q2：据初步震源机制解显示，此次马尔康M_S5.8/6.0 两次地震均为走滑型破裂，距松岗断裂最近，距离约 4km。什么是震源机制？走滑型破裂距松岗断裂最近，应该如何理解？

地震发生的物理过程称为震源机制，其可以通过多个地震台的地震记录图来确定。通过震源机制解，可求得破裂方向、破裂速度、应力降等参数。

走滑型破裂或地震，指发生在走滑型断裂上的地震，而走滑型断裂指两盘在力偶作用下做相对水平运动的断裂。

虽然这两次地震距松岗断裂最近，但是否发生在该断裂上，需要进一步研究，因为也可能发生在其他的隐伏断裂上。

Q3：四川马尔康地区有哪些地质特点？为什么这次这一地区附近发生了多次地震？

要理解地震，单独谈马尔康地区的地质和地震构造没有意义，得谈地震区，因为在同一个地震区内的断裂、地震都有内在关联。

马尔康地区位于我们划定的汶川地震区（图 14-31），这里的地震区为孕震构造块体的地面区域；该地震区活动断裂发育、地震频发。我们的研究表明，由于 2008 年汶川M_S8.1 地震仅为一次标志性地震而非主震，所以该地震区势必发生一系列预震（是 preshock，不是 aftershock）和下一次标志性地震。汶川地震后，在该地震区发生了一系列显著预震，如 2013 年芦山M_S7.0 地震、2017 年九寨沟M_S7.0 地震、2021 年玛多M_S7.4 地震、今年的雅安M_S6.1 地震和马尔康M_S5.8/6.0 地震。这些预震是有联系的，均属于第 3 锁固段的破裂事件。

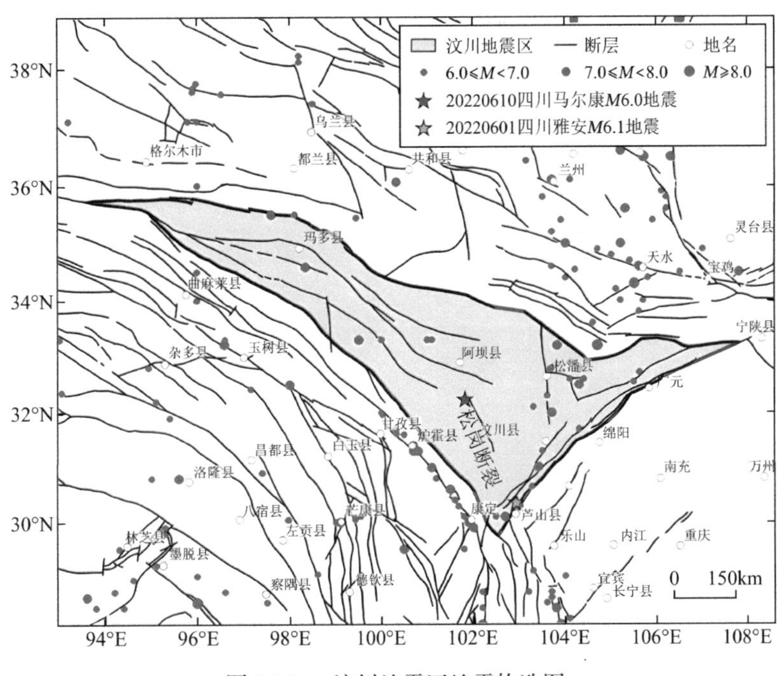

图 14-31　汶川地震区地震构造图

这些预震发生后，该地震区 CBS 监测值约为 $3.05\times10^9\text{J}^{1/2}$，仍远离下一次标志性地震的 CBS 临界值 $3.52\times10^9\text{J}^{1/2}$（图 14-32）。这意味着：在该标志性地震发生前，该地震区还将发生多次预震，其震级上限不应超过M_S7.7。

由于汶川地震区未来仍有显著预震和标志性地震发生，所以有关部门的防震减灾工作任重而道远。

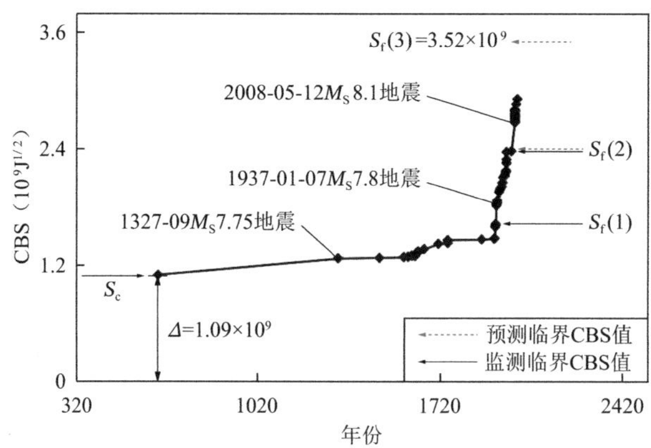

图 14-32 误差修正后汶川地震区当前地震周期（638 年 2 月 14 日至 2022 年 6 月 11 日）$M_S\geqslant5.5$ 地震的 CBS 与年份的关系

（标志性地震：1327 年 9 月四川天全M_S7.75 地震、1937 年 1 月 7 日青海玛多M_S7.8 地震与 2008 年 5 月 12 日汶川M_S8.1 地震）

Q4：汶川地震后，貌似四川的地震活动更猛了，这是什么原因?

随时间延续，每个地震区的地震活动将呈现越来越猛的趋势，这是因为随着锁固段按承载力由低到高次序的依次断裂，荷载的不断转移将导致剩余锁固段承受的荷载越来越大，故其破裂速率越来越快且破裂事件震级总体越来越大。

以汶川地震区为例，在 1937 年玛多M_S7.8 级标志性地震前，地震活动较弱（CBS 曲线平缓）；而之后，则越来越猛（CBS 曲线陡增）。这说明该地震区的地震活动显著增强，并非始于 2008 年汶川地震，而是始于 1937 年玛多地震。

2008 年汶川地震标志着第 2 锁固段已宏观断裂。由于如上所述的原因，目前第 3 锁固段破裂的地震活动会较之前更猛，这是符合力学原理的必然结果。

与四川有密切关系的还有鲜水河、得荣、西昌地震区，这些地震区的地震活动趋势与汶川地震区类似。总之，四川的地震活动确实越来越猛了。

15

从地壳圈层结构看板内地震

（发布于 2021-6-16 09:24）

地壳（Earth Crust），是指莫霍面以上的固体外壳（图 14-33 和图 14-34），其是岩石圈的重要组成部分。地壳以康拉德面（对应低速高导层）为界分为上地壳和下地壳，前者化学成分以氧、硅、铝为主，平均化学组成与花岗岩相似，称为花岗岩质层或硅铝层；后者富含硅和镁，平均化学组成与玄武岩相似，称为玄武岩质层或硅镁层。

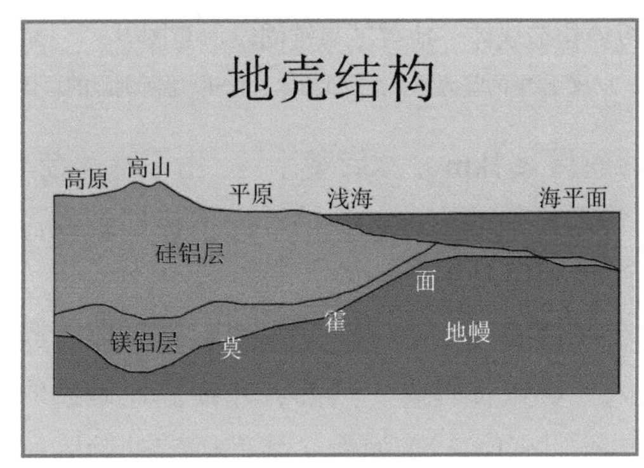

图 14-33　地壳结构示意图

上地壳以不整合面（盖层底界面）为界又可细分为上部的沉积盖层和下部的硅铝层（基底）。李朝阳等[2]指出，不整合面是一个容易失稳的界面，是构造的薄弱部位，因此在后期的构造运动改造下，不整合面易发生挤压破碎，致使断裂构造非常发育，且展现拆离滑脱特征，从而形成一个呈面状分布的高孔隙度的区带。显然，流体易沿该区带运移。

先谈板内地震的震源深度问题。

我们的研究表明，沉积盖层和下地壳可能发育非锁固段，其仅能发生较小地震；而基底发育有锁固段（图 14-34），其能发生较大地震。由此而论，较大地震仅发生在上地壳，这就合理解释了板内地震震源深度较浅。

由于板内地区盖层和基底的厚度不一，所以较大地震的深度分布范围不同，如有的地区$M \geqslant 5.0$ 地震深度分布在 8～25km，而有的地区则分布在 10～30km。我国大陆地区较大地震的震源深度呈现西深东浅、北深南浅的规律，这应与不同地区盖层的厚度密切相关。熊盛青等[3]的研究表明，在盆地区和拗陷区沉积盖层厚度总体上呈东薄西厚的特征，以 105°E 线为界，西部地区厚度多在 5～15km，最厚可达 17～21km；而东部地区厚度多在 3～9km，有的盆地局部可达 11km。由此可见，我国大陆地区较大地震的震源深度呈现西深东浅的规律，实属必然。

接下来，再讨论水库蓄水能否诱发大地震的问题。

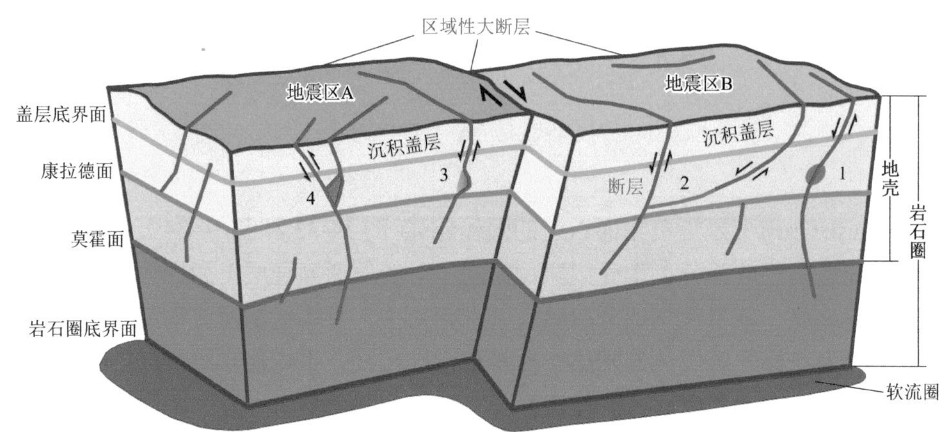

图 14-34 板内构造块体、地震区与锁固段示意图[1]

锁固段类型：1—岩桥；2—断层中的坚固体；3—凹凸体；4—断层所围限的块体

水库一般建在盖层表层（库深通常 < 1km）。水库蓄水后，由于水体荷载为局部荷载（附加荷载），根据力学原理，其向下传播是快速衰减的，估计向下传播到数百米即可忽略其作用，即基本上不需考虑水体荷载对锁固段破裂的影响。

如上所述，盖层内可能发育有非锁固段。由于盖层内岩石较破碎，库水易渗透到断层中（需要一定时间）的非锁固段内，导致其发震。然而，非锁固段破裂所能发生的地震震级一般不超过M_S6.0。以汶川地震区（图 14-35）为例，我们确定的锁固段破裂事件的门槛震级为M_S5.5，故非锁固段破裂发生的地震震级不超过M_S5.5。

若库水继续下渗，将遇到盖层与基底之间的分界面——导水性强的区带（见上述），而基底为花岗岩质层不易导水，且在较高的环向构造应力作用下基底中断层带内物质密实度较高、渗透性较小。因此，流体将主要沿该区带分流，而很难渗透到基底中。即使极小部分流体能渗透到基底中的锁固段内部，所起的作用也微乎其微。

仍以汶川地震区为例。从该地震区不同区域的地震活动性（图 14-36）看出，紫坪铺水库的库水并未渗透到龙门山断裂带深部[4]，这佐证了上述分析的可靠性。

需指出的是，水对岩石的破裂致震作用有：（1）降低其强度或震级；（2）加速岩石破裂，即地震频度增大。无疑，震级是决定地震破坏力的主要因素。在水的作用下，非锁固段或锁固段破裂地震会多些，但震级小些，或利大于弊。

最后，谈两点启示。

我国目前的页岩气开采都在沉积盖层中进行，因此注入流体对地震活动的影响与水库类似。要说注入流体能诱发浅部较小地震，这种可能性很大；但要说其能诱发基底中的较大地震，则几乎没有可能。我们不应忘记，正常的构造运动也能导致地震的发生，并不需要流体参与其中。在未来的流体注入与地震活动研究中，应注意：（1）流体能否渗入到盖层中的发震断层？（2）地震发生在哪个圈层？（3）如何区分诱发地震和正常的构造地震？如此，才能有的放矢，规避陷阱。

要弄清有关地震的任何问题，须以地质为基础，以物理学基本原理为指导，以力学为手段，以数据为证据，除此无他。

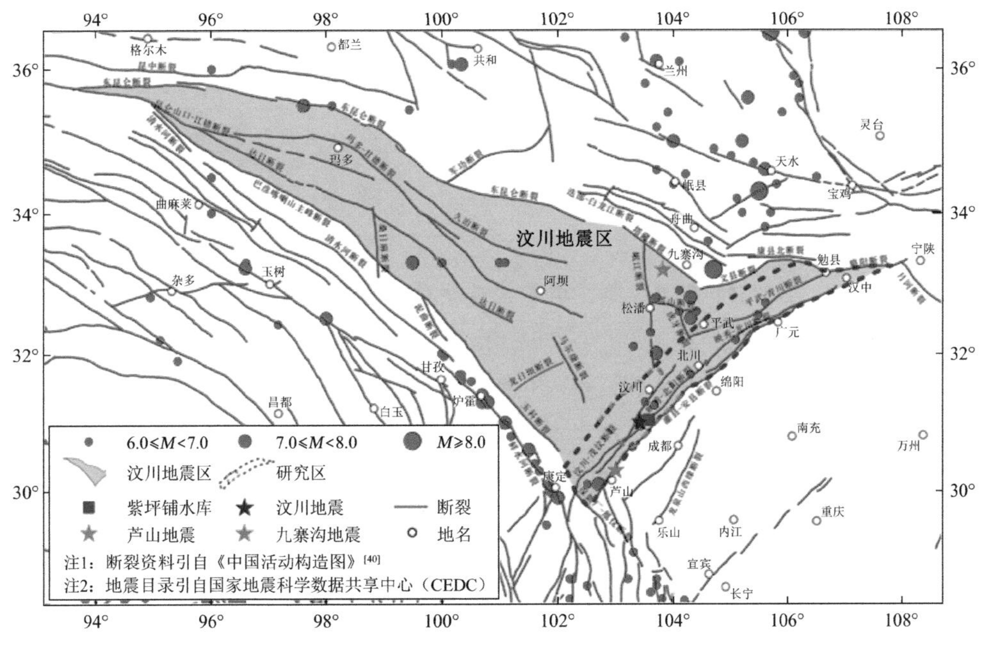

图 14-35　汶川地震区地震构造图

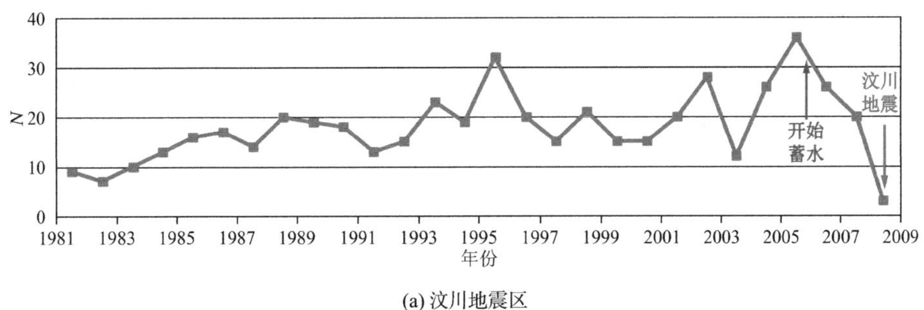

(a) 汶川地震区

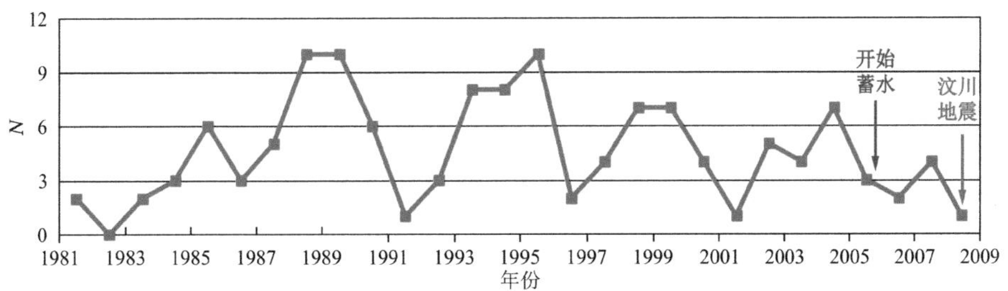

(b) 沿龙门山断裂带（图 14-35 紫色虚线范围）

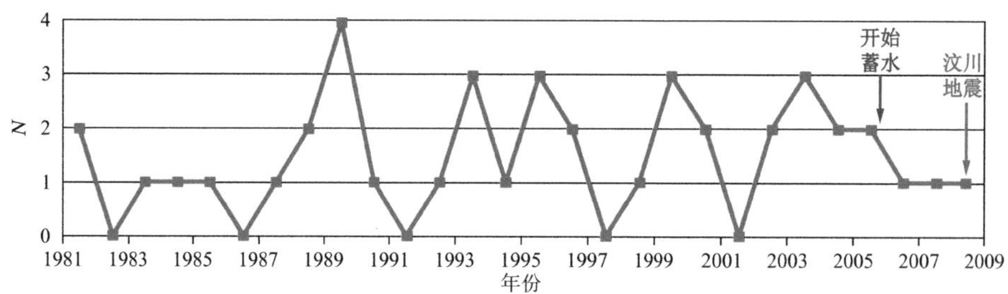

(c) 紫坪铺水库附近（图 14-35 绿色虚线范围）

图 14-36　汶川地震前涵盖紫坪铺水库不同尺度研究区的每年地震（$M_L \geqslant 3.0$）数量（N）与年份的关系

参考文献

[1] 吴晓娲，秦四清，薛雷，等. 孕震构造块体与相应地震区划分方法[J]. 地质论评，2021, 67(2): 325-339.

[2] 李朝阳，刘玉平，管太阳，等. 不整合面中的成矿机制与找矿研究[J]. 地学前缘，2004, 11(2): 353-360.

[3] 熊盛青，丁燕云，李占奎. 中国陆域磁性基底深度及其特征[J]. 地球物理学报，2014, 57(12): 3981-3993.

[4] 秦四清. 紫坪铺水库蓄水渗入到龙门山断裂带深部了吗?[EB/OL]. (2018-04-05)[2021-06-16]. http://blog.sciencenet.cn/blog-575926-1107528.html.

16

青藏高原东北缘活动断层科考与代古寺水库地震危险性评估

（发布于 2022-7-20 09:40）

注：本文是我的博士生翟梦阳所写，反映了他在科考青藏高原东北缘活断层时的见闻、思考和认识，亦展现了他基于科考工作的升华——科学评估了代古寺水库地震危险性。鉴于这些工作或对有关部门和人士有所裨益，故借助我的博客发表。

在第二次青藏高原综合科学考察项目某课题的资助下，2019 年 8 月 31 日至 9 月 22 日，我和薛师兄参加了青藏高原东北缘的科考工作，其地处青藏高原向北东方向扩展的前缘部位，北邻阿拉善地块，东接鄂尔多斯地块。受印度—欧亚板块碰撞的影响，青藏高原东北缘地壳变形强烈，活动断层发育，地震活动频发，地震危险性很高。例如，青藏高原东北缘曾发生 1920 年宁夏海原M_S8.5、1927 年甘肃古浪M_S8.0 与 1932 年甘肃玉门昌马M_S7.8 地震，造成了严重的人员伤亡和财产损失。

此次科考范围包括兰州市以西的甘肃省大部分区域，以及新疆哈密市周边区域；科考主体路线沿河西走廊延伸，沿线主要城市为兰州、白银、武威、金昌、张掖、酒泉、嘉峪关、玉门、敦煌和哈密，全长近 1500km。河西走廊位于青藏高原东北缘，前者东起乌鞘岭，西至新疆交界，南北方向介于南山（祁连山和阿尔金山）和北山（马鬃山、合黎山和龙首山）之间，长约 900km，宽数公里至近百公里，为西北—东南走向的狭长堆积平原。

2019 年 8 月 31 日，我和薛师兄乘坐飞机从北京抵达兰州。9 月 1 日，所有科考队员从兰州市地质宾馆出发，开始第二次青藏高原科考之旅。一路上，我们首次领略了祖国大西北地区雄伟壮观的自然风光。例如，规模宏大的刘家峡水库，风景旖旎的“塞上江南”张掖，凝结着劳动人民无数汗水的八步沙林场以及广阔无垠的戈壁滩，都给我们留下了深刻印象。由于路程较远，且野外踏勘时路况较差，车辆在路途中偶尔会遭遇到抛锚的情况，但总体过程还算比较顺利。需提醒的是，高速公路上行车一定要注意安全。有一天，我们在科考途中，曾目睹一起大卡车侧翻事故，所幸并无人员伤亡（图 14-37）。

图 14-37　卡车侧翻事故现场

我和薛师兄所在小组的科考任务是调研青藏高原东北缘的主要活动断层。由于科考范围较大，我们采用了由大到小、由面及点的工作方法。通常借助典型的地质、地貌和水文地质特征对其进行鉴别，包括地层不连续、断层三角面、断层陡坎、断层破碎带、水系或冲沟的旋转错断、地表破裂带等（图 14-38）。我们研究活动断层的工作流程为：

(a) 三危山南缘断层断层三角面

(b) 宽滩山北缘断层冲沟水系右旋

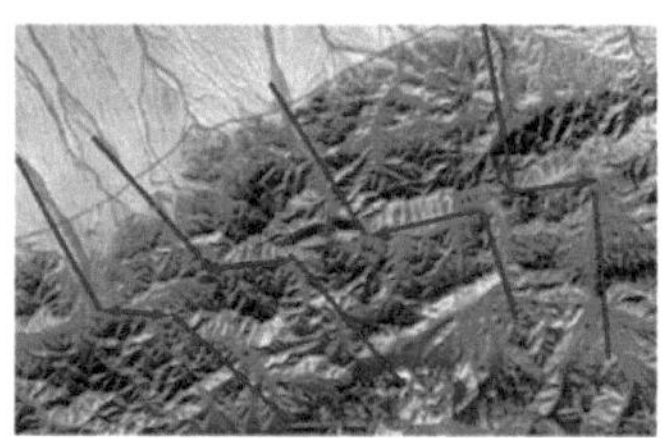

(c) 阿尔金断层冲沟水系左错影像图

(d) 冷龙岭断层断层陡坎

(e) 阿尔金断层冲沟水系左错影像图

(f) 酥油口水库下游断层破碎带

图 14-38　青藏高原东北缘活动断层调研

（1）通过解译航卫片、分析地质图和查阅有关资料，推断断层的大致位置和活动性质。

（2）通过无人机获取研究区的精细化影像（图 14-39a），识别通过航卫片难以辨清的冲洪积扇、冲沟水系错断等断层活动标志，以进一步厘清断层的活动性质。

（3）实地测量断层面产状（图 14-39b），获取其走向、倾向、倾角等信息；根据观察到的断层擦痕、牵引构造、拖曳褶皱等信息，识别断层的运动方向（图 14-39c）。例如，观察和用手抚摸擦痕时，由粗到细、由深入浅、触感光滑的方向，指示对盘运动的方向。

（4）采集断层岩和断层泥样品（图 14-39d），通过分析其结构和成分特征，可判定断层的基本属性（脆性断层还是韧性断层）、活动时间及其形成时的温压条件。

(a) 无人机解译断层　(b) 测量产状　(c) 断层陡坎（擦痕）　(d) 采集样品

图 14-39　活动断层野外调研方法

白龙江引水工程是我国拟建的一项跨流域长距离调水工程，其将长江流域白龙江（嘉陵江支流）水源引入黄河流域甘肃陇东地区，以解决该地区的水资源短缺问题。该引水工程由水源枢纽、输水总干线、输水干线和末端备用水库四部分组成，其中位于甘肃省迭部县、地处青藏高原东北缘地区的代古寺水库是白龙江引水工程的水源枢纽（图 14-40）。因此，科学评估代古寺水库的地震危险性，就成了一个极其重要的问题。基于野外工作掌握的第一手资料，结合多锁固段脆性破裂理论，我觉得能够给出该问题的科学解答。于是乎，我开展了如下工作：

（1）分析了代古寺水库所在地震区——海原地震区的地震趋势（图 14-41）；

（2）根据海原地震区主要活动断层的发震潜力，预判了未来标志性地震的发震断层（图 14-42）；

（3）根据发震断层空间展布特征，预判了未来标志性地震的震中位置（图 14-42）；

（4）根据上述结果和地震烈度衰减关系，计算了代古寺水库的地震烈度，并提出了抗震设防建议。

上述工作完成后，我打算据此写篇论文。那么，是以英文形式发在国际 SCI 期刊还是以中文形式发在国内中文期刊呢？我当时颇感踌躇。经过斟酌，我觉得若论文发在中文期刊，国内有关部门和人士看到的可能性大，这既有助于其做出科学决策，也能响应把论文写在祖国大地上的时代呼唤。鉴于此，我撰写了论文初稿，并经秦老师和其他团队成员多次修改后，投稿至《工程地质学报》。现在，论文已正式刊出，感兴趣的人士可阅读文献[1]。

最后，我谈三点科研体会：

（1）大自然是最好也是最真实的实验室，野外工作可使我们获得了解大自然的第一手资料，这是室内实验室无法比拟的。

（2）此次科考经历使我充分认识到，理论、实验和数值模拟研究应更加注重调研对象的地质属性和特征。

（3）地质体的演变过程极其复杂；为揭示其奥秘，我们应以“大胆假设、小心求证”为行动指南。显然，求证是重中之重，而野外工作是重要的求证方式。

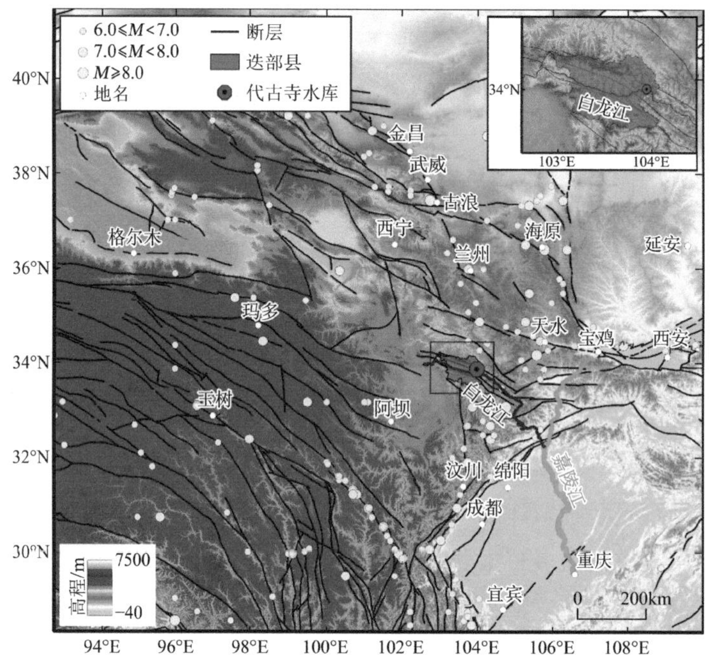

图 14-40　代古寺水库及其周围地区地震构造图

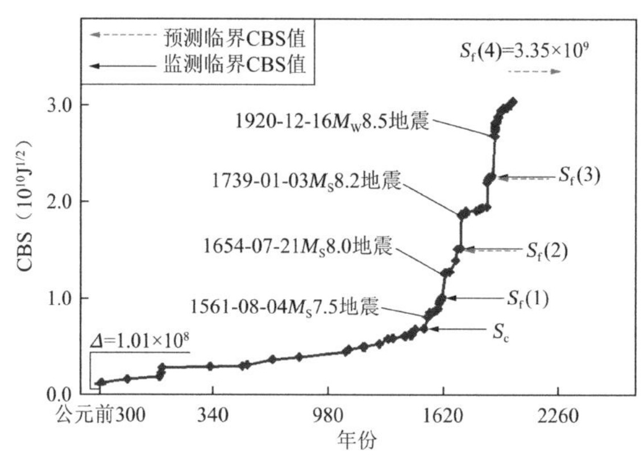

图 14-41　误差修正后海原地震区当前地震周期（公元前 193 年 2 月至 2022 年 2 月 25 日）$M_S\geqslant5.5$ 地震的 CBS 与年份的关系

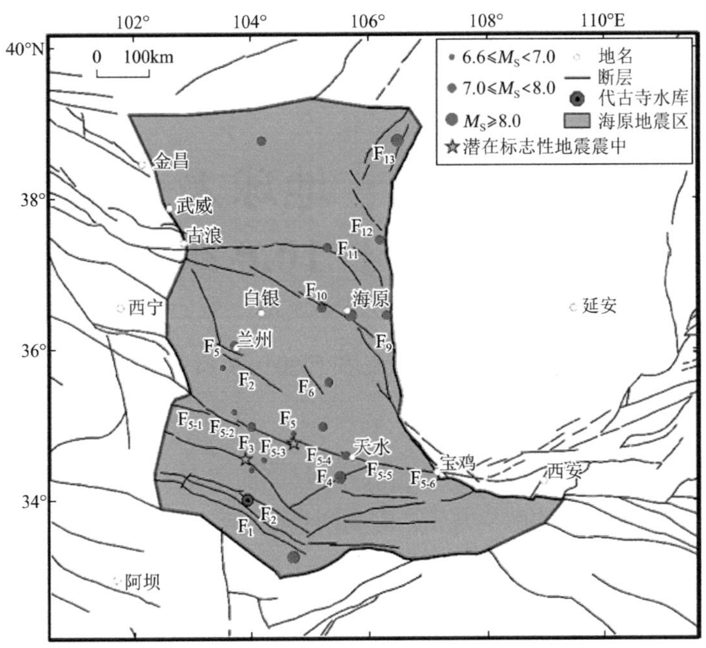

图 14-42　海原地震区内断层与$M_S \geqslant 6.6$地震分布

F_1—迭部-白龙江断层；F_2—光盖山-迭山断层；F_3—临潭-宕昌断层；F_4—礼县-罗家堡断层；F_5—西秦岭北缘断层（$F_{5\text{-}1}$—锅麻滩断层，$F_{5\text{-}2}$—黄香沟断层，$F_{5\text{-}3}$—漳县断层，$F_{5\text{-}4}$—武山断层，$F_{5\text{-}5}$—天水断层，$F_{5\text{-}6}$—宝鸡断层）；F_6—会宁-义岗断层；F_7—马衔山断层；F_8—金城关断层；F_9—云雾山断层；F_{10}—海原断层；F_{11}—香山-天景山断层；F_{12}—牛首山断层；F_{13}—银川-平罗断层。

参考文献

[1] 翟梦阳，秦四清，薛雷，等. 白龙江引水工程代古寺水库及其周围地区地震危险性评估[J]. 工程地质学报, 2022, 30(3): 920-930.

17

科学讨论：地球未来能否发生不小于 10.0 级地震？

（发布于 2019-7-14 13:36）

19 世纪的法国科学巨人亨利·庞加莱曾说：“怀疑一切和相信一切是两桩同等方便的解决方案，因为两者都让我们不动脑筋。”[1]然而，不动脑筋意味着丧失了理性质疑的习惯，十分不利于对科学问题的深入理解。

日本东北大学的松泽畅教授曾在东京举行的地震专家会议上指出，根据板块长度判断，地球上有可能发生不小于 10.0 级的地震[2]。那么，此种说法可信吗，能从科学层面给出更可靠的解答吗？

回答这个问题需要在掌握地震产生机制和规律的前提下，以主震判识准则为依托，结合具体震例分析；如此，才能得出可信结论。

自 2009 年以来，我们论证了较大地震产生机制为锁固段脆性破裂，提出了地震区标志性地震的演化遵循指数律。在此基础上，我们阐明了锁固段损伤过程中的能量转化与分配原理[3]，进而导出了锁固段破裂事件的地震波辐射能表达式，发现震级与锁固段的承载力呈正相关。因此，每个地震区所能发生的最大地震震级，不取决于地震区尺度或板块长度，而取决于锁固段的承载力。只要承载力足够大，主震震级也就会足够高。尽管如此，因为锁固段的承载力存在某个上限值，故主震震级也存在某个上限值。

我们给出了主震判识的震级准则[3]，即：

$$M_{n+1} - M_n > 0.5 \tag{1}$$

上式的涵义是：在统一震级标度的情况下，若特定地震区当前地震周期第$n+1$ 次标志性地震与第n次标志性地震震级差大于 0.5，可判定第$n+1$次标志性地震为当前地震周期主震（最后一次标志性地震，由最后一个承载力最高的锁固段宏观断裂产生）。

有了式(1)就好办了，就容易讨论上述问题了。下面，看看哪些地震区具有发生$M_W \geqslant 10.0$ 地震的潜力。

从我们分析过的全球 62 个地震区的情况来看，旧金山地震区和瓦尔迪维亚地震区名列前茅，是“潜力股”。特别是后者，曾发生有史以来全球最大的一次地震——1960 年 5 月 22 日智利瓦尔迪维亚M_W9.5 地震。那么，该震是主震吗？该地震区的主震震级能超过M_W10.0 吗？

瓦尔迪维亚地震区为板间地震区，其地震构造如图 14-43 所示。该区当前地震周期已发生 3 次标志性地震，分别为 1716 年 2 月 6 日秘鲁塔克纳什M_{UK}8.8/2 月 11 日伊卡M_{UK}8.6 双震、1906 年 1 月 31 日厄瓜多尔西部近海M_{UK}8.9/1907 年 11 月 16 日秘鲁乌奇萨M_S8.7 双震与 1960 年 5 月 22 日智利瓦尔迪维亚M_W9.5 地震，其演化遵循着多锁固段脆性破裂理论的指数律（图 14-44）。由于 1906 年双震约相当于一次M_W9.02 地震，据式(1)知 1960 年M_W9.5 地震不是主震，该地震区仍将发生下一次标志性地震。

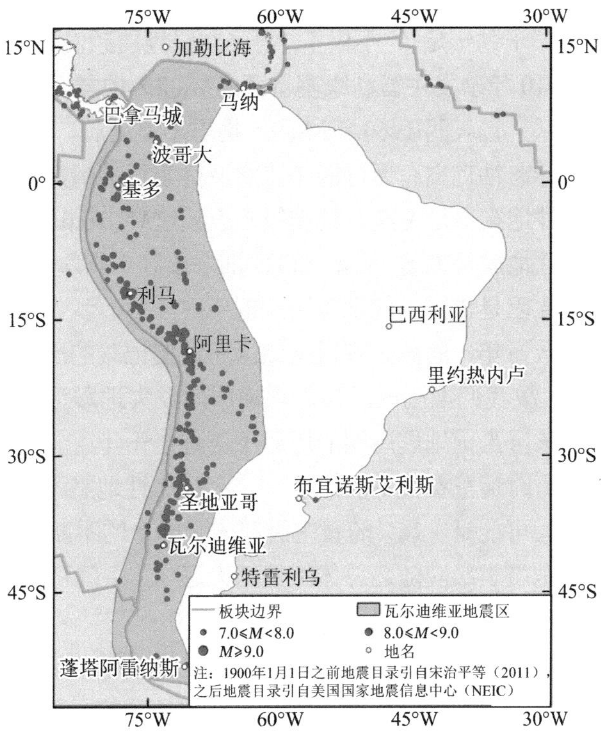

图 14-43　瓦尔迪维亚地震区地震构造图

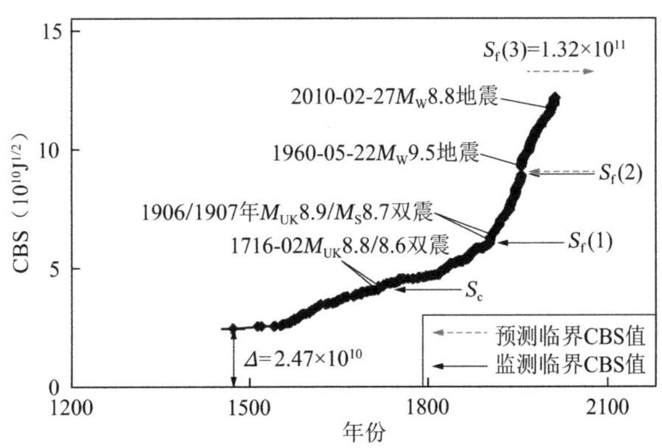

图 14-44　误差修正后瓦尔迪维亚地震区当前地震周期（1471 年 8 月 29 日至 2017 年 8 月 30 日）$M_L \geqslant 6.0$ 地震的 CBS 与年份的关系

看到这里，好奇的同学可能会问？1906 年和 1960 年标志性地震的震级相差接近 0.5，那么由于震级测定值的误差存在，有无可能误判主震呢？这个问题，我们也想到了。鉴于震级测定值存在误差，且目前不同地震台网给出的地震震级值均保留一位小数，当相邻标志性地震的震级差接近 0.5 时，根据式(1)容易误判主震。为此，我们建议根据特定地震区某次标志性地震后该区的地震活动性特征进行进一步判断。若后续较大地震初期集中发生于某地震区内的较小区域，之后随时间延续地震活动趋于平静，则可确认该标志性地震是主震；若后续较大地震在地震区内随机发生且保持活跃，则可认为该标志性地震不是主震。此时应参考不同地震台网对该震的测定值，根据有关公式修订震级。该地震区自 1960 年 M_W9.5 地震后，地震们“干劲十足”，不仅不小于 6.0 级地震频发，而且不小于 8.0 级地震也时常“亮相”，如在 2010 年曾发生智利康塞普西翁M_W8.8 地震（预震）。这些地震在空间上随机分布，且持续活跃，也表明 1960 年M_W9.5 地震不是主震。

接下来，讨论后续标志性地震有无可能是主震及其震级的情况：

（1）若下一次标志性地震不是主震，其震级不应超过M_W10.0。

（2）若下一次标志性地震是主震，根据式(1)判断，该区主震震级应大于M_W10.0。然而，这种情况几无可能，其原因是该区当前地震周期的历时较短。我们的研究表明，地震区地震周期历时为数千年至数万年，而截止到目前该区有地震记载的历时约为 548 年。再者，由于误差修正值Δ较小，故我们推测该区当前地震周期缺失地震记载的时段不会太长。这样，我们估计迄今为止该区当前地震周期的历时不应超过千年。

（3）从地震周期的历时情况看，不仅该区下一次标志性地震不可能是主震，而且后续的几次标志性地震均不大可能是主震。随着主震前该区能量的不断积累，在 1960 年M_W9.5 标志性地震后的标志性地震震级应随之总体上呈增大趋势（中间可能有波动），故主震（当前地震周期最后一次标志性地震）震级应远大于M_W10.0。

每个地震区的主震震级都很大，特别是环太平洋地震带某些地震区的主震震级会大于 10.0 级。这样规模的地震一旦发生，除地震将带来局部地区的严重破坏外，可能引发的巨大海啸将造成全球性的环境和生态破坏。人类社会要可持续发展，必须在科学预测的指导下，主动应对此类极端事件。

参考文献

[1] 全民战“疫”需要科学精神[EB/OL]. [2019-07-14]. http://news.xiyou.edu.cn/info/1010/16801.htm.

[2] 日本专家称地球可能发生 10 级大地震，应进行防范[EB/OL]. (2012-11-22) [2019-07-14]. https://www.chinanews.com/gj/2012/11-22/4350582.shtml.

[3] 杨百存，秦四清，薛雷，等. 锁固段损伤过程中的能量转化与分配原理[J]. 东北大学学报（自然科学版），2020, 41(7): 975-981.

18

解读古地震

（发布于 2019-5-22 09:10）

古地震的定义[1]还未完全统一，目前有三种常见的说法：（1）人类历史记载以前所发生的地震；（2）整个地质历史时期中所发生的地震；（3）第四纪以来发生的史前地震。上述定义仅在古地震的年代跨度方面有所不同，不影响本文的观点，不如先搁置争议，在诠释古地震现象的基础上，通过分析提出新定义。古地震研究是通过保存在第四纪沉积物中的位错及其他与地震有关的地质和地貌证据，识别古地震的年代、频率与强度，被认为是活动构造研究和地震危险性评估中最有前景的领域。前人通过现场调查研究，发现了大量距今数千年、数万年甚至更早的古地震事件。那么，为何会有如此多的古地震事件呢？能不能合理解释其发生机制呢？要合理回答这些问题，得从地震周期入手。

在漫长的地质历史时期，每个地震区可能已经历了多轮地震周期。我们的研究表明，只有少数地震区经历了上一轮地震周期，在其当前地震周期主震尚未发生；其他地震区均处于当前地震周期。换句话说，有史以来记录的地震，其所属地震周期的轮次均能确定。基于此，可给出古地震的一个新定义：把不能确定地震周期轮次的、通过勘察发现的地震通称为古地震。若某一地震区经历的地震周期轮次越多，则可能会发现越多的不同年代古地震；若古地震发生在较早的轮次，其年代必然也较早。苏德辰研究员曾发现北京西山约 15 亿年前有古地震事件[2]，这实属正常，不必感到惊讶。鉴于锁固段支配构造地震演化过程，所以不管是古地震还是非古地震，其成因机制均可归因于构造运动加载下锁固段的脆性破裂。

预测地震区未来标志性地震，仅采用当前地震周期的地震数据进行分析即可，无需考虑古地震事件。

那么，研究古地震对地震危险性评估有多大指导意义呢？目前看来，意义并不大，其一是对古地震年代和强度的测定存在着强非确定性，难以确定其对应的地震周期轮次和地震类型（如标志性地震和预震）；其二是每个地震区某一地震周期的古地震序列难以完整构建，古地震记录大量缺失在所难免；其三是某一轮地震周期的地震时空强要素，不可能完全复制前轮地震周期的地震时空强要素，其由锁固段的几何与力学性质以及加载环境条件决定。尽管如此，研究古地震对理解活动构造的演化特征还是有帮助的，应予肯定和支持。

参考文献

[1] 古地震[EB/OL]. [2019-05-22]. https://baike.baidu.com/item/%E5%8F%A4%E5%9C%B0%E9%9C%87/5893863?fr=ge_ala.

[2] 北京西山15亿年前古地震记录发现记[EB/OL]. (2013-05-24) [2019-05-22]. https://blog.sciencenet.cn/home.php?mod=space&uid=39317&do=blog&id=693136.

19

从地震产生机理剖析热流佯谬问题

（发布于 2021-1-20 09:49）

佯谬（paradox）[1]指的是基于一个理论的命题，推出了一个和事实不符合的结果。其在科学中是普遍存在的，并有别于悖论这种逻辑矛盾。研究佯谬，可以增强科学认识能力，引导人们不断深入揭示自然现象的奥秘。

明白了佯谬概念，该谈本文关注的问题了。下面，简述热流佯谬（又称应力热流佯谬、断层强度佯谬）问题的由来。

地震断层究竟是处于高应力状态还是处于低应力状态？或者说地震断层强度是高的还是低的？这个问题困扰了地震学家数十年[2]。那么，该问题又源于哪里呢？

根据 Byerlee 摩擦律[3]，圣安德列斯断层表面应该观测到约 40mW/m^2 的热流值，而跨断层带的热流测量表明，断层附近并没有观测到因摩擦产生的如此高的热流值[4-6]，由此构成了热流佯谬。

从热流实测结果和一些学者[7]的研究看，圣安德列斯断层所能承受的最大剪应力不高，断层强度较低。然而，Scholz[8]根据钻孔应力测量得出相反的结论，即圣安德列斯断层的强度还是很高的。

虽然一些学者提出了不少假说试图解释这些看上去相互矛盾的结果，但没有一个假说被普遍认可，故围绕圣安德列斯断层的强弱问题一直存在争议。鉴于此，热流佯谬问题已被列入“10000 个科学难题”之一[2]。

我认为热流佯谬问题之所以存在，本质上是因为对地震产生机理认识不清。

存在锁固段的断层称为地震断层，锁固段不同规模的破裂产生不同量级的地震，每次锁固段破裂事件对应的地震能包括地震波辐射能、表面能和摩擦热能（图 14-45），其中前者给断层以动能，导致其快速滑动。

长期以来，某些学者认为地震仅发生于岩石（锁固段）的峰值强度点（断裂点）。其实不然，在岩石（锁固段）的峰值强度点以前，也会发生诸多的破裂事件，只不过在峰值强度点的事件应力降较大、震级较大罢了。我们对环太平洋地震带和欧亚地震带 62 个地震区的实例分析表明，该认识正确。

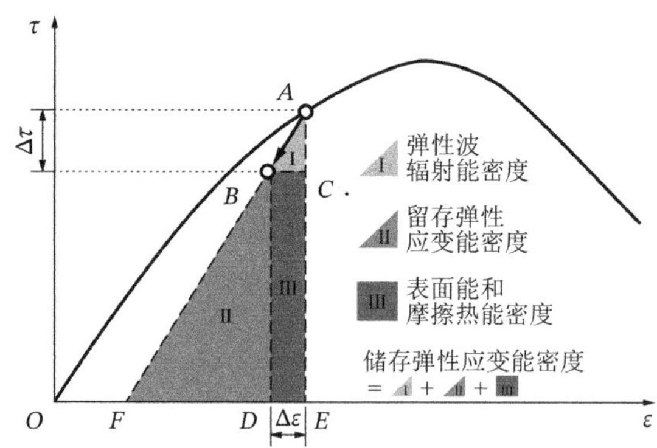

图 14-45　裂纹扩展时锁固段储存弹性应变能密度转化与分配关系示意图

圣安德列斯断层位于我们划分的旧金山地震区，迄今为止该断层发生的地震均不为锁固段峰值强度点破裂事件，而均为锁固段体积膨胀点与峰值强度点之间的破裂事件（预震）。这些事件的应力降较小、震级也较小，故产生的摩擦热能和相应的热流值也较低。由于 Byerlee 摩擦律只适用于评估峰值强度点事件对应的热流值，所以据此必然会得出理论计算值偏高的结果；此外，每次锁固段破裂事件，不管大小，仅释放了锁固段储存弹性应变能（图 14-45 中Ⅰ＋Ⅲ）的一小部分，锁固段内仍留存有大量的应变能（图 14-45 中Ⅱ）为下一次破裂提供能量，这意味着若不按此原理计算摩擦热能与相应热流值，也势必得到过高的理论值。

因为以前实测和计算热流值的方法针对的是地震断层而非锁固段，这将影响实测值与理论值的可比较性。为此，我建议未来这方面的研究聚焦于锁固段。

的确，要澄清有关自然现象的任何认识问题，必须以机理为抓手；正确揭示了机理，且由此出发剖析有关诸如热流佯谬问题，自然就能平息诸多争议。

参考文献

[1]　佯谬.[EB/OL]. [2021-01-20]. https://baike.baidu.com/item/%E4%BD%AF%E8%B0%AC/226017?fr=aladdin.

[2]　“10000 个科学难题”地球科学编委会. 10000 个科学难题·地球科学卷[M]. 北京：科学出版社, 2010.

[3]　BYERLEE J. Friction of rocks[J]. Pure and Applied Geophysics, 1978, 116(4): 615-626.

[4]　BRUNE J N, HENYEY T L, ROY R F. Heat flow, stress, and rate of slip along the San Andreas Fault, California[J]. Journal of Geophysical Research, 1969, 74(15): 3821-3827.

[5]　LACHENBRUCH A H, SASS J H. Heat flow and energetics of the San Andreas Fault Zone[J]. Journal of Geophysical Research: Solid Earth, 1980, 85(B11): 6185-6222.

[6]　SCHOLZ C H. The mechanics of earthquakes and faulting (2nd Ed)[M]. Cambridge:

Cambridge University Press, 2002, 1-471.

[7] ZOBACK M D, ZOBACK M L, MOUNT V S, et al. New evidence on the state of stress of the San Andreas fault system[J]. Science, 1987, 238(4830): 1105-1111.

[8] SCHOLZ C H. Evidence for a strong San Andreas fault[J]. Geology, 2000, 28(2): 163-166.

—第十五章—

滑坡新解

1

锁固型滑坡的快慢解锁机制

（发布于 2023-4-7 10:25）

大量研究表明，诸多大型斜坡的稳定性主要受其潜在滑面上高承载力的锁固段控制[1]，典型案例如盐池河斜坡和龙西斜坡（图 15-1）。

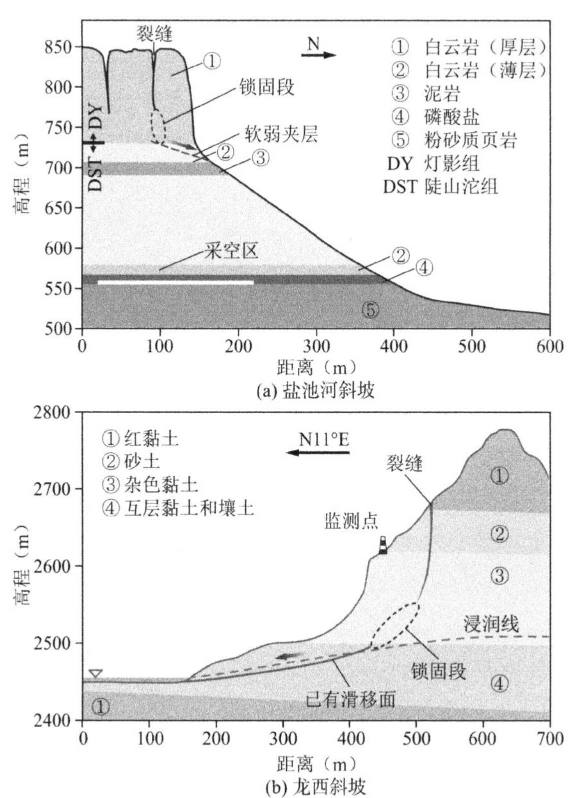

图 15-1　盐池河斜坡[2]和龙西斜坡[3]地质概况

这两处斜坡中锁固段的赋存方式相似，即锁固段位于底部软弱滑面和顶部宏观裂缝之间（图 15-1）。锁固段逐渐破裂引起坡体位移相应增长；按照岩石力学基本原理，自锁固段体积膨胀点起，坡体位移将呈现类似盐池河斜坡演化般的持续加速增长（图 15-2a），直至滑坡发生。然而，龙西锁固型斜坡在位移加速后会暂停一段时间，随后继续加速，即位移演化呈现阶梯状加速曲线（图 15-2b）。这是为什么呢？

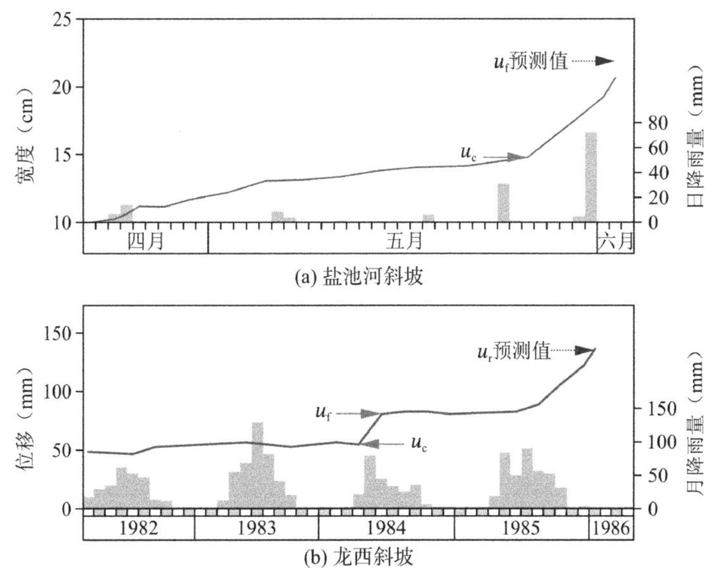

图 15-2　盐池河斜坡[2]和龙西斜坡[3]的位移-时间曲线（柱条为降雨量）

前人通常将阶梯式的位移模式归因于强降雨导致斜坡潜在滑面上的孔隙水压力增长和岩土体强度劣化。然而，龙西斜坡在 1983 年 7 月遭遇强降雨期间位移几乎未有增长，在 1984 年 5 月降雨量较少时位移反而较大，且其最终失稳发生在 1986 年的旱季（图 15-2b）。这说明降雨并非控制斜坡位移模式的关键因素。

虽然斜坡演化主要受潜在滑面上锁固段（高强介质）控制，但在锁固段贯通后，滑面上软弱介质也起不同程度的抗滑作用。盐池河和龙西斜坡下部滑面的软弱介质分别为泥化白云岩和饱和黏土，而组成这两处斜坡锁固段的高强介质分别为块状白云岩和致密的半成岩黏土。上述软弱介质的刚度和强度较低，呈现应变硬化特性，而强度和刚度较高的高强介质则呈现应变软化特性（图 15-3）。这两种不同力学属性介质之间的力学协同作用应显著影响斜坡位移模式。

在锁固段断裂前，沿潜在滑面的剪应力集中在锁固段上；此时，滑面上强弱介质间的力学作用很弱，即斜坡的位移模式主要受锁固段控制。在剪应力和外部因素（如降雨）的共同作用下，裂纹从锁固段的体积膨胀点开始不稳定扩展，引起锁固型斜坡位移加速。一旦具有应变软化特性的锁固段被损伤至其峰值强度点发生断裂，随之产生的应力降使施加在锁固段上的载荷部分转移到下部滑面的软弱介质上，使软弱介质屈服破坏。强、弱介质之间这种力学协同作用使滑面上的抗滑力从集中于锁固段变为由锁固段和软弱介质共同承担，称为匀阻化作用（图 15-4）。

当盐池河斜坡中锁固段（块状白云岩）在其峰值强度点断裂时，由于其脆性高，将产生大且快速的峰后应力降，并且其持有低残余强度。由于大应力降，锁固段承担的大部分载荷将转移到软弱介质上，使其迅速屈服破坏。在匀阻化过程中，软弱介质较小的抗滑力增量不足以抵消锁固段较大的抗滑力减量，故沿滑面的总抗滑力减小，使盐池河斜坡位移持续加速（图 15-4a）。这种伴随快速匀阻化过程的机制被称为快解锁启滑机制，在这种机制下峰值强度点可视为锁固段的解锁点和滑坡的启滑点。

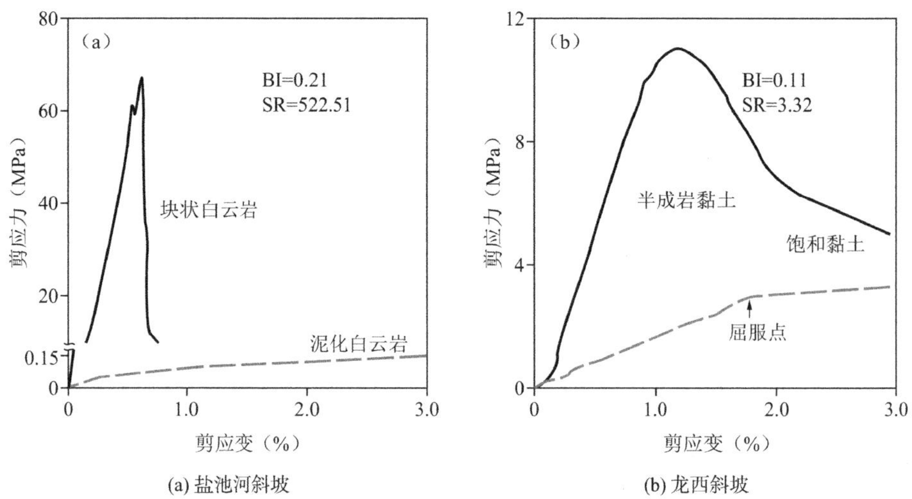

(a) 盐池河斜坡　　(b) 龙西斜坡

图 15-3　盐池河斜坡[4]和龙西斜坡[3]滑面上应变软化的高强介质（实线）和应变硬化的软弱介质（虚线）的剪应力-应变关系

（BI 为高强介质的脆性指标，BI 越大，脆性越高；SR 为高强介质与软弱介质抗剪强度之比，SR 越大，两者强度差距越显著）

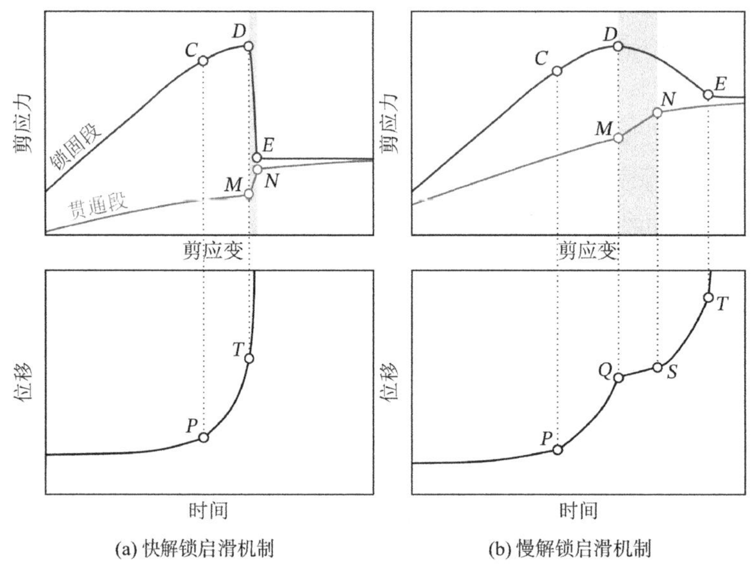

(a) 快解锁启滑机制　　(b) 慢解锁启滑机制

图 15-4　快解锁启滑机制和慢解锁启滑机制对应的剪应力-应变和位移-时间关系

（*C*点、*D*点和*E*点分别为锁固段的体积膨胀点、峰值强度点和残余强度点；*M*点和*N*点分别表示匀阻化过程（阴影区域）的起始和结束；*P*点和*T*点分别为位移加速起点和滑坡启滑点；*Q*点和*S*点分别表示位移加速中止和重启）

相比之下，龙西斜坡锁固段（半成岩黏土）的脆性和强度较低，故当锁固段断裂时，峰后应力降较小且平缓，相应地向软弱介质的荷载转移缓慢且平稳。这意味着软弱介质应以适度的剪应力增长速率响应这种载荷转移。此外，由于下部滑面软弱段尺度远大于锁固段尺度，故在匀阻化过程中软弱介质的抗滑力增量略微超过已断裂锁固段的抗滑力减量，即总抗滑力稍有增加。在这种情况下，缓慢匀阻化过程可在较长一段时间内减缓位移加速（图 15-4b）。匀阻化过程结束后，由于软弱介质的抗滑力增量不能抵消锁固段的抗滑力减量，故位移加速将重启。随着锁固段的进一步劣化，总抗滑力在其残余强度点将达到最小值；当斜坡位移达到该点对应的位移值时，斜坡即将失稳。这种遵循缓慢匀阻化过程的机制，被称为慢解锁启滑机制，此种机制下锁固段的残余强度点为其解锁点和滑坡启滑点。

根据我们导出的体积膨胀点、峰值强度点和残余强度点的力学关系，可给出遵循快、慢解锁启滑机制的锁固型斜坡失稳临界位移准则分别为：

$$u_{\mathrm{f}} = 1.48u_{\mathrm{c}} \tag{1}$$

$$u_{\mathrm{r}} = 2.49u_{\mathrm{c}} \tag{2}$$

式中，u_{c}、u_{f}和u_{r}分别为体积膨胀点、峰值强度点和残余强度点对应位移。利用上述准则的回溯性分析（图 15-2）表明，盐池河斜坡和龙西斜坡的失稳演化分别遵循快、慢解锁启滑机制。

在坡体自重荷载和外部环境因素作用下，锁固段逐渐损伤演化至特定的力学特征点，发生相应的特定力学行为。例如，位移加速起始于体积膨胀点，斜坡的灾难性失稳发生在峰值应力点或残余强度点。一旦锁固段损伤演化至这些特征点，即使没有外部环境因素的影响，相应的力学行为也必然出现。因此，尽管 1984 年 5 月降水量低于 1983 年的全年最大月降水量，但由于龙西斜坡锁固段在该月达到了其体积膨胀点，故该坡的位移加速不可避免；当龙西斜坡演化至临界失稳状态时，虽然正值降雨稀少时期（1985 年 11 月至 1986 年 1 月总降水量仅 4mm），滑坡仍然不可避免地发生（图 15-2b）。

综上，锁固型斜坡的失稳演化存在两种机制：快解锁启滑机制和慢解锁启滑机制；对应前者的斜坡位移曲线具有指数型加速特征，而对应后者的斜坡位移曲线则展现阶梯状加速特征。该类斜坡失稳演化遵循固有力学规律，且该规律不受降雨影响，故该类斜坡失稳可预测。

参考文献

[1] CHEN H, XU C, CUI Y, et al. Rapid and slow unlocking-induced startup mechanisms of locked segment-dominated landslides[J]. Geofluids, 2023.

[2] SUN Y, YAO B. Study on mechanism of the rockslide at Yanchihe phosphorus mine[J]. Hydrogeology and Engineering Geology, 1983, 1: 1-7.

[3] ZHANG Z, WANG S, NIE D, et al. Study on major engineering geological problems of longyangxia hydropower station[M]. Chengdu: Chengdu University of Science and Technology Press, 1989.

[4] LI T. Research on the mechanism of mountainous landslide geohazrds induced by underground mining[D]. University of Chinese Academy of Sciences, 2014.

2

为什么新滩滑坡未发生在大暴雨期间?

（发布于 2021-9-30 10:49）

长期以来，降雨触发滑坡的观点甚嚣尘上。例如，Keefer 等[1]认为，当降雨渗入斜坡并积聚在低渗透性基底上方的饱和区时，抗滑力会因孔隙水压力的增大而减小。因此，降雨越强，抗滑力越低，斜坡越容易失稳。根据此种认识，滑坡应主要发生在历史最大降雨期间。然而，实则不然：有些滑坡发生在中、小降雨期间，有些滑坡发生前其所在区域并未降雨。这是为什么呢？要阐明其本质原因，需从滑坡机理出发。本文以新滩滑坡为例，通过解剖这只“麻雀”，阐述降雨作用下锁固型滑坡的演化机理[2]。

新滩斜坡位于长江北岸（图 15-5），位于三峡大坝上游 56km 处。该地区在雨季（每年 6 月至 9 月）出现年降雨高峰（图 15-6）。在观测期间，最大月降雨量出现在 1979 年 9 月，在 1980 年雨季曾发生连续暴雨，但均未触发滑坡；相反，新滩滑坡是在 1985 年雨季中等降雨量的背景下发生的。令人惊讶的是，虽然 1982 年的降雨量小于 1980 年，但斜坡的水平位移速率却显著增大。

要解开这些谜团，首先得弄清支配新滩斜坡稳定性的地质结构。

该坡坡体由高含石量的土石混合体（图 15-7c 和图 15-7d）组成。王兰生等[5]发现姜家坡地区基岩中海拔 400～600m 的台阶顶部有一个相对平坦的平台（图 15-7a），此处坡体的走向从东南转向西南（图 15-5 和图 15-4a）。由于平台西面有一个山谷，滑槽转弯处的宽度变窄（图 15-7b 和图 15-8a）。这抑制了坡体的向下运动，使该处坡体逐渐压实形成了支承拱。关于拱的存在性，我们提供了地质、物理力学性质、监测数据与力学分析四方面的证据。由于支撑拱的承载力远大于滑面中软弱介质的承载力，其主控斜坡稳定性。

支承拱属于锁固段的一种，为低脆性的锁固段，故具有这样锁固段的滑坡机制为慢解锁启滑。显然，每次降雨都会导致锁固段损伤，但只要锁固段未被损伤至体积膨胀点，不管下多大的雨，斜坡位移不会加速。一旦到了该点，即使降雨量很小，位移加速也不可避免。当锁固段演化至峰值强度点时，由于匀阻化效应，位移加速暂停出现位移减速；当匀阻化效应完成后，位移加速继续，直至演化至锁固段的残余强度点，然后滑坡发生。

需指出的是，当锁固段损伤至体积膨胀点，如果不进行开挖卸载（如人工开挖坡体上部土方），其会自发向峰值强度点、残余强度点演化，此时不再需要降雨等外部因素作用；只不过降雨会加速锁固段损伤速率，进而缩短斜坡失稳时间。这就解释了即使某地长期不下雨，该地也会发生滑坡。

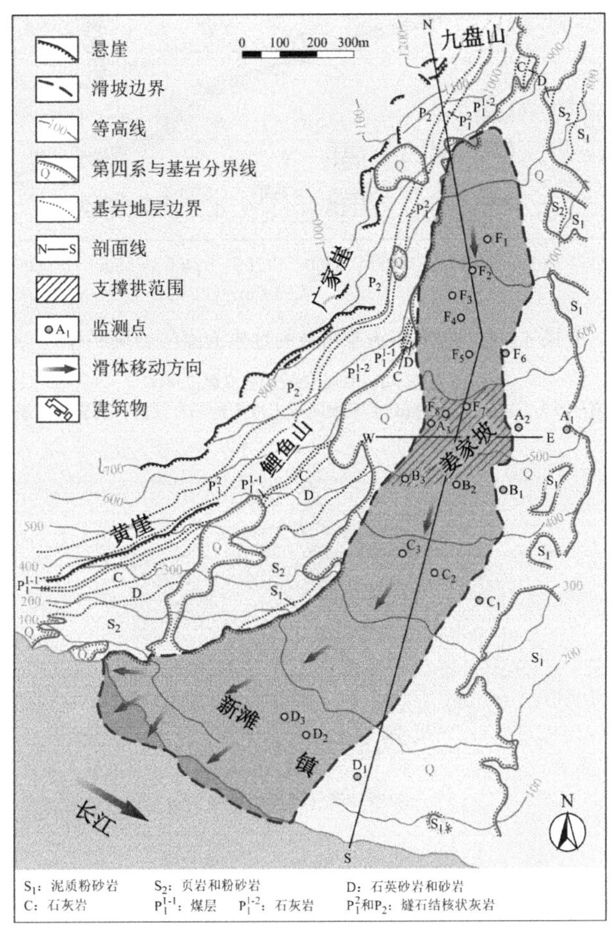

图 15-5　新滩斜坡及其邻区地貌图（改编自文献[3]）

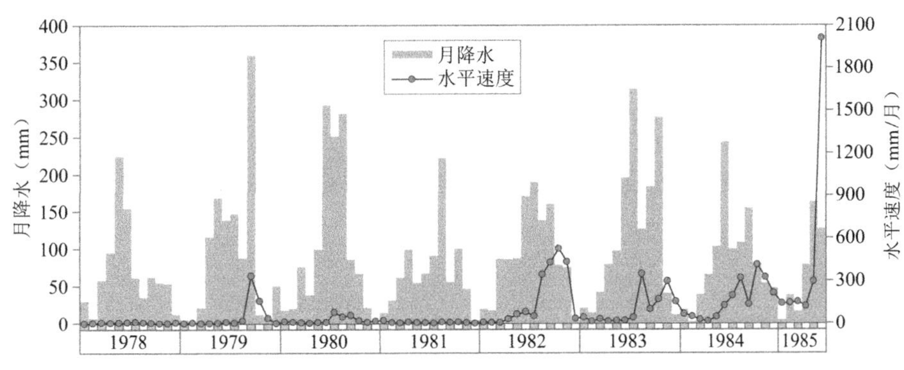

图 15-6　新滩地区月降水量与A_3测点水平位移速率[4]

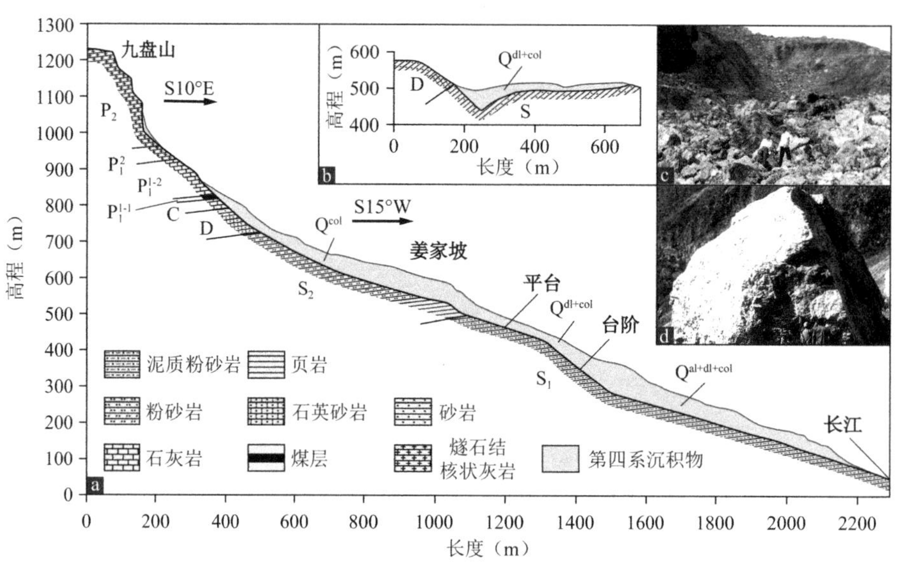

图 15-7 1981 年新滩斜坡的地质剖面与岩块照片

(a) N-S 图和(b) W-E 图改编自文献[3, 6]；
(c) 姜家坡处直径 0.3-2.0m 的岩块和(d) 姜家坡附近上坡上的一个巨大石灰岩块改编自文献[7]。

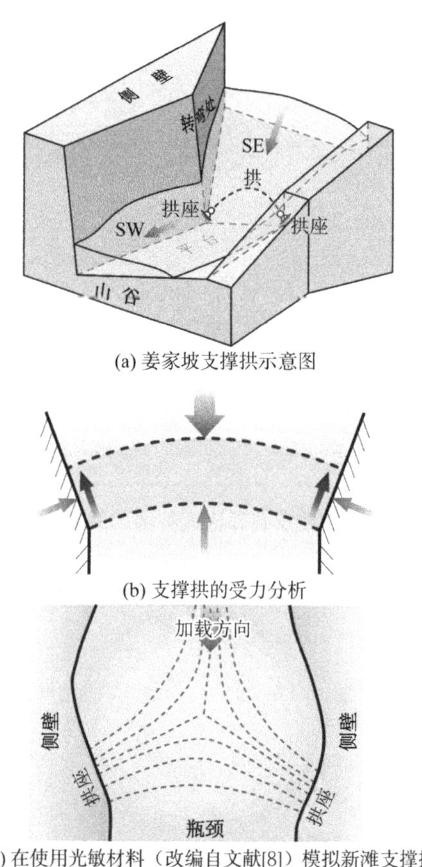

(a) 姜家坡支撑拱示意图

(b) 支撑拱的受力分析

(c) 在使用光敏材料（改编自文献[8]）模拟新滩支撑拱形成的实验中观察到的最大主应力轨迹（虚线）（轨迹上任何点的切向表示该点处驱动力的方向）

图 15-8 姜家坡支撑拱及其受力分析

基于位于支承拱上的 A_3 测点位移，根据我们建立的锁固段力学模型，分析了新滩斜坡向失稳的演化过程（图 15-9）。分析结果与实测结果、该坡演化过程出现的各种现象，有很好的一致性。这说明：（1）新滩坡中的锁固段（支承拱）起到了控制该坡稳定性的中流砥柱作用；（2）降雨虽是促进锁固段损伤、削弱坡体稳定性的因素，但只要其损伤累积不到一定程度，不管降雨多猛、坡体位移如何加速，滑坡是不可能发生的。我们的这项研究，对洞察锁固型滑坡机理，采取有效的加固与监测措施，实现对该类滑坡的可靠预测，大有裨益。

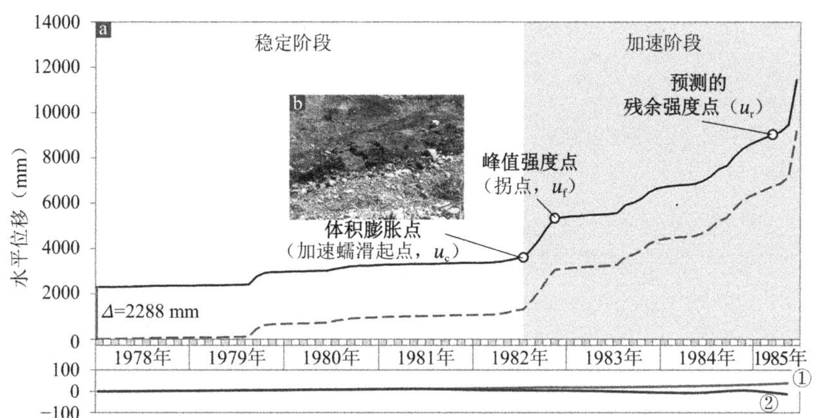

(a) 姜家坡 A_3 监测点和下坡 C_3（曲线①）和 D_3（曲线②）监测点水平位移的时间变化；(b) 姜家坡背面地面隆起和横向裂缝[7]
（虚线和实线表示引入误差前后 A_3 处的位移）

图 15-9　位移监测曲线与地面破坏照片

参考文献

[1] KEEFER D K, WILSON R C, MARK R K, et al. Real-time landslide warning during heavy rainfall[J]. Science, 1987, 238(4829): 921-925.

[2] CHEN H, QIN S, XUE L, et al. Why the Xintan landslide was not triggered by the heaviest historical rainfall: Mechanism and review[J]. Engineering Geology, 2021, 294: 106379.

[3] XUE G. A study of the 1985 Xintan landslide in Xiling Gorge, Three Gorges Area, China [J]. In: Wang F. and Li T.. Landslide disaster mitigation in Three Gorges Reservoir, China[M]. Berlin: Springer Berlin Heidelberg, 2009, 387-409.

[4] HE K, WANG Z, MA X, et al. Research on the displacement response ratio of groundwater dynamic augment and its application in evaluation of the slope stability[J]. Environmental Earth Sciences, 2015, 74(7): 5773-5791.

[5] WANG L S, ZHANG Z Y, ZHAN Z. On the mechanism of starting, sliding and braking of Xintan landslide in Yangtze Gorge[C]. in: Bonnard, C. (Ed.), Proceeding of the 5th International Symposium on Landslide, Lausanne. A. A Balkema, Rotterdam, 1988,

341-344.

[6] 程谦恭, 张倬元, 崔鹏. 平卧“支撑拱”锁固滑坡动力学机理与稳定性判据[J]. 岩石力学与工程学报, 2004, 23(17): 2855-2864.

[7] TANG G Z. Part II: Geological hazard[J]. In: Li, H. N., Yuan, Z. P. An atlas of neotectonics geological hazards and Quaternary glacial geomorphy in the Yangtze Three Gorges area[M]. Wuhan: Hubei Science and Technology Press, 2001, 97-142.

[8] XU J. Research on slope stability in mountainous areas in southwest and northwest China[M]. Chengdu: Chengdu University of Technology, 1986.

3

豫西典型滑坡科考总结

（发布于 2022-8-27 12:17）

注：该文是我的两位博士生许超和崔远所写，反映了他们科考滑坡的见闻、认识和感悟。鉴于该文对相关人士或有所裨益，故通过我的博客发表。

1）科考目的

河南省西部，尤其是黄河两岸，是滑坡、崩塌等地质灾害的频发区，加之受 2021 年河南郑州“7·20”特大暴雨灾害的影响，区内多处斜坡产生明显变形；一旦斜坡失稳，将严重威胁黄河流域生态和两岸居民生命财产安全。为进一步了解豫西不同类型滑坡（包括潜在滑坡）的演化过程、失稳机制与稳定性现状，在国家自然科学基金重大项目（42090052）的资助下，中国科学院地质与地球物理研究所秦四清团队联合华北水利水电大学董金玉团队和姜彤团队，于 2022 年 8 月 18—21 日综合考察了豫西典型滑坡。

2）科考线路与考察点

在前期调研的基础上，我们确定了 3 个野外考察点，其中考察点 1 位于济源市小浪底库区，主要考察对象为东苗家滑坡；考察点 2 位于三门峡市渑池县，主要考察对象为槐扒滑坡；考察点 3 位于三门峡市灵宝市，主要考察对象为风脉寺滑坡、麦尖窝潜在滑坡和玉洼滑坡。在敲定考察对象后，我们制定了详细的野外科考线路（图 15-10）。前期工作（如地质三件套、无人机、采样工具、随身装备等）准备就绪后，秦老师和薛师兄乘坐高铁来到郑州，与其他科考成员汇合，然后开启了这次豫西滑坡科考之行。

本次科考的主要任务是调研区内 5 个典型滑坡的地质条件、坡体变形破坏特征、滑带特征等，用无人机航拍滑坡全貌，构建三维滑坡模型。为更加高效地开展上述研究工作，我们兵分两路，一路负责无人机航拍，以获取高精度 DEM 数据和机载 LiDAR 数据（无人机小分队）；另一路则负责全面踏勘滑坡体（勘察小分队）。在此次滑坡考察过程中，我们采用由面及点的工作方法，即首先结合卫星影像图、工程地质平面图等，初步了解滑坡体的整体形貌特征、变形特征等，然后按照“从滑坡边界的一侧到另一侧，从下到上”的路线详细踏勘滑坡，重点关注滑坡边界、变形特征、滑带分布、是否存在锁固段等。

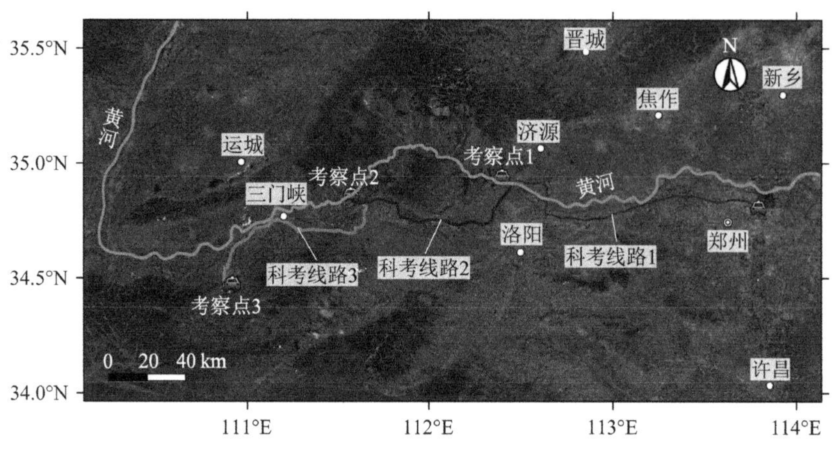

图 15-10　豫西滑坡野外科考线路和考察点分布图

（1）考察点 1：东苗家滑坡

豫西滑坡科考首站是东苗家滑坡，其位于小浪底水库大坝下游约 2km 的黄河右岸。滑坡整体呈舌形，东西向平均宽约 350m，南北向平均长约 400m，滑坡体平均厚度约 35m，总体积约 500 万 m^3（图 15-11a）。滑体上部为第四系松散堆积物，下部为三叠系强风化紫红色砂岩，滑体被 4 号公路分割成上下两部分。

2022 年 8 月 18 日上午，我们首先对东苗家滑坡中下部进行了考察，考察线路为沿着黄河岸堤由滑坡右边界到滑坡左边界，再由坡体下部到中上部。在坡体下部，残留的滑坡右侧壁（图 15-11b）清晰可见。2021 年河南郑州“7·20”特大暴雨灾害所引发的坡体局部变形与垮塌，现均已加固治理，坡体原有的变形痕迹已经被现场施工严重破坏，但是开挖形成的剖面却较好地揭露了滑体的主要成分——碎石土（图 15-11c），初步估测碎石含量在 60%以上。此外，在坡体中部揭露的剖面中可以看到黄土地层中夹杂着大量的钙质结核（图 15-11d）。

我们一路边走边看边记录，每到一处变形点，秦老师都会向我们讲解如何通过变形破坏特征分析滑坡的演化过程，经过一番讲解，瞬间让错综复杂的地质现象变得条理清晰，令人记忆深刻。不知不觉中已到晌午，我们顺利完成了对滑坡体中下部的考察；在简易午餐并短暂停歇后，我们冒着酷暑继续向着滑坡体上部进发。相对于坡体中下部，坡体上部较好地保留着滑坡体的变形痕迹，途中我们看到了大规模发育的横向裂缝，形成了多级滑坡平台和陡坎（图 15-11e）。滑坡后壁近似直立，下座超 10m（图 15-11f）。滑坡左侧边界区域可见小路被明显错断（图 15-11g）。沿着 4 号公路下山过程中，在公路两侧发现大面积出露的基岩，为三叠系紫红色砂岩。图 15-11（h）记录了董老师在黄河堤坝上向我们讲解东苗家滑坡成因机制的瞬间，其深入浅出的分析让我们对东苗家滑坡有了更加清晰的认识。总体来讲，一天考察下来，两位老师的耐心指导和讲解让我们收获满满，虽然顶着烈日爬山很累，但获取知识的过程却很快乐。

(a) 东苗家滑坡卫星影像 (b) 滑坡右边界

(c) 揭露的滑体碎石土 (d) 黄土中发育的钙质结核

(e) 滑坡中上部拉裂缝 (f) 滑坡后缘

(g) 左边界小路错断 (h) 现场讨论滑坡成因机制

图 15-11 东苗家滑坡现场考察

（2）考察点 2：槐扒滑坡

豫西滑坡科考第二站是槐扒滑坡，其位于黄河南岸渑池县境内，南北向长约 495m，东西向平均宽约 370m，滑体平均厚度约 20m，总体积约 400 万 m^3，主滑方向约 324°，属大型滑坡（图 15-12a）。滑体为第四系坡崩积和冲积碎石土，基岩为互层的反倾砂岩和泥岩。

2022 年 8 月 19 日上午 10 时抵达槐扒滑坡现场后，勘察小分队在董老师的带领下考察了该滑坡，具体考察线路为从滑坡右边界出发，途经坡体中部剧烈变形区、滑坡左边界，抵达滑坡后壁。首先，我们沿着乡村小路来到了滑坡的右边界（图 15-12b），为一先剪后拉型陡坎，陡坎高 5～8m，上部崩坡积碎石土层杂乱无章，碎石含量不均，局部碎石含量高，夹杂滚石。此外，我们还发现了一个有趣的现象，滑坡的右边界也是柏树和灌木丛的分界线，董老师对此解释道：这主要是由于滑坡右边界两侧堆积层性质差异所导致的。到了滑坡体中部，山高林密，杂草丛生，已无小路可循，于是乎，我们手持铁锹开路，头顶烈日前行，一路上观察到各种错综复杂的拉张裂缝（图 15-12c），经测量，裂缝走向为 18°～106°，裂缝宽度为 0.5～5.0m，多为垂直于主滑方向的横向拉张裂缝。历经几个小时的开路前行后，抵达了滑坡左边界（图 15-12d），其为一高约 15～20m 的陡坎，崩坡积、残坡积碎石土等滑体成分大面积出露，经判断十分适合用于室内物理力学参数的测试。鉴于此，我们采集了一些原状土带回（图 15-12e）。在取样期间，董老师不仅根据一路观察到的滑坡变形迹象，向我们复盘了槐扒滑坡的演化过程，而且亲自示范现场原状土的取样方法和技巧，并生动讲解了室内实验如何制样、如何测试相关物理力学参数等，让我们获益匪浅。滑坡后壁为一光滑的岩土分界面，但由于陡坎和荆棘密布，几经尝试，始终无法到达滑坡后壁，无奈只能遗憾而归，回到出发点时已是下午 5 时。与此同时，无人机小分队在辗转多地后也于今日完成了对 5 个滑坡的航拍作业（图 15-12f），与我们勘察小分队在灵宝市汉庭快捷酒店成功会师。回想这一天连续 7 个小时的野外作业，深刻体会到一线地质工作者的不易，无不对他（她）们表示由衷的敬佩，同时也为我们每一位成员“不畏险阻，不轻言放弃”的定力深感自豪。

(a) 槐扒滑坡卫星影像
(b) 滑坡右边界陡壁
(c) 滑坡体中部拉裂缝
(d) 滑坡左边界陡壁
(e) 现场取样
(f) 现场无人机作业

图 15-12　槐扒滑坡现场考察

（3）考察点 3：风脉寺滑坡、麦尖窝滑坡和玉洼滑坡

豫西滑坡科考第三站是风脉寺滑坡、麦尖窝滑坡和玉洼滑坡，这三个滑坡均位于黄河南岸灵宝市境内（图 15-13a）。风脉寺滑坡位于浑水河右岸，其周界明显，呈上窄下宽“圈椅”状分布，滑坡长约 890m，宽约 1120m，滑体平均厚度约 40m，总体积约 2973 万 m^3，主滑方向约 22°，为特大型土质滑坡。滑体为第四系松散堆积物，基岩为互层的反倾泥岩和粉砂岩。麦尖窝滑坡是风脉寺滑坡上发育的一个中型潜在滑坡，平面形态为上宽下窄，呈束口形状，前缘束口处宽约 40m，后缘宽约 120m，滑体最大厚度约 30m，主滑方向约 23°，滑体为第四系坡崩积物，滑体中后部发生过明显的滑动，但受前缘束口地形约束，尚未整体失稳。玉洼滑坡位于浑水河左岸，呈纵长式“圈椅”状，滑坡长约 1100m，宽约 460m，滑体平均厚度约 30m，总体积约 1500 万 m^3，主滑方向约 220°，为特大型土质滑坡，滑体为黄土夹古土壤，基岩为互层的顺倾泥岩和粉砂岩。

2022 年 8 月 20—21 日，我们依次对风脉寺滑坡、玉洼滑坡和麦尖窝滑坡进行了考察。据当地滑坡群测群防负责人介绍，风脉寺滑坡为一古滑坡，后期发生过多次小规模滑动，存在滑坡复活的可能，但坡体表面变形由于农田耕种等原因已无迹可寻。我们复核滑坡后壁及左右边界后，结合工程地质平面和剖面图以及老乡的描述，讨论了滑坡的物质结构特征、演化过程与失稳机制（图 15-13b）。在考察玉洼滑坡期间，我们有幸看到了留在原地的钻孔岩芯，秦老师和董老师兴致勃勃地给我们来了一场生动的野外教学（图 15-13c），从简单的岩芯编录到滑带深度的确定，言简意赅，让我们由衷地佩服两位老师扎实的理论功底和丰富的野外工作经验。此外，沿途可清晰地观测到近于直立的滑坡左右侧壁（图 15-13d 和 15-13e），实属壮观。

在行至中途之际，遇到一位老乡告知：“前面没路了，是陡崖，不要再往前了。”然而，为全面考察麦尖窝滑坡，我们决定再次兵分两路，一路由秦老师带队原路返回至出发点，对麦尖窝滑坡中上部物质结构成分进行调研，另一路则由薛师兄和我们继续向前“探险”至沟谷底部，考察麦尖窝滑坡地形地貌特征，力争实现考察线路的“闭环”。我们“探险”小队一开始路途非常通畅，且视角俱佳，滑坡全貌一览无余，清晰可见沿滑动方向的滑道收窄（图 15-13f）。然而继续前行不久后，周围全是陡崖，顿时进入进退两难的困境，就在犹豫不决时，一放牛老乡出现在对岸山坡，于是乎，我们高喊“老乡，有路没，能下否？”老乡答曰：“有一放牛小路，可以下。”说罢，我们便开始继续探路，不久便找到了那条放牛的小路，小路在陡坡之上，坡面荆棘遍布、杂草丛生，仅有些许隐约可见的牛蹄印（图 15-13g）。我们一行四人相互打气加油，成间隔梯队缓缓沿着牛蹄印自上而下。一路上可谓是：山重水复疑无路，柳暗花明又一村！同时，秦老师所带领的大部队也在坡体中下部（滑道收窄位置）发现了大量的碎石土堆积（图 15-13h），为判断支撑拱型锁固段的存在提供了另一主要依据。

次日上午，我们再次冒着酷暑踏勘了麦尖窝滑坡的左右两侧边界，并在坡体不同部位取样，准备用于室内物理力学实验。考虑到三门峡市疫情防控形势的严峻性，秦老师和薛师兄下午乘坐高铁直接返回北京，其余队员则载着累累硕果返回郑州，至此，为期 4 天的豫西滑坡科考圆满结束。

(a) 风脉寺、麦尖窝和玉洼滑坡影像　(b) 秦老师讲解风脉寺滑坡基本概况

(c) 玉洼滑坡钻孔岩芯　(d) 玉洼滑坡左边界陡壁

(e) 玉洼滑坡右边界陡壁　(f) 麦尖窝滑坡前缘滑道收窄

(g) 探索放牛小路所在的陡坡　(h) 麦尖窝滑坡前缘碎石土堆积体

图 15-13　风脉寺滑坡、麦尖窝潜在滑坡和玉洼滑坡现场考察

3）科考新发现

经初步踏勘，我们发现麦尖窝滑坡具有如下特征：（1）滑道在坡体下部收窄且滑床相对平缓；（2）滑道收窄处有大量碎石土堆积，含石量高且棱角分明，粒径大小不一。这种独特的坡体结构特征和物质成分组成，非常有利于支撑拱（锁固段）的形成。接下来，我们计划对不同部位堆积体的含石量、物理力学参数、位移监测数据等进行分析，对坡体进行物探以揭示其内部结构，证实支撑拱的存在。该滑坡有望成为秦老师团队发现的又一个支撑拱锁固型滑坡，可为滑坡锁固段理论提供案例。

4）致谢与感悟

（1）豫西之行，感谢董老师、姜老师及其门下多位博士生的帮助；大家团结一心，方能满载而归。

（2）实践之旅不仅能够强化课本理论知识，提高思考深度和广度，更能检验解决问题的思路是否正确；由此知悉：闭门造车不可取，理论联系实践是“王道”。

（3）科研如登山，哪怕曲折泥泞、征途漫漫，但只要静下心思考、沉住气学习、夯实专业知识、拓宽思考维度，遵循“实验基于原型，真知源于实践”的道理，就能解开谜团。

最后，用一首打油诗和一张科考团队大合影（图 15-14），纪念此次豫西滑坡科考之行。

豫西行

十人成团访豫西，
四天三晚勘五坡，
高温险阻浑不怕，
累累硕果载回家。

图 15-14　豫西滑坡科考团队合影

第一排（由左至右）：董金玉 秦四清 薛　雷 赵亚文 崔　远
第二排（由左至右）：李龙飞 许　超 石　尚 万　里 杨兴隆

– 第十六章 –

基金申请

—1—

如何把握基金申请的“火候”？

（发布于 2019-1-4 12:08）

每到年度国家自然科学基金项目申请的时候，不少单位都会召开动员会，鼓励具有申请资格的科研人员撰写基金本子，以增加“分母”基数，从而提升“分子”的数量。

据我所知，每到申请季，有不少科研人员常常纠结于“我该不该申请”这样的问题。持有这种心态十分正常，因为：（1）思考与写本子要花费大量的时间，基金项目申请能否中标取决于多种因素，不容易把握。在没有把握的情况下，还不如多写几篇论文增添些科研积累呢。（2）如果不中，尤其是连续不中的话，很可能严重打击自信心。那么，这个申请“火候”该如何把握呢？下面，根据我多年的申请经验并结合具体实例，谈谈这个问题。

某青年学者在做博士后期间，申请到了一项博士后基金项目（特别资助）和一项国家自然科学青年基金项目，在 2016 年获得副研职称留所工作。他的科研能力较强，写作能力也不错，去年拟申请的面上基金项目也是过去工作的延续，但评审结果出来后却“名落孙山”。其失败的原因是：（1）一直在该不该申请之间犹豫，说明想法还不成熟，但看到周围不少年轻的副研究员都在写本子，自己着急坐不住了，于是在短时间内仓促上阵，写的本子未经“高手”过目，赶在截止时间前匆忙提交了。提交后，他把本子拿来给我看了下，我指出其逻辑结构松散、提炼的科学问题欠“火候”、个别术语用法不准确等，被毙的可能性大。（2）从反馈的专家意见看，有两位专家认为本子写得较粗糙，关键概念的内涵未阐述清楚，立项依据不足。基金申请被毙后，对该青年学者的自信心影响较大。因此，该出手时就出手，不该出手时就继续凝练科学问题和丰富科研积累，把宝贵的时间用在“刀刃”上。

某研究员，长期从事金属矿地下开采作用下的岩体稳定性研究，曾得到多项面上基金资助。该研究员的科研能力和写作能力卓越，且在矿山岩体稳定性分析方面有丰富的科研积累，去年申请国家自然科学重点基金项目时，虽自感有较大的把握，但为提高中标概率，还放低姿态做了如下工作:（1）有了申请重点基金项目的打算后，和几位本领域的“大佬”交流过想法，都认为可行。（2）用了约 4 个月构思本子如何写，以厘清“纲”和“目”的脉络，然后用了约 40 天写本子，期间还把草稿拿出来征求意见以不断完善。（3）函评通过后，他精心准备 PPT，通过多次试讲接纳好的建议以改进演讲效果。这样打有充分准备之仗，自然会“火到猪头烂，功到自然成”。

该不该申请年度基金项目，自己心里最有数。我的建议是：在对某问题长期深度思考的基础上有了新想法且可行性高，感觉不吐不快有强烈写作冲动的时候，就是该写本子的时候。此时的冲动并非“魔鬼”而是“天使”，在其激励下，申请者思路清晰、才思泉涌，写出来的本子会有较强的逻辑性和故事性，中标的概率较大。

2

撰写“优青”本子应注意什么？

（发布于 2020-4-3 11:01）

我大概算了下，按照我的建议进行修改的诸多青年、面上与重点基金本子，总体命中率约在 80%。我帮忙审阅过的“优青”本子不多，屈指可数。感到欣慰的是，“优青”申请者听取我的建议修改完善本子后，几乎都成功了。

“优青”与“杰青”属于基金人才项目，主要是看已取得的业绩。显然，如何写好业绩部分是关键。

我注意到“优青”申请者都有一个通病，即在表述“主要学术成绩、创新点及其科学意义（建议不超过 4000 字）”时，代表性成果贪多求全，通常写 3 项，甚至高达 5 项，以把自己所有的工作事无巨细囊括进来，想以成果数量取胜。若这些都算重要“成果”的话，说明申请者太牛了，都超越魏格纳、屠呦呦、袁隆平等大师了。这些大师一生聚焦于一件事，仅凭一件能经得起历史检验的卓越成果，就已载入史册。

大家知道，科研的价值在于质量而不是数量，科技问题只有“已解决”和“未解决”之分。任何一位科研人员，终其一生，能把某个问题彻底搞明白已属不易，更何况从事科研不久的年轻人呢？其实，只要把自己最得意的一项成果讲透，就已足够，没必要画蛇添足。想必大家知道“舍得”的涵义，要想在激烈的竞争中胜出，要果断舍去那些“雕虫小技”式的成果，方可得到“正果”。至于关系较为密切的工作，可根据其关联性有机地整合到一起，打包成一项成果。譬如，申请者的有关发明专利可归为该成果的“方法”部分。

在“主要学术成绩、创新点及其科学意义”这一主要部分，我建议分三段（三个子部分）撰写：

第一段：结合研究现状，阐明所研究问题的症结在哪儿，诠释突破口在哪儿；

第二段：突破了什么（学术定论/主流共识/思维定式/研究范式/现行做法/权宜之计/学术僵局等），提出了什么（新原理/新理论/新方法）实现突破的，意义多大；

第三段：验证与评价，包括实验/实例/应用验证与成果产出及其影响（发表论著、获得专利、引用、学者与部门评价、获奖、重要学术会议主旨报告等）。

至于“拟开展的研究工作（建议不超过4000字）”，虽是次要部分，也不要大意，最好是代表性工作的延续，即围绕在研究中发现的新问题，开展深化研究。这样的话，可给评审专家留下“这个申请者专注在一件事”的深刻印象，以利于增加胜算。

撰写上述两部分时，要充分体现代表性成果与拟开展研究工作的科学性和创新性，表述要逻辑清晰、环环相扣、言简意赅，每部分不宜超过3000字，以让评审专家短时间内明晰成果的价值和申请者的发展潜力。若某申请者的本子能让人眼前一亮，且像破案故事一样引人入胜，那么不给这样的本子“特优”才怪。

3

基金本子“瘦身”好

（发布于2022-3-13 18:05）

自疫情起，我能吃、能喝、能睡但少锻炼，故腹部逐渐隆起，被不少朋友戏称“孕肚”。他们建议我常锻炼身体“瘦身”，以回到以前风度翩翩的形象。是啊，“瘦身”的好处确实多，那么撰写基金本子、文章也该向“瘦身”看齐。

从春节到现在，陆续看了些青年、面上和重点基金本子。先不管本子展现出的创新性、科学性与可行性如何，单就字数而言，与前些年相比，感觉普遍增长了约10～20个百分点。

古人写文章，力求“文约而意丰，叙事之工者，以简要为主”。今之申请者也应如此，因为没有人乐意看又臭又长的本子。

是啊，本子越简明扼要、通顺易懂、自然流畅，越便于读者理解，越能给读者留下深刻印象；反之，本子废话连篇、啰里啰嗦、词不达意，只能让读者不知所云、不得要领。

若申请者对所研究的问题和解决问题的方法了然于胸，再具有一定的文字表达能力，通常能写出简练的本子；若申请者对所研究的问题和解决问题的方法一知半解，即使笔下生花，也难以写出简练的本子。因此，透彻理解所研究的问题，有的放矢给出解决问题的方法，是写出辞简意赅好本子的第一步。迈出了第一步，才有第二步。

就我今年看过的本子而言，为达到其“瘦身”（第二步）目的，申请者要努力做到：

（1）按照鲁迅提倡的“有真意、去粉饰、少做作、勿卖弄”原则遣词造句，要善用“因为……所以……”“虽然……但是……”“与其……不如……”等，这样便于准确反映句子的含义，且使句子简明扼要。

（2）每句话要为句群服务，以形成一个环环相扣的中心思想；由句群组成的段落，要围绕该中心思想，以逻辑清晰、言必有中的表达，从多方面论证其合理性、先进性和意义；注意上下文要有联系，以体现自然过渡。与之无关或关系不大的材料，应果断弃之。

（3）文献综述不宜就单篇评论，以系统梳理展现的方式为好。例如，在××机制研究方面，虽然不少学者（张三等，2017；李四等，2018；王五等，2019）提出了××观点，但是未考虑××因素，故其观点有局限性。

（4）研究内容要以层层递进的方式展现主干，细节放到研究方案中。

预祝诸位申请者高中！

4

第一次申请基金的心路历程

（发布于 2018-3-8 10:54）

最近，有不少青年朋友与我联系，说看了我写的有关基金申请的博文[1-4]，很有启发，希望我多介绍一些具体的实战经验。为不辜负他们的期待，我盘点了一下自己的“存货”，确实还有些“余粮”，希望对青年人有所帮助。

1992 年 1 月—1994 年 4 月，我在成都理工大学（原成都地质学院）作博士后期间，那时非线性科学（耗散结构论、协同学、突变理论、分形几何学、混沌理论等），在地学中的应用方兴未艾，是当时的研究热点，我也未能免俗加入了这个“洪流”，因为觉得这可能是一个充满活力的新方向，能为工程地质学的发展带来勃勃生机。

在用 Thom 提出的突变理论研究滑坡预测问题时，发现了一个有趣的现象。如对简单的平面滑动斜坡，假设滑面为一非均匀软弱夹层，上部岩体为刚体，由于在软弱夹层不同部位的应力水平、材料组成及结构不同，夹层本身可能包含多种具有不同力学属性的介质，如弹脆性、应变硬化与应变软化属性等。为简化分析，可视夹层介质由两种介质组成，即介质 1 具有应变硬化属性，介质 2 具有应变软化特性。

考虑两种介质的协同作用，斜坡失稳的充要条件可用尖点突变模型描述，在此基础上可构建考虑蠕变特性的斜坡演化非线性动力学模型，用该模型研究滑坡案例时，发现分岔集方程$|D|$值在等速蠕变阶段呈现比较稳定的变化，变幅很小；在加速蠕变阶段开始后，$|D|$值陡增出现一峰值点，而后迅速降低，在临近失稳时，接近于零。如果此种特殊现象具有一定普适性，显然可用于判断滑坡的发生。

基于上述想法，且考虑到对位移观测数据受到的各种扰动影响，可采用随机-模糊等数学方法进行处理，能提高预测精度。于是乎，有了根据“理论分析 + 模型试验 +$|D|$ 值 + 数据处理 + 案例研究”申请基金的冲动。

把想法和张倬元老师等汇报了一下，他们非常支持，对本子初稿也提出了许多建设性的改进意见，使本子的故事性 + 逻辑性得以大幅提升。

通常，在站博士后应先申请“青年科学基金项目”，但那时的批准经费一般为 5 万元左右，觉得经费不够（模型试验需要不少银子）。可能是初生牛犊不怕虎，在纠结了几天后毅然决然直接申报“自由申请项目”（1994 年面上基金包括自由申请项目和青年科学基金项目，与目前的分类不同）。

没想到，申请的《非线性动态追踪滑坡灾害预报理论的研究》基金项目（1995 年 1 月—1997 年 12 月），顺利获批，经费约 11 万元，这无疑增强了我的科研自信心，聚焦了科研方向，且对后续的科研工作有重要推动作用。

根据我多年申请基金的经验与当评审专家的体会，要想拿到基金项目，最重要的不是如何写，而是有没有创新思维，即有没有新想法的问题。因此，基本上可以这样说：创新，是基金申请的灵魂，也是科学研究的灵魂[4]。

对别人没有发现或没有解决的科技问题，你有了新点子、且有了初步的研究基础，这样的项目申请容易说服专家，易受资助。

创新有大有小，但必须是实实在在的创新，不是牙缝里挤出来的创新。靠玩弄概念、老生常谈的东西外套一个漂亮的包袱皮儿，那不是创新，也蒙蔽不了睿智专家的慧眼。创新是实在的东西，只要把某问题的研究向前推进一步，对青年和面上基金而言，就已经足够了。

参考文献

[1] 秦四清. 面上基金申请：切忌贪大求全[EB/OL]. (2018-03-02) [2018-03-08]. http://blog.sciencenet.cn/home.php?mod=space&uid=575926&do=blog&id=1101899.

[2] 秦四清. 基金助我静心科（续）[EB/OL]. (2017-12-12) [2018-03-08]. http://blog.sciencenet.cn/blog-575926-1089290.html.

[3] 秦四清. 基金助我静心科研[EB/OL]. (2015-08-19) [2018-03-08]. http://blog.sciencenet.cn/blog-575926-914209.html.

[4] 秦四清. 创新——基金申请的灵魂[EB/OL]. (2013-03-07) [2018-03-08]. http://blog.sciencenet.cn/blog-575926-668136.html.

5

基金助我静心科研

（发布于 2015-8-19 11:37）

自从我 2008 年开始专注于地质灾害物理预测的基础研究后，因对接横向项目不感兴趣，逐渐由“土豪”成为了“贫农”。虽然有老课题结余经费的助力，但预计到 2010 年的时候会“揭不开锅”。花钱的地方实在太多，研究生培养、实验室运转、交办公室房租等，每年都需要不少的“银子”。科研也好，生活也罢，钱不是万能的，但没有钱是万万不能的。没有基本的科研经费支撑，温饱都会成为问题，哪能静心做科研呢。

在 2009 年下半年，我对崩滑灾害失稳机理有了突破性的新认识，发现的滑面多锁固段脆性破裂规律得到了诸多实例的回溯性验证。有了新想法后，准备 2010 年申请个重点基金项目。在写本子的时候，因有新想法支撑，思路十分清晰，用了 3 天的时间一挥而就，后面精心修改用了半个月。可能是本子的创新性、逻辑性与故事性较强的缘故吧，函评时得到了 5 个 A、1 个 B 的评价。

上会答辩前，用了半个月时间精心准备 PPT，演讲和回答问题都令人满意，最终获高票通过。今年 6 月份，一位当年的会评专家来京和我聊天时透露了一个“秘密”，他说“你可能不知道当时会评的情况，小同行专家是准备‘灭’掉你的申请的，因为滑坡预测是个世界性的科学难题，大家搞了这么多年，谁也没有高招。但听了你的答辩报告后，大家改变了主意，因为你有了新招儿，把不可能的事儿变成了可能，重点基金本就是支持有新想法的、有重要意义的探索项目的。”看来，有可行性的新想法是基金中标的“硬通货”；再者，逻辑性与故事性强的本子，可让评审专家清晰地理解拟申请项目的“脉络”，助其做出客观的评判。

我觉得国家自然科学基金的评审是相对公正的，世界上也没有绝对公平的事儿。对于非“大牛”学者，能做到的是壮大自己，而不是怨天尤人。当你比别人“高半头”的时候，申请基金时有可能“被灭”；当你比别人“高一头”的时候，评审专家很难“灭你”。世界上没有什么“救世主”，自己的命运掌握在自己手里，我觉得基金“中标”的正确途径是用强劲的创新实力“征服”评委。

抱歉，说着说着跑题了，赶紧“纠偏”回到正题吧。

因知道 2015 年重点基金要结题，结题后又会面临“断顿”困扰；再者，在岩石破裂过程研究中我们又发现了一个有趣的问题。简言之，在浅源强震孕育过程中，锁固段被加载至膨胀点时，Benioff 应变开始出现加速现象，但加速持续一段时间后，大部分震例普遍出现不同寻常的现象——应变速率急剧降低。这与室内岩样剪切蠕变试验揭示的破坏特征完全不同，也与锁固型滑坡监测位移曲线反映的锁固段破裂加速至宏观断裂阶段的位移特征不同。基于以上考虑，从 2014 年 10 月份开始，打算写个面上基金申请项目。这次申请，因怕不中“丢人”，从思路定位、问题凝练、文献查阅、编写本子到润色调整，用了很长时间。写完后，请几位朋友看了看，觉得不错，在申请书提交截止时间前两个小时，上传了本子。

昨天从我所得知，今年的基金申请再次“中标”。非常感谢基金，基金伴我度过了学术生涯的“困难”时期。有了基金的助力，静心科研就有了基本保障，才能坐得住“冷板凳”。

我觉得，写好立项依据与凝练出精华的科学问题，是基金申请的重中之重，必须下功夫。下面“晒晒”我们 2010 年重点基金项目《斜坡失稳的广义临界位移准则与预测方法》中的立项依据部分，可供打算申请基金的青年朋友们参考。

地质灾害如滑坡、崩塌、强震等，常以突发性、难以预测性、毁灭性的灾难给人类造成重大人员伤亡与经济损失。尽管诸多学者[1-26]在灾害学研究中已做出了巨大努力，但对世界上许多灾难性地质灾害屡屡预测失败的现实表明，我们对地质体致灾机制知之甚少。由于地质系统本身的固有复杂属性[1]或深部岩土体力学属性与地质结构的难以准确描述性[2]，依据目前的认识，通常人们认为崩滑等灾害的预测是非常困难的，因为崩滑预测模型不可能同时考虑众多复杂因素的相互影响，其中斜坡几何、地质条件的复杂性，位移-时间关系的非线性，以及季节性因素的叠加作用是最重要的影响因素[3]。然而，为评估及减轻崩滑灾害，坡体破坏过程的预测问题必须被解决。

目前崩滑灾害预测问题研究主要有两种方法。其一是基于实验和力学分析研究坡体失稳的演化机理，并利用这些结果做出进一步预测。然而，由于上述影响因素相互作用导致的高度非线性及衍生的复杂性，描述滑坡演化过程的动力学方程[4]还未能正确写出；即使能够做到，准确确定方程中的诸多几何及力学参数仍然十分困难。唐春安指出[5]，在非线性和不连续问题的理论研究方面有一种越来越复杂化而难以实际应用的趋势。其二是依据经验、统计模型进行滑坡时间预测[6-9]。然而，基于加速位移的突变破坏统计预测[10]已经导致了不正确的预测结果，例如对阿尔卑斯山 Kilchenstock 滑坡预测失败了两次。Rat[11]曾坦率地指出，由于缺乏严格的物理基础，统计预测通常是很不可靠和很有“诡计”的。为此，应该从新的理念出发，发展解决滑坡预测问题的新方法。

锁固段可定义为在滑面上具有较高强度的应力集中部位，例如所谓的岩桥、凹凸体（asperity）及土拱或支撑拱。在国内，锁固段概念最早被张倬元教授等[15]提出。之后这一概念从内涵和外延得到了进一步的拓展。例如，已有研究发现岩质斜坡的稳定性受岩桥控制[16]，大型堆积层斜坡的稳定性受土拱或支撑拱控制[17]。但过去的认识仅认为地质体的稳定性受一个锁固段控制，也未建立相关的理论方法。据最近我们的研究发现，岩质斜坡、大型堆积层斜坡和黄土斜坡的稳定性受其滑面或剪切带上的一个或多个锁固段控制。当所有的锁固段被剪断，滑坡将不可避免地发生。

作为立项依据，我们对锁固段在地质体中的客观存在性以斜坡为例做如下论证：①滑面介质是不均匀的，强度相对高的区段必然存在。②在实际监测中发现，大型滑坡总有一个或多个相对变形较小的区域，如新滩滑坡和三峡凉水井滑坡，该区域则为锁固区域，一旦该区域被突破，滑坡将不可避免地发生；根据滑坡宏观破坏现象和位移加速现象，凉水井滑坡曾做过一次失败的预报，造成了长江封航 3 天，损失 2.1 亿元的严重后果，这说明该滑坡可能存在多锁固段。③若没有锁固段存在，那么任何斜坡在每年的雨季，特别是最大降雨量的年份都会失稳。因为在雨季尤其是最大降雨量的年份，滑面介质的抗剪强度都是最低的，都应该失稳，显然实际斜坡失稳并不遵循这一规律。④不用锁固段概念，不能从物理上解释斜坡的加速位移特征。⑤某些斜坡在加固后仍然失稳，说明其加固是在天然斜坡的锁固段断裂后加固的；人工加固措施（如抗滑桩、锚索、锚杆）提供的抗滑力一般远小于自然锁固段提供的抗滑力，因此在天然斜坡的锁固段断裂后加固，只会延缓其破坏时间，而不能阻挡其破坏的必然发生。

从大量岩石力学实验成果[15]知道，在自岩石体积膨胀点起的不稳定破裂阶段，即使施加的差应力保持不变，其破裂演化将朝着宏观断裂自发地发展。此阶段一个最重要的特征是在其对应的位移—时间曲线上，将会出现加速现象。在变形达到其峰值强度点时，锁固段将被剪断。对一个锁固段情况，意味着滑坡的发生将不可避免；对此种滑坡，过去的基于位移量或位移速率的经验与统计预测方法，可能会得到成功的预测结果。然而，对多锁固段情况，将会出现多个加速阶段，因此仅根据位移速率的激增判断滑坡发生，可能会得到错误的预报结果。

过去的斜坡稳定性分析大多没有考虑锁固段的抗剪作用，这会导致稳定性分析结果过于保守。为此，我们在 2009 年发现了适用于斜坡失稳预测分析的一个普适性规律：依据重正化群理论导出了锁固段的临界破裂概率(体积膨胀点)，基于微元体破裂的 Weibull 分布本构模型，构建了锁固段峰值强度点、峰后应力应变曲线拐点（残余强度）与体积膨胀点的力学联系。锁固段演化到体积膨胀点，在斜坡位移曲线上开始出现加速现象。我们把锁固段峰值强度点视为崩塌、倾倒等脆性破坏的临界失稳点，把峰后应力-应变曲线拐点视为蠕变型滑坡的启滑点，用位移加速起点值作为已知值，就可预测崩滑体失稳临界位移值。

在此基础上，我们还导出了多锁固段斜坡失稳临界位移准则。该项研究发现了可能具有普适意义的、适用于地质体破坏预测的两个常数 1.48 和 2.59（现已修订为 2.49）。我们认为，对于一个特定斜坡，其临界滑动位移值应该是一个定值。若不超过这一定值，则滑坡不会发生。然而，降雨等外界环境因素可能加速坡体的破坏进程。这表明斜坡临界滑动位移可能是一常量而失稳时间为一变量，这也表明预测斜坡的临界滑动位移比预测其失稳时间更容易实现。

位移监测是判断斜坡稳定性和演化趋势的常用技术方法之一。如果预先知道了斜坡滑动的临界位移值，那么就可以较准确地估计其可能发生滑坡的时间，以采取合理的应急措施保障公共安全。

根据初步建立的多锁固段渐进破坏理论和方法，对包括新滩滑坡、Vajont 滑坡、盐池河山崩在内的 35 个崩滑实例进行了验证分析，取得了很好结果。然而，在研究中发现，还有下述问题有待深化和完善：

（1）斜坡滑面锁固段的地质界定与识别方法问题。这是一个新的课题，包括锁固段的地质分类，地质、地球物理与监测综合识别方法。

（2）我们在 2009 年建立的理论与方法是针对沿滑面锁固段的一维空间问题，并已取得了良好的预测效果，若扩充到二维和三维问题，毫无疑问效果会更好。

（3）虽然大量的实例已证实了该理论和方法的可靠性，但还没有从室内物理模拟实验的角度，深入剖析多锁固段渐进破裂过程与地表和深部位移演化特征之间的对应关系。显然，从室内实验角度深入揭示多锁固段膨胀—断裂过程与位移特征的物理关系，不仅可检验理论的正确性，还可能揭示一些未知的科学规律，从而改进和发展理论。

（4）如何根据预测理论与监测技术，提出实用的监测与预测方法，也是有待解决的问题。

只有解决了这些问题，才能形成较为成熟和具有实用意义的斜坡失稳预测方法。本项目研究正是对我们已有认识的进一步深化，其研究结果无疑具有重要的科学意义和应用价值。

6

连续拿下国家自然科学基金项目靠什么？

（发布于 2021-2-1 09:48）

我和年轻学者聊天时，其常问的一个问题是：为什么有些科研人员多次申请国家自然科学基金项目不中，而有些科研人员能连续中标呢？

大家知道，国家自然科学基金支持的是具有一定创新性的基础研究项目。原则上，创新性越强的申请项目越应该给予资助。然而，实则不然。由于创新性越强的申请项目，特别是原创性项目，往往突破或颠覆了已有认知，在项目评审时难以取得共识，往往因评审专家的“认知局限/利益冲突”被灭。那么，确有“真货/硬货”的科研人员该如何应对呢？

谋定而后动，知止而有得；凡事讲究策略，智取方为上策。如果科研人员在科研中有了原创学术思想，应尽早使其落地提出新理论。如果新理论是基于公理化方法建立的且通过了初步实证，且在深化研究中又发现了亟待解决的新问题，那么以此申请国家自然科学基金项目，则创新性、科学性与可行性都有基本保证，通常能说服评审专家从而中标。如此，不断地深化研究，不断地发现问题，且以此申请国家自然科学基金项目解决问题，大多能获得连续资助。

空谈无用，实战可信。下面，分享我团队以上述模式连续拿到国家自然科学基金项目的经验，可供打算申请国家自然科学基金项目的科研人员参考。

在 2009 年下半年，我认识到锁固段主控某类斜坡稳定性，在探索过程中逐步形成了“以锁固段关键力学特征点为切入点、以锁固段位移比为参量建模，结合案例厘清锁固型斜坡失稳演化规律”的学术思想，提出了锁固型斜坡失稳演化的指数律并通过了诸多案例的验证，进而初步构建了锁固段脆性破裂理论。在此基础上，我发现了需进一步解决的关键科学问题，于是准备申请 2010 年国家自然科学基金重点项目。因思路新颖清晰，写出了较高质量的本子，且答辩时的演讲比较精彩，最终获得资助。

在国家自然科学基金重点项目资助下开展研究中，我又发现多层嵌套锁固段自相似破裂机制问题值得进一步探索，于是撰写了国家自然科学基金面上项目本子，函评时获得了评审专家的高度评价从而顺利中标。后来，照此模式，我团队又连续拿下了几项国家自然科学基金项目。

在网上，我常看到不少介绍国家自然科学基金申请的各种“诀窍”，基本上是写作技巧的指南。在我看来，写作质量并非不重要，但不是决定因素；决定因素永远是拟申请项目的创新性、科学性与可行性，而这些与申请者以前工作的创新性、深厚性与可持续性密不可分。此外，我觉得国家自然科学基金倾向于滚动资助已找到科学难题突破口的项目，这样一方面可帮助申请者进行系统性创新扩大战果，另一方面有助于提高资助的针对性和有效性——把好钢用在刀刃上。

在此，预祝各位申请者心想事成！

7

基金项目申请未中或能催生灵感

（发布于 2020-9-22 10:06）

灵感是人类创造性认识活动中最美妙的思想之花；突破或解决重大科学难题，几乎都需要“灵感”的光顾。灵感或产生于旅游度假期间的开窍、或产生于与高手讨论交流后的思维升华、或产生于冥思苦想后的顿悟、或产生于郁闷后的闪念，如此等等。一般认为，产生灵感的条件有三：（1）长期的潜心思考；（2）一段时间的孕育；（3）偶然因素的刺激诱发。

每年国家自然科学基金项目放榜季，成功者喜气洋洋，而失意者郁闷沮丧，特别是多次申请失意者甚至怀疑自己的科研能力，对自己的前途极度悲观失望。我看不必如此，应以平常心对待，因为能否拿下基金项目，除了自己的能力和努力外，还有不少偶然因素起作用，正所谓“谋事在人、成事在天”嘛。

基金项目申请未中，或许是助推失意者迸发灵感的机会、进而建立原创科学理论的机遇。以下讲述一个真实的励志故事，期望对失意者有所裨益。

2009 年我申请杰青时，函评专家给的都是“A”，但因那年函评得到全“A”的地学部杰青申请者较多，需要基金委内部管理人员投票表决哪些人上会，结果我因 SCI 论文数量少而“名落孙山”。知道结果后，当时相当郁闷，正好有青岛海洋大学（现为中国海洋大学）的朋友邀请我前往讲学，顺便旅游散心，我立马接受了邀请。去青岛后第二天到崂山游玩，欣赏了那里的旖旎风光，回程途中下着小雨，坐在朋友的私家车上在半睡半醒之间突然开窍了——长期思考的斜坡失稳预测问题有了另辟蹊径的新思路，直觉告诉我：（1）一类大型斜坡的稳定性应受滑面上的锁固段控制；（2）应从锁固段峰值强度点、残余强度点与体积膨胀点的应变比着手，解决该类斜坡的失稳预测问题；（3）应变比应是常数。后来的工作证实了直觉的正确性。现在回头想，如果 2009 年我拿到了杰青这顶“帽子”，可能会长期处于“志得意满”的飘飘然状态，灵感难以被激发，就不大可能有锁固段理论的诞生。

人生总会有不顺利的时候，在逆境中或沉沦或奋起，但有志者应选择后者。培根说："奇迹多是在厄运中出现的。"黎明前特别黑暗，成功前格外艰难。逆境使人别无选择，逆境给人很大压力，而压力能激发出强劲动力。只要在艰难时刻再坚持一下，挺过最难熬的一段时间，那么紧接着可能就是机遇或灵感的光顾、奇迹的出现。

8

2020 年度国家自然科学基金项目评审感受

（发布于 2020-6-29 23:18）

我今天终于把评审意见提交了，有一种如释重负的感觉。作为同行专家评审国家自然科学基金项目既感到荣幸，又感到了沉甸甸的责任。为对得起专家这个称号，我评审项目时尽量以科学性、客观性和公正性为宗旨，以创新程度为基石。今年我共评审了 23 项，其中青年基金项目 2 项，面上基金项目 12 项，重点基金项目 9 项。我评审青年基金项目平均用时约 3 小时，面上基金项目约 4 小时，重点基金项目约 6 小时。

不谈苦劳啦，谈谈总的感受吧，或许对科研人员今后申请基金项目有所帮助。

与前几年相比，今年的申请项目在逻辑清晰性、文字表述等方面有较大提高，这或许是因为疫情期间申请者有较长的时间撰写与修改。希望未来申请者能保持这种好势头，不断提高写作水平。

在判断可行性没大问题的情况下，对青年基金项目，只要内容有些新意且能把“故事”讲完整，我均开绿灯放行；对面上基金项目，只要有立得住脚的创新——对前人工作有实质性改进或完善，我均予以支持；对重点基金项目，只要有突破性的新想法且技术路线先进合理，我举双手赞成。

遗憾的是，我未看到令人眼前一亮的申请项目，既在意料之外又在情理之中的项目，这或许是因为这些年诸多科研人员热衷于“跟风”导致的创新乏力。

下面，谈谈存在的主要问题。共性问题是普遍对关键科学问题的凝练不到位，有隔靴搔痒之感。除此，理论性为主的项目还存在如下问题：

（1）不知道申请者所说的新理论、新模型“新”在何处，感觉有故意含糊其辞的嫌疑；

（2）缺乏实验验证，无法保证理论模型的可靠性；

（3）基于大数据构建的预测模型与物理机制脱节，难以应用于实际。

实验类为主的项目还存在如下问题：

（1）几乎不考虑研究对象的几何特性和受载条件，针对性较差；

（2）实验方案设计过于粗糙，关键细节阐述不够；

（3）所安排的实验不能圆满解答所提出的科学问题。

创新难，原创更难。要想基金项目中标，关键是平时要深度思考凝练出关键科学问题和破解之道，才可能有所发现、有所发明、有所创造。这靠临时抱佛脚不行啊。

9

2021 年度国家自然科学基金项目评审感受

（发布于 2021-5-27 19:11）

我今年共评审各类国家自然科学基金（以下简称国基）申请项目 29 项。鉴于国基主要以基础科学研究为导向，因此我以创新性（新颖性和独特性）为首要评价标准，并考虑科学问题价值和研究方案可行性综合评价申请项目。当然，针对不同类别的申请项目，评价标准亦有所区别。例如，青年基金项目是青年学者科研起步阶段的主要助力，只要提出的科学问题较靠谱、研究具有一定意义且讲故事思路较清晰，我一向乐于给予资助；而优青、重点等申请项目的申请者大多具有良好的前期研究基础，也积累了较丰富的科研经验，给予其资助的目的是鼓励其挑战某研究领域内的“硬骨头”问题，自然应当从严要求其所申请项目的创新性。

根据我评审的国家自然科学基金申请项目情况，发现以下问题较为普遍，现分享给大家，希望对其今后的项目申请有所帮助：

（1）立项依据不足，主要有两种表现形式，其一是在研究现状综述部分有意或无意遗漏前人的工作，或换个说法重新包装，以凸显申请项目的“创新性”；其二是对研究的必要性缺乏充分论证，有夸大研究意义之嫌。

（2）研究思路不清晰，表现为研究内容之间“东一榔头西一棒子”——缺乏清晰的逻辑联系，这会导致讲不出一个脉络完整的故事。

（3）科学问题凝练不到位，表现为表述冗长，或堆砌大量意义不明的术语。这往往是平时缺乏深度思考的结果。

（4）研究方案未找准突破口，表现为研究多个因素同时变化对某事物演化造成的影响，这么做最后的结果很可能是“一团浆糊”。对于牵涉多因素的复杂问题，应当抓住其中的主控因素，化繁为简，方有可能找出本质规律。

（5）研究思路和方案沿袭常规套路，属于重复性工作，难以在悬而未决的老问题上取得实质性进展。

申请者要拿下国家自然科学基金申请项目，主要取决于研究思路和方法的创新性以及申请书表述的严谨性，而这源自申请者平时的思考、推理与总结；基于此，才能凝练出真正有价值的科学问题，才能跳出常规套路找到难题的突破口，才能顺理成章讲述一个逻辑自洽的精彩故事。此外，申请书的作用在于“卖点子”，故让评审专家看懂是前提；大同行评审专家即便不了解研究细节，也能总体把握申请项目的创新性、科学性与可行性。因此，申请者靠堆砌“不明觉厉”的术语、开展“换汤不换药”的重复性工作、盲目追踪热点研究等，绝不可能忽悠头脑清醒且具有深厚学术洞察力的评审专家。

-10-

2022年度国家自然科学基金项目评审感受

（发布于 2022-6-2 10:28）

近日，我完成了共计26份的国家自然科学基金（以下简称国基）申请项目评审任务。我注意到，基金委近年来大力推进基于科学问题属性的分类评价改革，这有助于更加客观地评价申请项目的科学价值。无论如何，我一直认为创新性是首要评价标准，而不同属性分类的区别仅在于侧重的创新形式不同。例如，“需求牵引，突破瓶颈”类的申请项目无需在基础理论上有较大创新，但在突破技术瓶颈上应有新思路或新认识。多年来，我遵循注重创新的评价标准，尤其对优青、重点等类型项目，更是从严要求创新性，因为申请者多是“青椒”中的佼佼者、“红椒”中的领头羊。只有如此，才能鞭策其挑战科学难题，形成奋勇争先的良好学术风气。

就今年我评审的国基申请项目而言，除立项依据不足、研究思路不清晰、科学问题凝练不到位等屡见不鲜的老毛病仍然存在外，还发现以下问题较为突出，现分享给大家，希望对今后的项目申请有所帮助。

1）缺乏显著创新性

某项研究的创新性或表现为发现了新现象和新问题并找到了解决之道，或找到了新思路和新方法来解决悬而未决的老问题。我评审的大部分申请项目致力于解决各种与地质灾害有关的老问题，但研究思路和方案仍“换汤不换药”，故不得不怀疑思路的新颖性和方案的可行性。此外，有些申请者对何谓创新存在误解。譬如，其将一些新技术或新方法（如采用某种新兴的监测手段）的应用视为创新点。这虽然可能提高观测精度，但往往对揭示复杂现象背后的本质机制和规律没有帮助，故仍然难以在老问题上取得实质性突破，自然也谈不上显著创新性。

要提升项目的创新性，申请者需平时通过深度思考凝练关键问题和催生围绕该问题的奇思妙想，这靠“急来抱佛脚”不行。

2）盲目蹭热点

基于大数据的AI方法，炙手可热，成为不少申请者的“灵丹妙药”。

AI 方法，是通过学习大量案例，以求获得事物的行为规则来预测未来，但本质上仍属于数理统计范畴。不少申请者未意识到即使把该方法用到极致，也难以揭示某种复杂现象背后隐藏的真实规律，这是因为数据与规律之间的映射关系缺乏明确的物理机制这一强约束条件，所以多解性在所难免。不信，看一个例子：图 16-1 是条应力-应变曲线，把峰值强度点前的数据给你，你用 AI 方法能探究出随峰后应变增长，应力不升反降的趋势和规律吗？答案显然是否定的。

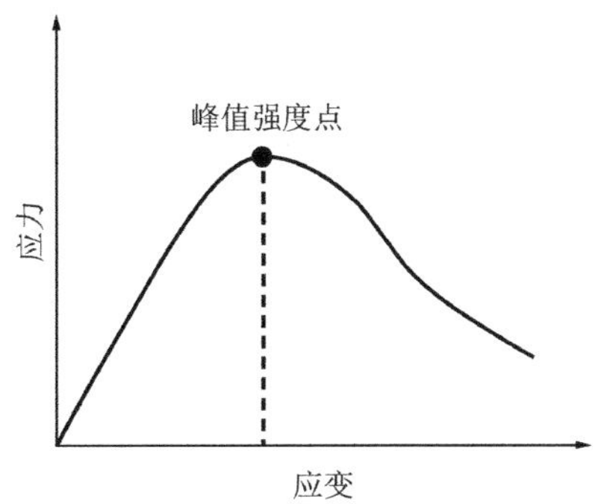

图 16-1　应力-应变曲线示意图

我评阅过多份利用 AI 方法预测滑坡灾害的申请书，其应用令人眼花缭乱、“不明觉厉”的算法，实际上是建立斜坡位移与各类影响因素之间的统计关系，这能迷惑少数学术素养不高的评审专家。然而，大部分评审专家知道：即使统计强相关，也并不表明所得因果关系可靠，这源于上述的多解性。要解决滑坡预测难题，只能在分类的基础上，脚踏实地从物理机制入手，来不得半点投机取巧。

事实上，诸多科学难题之所以长期未被攻克，根本原因并不在于实验、观测等手段不够先进、不够全面，不在于数据处理方法不够“高大上”，而在于尚未找到其“命门”——诸如支配事物演变的物理实体、机制和规律。鉴于此，与其引入时髦的“噱头”挖空心思蹭热点，以给申请书穿上“皇帝的新装”，不如在日常科研工作中把精力放在探索“命门”上；申请者一旦找到这样的“命门”，并在申请书中将其展现出来，拿下国基项目并不困难。

—第十七章—

学术交流

1

《中国科协第111期新观点新学说学术沙龙》侧记

（发布于 2016-8-22 08:32）

为从不同角度探讨“大地震的形成机制是什么？可靠的普适性前兆究竟存在与否？究竟能否被预测预报？”等学界和社会关注的问题，中国科协于 2016 年 8 月 20—21 日在北京举行第 111 期新观点新学说学术沙龙，主题是“大地震孕育机制及其物理预测方法”（图 17-1）。本期沙龙由中国科学技术协会主办，中国岩石力学与工程学会承办，中国工程院王思敬院士、中国地震局地质研究所徐锡伟研究员和中国科学院地质与地球物理研究所秦四清研究员担任领衔科学家。参加沙龙讨论的近 30 位专家分别来自中国科学院、地震局、高校等。

图 17-1　学术沙龙现场讨论照片

此次沙龙以“大地震孕育机制及其物理预测方法”为主题，紧紧围绕大地震孕育机制、物理前兆与物理预测方法三个中心议题展开激烈讨论。针对会议的三个中心议题，秦四清研究员、白以龙院士、何满潮院士、马瑾院士和尹祥础研究员分别进行了重点主题发言，李世海研究员、徐锡伟研究员、池顺良研究员、姚攀峰工程师、岳中琦教授等 10 名专家分别进行了主题发言。通过百家争鸣、各抒己见，提出诸多新观点、新理念与新的学术思想。

大家在会上辩论得十分激烈，争抢发言机会是会上一道靓丽的风景，看来成为“麦霸”是需要功夫的。不少年轻人认为，参加这次沙龙大有收获，意犹未尽，希望多召开这样的会议。

王思敬院士指出，即便地震预测研究存在重重困难，我们也应坚定信心，从地震预测到预报，应该做，值得做，将来可以做出很好成绩。同时呼吁科技部、国家基金委甚至社会团体，大力支持地震预测的科学研究。

2

在母校学术交流纪实

（发布于 2019-1-17 12:11）

自从 1986 年本科毕业离开华北水利水电大学（原华北水电学院）后，一直想为母校做点事情以回报母校的培养，但一直没有合适的机会。2016 年 10 月份的某一天，母校董教授给我打电话说："想和你们联合申请 NSFC-河南联合基金项目"。听了他的简短介绍后，我立马同意了，因为这是我力所能及且愿意干的事儿。

在写本子与答辩期间，我们全程参与出谋划策，在双方的共同努力下，联合申请的 2017 年度"NSFC-河南联合基金"重点项目——"豫西锁固型滑坡演化机理及其动态追踪预警方法"获批。

拿到基金不易，但要高质量地完成项目任务也不易。为此，双方在 2018 年从豫西锁固型滑坡类型、岩质斜坡锁固段破坏模式的物理模型试验、锁固段体积膨胀点的声发射事件能级特征、基于滑坡变形分区的锁固型滑坡稳定性分析等方面，按照研究计划进行了有条不紊的研究。2018 年共发表论文 20 多篇，其中 SCI 论文 8 篇。

为总结 2018 年研究成果以找出其不足之处，明确 2019 年的研究任务，在 2019 年 1 月 13 日下午，我们一行 6 人从北京启程赴母校，参加 14 日的学术交流活动。

14 日上午，我做了《锁固段理论与地灾预测方法》的学术报告，报告长达两小时，围绕着锁固段理论、大地震物理预测方法、地震危险性评估新方法、对地震"疑难杂症"的剖析等，进行了详细的阐述，大家听得津津有味，明白了理论和方法的精髓。

做一次令人回味的学术报告，并非易事，这取决于：（1）有趣且扎实的科学发现支撑，有了这个，自然而然会涉及"破案"的故事，讲故事也自然能牢牢吸引观众；（2）PPT 要做得清晰漂亮，以图片为主；（3）讲解要有主线和脉络，报告人讲解时要有激情。

下午集体讨论快结束时，主持人让我做个总结发言，我也没客气，指出："尽管在 2018 年的研究中取得了一些成绩，但仍有许多不足之处。目前看来，完成项目指定的任务，并非难事，但要做出新的科学发现和技术发明，需要大家做艰苦细致的探索。2018 年的某些研究工作，虽冠以‘锁固段’的旗号，但针对性不强，与锁固段的特性脱节。锁固段以大尺度和扁平状为几何特征，其承受极其缓慢的剪切加载或应力腐蚀作用，这使其具有强非均匀性和低脆性。该重点项目的核心是‘锁固段’，研究中必须注意这些特性，否则就会跑题，搞不出亮点成果。”

通过这次学术交流，大家进一步明确了研究方向和目标，感到信心倍增。

3

在南方科技大学学术交流随记

（发布于 2019-12-5 09:10）

应南方科技大学地球与空间科学系高科老师的邀请，我们一行两人在 12 月 2 日乘机抵达深圳进行学术交流。刚下飞机，感觉进入了夏天，感叹深圳很热情，似乎在欢迎我们的到来。

晚上我们和在深圳工作的某位大学同学及其家人共进晚餐。餐间气氛热烈，相谈甚欢，喝着同学带来的压箱底的好酒，回忆起了难忘的大学岁月。

3 日吃过早餐后，高老师陪同我们在校园内观光，边走边介绍。校园很美，有山有水的静谧环境适合搞科研和教学。在闲聊时，我们了解到地球与空间科学系近几年新进的老师以年轻人居多，大多是在国外拿到了学位、发表了高大上文章回国的。他感叹到：在国内人头不熟，拿项目不易，由于几年后面临着“非升即走”的考核，压力很大。记得前几天我和某同事聊天时，他也说到：在国内，不管是年轻人还是中老年人，诸多科研工作者压力都很大，这都是科研评价体系不合理惹的祸。是啊，要让科研人员做出高创新性成果，得有一个让大部分人“坐得住冷板凳”的科研环境。如果其为了生存到处奔波，缺乏时间深度思考“最根本的问题”，不可能有重要突破。

3 日下午 4 时，开始正式的学术交流。我做了以《孕震断层多锁固段脆性破裂理论》为题的学术报告，围绕着锁固段脆性破裂理论、标志性地震预测方法、标志性预震预测方法、可预测地震事件类型、地震产生机制、地震危险性评估新方法、剖析地震“疑难杂症”，大概讲了 1 个小时，讨论了约半小时。在开场时我说道：“感谢大家的光临和高老师的邀请。你们是‘正规军’，我们是‘游击队’，我们是抱着学习交流的目的来的。我实话实说，我从未想到我的科研生涯会与地震沾边，但由于在 2009 年研究滑坡预测问题时的一个偶然发现，在好奇心驱动下想在地震预测方面试试，结果越试越好玩，上了地震预测这个‘贼船’十年没下来。”参会的老师大多是有留学背景的年轻人，其对新观点的接受能力强。在讨论环节，没人质疑我们理论和原理的可靠性，主要聚焦于方法方面，如数据处理、主震识别等，我一一做了解释。他们几乎一致认为：我们的工作为解决地震预测科学难题提供了新的途径，具有良好前景。

通过这次学术交流，增强了“正规军”和“游击队”的了解，互通了对地震产生机理的认识，为以后可能的合作奠定了良好基础。

适当的学术交流对科研人员促进思考、激发灵感、开阔视野、掌握新知、避免闭门造车，是必要和有益的，即所谓“你有一个思想，我有一个思想，交流后我们就有了两个思想”。思想多了，其中某个思想或碰撞产生的新思想，有可能成为打开某难题瓶颈的“金钥匙”，进而一通百通。

4

西安学术行

（发布于 2019-6-24 11:10）

应西安科技大学某教授和长安大学某教授的邀请，我于 6 月 20 日和 21 日分别在西安科技大学地质与环境学院和长安大学地质工程与测绘学院作了两次学术报告，报告题目是《锁固段理论与地灾预测方法》。

在 2009 年以前，我也做过多次学术报告，但难以引起大家的兴趣和关注。然而，自 2009 年以“锁固段”为突破口探究锁固型滑坡和地震机制以来，几乎每次以此为主题的学术报告，都能吸引听众的“眼球”，引起听众的浓厚兴趣和强烈反响。有人自然会问：“这是为什么呢？”我为此做过总结，大致可归为：

（1）有“真货”。我们提出的锁固段脆性破裂理论属于原创性工作，在理论和预测方法提出与发展过程中，突破和解决了一系列貌似无解的难题，如锁固段体积膨胀点处应变的理论解、断层（地震）的内在关联性、地震周期界定等。每个难题的突破都涉及复杂的“破案”过程，其背后都隐藏着一个有趣的故事，讲故事自然会吸引眼球。台上一刻钟，台下十年功。好的学术报告是以扎实的科研工作为基础的，这是“纲”，其他的都是“目”。

（2）讲解时围绕锁固段的特性和力学行为，以“科学性”（逻辑推理的严密性与证据的强壮性）为主线，以“故事性”为铺垫，用通俗易懂的语言讲解。如讲地震前兆模式时，配合以图片为主精耕细作的 PPT，我这样说：若要弄清有无地震前兆，须首先明确“谁”发震，即找前兆不能脱离前兆所属的地质结构。这个结构是断层中高承载力的锁固段，其能积累足够的应变能发生大地震；反之，若断层仅由软弱介质构成，其不能积累较高的弹性应变能，故不会发生较大地震。孕震锁固段以大尺度、扁平状为几何特征，且承受极其缓慢的构造应力加载和高温压作用，这使其具有强非均匀性与低脆性。具有这些属性的锁固段，在其断裂前的体积膨胀点处，会发生一次可判识的高能级破裂事件——大地震（标志性地震）。这一前兆模式，得到了类锁固段现场实验和诸多案例分析的支持，具有普适性。

（3）讲解要有激情，不时和现场听众有互动。讲解时，不要从始至终一种语气，该平缓时平缓、该强调时强调、该肯定时肯定、该幽默时幽默。若在会场内不时引起会心的笑声，说明讲解效果不错。此外，还要在听众可能理解不透的环节和听众互动，以促进其思考。我常采用的一招是“那位戴眼镜美女，看您全神贯注听报告，您能说说锁固段的定义吗？”

我在西安做的两次学术报告，取得了满意的学术交流效果。在约两个小时的讲解过程中，只见人进来，未见人出去；大家聚精会神听报告，没人看手机或进入梦乡。讲完后，大家踊跃提问，涵盖了一些常见力学、地学问题与近期宜宾地震热点话题，我一一作了简明扼要的回答。

感谢诸位的热情接待和周到安排！

5

郑州学术行

（发布于 2020-12-6 10:40）

前几天，某位朋友打电话问我："忙啥呢？还在搞滑坡和地震吗？"我答曰："还在搞滑坡和地震呢，搞别的咱不会。年轻时，貌似会的不少；现在老了，只会搞锁固段一件事了，但把它彻底搞明白并非易事，是我余生的心愿。"

扯远了，言归正传。应黄河勘测规划设计研究院有限公司吴总和路总的邀请，我于 2020 年 12 月 4 日下午，做了一场题为《滑坡与地震物理预测的多锁固段脆性破裂理论》的学术报告；应河南省岩石力学与工程学会负责人刘教授的邀请，我于 2020 年 12 月 5 日上午，在华北水利水电大学举办的锁固型滑坡研究国际学术研讨会上做了题为《锁固型滑坡预测研究进展与展望》的专题报告。

近年来，我们倡导的以锁固段为抓手突破锁固型滑坡预测和地震预测科学难题的学术思想，已引起了学界的密切关注，其中对前者的研究已成为滑坡预测领域的学术前沿，吸引了越来越多的学者投身其中。在国家自然科学基金面上和重点项目的持续资助下，我团队在锁固段损伤机理、解锁启滑判据、锁固型滑坡预测方法等方面已取得长足进展，提出的多锁固段脆性破裂理论已在国家重点专项"强震区滑坡崩塌灾害防治技术方法研究"中作为基础理论使用。

在 4 日的学术报告会上，围绕锁固型滑坡预测和标志性地震预测，我讲解了锁固段的概念与类型、多锁固段脆性破裂理论发展的来龙去脉、孕震构造块体与地震区划分方法、检验结果与应用效果等，并总结了科学研究方法。讲解用时约 90 分钟，引起了与会者的浓厚兴趣，认为这次学术报告开阔了视野，对以后在工作中解决生产实际问题大有启发。

在 5 日的专题报告会上，聚焦于锁固段与锁固型滑坡、锁固段变形破坏特征、锁固型滑坡物理预测模型、案例分析与启示和未来研究展望，进行了约 40 分钟的讲解。我强调："锁固段断裂时释放蓄积的部分弹性应变能给滑坡体以动能，因此锁固型滑坡往往高速远程，从而破坏力巨大。尽管对该类滑坡的研究已取得突破性进展，但仍有几大关键科学问题亟待解决，如该类滑坡的早期判识方法、多尺度结构锁固段的损伤蠕变行为研究、快/慢解锁启滑机制的识别准则、定性启滑判据的建立。只有解决了这些问题，才能彻底攻克该类滑坡预测难题，为此希望诸位继续努力，不达目的决不收兵。”大家普遍认为这次报告相当“给力”，促进了深入思考，起到了“总结过去，开辟未来”的正向作用。

做学术报告，不要千篇一律，要考虑演讲的对象，以便于理解为宗旨，即面向生产单位的听众或以大同行为主的听众要尽量用通俗的语言讲解，而面向小同行的听众则宜用准确的学术术语讲解。如讲岩质滑坡锁固段概念时，对前者我这样说：“锁固段是潜在滑面中的关键阻滑地质结构，也就是一块又大又硬的石头”，而对后者我则这样说：“锁固段是潜在滑面中承受应力集中且提供关键承载作用的地质结构。”

做一次引人入胜的学术报告需要：（1）以扎实的科研工作为基本素材，深加工后作为演讲内容；（2）PPT 要精心制作，以图片和框图为主；（3）讲解时要把逻辑性和故事性融为一体，还要富有激情；（4）组织好语言，让每页 PPT 过渡得自然顺畅。

感谢吴总、路总和刘教授的邀请，感谢会议组织者的精心安排，感谢诸位的热情周到接待。

6

青岛—郑州学术行：科学的魅力

（发布于 2021-10-18 11:33）

应 2021 年全国工程地质学术年会组委会的邀请，10 月 15 日上午我在青岛做了一次题为《锁固型滑坡预测研究——进展与展望》的大会学术报告。

今年是我的母校华北水利水电大学建校 70 周年，我作为学校杰出校友的一员受邀参加庆典，并在 16 日下午在北京校友会组织的学术讲座上做了一次题为《大地震不能被预测吗？》的学术报告。

10 月 11 日上午，青岛理工大学的某教授给我打电话说："知道你 15 日要在青岛做学术报告，我们期盼已久了。记得 2012 年 10 月在青岛举办的第九届工程地质大会上，你做的地震预测学术报告，以高屋建瓴的视野，独辟蹊径的思路，"匪夷所思"的方法，富有激情的演讲，阐明了地震机制和规律，征服了听众，震撼了全场。以后，我和同行交流时，大家不时回忆起那场报告，那么多精彩的场景令人久久难以忘怀，回味无穷。期待再次听到你精彩的学术报告。"我答曰："谢谢！您过奖了，不敢受用啊；那时，我对地震的理解尚未到位，较为浅显，但现在的研究程度已不可同日而语了。"

10 月 15 日上午做学术报告时，我聚焦于锁固段与锁固型滑坡、锁固段变形破坏特征、锁固型滑坡物理预测、案例分析与启示、未来研究展望，汇报了我团队在锁固型滑坡预测方面的研究进展与存在问题。讲解时，我以科学性和故事性为主线，着重剖析了快解锁和慢解锁启滑机制的力学内涵，阐明了基于机制构建物理预测模型的思路和原理，并以典型滑坡案例分析说明了模型的可靠性，指出预测要和斜坡向失稳演化中的各种地质现象相结合，才能准确地判断斜坡演化状态以减少误报。我感觉这次现场表现不如 2012 年那次，但仍引起了诸多听众的极大关注和兴趣，纷纷表示：创新，精彩，震撼，自信，激情。讲完后，会议主持人给我颁发证书时说："你是工程地质界最有创新能力的人士之一，你不是在创新就是在创新的路上，且最终做出了重要原创成果。"

学术自信源于原创性成果，但做跟风式科研几乎不可能产生学术自信，这是因为不管自己如何改进完善前人的工作，都是为原创者做更漂亮的嫁衣，自己永远只能充当跑龙套的角色。

16 日下午做学术讲座时，我从地震预测研究现状讲起，简介了多锁固段脆性破裂理论、孕震构造块体与地震区划分方法、检验结果与应用效果、学术影响力，最后谈了几点感悟。我用通俗易懂、激情幽默的语言讲述了一个个连贯的科学破案故事。大家全神贯注听讲，没有人低头看手机或交头接耳，会场不时响起热烈的掌声。讲完后，几位老师表示："太震撼了，太精彩了；独特的思路，绝妙的方法，原创的理论，都是神来之笔呀。"某党委书记说："你讲得太好了，编制全球地震区划分图花费了约 7 年时间，期间不少人从贫农变成了土豪，而你则从土豪成了贫农，这体现了真正的科学精神。如果今天听讲的青椒受此启发有几位能像你一样，未来以科学精神攻坚克难，那你这次讲座将影响深远呐。"

讲座结束后，我去地球科学与工程学院参加了校庆座谈会，见到了当年曾教过我岩石力学的李老师。我深情回忆了当年李老师对我们的谆谆教导，祝愿他身体健康，吉祥如意；此外，我对学院未来的人才培养、教学、科研等谈了几点建议，祝愿学院越办越好。

总结下，做一场学术报告，能吸引和打动受众的关键在于：报告要蕴含美妙的科学，尤其是原创科学。科学的魅力才是吸引听众、撼动听众、引起听众共鸣的源泉。是啊，科学的魅力在于其博大、公正、永恒、崇高，在于能为人类造福，故吸引着一大批有志科学家为之不懈探索。

感谢 2021 年工程地质年会组委会和华北水利水电大学 70 周年校庆组委会的精心安排，感谢诸位的热情接待！

7

大连学术行

（发布于 2021-6-26 13:42）

应大连理工大学唐春安教授邀请，我参加了在大连金石滩举办的“深地能源金石高峰论坛”。我和我的一位博士后于 6 月 20 日乘高铁于傍晚时分抵达大连，晚上和大连理工大学的贾教授、杨教授等一起吃饭，席间我顺便向贾教授汇报了我们参与的 2018 年国家重点研发计划某专项某课题进展情况。

我是第一次去大连，若不看看大连的旖旎风光，岂不遗憾。于是乎，在贾教授安排的某博士生陪同下，第二天上午我们游览了大连几个著名的风景区，顺便拍了些照片留念。若用一个字形容我对大连风景的感受，那就是“美”!

中午，我们在一家小饭店简单吃了点饭，然后乘车直奔金石滩参加下午举办的“中国工程院重点咨询项目课题四咨询会”，入住在“Hard Rock Hotel”（金石酒店）。在听取了唐老师课题组的几个报告后，大家围绕着唐老师倡导的“基于采矿开挖技术的增强型地热系统”积极发言，提出了诸多好意见和建议；大家一致认为其创新性强，技术路线可行，前景可期，应继续深化研究。

6 月 22 日，我参加了“专题学术讲座”，认真听取了学者们的精彩学术报告，感觉地热资源，尤其是深部干热岩的开发利用，有望成为实现“碳达峰、碳中和”目标的重要途径。会上大家围绕着“深地热开发方案”“高温岩体破坏机理”“热储建造与热能提取”“高温巷道围岩隔热降温”“深地热开发数值模拟”“深部矿产和地热资源共采”等议题，谈自己的学术见解、已有成果、未来展望，为深层地热的开发利用积极建言献策。

下午，我在会上做了一次学术报告“从地震产生机理剖析热流佯谬问题”，用时约 15 分钟。报告时，我富有自信和激情，引起了与会者的浓厚兴趣；讲完后大家踊跃提问，我也简短地做了解答。

参加这次论坛，我学习了知识，交到了学术朋友，增进了互相了解，自感获益匪浅。回京后，我在“深地能源高峰论坛注册群”发微信向唐老师致意：“大连是个好地方，金石是个好宾馆，唐老师是个好主席，论坛像个好磁场，吸引好学者交流忙。”

刚才获悉“金石论坛（Hard Rock Forum）永久落户金石滩 Hard Rock Hotel”，这为广大岩石力学同行提供了一个学术研讨之地，可喜可贺！

感谢朋友们的热情招待，感谢会务组的精心安排。

8

与我室老前辈学术座谈纪实

（发布于 2020-1-14 10:26）

2019 年 10 月份，我在某微信群发言谈到地震预测问题时，我室的几位已退休老前辈对此很感兴趣，围绕着岩石强度的尺度效应、岩石破裂机理、应变能积累与释放、地震可预测性等，开展了热烈讨论。通过交流，知晓他们对“孕震断层多锁固段脆性破裂理论”十分关注，但多数人对其了解较少；再者，网上“碎片化”的交流不利于他们把握该理论的整体脉络。为此，我建议徐老师出面联系下我室已退休的老前辈，在其方便的时候开个小型学术座谈会，我给大家详细讲解下该理论的来龙去脉，然后进行交流讨论。历经多次联络，最终座谈会定在了 2020 年 1 月 13 日上午 9 点 30 分。

座谈会如期举行。我在开场时道：“感谢老前辈的光临。今天请大家来，一是因为多年未见在座的大多数前辈，十分想念，且借此机会感谢你们当年对我的帮助；再者，估计你们之间见面的机会也很少，今天举行此会也就多了次交流的机会。二是我已做过有关该理论的多次学术报告，但听报告的多为中青年学者，在提问题的深刻性和尖锐性方面距老前辈还有一定差距，毕竟姜还是老的辣嘛，希望大家多提宝贵意见。三是感谢徐老师在联络方面付出的辛苦。”

考虑到大多数老前辈首次听我的学术报告，我讲解得很慢，用时约 100 分钟。讲完后，提问踊跃，别看多数老前辈已近 80 岁高龄，思维仍十分清晰，提的问题相当见功力，如锁固段的分布如何确定？锁固段的形成机理是什么？为何地震越来越大且越来越多？我一一做了详细解答。讨论完毕后，已到 12 点 30 分了。

王院士和夫人本来准备参会，但他昨天打电话给我的一位博士后说：“因某外地单位来人明天找我谈工作，抱歉不能参加明天的会了，但我要看看会议纪要，想知道大家提了些什么问题。”

会后，请各位老前辈共进午餐。席间气氛热烈，我给大家拜了早年，祝大家身体健康、万事如意；愿大家“莫道桑榆晚，为霞尚满天”。交谈中聊到地震预测问题时，大家一致认为：地震预测本质上属于地学 + 力学问题，诸多工程地质学者既懂地学又懂力学，研究该问题具有一定专业优势。席间丁老师和我说："你的理论是原创吧？" 我答曰："是的。"他接着说："原创工作肯定会遭到某些人士的执意反对，你不必介意，把工作不断推向深入才是对反对声音的最有力回击；此外，要放低姿态与别人交流，以团结可以团结的力量，争取更多人的认可。"我连连点头称是。

昨晚，徐老师在微信群里对此次座谈会评论道："聊得好，吃得好，喝得好；慢慢地讲，慢慢地提问题，慢慢地讨论，这很和谐，这样的会议模式值得提倡。"

9

一次难忘的学术交流会

（发布于 2023-3-12 13:51）

学者常参加学术交流会，对于了解学科发展动向、提高认知、激发思维火花、合作发展等，大有裨益。要取得交流实效，除了报告人要有扎实的创新成果外，互动讨论环节必不可少。遗憾的是，在国内学术交流场合，既鲜见高创新性的学术报告，也鲜见围绕学术报告热烈讨论的情景，故难以给与会者留下深刻印象。尽管如此，本月 10 日的一次学术交流会，给我们留下了深刻印象。

应中水北方勘测设计研究有限责任公司高玉生勘察大师的邀请，我们一行 6 人于本月 10 日在该公司进行了学术交流。会议从上午 9 点开始，我、国科大曾庆利教授、清华大学徐文杰教授、中科院地质与地球物理研究所薛雷副研究员，先后做了题为《地震物理预测的多锁固段脆性破裂理论》《白龙江引水工程库坝区大型古滑坡地质识别与复活灾变风险》《极端工况下白龙江引水工程区潜在崩滑体稳定性评价与致灾过程分析方法》《锁固型滑坡研究进展与展望》的学术报告。做完报告后，已到 12 点 20 分。

简单吃了午饭后，于下午 1 点 30 分开始了长达 3 个多小时的研讨。该公司参会的专家领导对学术问题很感兴趣，围绕断层活动性、锁固段脆性破裂理论的内涵、地震可预测性、白龙江引水工程区潜在崩滑体的界定、理论方法与白龙江引水工程的紧密结合等，进行了热烈友好的质疑讨论。不少专家的洞察力超强，提出了地震区地震周期与锁固段愈合的关系等问题。若提问人缺乏深度思考能力，则不可能提出这样深刻的问题。以前，不少学者认为生产单位的专家难以接受新理论与新方法、也难以提出关键科学问题，但从这次学术交流情况看，不能一概而论。我的感受是，只要新理论与新方法的科学依据充分且接地气，生产单位的专家对此求知若渴且热烈欢迎。

通过这次深度交流，双方增进了共识，更加明确了下一步要攻克的实际问题，这为下一步双方的合作奠定了基础。

感谢高大师的盛情邀请和悉心安排，感谢中水北方勘测设计研究有限责任公司专家领导的热情接待和周到组织，特别感谢有关专家提出的关键科学问题和建议。

10

中俄岩石力学高层论坛云交流侧记

（发布于 2022-6-26 13:48）

应会议主席之一戚承志教授的邀请，我今天在“第十届中俄矿山深部岩石力学高层论坛”上，做了题为《地震物理预测的多锁固段脆性破裂理论》学术报告。戚教授是岩石动力学研究方面的专家，常有奇思妙想，取得了诸多创新成果。他听过两次我做的有关多锁固段脆性破裂理论的报告，对我们的工作持肯定和支持态度，还常给予我精神鼓励，是我生命中的贵人。

受全球疫情影响，此次会议通过 Zoom 云视频会议平台进行。大家跨越时空，相聚云端，聚焦于深部岩石力学与工程，各抒己见，学术气氛浓郁。说心里话，我不大喜欢云交流，这是因为缺乏现场那样和听众互动的良好氛围，故难以使自己处于最佳状态。

这次会议有两个特色可供借鉴：（1）交流语言可选用汉语、俄语和英语中的任一种；（2）现场有同声翻译供与会人员选择使用。我认为在国内举办国际会议，应把汉语作为交流语言之一，因为汉语是国人的母语，用母语交流自然能更好地表达思想。老外听不懂怎么办？借助同声翻译即可。其实，如果老外真对某国人的工作感兴趣，可通过看其英文论文了解，或通过海外学子讲解搞明白，或直接找本人交流。我认为，在网络通信、人工翻译、机器翻译日益发达的今天，任何层次的中外学者交流都不是事儿，但前提是你得有“真货”。

以前在线下交流前，我先把 PPT 做好，然后组织语言，且记住每张片子讲什么，不写讲稿。然而，因怕线上交流时可能出现意外情况，我写好讲稿备用，但演讲时从未用过。

对今天我做的报告，我很满意——入状态、有激情、表达清，但未达到历史最好水平。有朋友认为，我在 2012 年青岛第九届工程地质大会上所做的地震预测学术报告，精彩绝伦，令人久久难以忘怀。不过，我觉得在 2016 年成都第十届工程地质大会上，做的大地震物理机制学术报告，集逻辑性、故事性、激情、自信、清晰流畅的表达为一体，是最好的一次。

今天讲完后，几位网友给我发来了信息：秦老师报告很精彩，每次倾听都受益匪浅；如果组委会给您的报告时间再多些，就更过瘾了；思路独特，意境高远，讲解清楚，深受触动。这些鼓励将激励我们不断深化锁固段破裂行为研究，以攻克标志性地震的中短期预测难题。

感谢戚承志教授的邀请和组委会的安排，感谢会务组人员的辛勤付出。

-11-

为学术会议突出学术性支几招

（发布于 2021-10-26 13:48）

举办学术会议的目的，是便于同行进行学术交流、了解学科发展动态、开拓思维、开展实际合作等。然而，在长期“五唯”的影响下，太多的学术会议已经严重变味。确实，目前同行参会真正抱着学术交流宗旨的不多，反而抱着混个脸熟、刷存在感、叙旧扯淡、旅游观光等愿望的不少。

为“拨乱反正”，让学术会议突出学术性，我提出如下建议：

1）缩小会议规模，会议应围绕一个具体明确的主题

大规模的会议往往流于形式，不便于参会者进行深度学术交流，以至于其难以从中获益，故应尽量压缩会议规模；再者，会议主题不应太发散而应聚焦于制约学科发展的瓶颈问题，以便于参会者各抒己见、集思广益，从而挖掘出关键问题、提出可能的破解之法，厘定未来研究方向。

2）不设主席台，开幕式时间不应超过 10 分钟

不少学术大会布设主席台让专家和领导就座，这人为设置了不平等交流的篱笆，应予取消。会议组织方通常还会邀请某些专家和领导，在开幕式上发表正确但基本无用的讲话，挤占了参会者本该用于学术交流的时间，有的会议开幕式甚至超过 30 分钟，令参会者恼火。鉴于此，应大幅压缩开幕式时间，不超过 5 分钟为宜，最多不应超过 10 分钟。

3）主旨（特邀）报告应少而精，且留给参会者足够的时间讨论

不少同行与我有同感，那就是不少会议，为充门面常邀请某些大咖做主题（特邀）报告，其做的报告往往以空泛、散乱、陈旧等为特点还经常超时，镇不住场子，引不起参会者的兴趣，或让人昏昏欲睡，或让人交头接耳，或让人去会场外溜达。因此，为让参会者有所收获，会议组织者应邀请那些创造力强劲的一线科研人员做主题（特邀）报告。其做报告时，往往聚焦某一具体明确的关键科学问题，以思路清晰、逻辑性强且富有激情的方式，讲述有趣的连贯科研破案故事；听其报告，不仅是一种享受，而且能启迪思维，甚至有醍醐灌顶之感。在同等条件下，要把做报告的机会多给予青年学者，以利于其思想的传播和个人的成长，毕竟学术发展需要后继有人。

每个报告做完后，要留给参会者足够的时间质疑讨论，以充分达到学术交流之目的。这样，人人都参与，个个有收获，事事皆走心!才算是一场圆满的学术盛会。

简言之，学术的本质是创造和创新，故真正促进新思想与新知识产生、交流与传播的学术会议，是大家所期待的，也是大家所欢迎的。因此，学术界应倡导开小型精品会议的新风尚，让纯粹的学术充盈会议，让实质的学术交流成为会议的主旋律。

12

学术辩论之“八戒”

（发布于 2016-8-8 09:47）

话说在西天取经路上，悟空和悟能常为“路该怎么走？妖怪要不要打？辛辛苦苦取经有什么用？”等问题，吵得不可开交，谁也说服不了谁，常需要唐僧断案。把唐师傅闹烦了，说：“你们搞什么搞，干脆弄个条例吧，吵架也要照谱办事，这样有可能吵出点名堂，师傅我也容易断案呐。”

这俩人一听，几乎异口同声地说：“好哦，就这么办。”

1）一戒“好好先生”

悟空对悟能说：你对兄弟们可不咋地，说话像广场舞大妈似的，总欺负老实人沙僧，对师傅你可是言听计从，经常打小报告，即使师傅说错了，你不但不直言敢谏，竟然还拍马屁，不知道你的人，还认为你是个老好人呐。记得唐师傅做过一次学术报告，题目是《辛辛苦苦取经有什么用？》。你听完报告后，立马说：“这个报告是俺老猪多年来听到的最好一次报告，旁征博引，高瞻远瞩，相当地深刻。下面我提一个小问题，可能连问题也算不上，就当个建议吧，取完经回国后能让我回高老庄看看丈人吗？”你这哪是讨论问题啊，分明是“扯淡”嘛，学术讨论时，咱尊重权威，但不迷信权威，应以科学为准绳，你若提出点像样的科学问题，师父也求之不得啊，对咱取经团队也有益处呀。

2）二戒“空对空”

悟能对悟空说：还记得吧，铁扇公主那么漂亮迷人，你愣说人家是妖怪，我怎么看像邻家女孩呢。其实，咱们谁都没有事实依据，结果是谁也说服不了谁。学术辩论，仅有论点不行，得有论据支撑啊。要知道，认识正确与否不取决于雄辩，而在于事实。

3）三戒“对人不对事”

悟空对悟能说：记得你和沙师弟讨论弼马温是处级还是局级领导时，你辩不过人家，于是恼羞成怒，骂人家学历低、论文少，不配和你辩论，还“人肉”人家。唐师傅一再给咱们说过，辩论时要对事不对人，而你却对人不对事，这成何体统呀，说明你已经理屈词穷，是辩论的失败者。

4）四戒“不懂装懂”

悟空对悟能说：人的知识都是有限的，不可能是万事通，而你却不知道自己几斤几两，常自吹上知天文下知地理，阴阳八卦无一不通无一不晓。对自己不明白的事儿，说“不知道”能“死”啊？

5）五戒“答非所问”

悟空对悟能说：要正确回答别人的问题，得先听懂别人说什么。有次沙师弟问你，和高老庄的翠兰小姐成亲前做过婚前检查吗？你说检查过了，他家汽车、房子、家电全都有，酒柜里还藏有 3 瓶 50 年茅台和 5 瓶路易十三，呵呵。若学术辩论时，像你这样离题万里，能讨论出啥结果？

6）六戒“固执己见”

悟能对悟空说：猴哥你三打白骨精时，师父不听你劝阻，误把妖怪当好人，还把你撵回花果山。事实证明自己是错的，要勇于承认错误，不能为了保住“面子”而强词夺理，其实啊，取到科学真经的过程，就是一个不断纠正认识谬误的过程。

7）七戒“不尊重对手”

悟空对悟能说：别看沙师弟木讷，貌似是个“呆子”，其实人家“内秀”，你和沙师弟讨论问题时，总认为自己高人一等，欺负老实人，对人家相当地不尊重，人家见你就躲。以后，谁还愿意与你讨论问题呢？

8）八戒“死缠烂打”

悟能对悟空说：你还记得那件让师父头疼的事儿吧，有位女儿国的民间科学家说自己取到了真经，证明了哥德巴赫猜想，师傅看了他的证明说有低级错误，他不服，于是不分昼夜给师傅打电话讨论，把师傅的手机都打爆了。我看这人，名义上虽然是请教，其实并没有交流的心态。他们只愿接受肯定的意见，不肯接受否定的意见。这不是交流，而是“逼供”。

—第十八章—

写博随感

1

写博文与做科研

（发布于 2020-8-10 08:37）

记得有朋友问我："博文写多了，会不会影响科研呢？"我答曰："每个博主的情况不同，不可一概而论。就我而言，写博文与做科研已融为一体，两者是正反馈的关系。"

我们知道，突破或解决任何科学难题，需靠研究者独立、另类的深度思考找到正确途径才能实现。研究者在不时的思考中，每天冒出*N*个想法是常事，有时会为某个别出心裁的想法兴奋不已。为不让这种想法"随风飘散"，我通常的习惯是：撰写简短文章理顺思路，以评估初步可行性。

养成笔耕不辍的习惯大有裨益，因为写作过程也是对想法的进一步梳理和加工。有时在脑海中觉得缜密且可行的想法，写到中途时洞察到隐含的逻辑链中断，难以为继。为此，需再度深入思考，还得查找资料佐证，以探寻中断的根源，进而架起论点与论据的桥梁。简言之，通过撰写文章，可把零散的信息系统化，把粗浅的认识深刻化。写好的文章，若适合在博客上发表，没必要藏着掖着，发出来供网友们质疑讨论是共赢选项。

因为博文是公开分享的，这就对其逻辑的严密性、证据的无偏性与行文的清晰性有了一定要求，因为没有人想给别人留下不好的印象。久而久之，以高标准严格要求，自己的科研和表达能力就会有质的提高。

此外，发博文也是为了便于听取网友对自己观点的看法——批评和建议，以改进和完善自己的研究工作。每个人都有自己的知识短板和认知缺陷，通过和网友们交流，一定程度上能取得"兼听则明"之效果。

去年，我在哈尔滨参加某项目论证期间，遇到了武汉岩土所某研究员，他说："我看您的博客久矣，觉得您 2016 年以前写的博文总体一般般，但以后总体博文质量以及对地震的认识有一个大的跃升。"是啊，自 2016 年起，随着我对科学、岩石破裂机理、地震等认识的快速提高，觉得自己的创新和表达能力发生了脱胎换骨般的变化，其体现在视野更加开阔、思维更加深刻、逻辑更加严密、证据更加充分、表述更为顺畅易懂等方面。这与我坚持写博文密不可分。

要快速提升自己的创新能力，除多学科知识积累、悟性、灵感和交流外，读科学史也很重要。英国哲学家培根曾说[1]："读史使人明智，读诗使人灵秀，数学使人周密，科学使人深刻，伦理学使人庄重，逻辑修辞之学使人善辩；凡有所学，皆成性格。"鉴于此，建议博主们多写科学史方面的博文，以让网友们受益。

在此，我衷心感谢众多网友的关注和科学网编辑的帮助；也衷心希望更多的博主能把写博文与做科研有机结合，奉献更多更好的博文与网友们分享，以共同促进知识积累和更新速率，为国家科技发展贡献自己的力量。

参考文献

[1] 培根谈读书原文（精选 33 句）[EB/OL]. [2020-03-08]. http://www.szly1818.com/juzi/131387.html.

2

知识分享与科学传播

（发布于 2021-5-21 16:42）

今天上午，我在办公室接待了 4 位给我送纸质版博士学位论文的博士生。我说：“你们的电子版论文我已看过了，总体觉得‘有货’；有了纸质版论文，更便于我学习，谢谢你们。你们要认真准备 PPT，答辩时不要紧张，把报告讲好。”他们说：“谢谢您！我们是您科学网博客的忠实粉丝，看您的博文受益匪浅，从中我们了解了地震和滑坡预测的前沿，领会了科学精神，知晓了基本的科研方法。”类似的话儿，我也听不少人说过。不排除有些人因有求于我而故意恭维，但我相信大部分人是发自内心的，因为人家能谈出些具体的体会。

听完他们的话后，我上网扫了我的博客一眼，哇，访问量已过 700 万了，得写篇博文留个“印记”。

我的博文主要分为两大类，一类是谈我们对地震和锁固型滑坡演化机理与规律的认识，另一类是谈科研方法、科研追求与科研评价。借助博客平台的传播，我们对地震和锁固型滑坡演化机理与规律的认识，已逐渐得到越来越多同行的认可；借助博客平台的反馈，我们也逐渐完善了锁固段脆性破裂理论，目前其科学性与可靠性已完全值得信赖。此外，我发表的有关科研方法、科研追求与科研评价的博文，基本上都是自己科研探索道路上的经验与感悟，相信会对科研人员和有关管理人员有一定参考价值。

除在科学网写博文外，我从去年也加入了几个讨论地球科学与原创的微信群，看了诸多科研人员对某些学术问题的讨论后，深感科学精神尚未扎根于诸多科研人员的心田，深感多学科知识的欠缺束缚着科研人员的洞察力，深感学术鉴赏力的不足制约着我国科技的发展。因此，我一直强调：（1）科研人员要不断锻炼自己透过现象看本质的能力，所谓的科研能力也就是刨根问底的能力。（2）科研人员要做出卓越的自然科学理论成果，必须从机理入手，只有弄清了机理，并采用公认的力学与物理学原理，才能建立公理化的理论，而理论的科学性必须通过实证的检验才能确认，除此无他。

科学网博客提供了一个分享知识、促进科学传播的平台。希望博主们分享自己的科研与教学心得以让大家受益，多写科学史方面的博文以让大家略窥科学创造活动之门径，聚焦于热点问题从专业角度进行分析以服务于社会，传播科学精神以让伪科学成为“过街老鼠”。

由于科学网博客管理制度限制、不少有趣资深博主的离开、微信群的分流等原因，科学网博客的访问量日渐缩水。尽管如此，我决不会无故离开科学网博客，因为“就我而言，写博文与做科研已融为一体，两者是正反馈的关系。”在此，我呼吁科学网博客管理人员要尽量减少一些不必要的约束，以利于大家畅所欲言，为国家的科技发展出谋划策；编辑要“礼贤下士”，呼唤有趣的资深博主回归，且鼓励大家开展有意义的学术争鸣，以促进大家对某些科学问题的认识水平；编辑要优先精选新加入和年轻博主的博文，以利于后继有人。如此，科学网博客的“第二春”可期。

3

我思故我在

（发布于 2021-10-30 16:25）

笛卡尔说过一句名言："我思故我在。"[1]不同的人对这句话有不同的理解。以我的拙见，一个正常人若失去独立思考的能力，则往往被别人所左右，导致自己无从判断是非，也难以为社会发展助力，几乎无异于行尸走肉。

知识分子是特别爱独立思考的群体。若某位知识分子某天没思考，或者思考没有收获，八成会处于没着没落的状态；一旦思考有了收获，会觉得自己的生存有价值，生命有力量，生活有希望。

思考，可能产生转瞬即逝的思想火花。正如世界上没有两片完全相同的树叶一样，不同人的思想不可能完全一致，这就是独特性。独特的思想火花，不管是否有价值，都应及时记录存档，毕竟好记性不如烂笔头嘛。我觉得写有条理的文章是存档的好方式；若自己觉得这样的文章适合在博客上发表，应及时分享以起到抛砖引玉的作用。此外，个人博客应聚焦于几个主题，不宜太发散，且应体现理性精神和营养性；否则，即使博主撰写再多吸引眼球的博文，到头来也不会被别人记住。

我参加会议和应酬时，不少人士夸我博文写得好且富有营养，能引领地质灾害物理预测学术研究，唤回科研初心，启发别人的深层次思索。我总是回应说一般一般，尚需更上一层楼，让人家多提宝贵意见。其实，我从未想过也不想成为靠炒作起家的网红——那是"细思极恐"的事儿，而想当科普地质灾害机理、分享科学研究方法、解析科研评价政策、弘扬科学精神与倡导原创的排头兵。若干年后，如果我的某些观点仍被大家认可和传承，甚至仅记得"锁固段"三字，则心愿足矣。

有人说，世界上有两大难事儿：其一是把你的想法装进别人的脑袋，其二是把别人的钱装进自己的腰包。对后者我想都不想，对前者确有些浅见：只要你的想法符合逻辑自洽原则且有强壮证据支持，哪怕与过去的认识截然不同，哪怕让别人没面子，慢慢地会得到大家的认可；这个过程或许较长，前行者需要有足够的耐心等待后进者跟上来。

每个人的学识、修养和境界不同，所以看待学术问题的角度和深度不同，这就会导致不同的人对同样的问题有不同的看法，这也是引起争议的本质原因。鉴于此，辩论双方应客观面对争议，理性交流，厘清争议的渊源，给出自己的实在证据（可靠的观测数据、实验数据等可作为证据，不宜以文献结论和名人名言作为证据），以理服人。即使认为对方在“胡扯”，亦不可居高临下、火冒三丈、固执己见，应以兼听则明、求同存异的态度泰然处之，实在不行可“搁置争议”；等以后双方的认识提高了，则可能达成共识。

我注意到不少网友提出自己的观点时，缺乏相关基础知识背景，未按基本物理学原理并结合切实的证据论证之，漏洞百出。其对别人的质疑或置之不理、或强词夺理、或胡搅蛮缠，极力维护自己的认识，这不是科学的态度。每个人的认识都有局限性，正所谓“偏信则暗”。本着开放、包容、理性的态度面对质疑，无疑可纠偏方向、规避陷阱、少走弯路。

确实，我思故我在，对知识分子更是如此。显然，更多的有益思考，更能促进我们对大千世界的理解，更能为科技发展注入活力，更能为人类社会发展带来勃勃生机，更能体现知识分子的价值。

参考文献

[1] “I think therefore I am” 是什么意思? [EB/OL]. (2019-08-30) [2021-10-30]. https://zhidao.baidu.com/question/2058330442541887707.html.

— 4 —

塑造理性思维框架

（发布于 2022-5-13 12:40）

理性思维是一种基于证据和逻辑论证的思维方式。具有这种思维方式的人们，易于把握客观事物的本质和规律。如果某人思考有逻辑、思维有条理、思想有深度，那他就是理性的人，也是了不起的人。

电影《教父》里有句经典台词："花半秒钟就看透事物本质的人，和花一辈子都看不清事物本质的人，注定是截然不同的命运。"[1]这说明高效率地看清事物本质是何等的重要；而要做到此，离不开强劲的理性思维。

为何不少人常被骗子的花言巧语迷惑，常被心灵鸡汤灌晕，常被非科学的奇巧百怪观点忽悠，常被伪科学的荒诞无稽主张捉弄，主要源于其较差的理性思维能力。为防止中招，诸君应不断提升自己的逻辑推理能力（包括推理前提的扎实性和推理过程的严密性）和基于推理的分析决断能力，重视证据的强壮性（如是否具有多解性）。

所谓理性思维框架，就是以理性思维方式系统地看待和处理问题的思路和方法。欲培育强劲的理性思维框架，需要：

1）丰富自己的知识

有人说，物质的贫穷限制了想象；类似地，知识的匮乏约束了思路。鉴于此，作为科研人员，不仅要看本专业的文献，还要看有关专业的文献，甚至要博览不相关专业的文献。是啊，书到用时方恨少，思路打不开时方知自己的知识面窄。因此，广为学习并掌握多种知识，可备不时之需，还有助于自己的思路被卡时破除桎梏，从而一通百通。

2）保持审辩式思维

审辩式思维的主要特点有：（1）凭证据讲话，有一分证据讲一分话，不过度引申；（2）合乎逻辑地论证自己的观点；（3）善于提出问题，不懈质疑；（4）对自身的反省，和与此相关的对异见的包容。具有审辩式思维的人们，通常富有创造活力和激情，应予鼓励。然而，其中不少人未意识到自己思考过程中逻辑链的脆弱性，且忽略了证据的多解性，难免不自觉地进入认识误区，这是应该注意的。

3）侧重结构化思维

寻求解决复杂问题之道时，或由于思维僵化而无计可施，或由于思维空白而无从下手。在这样的情况下，结构化思维（以事物的结构为对象，有序地思考其整体和部分的关系，要求纵向上突出重点，横向上突出层次性和逻辑性）大有用武之地，其既有助于人们更全面地思考问题，又能帮助人们通过梳理归类复杂的信息，把问题拆解成一个个简单的、可解决的问题单元。一旦给出了每个问题单元的解答，并将其有机串联起来，就能得到问题的系统解答。这意味着只有把复杂的问题结构化，才能实现解答的简单化。

例如，我们已知主控构造地震产生的地质结构是锁固段，那么地震演化遵循什么样的规律就成为关键问题。直接解决该问题难度太大，于是乎我们按层次性，将其分解为锁固段的赋存环境、力学属性、力学行为、建模这四个较易解答的问题单元；给出了这些问题单元的解答后，将其有机地融合以保证逻辑链的自洽性和闭环性，再通过实证检验，就形成了锁固段脆性破裂理论的基本框架。

结构化思维的益处多多，但要养成此种思维习惯，需要经过有意识的持续训练，其中勤于写作是重要的训练方式。

不少人都有这样的感受，文章写到半截，思路就中断了或跑题了，难以为继，这大概是缺乏结构化思维训练所致。为此，我建议博主们没事儿多写以结构性思维方式展现的博文，这一方面可强化自己的理性思维能力，且进而提升科研能力，有助于取得事半功倍的成果；另一方面分享富有营养且可读性强的文章可使他人受益。是啊，万丈高楼平地起，磨刀不误砍柴工；提升理性思维能力需勤练，功到火候效率升；硕果源自高成效，克难始于新思想；踏破铁鞋无觅处，得来全不费工夫。

科研人员有两方面义不容辞的责任和义务，一是通过科研结出的硕果为国家强盛添砖加瓦，二是通过科普（如以博文形式）提升国人的科学素质。为此，希望诸君：科研科普两不误，每天都有新进步。

参考文献

[1] 如何一眼看穿事物本质?[EB/OL]. (2021-07-31) [2022-05-13]. https://xueqiu.com/5720458993/192765360?ivk_sa=1024320u.

5

追求极致

（发布于 2022-5-13 12:40）

在现今学风浮躁、急功近利、人心浮动的时代背景下，不少学者都想兼得“鱼和熊掌”——既要出卓越成果也要名利双收。然而，要实现前者，必须淡泊名利；要以追逐后者为目的，必然做短平快研究，只能出“鸡肋”成果。此种矛盾说明，过多的欲望是卓越成果的拦路虎。关于此，《鬼谷子·本经阴符七术》有过精辟的概括：“欲多则心散，心散则志衰，志衰则思不远也。”[1]

君不见，不少学者一生做了多项短平快工作，却没有一件能让别人记忆深刻；而有的人一生仅做了一项工作，就能让别人世代相传。这是为什么呢？这是因为把一件事做到极致，胜过平庸地做一万件事。

任何事，做到极致就是艺术。纵观科学史，诸多科学大师都是把某项研究做到极致的人。譬如，牛顿琢磨透了物体运动的力学原理，提出了简洁的牛顿三定律；麦克斯韦厘清了电磁场特性及其相互作用关系，建立了美妙的麦克斯韦方程组。这些定律和方程组，既是不朽的科学作品，也是精彩的艺术之花。

极致的内涵是唯精、唯一，如庖丁解牛、梓庆为鐻、津人操舟、佝偻承蜩等。《传习录》[2]中王阳明弟子问道：“怎样才能做到唯精、唯一呢？”王阳明回答：“唯一是唯精的主意，唯精是唯一的功夫，并非在唯精之外又有一个唯一。”做学问中的博学、审问、慎思、明辨、笃行，都是为了获得唯一而下的唯精功夫。换句话说，学者始终围绕真正的关键科学问题，以精益求精之道攻克，以心无旁骛朝着唯一的科学目标迈进，这样的探索历程便体现了唯精、唯一。

学者追求极致或唯精、唯一，需要坚守工匠精神（执着专注、精益求精、一丝不苟、追求卓越）。确实，解决任何科学问题，都涉及多个环节；只有以工匠精神妥善攻克了每个环节的桎梏，并使各环节有机相连，才能保证结果的科学性和强壮性。

学者的价值不在于一生研究了多少科学问题，而在于做深做透了某个关键科学问题，这与“宁可伤其十指，不如断其一指”所讲述的道理一样。因此，学者应追求把某个关键科学问题做到极致，而非蜻蜓点水；否则，即使满腹经纶、著作等身，终将一事无成矣。

写博文也应如此。博主用心撰写每一篇博文，且尽量使其富有营养，这样久而久之，不仅能惠及读者，还能扩大博主的学术影响力。如此，何乐而不为呢？

参考文献

[1] 千古奇人的顶级智慧：欲多则心散，心散则志衰，志衰则思不远[EB/OL]. (2019-06-04) [2022-05-13]. https://baijiahao.baidu.com/s?id=1635389998686184781&wfr=spider&for=pc.

[2] 决定一个人高度的，是把一件事做到极致的能力[EB/OL]. (2018-11-13) [2022-05-13]. https://baijiahao.baidu.com/s?id=1617033949861512618&wfr=spider&for=pc.

—第十九章—

缅怀前辈

1

深切缅怀我的导师李造鼎教授

（发布于 2015-11-15 11:33）

李造鼎教授因病医治无效，于 2015 年 11 月 6 日在沈阳去世，享年 87 岁。

参加了李老师的遗体告别仪式后，昨晚上从沈阳回到北京。在动车上回想起了读博期间与李老师相处的几件小事，今天上午写下来，以表达我深切的缅怀之情。

1）博士生选题

1989 年，我有幸成为李老师的第一位博士生，面试时感觉李老师不仅学识渊博而且和蔼可亲。

李老师主要做岩体声波测试方面的研究，博士生入学后，他建议我继续该方面的研究。然而，我感兴趣的是岩石破裂过程，对超声波方面的研究兴趣不大，在看了很多文献后，我初步想做岩石破裂过程的声发射特征研究，这与李老师的初衷有较大的不同。在和李老师交谈我的想法前，自我感觉忐忑不安，害怕李老师不予支持甚至反对。然而，把我的研究思路、实验方案、力学模型构想等，向李老师“坦白交代”后，他竟同意了我的想法并提出了诸多完善建议，他微笑着对我说：“科研最重要的是兴趣，不要勉强自己做不感兴趣的事儿，有了兴趣，你就能钻进去，有可能搞出新东西。”这句话我记忆犹新，我也经常和我指导的研究生们强调。

2）实验

因论文涉及不少实验，其中大部分实验无法在校内的岩石力学实验室完成，故需要联系校外的实验室去做。我知道当时李老师经费紧张，拿出 2 万元让我去做实验实在勉为其难，但实验又必须做，怎么办？我向李老师汇报工作时谈了这件事儿，他说：“该做的实验必须保质保量完成，你不用担心经费的问题，我来想办法。”我被李老师的真心科研精神深深地感动了，心想既要把实验做好，又要想法节省经费。于是，我自己坐车去取样、制样、磨样，和外校主管实验的老师“诉苦”“套近乎”。那时的老师非常理解博士生的不易，最终象征性地收了点实验费。这样，整套实验做完花了不到 4000 元。

3）论文发表

在博士生期间发表论文时，李老师和我讲：“你做的工作你要当第一作者，如果其中有我的重要建议，可以放到第二作者；但只要署我的名，你写的论文必须让我看。”现在的某些导师，汗颜不?

4）博士论文写作

写完博士论文初稿交给李老师看之前，我觉得写得很顺畅而信心满满，没想到 10 天后，我看到修改稿后，傻眼了。只见上面全篇飘红，既有论文结构的调整建议，又有语言的大量修改。这件事情对我构思和写作文章影响颇大，使我终生受益。

好导师如大海上的“航标灯”，指引着学生走向正确的科研之路而永不迷航。

李老师千古!

2

深切缅怀刘光鼎院士

（发布于 2018-8-8 09:47）

今天一早，从新闻上[1]得知：原中国科学院地球物理研究所所长、中国地球物理学会荣誉理事长，我们尊敬的刘光鼎院士不幸于 2018 年 8 月 7 日 18:49 离开了我们，享年 89 岁。看到刘先生去世的消息，我感到无比悲痛，想起了与先生交往的几件往事。

先生学识渊博，德高望重，平易近人，在地学界享有盛誉。我自 1998 年来所后，虽敬仰之，但因无缘，直到 2009 年才有机会和先生面对面交流。

记得 2009 年的时候，我们把开山之作《孕震断层的多锁固段脆性破裂机制与地震预测新方法的探索》投稿到《地球物理学报》，但审稿时遇到了困难，看到非学术的审稿意见我相当生气，直接找任主编的刘先生申诉，先生很耐心地听完我的意见，说你把稿件和审稿意见留下来，我看看。过了两天，先生打电话让我去他办公室，我立马去了，见面后他说："我详细看了，我对天然地震了解不多，但你用力学与地质学相结合的方法探索地震预测问题，属于科学；再者，地震预测是个尚未解决的科学难题，应当鼓励不同行业的人士探索，科学要提倡'百花齐放，百家争鸣'，你把稿件修改下，修改后再找其他专家看看，没啥大问题就以'学术争鸣'的方式发表吧。"有了先生的支持，我们的创新火花才没有被浇灭，论文得以发表，后来以"星星之火"之势逐渐"燎原"了。记得有人曾说："优秀的主编或审稿人总是注意到论文的闪光点，而差劲的审稿人总关注无关紧要的事儿。"

自此后，与先生交往的次数就多了些，先生胸襟远大，奖掖后进，甘当人梯，对油气勘探开发问题有前瞻性的深刻见解，他经常和我们说："科学探索是个曲折过程，科学前进的标志常常是新认识推翻旧认识，学术界要有博大的胸怀容纳别人的不同观点，在探索过程中不要怕犯错误，只要是大方向正确的事儿，就要坚定不移走下去，不要管别人的非议。"先生讲的这些道理，常给我以精神鼓励。

先生已逝，但精神永存，安息吧，我们永远怀念您！

参考文献

[1] 刘光鼎院士逝世 一辈子为中国寻找石油[EB/OL]. (2018-08-08) [2018-08-08]. http://news.sciencenet.cn/htmlnews/2018/8/416332.shtm.

3

痛悼林韵梅教授

（发布于 2020-3-18 11:31）

昨晚在微信群获悉：我国知名岩石力学专家、东北大学第一位女博导林韵梅教授，于 2020 年 3 月 17 日上午 11 时 30 分因病医治无效去世，享年 88 岁。惊闻噩耗，我十分悲痛，彻夜难眠。

我在东北工学院（现东北大学）攻读硕士学位期间，她给我们上过《实验岩石力学》这门课。上课时，她声音洪亮、富有激情，把一门较为枯燥的课讲得引人入胜。她特别强调理论联系实际，课程讲到某一段落，就让我们分成几个小组，先写实验方案给她，她看完后提意见，告知实验中要把握的关键环节；然后，她亲临实验室指导我们制样、测试、分析。这样下来，我们的动手能力有了很大提高，获益匪浅。后来，在读博期间，具体实验工作基本上都是我一个人完成的。

我硕士毕业后，出于对岩石力学的兴趣，继续在东北工学院读博，指导老师是林韵梅教授和李造鼎教授。开始读博没多久，李老师成为博导，在和林老师商量后，由李老师主要指导我的博士论文工作。尽管如此，她仍将我视为她的“亲”学生，节日期间常喊我们去吃饭，过问科研进展情况。

读博近两年半时，我已基本上完成了理论分析与实验、测试工作，发表了约 15 篇学术论文，当时信心满满，找李老师汇报了工作，想提前答辩。李老师说这个没有先例，建议你先征求林老师的意见后再说。给林老师汇报后，她说你的工作在岩石破裂理论模型、Kaiser 效应机理实验研究等方面有亮点，这是值得肯定的，但在实际应用方面较少，工作量不够饱满；正好我在某矿山有个科研项目，你去现场采些样测试下地应力吧。按照她的建议，我不仅完成了地应力测试工作为该矿巷道支护提供了基础数据，而且提出了利用裂纹闭合点法和 Kaiser 效应联合测定地应力的新方法，使论文工作上了一个新台阶。后来以博士论文为主并加以完善，出版了专著《岩石声发射技术概论》。该书是我国岩石声发射技术方面较为系统的处女作，影响力较大，做岩石破裂声发射研究的学者撰写论文时，大多会引用。这与林老师的教诲密不可分！

博士论文答辩通过后，定好了去成都地质学院（现为成都理工大学）做博士后，在给我送行的晚宴上，林老师语重心长地和我说："小秦啊，你是从我们这里出去的第一个博士后，可不要给我们丢脸啊！"林老师的话，我一直铭记在心，给了我不断前行的动力。

在诸多同行的心目中，林老师知识渊博，善于钻研，在冲击地压、围岩稳定性动态分级等方面有独到认识和创新成果，且为人豁达、心胸宽广，颇有豪侠之气，乃女中豪杰也。

林老师已逝，但精神永存。安息吧，我们永远怀念您！

4

深切缅怀张倬元先生

（发布于 2022-3-18 16:02）

今天上午获悉：我国杰出工程地质学家张倬元先生于 2022 年 3 月 18 日晨 4:38 分仙逝，享年 96 岁。惊闻噩耗，我十分悲痛，久久不能自已，不由想起了我与先生交往过程中几件难忘的事情。

1991 年 9 月，我在东北工学院（现东北大学）读博即将毕业，正在发愁未来的去向。恰好，某位已从东北工学院毕业、正在张先生门下读博的老兄与我联系，说张先生想招一位博士后，问我想不想去。我说想去。过了一个多月，张先生委托他的得意门生黄博士到东北工学院找我面谈，主要是想了解我的科研能力和人品。和黄博士交谈时，我委婉地表达了想请张先生当我博士学位论文答辩委员会主席的愿望。张先生满足了我的愿望，从成都飞往沈阳亲自主持了我的论文答辩会，也顺便考察了我的知识掌握和运用能力以及发展潜力。由此看出张先生对选拔潜在人才的严谨态度。

这样，我有幸成为张先生门下的第一位博士后，也是成都地质学院（现成都理工大学）的第一位博士后。

刚开始做博士后研究时，先生建议我沿袭博士生期间的方向（岩石破裂过程的声发射研究），开展用声发射凯塞效应测试地应力的研究，因为此时其团队有几项水电工程科研项目涉及此问题。我当面未置可否，说看看文献再定吧，因为我认为沿此方向难以再有较大突破。看了几个月文献，我觉得把那时方兴未艾的非线性科学引入到工程地质学（结合），可能会找到攻克某些难题的途径，前景可期。我向先生汇报了我的想法，他并未因我没按他的建议来做而不高兴，而是说按照自己的兴趣做科研好，兴趣是最好的老师，希望你能在“结合”方面做出些好成果。

去成都不久，因我工作繁忙无暇处理家里的生活琐事，再加之孩子太小，于是想请一位保姆帮忙做家务。先生听说后，委托师母找了一位勤快能干的保姆，解除了我的后顾之忧。

在做博士后期间，先生带领我们多次去野外考察，他不时给我们讲解区域地质构造演化史、河谷演化过程中大型变形体的形成机制、断层与褶皱性质的识别方法等，这极大地提高了我对地质事件演变和识别的理性认识，每次都获益匪浅。那时候，我记得先生的身体十分硬朗，爬山时年轻人都跟不上，这都是常出野外练就的啊。

经过 1 年多的努力，我在“结合”方面做出些许成果后，有些飘飘然了，再加之年轻气盛，难免说话口气较冲。有次我向先生汇报研究进展时说道：“过去工程地质学常用的方法，未考虑岩土体演变的非线性机制，很不可靠。”听到此狂妄的话儿，先生并未恼火，而是慢条斯理地说：“你指出的问题确实存在，我们也并非不知道，但考虑非线性的话则使解决问题变得复杂，因而不会得到便于工程师应用的简便方法；不考虑非线性确实会产生一定的不确定性，但可根据监测数据和丰富的经验弥补之，因此不能断然否定旧方法；任何新方法几乎都以旧方法为基础，你不正在做‘结合’研究想提出新方法嘛，这是值得提倡的；你若扎实钻研肯定能得到更新、更好的认识，给出更好的方法，这正是我所期待的。”先生这番话，使我明白了“人万不可被一时微不足道的成绩冲昏了头脑”之道理，通达了“厚积薄发更有利于稳步前进”之内涵，知晓了什么才是“海纳百川，奖掖后进”之胸怀，这对我与团队未来的健康发展大有裨益。

在 2016 年成都第十届工程地质大会期间，我们几位弟子去看望他。那时，他虽已是 90 岁高龄老人，但思维仍很清晰，仍对学术持有很高的兴趣和热情。我们刚和他寒暄几句，他就拿出他和合作者最近出版的学术专著，问封面照片上的滑坡是怎样形成的？在聆听他对该滑坡背景资料的简介后，我们仍一头雾水。于是乎，他就给我们头头是道地讲解起来，我们听了都直呼过瘾。我万万没想到的是，这次见面竟成了永诀。

今天，在某微信群看到某教授悼念张先生的话：“张先生是中国工程地质学科的奠基人之一，他主编的《工程地质分析原理》一书指引了几代人的成长，他提出的‘地质过程机制分析与定量评价’学术思想体系支撑了诸多重大水利水电工程建设，他为中国工程地质学科培养了一代代杰出人才，我们永远怀念他的丰功伟绩和高尚品格！”这是由衷的真实评价，也说出了大家的心里话。

张先生已逝，但精神永存，安息吧，我们永远怀念您！

5

深切缅怀王士天教授

（发布于 2023-7-17 09:50）

我国杰出的工程地质学家王士天教授，因病医治无效，于 2023 年 7 月 5 日 4 时 54 分在成都逝世，享年 92 岁。

先生逝世当天，我就获悉了这一噩耗。由于我近来琐事缠身未能第一时间撰写悼念文章，故深感遗憾。今天一早起来，我又不由自主想起了与先生交往的几件事情，于是写就这篇文章以弥补遗憾。

我在成都地质学院（现成都理工大学）工程地质研究所做博士后研究期间，指导老师是张倬元教授、王士天教授和黄润秋教授，他们都给予了我热情的指导和帮助。

1993 年上半年，在拟建的小湾水电站进行地质考察期间，张倬元教授、王士天教授和黄润秋教授带队指导我们调研区域地质构造、河谷演化史、边坡稳定性等。王士天教授在区域构造稳定性研究方面有深厚的造诣，谈起当地的构造演化和稳定性评价方法如数家珍，使我们受益匪浅。至今，我仍记得他的这句话："读懂区域地质这本'地书'不是容易的事儿，你们要多看有关资料，多去野外考察，还要善于联想和思考，把不同的地质现象用一根线串起来解释；若能做到，才算读懂了'地书'。"他的言传身教，犹如指路明灯，照亮我的漫漫科学探索之路，也深刻影响了我以后的科研生涯，因而他是我生命中的"贵人"之一。

在我初建非线性工程地质学期间，我经常与王士天教授讨论学术问题，每一次他都认真和蔼地和我进行深度交流。我那时年轻气盛，讨论中有时嗓门越来越高，但他从不恼火，也从不以师压人。当年有个问题的讨论历程，我仍历历在目。我探究平面滑动斜坡失稳问题时，基于地质概念模型建立了一个力学模型，并给出了斜坡失稳判据。我请他看看结果对不对。他看了后说，你的地质概念模型错了，后面的不可能正确。我不服，想好了理由反驳他，他也摆事实讲道理心平气和地回击。就这样，经过几番碰撞，我终于认识到是我错了，并明白了我出错的根源在哪儿。这样的辩论如醍醐灌顶，不仅深化了我的科研洞察力，而且使我知晓了理性交流的重要性。

王士天教授是成都理工大学工程地质学科的主要奠基人之一，也是“地质过程机制分析与定量评价”学术思想的主要倡导者。他在区域构造稳定性、地质灾害防治等领域为推动工程地质学科发展做出了突出贡献，他作为主要编著者之一的《工程地质分析原理》是我国公认的工程地质学科经典教材。

王先生已逝，但精神永存，安息吧，我们永远怀念您！

— 第二十章 —

研究生培养

1

研究生培养还是“放养”好

（发布于 2018-4-9 10:27）

去年研究生开题及中期考核时，我室地质工程专业有三位研究生（共有 48 位研究生上会作报告）获得“优秀”，其中有我的两位学生上榜。有位同事说：“老秦，我看你平常基本上不怎么管你的学生，但为何你的不少学生各方面的能力较强啊？你是如何培养他们的？”

我说：“别变着法地夸我，我这人经不起夸，一夸就想上房揭瓦。每个老师有自己独特的培养方式，千篇一律不好。作为老师，或许有一个共同点，那就是要给研究生们提供一个自由发挥的学术舞台，打造融洽的科研生活氛围，从这儿能学到知识且能在某一方面创造知识，但这还不够，还得明白为人处世的道理，以后才能独闯“江湖”呐。”

我对研究生培养采用的是“放养”方式，就像牛羊群自由自在在草原上行走、吃草一样，没有什么严格的管理，也没有周会、考勤之类的东西，只要做事不离谱，随你自由发挥。

从以下几个方面说说我对研究生的“放养”培养方法。

1）论文选题

我这里主要研究方向，是用力学、非线性科学与地质学相结合的方法，研究地质灾害成因机制与预测问题。刚来的学生们经常问我：“老师，我以后搞什么方向的研究好呢？”我这样回答：“这事儿得问你，别问我，只要你对某个方向感兴趣，有想法，搞什么都可以。例如，你对售楼有兴趣，有别人想不到的点子能把楼卖出去，只要提前和我说说，我觉得你的想法基本可行，我都会支持。”

在科研工作中，导师应以因材施教、量体裁衣的方式，根据每个人不同的特长，发挥其主观能动性，激发其科研兴趣，鼓励其另类思维，能翻多高的跟斗就给其铺多厚的垫子，能激起多大的浪花就给其修筑多深的池子，让其学有所得、学有所成，岂不妙哉。例如，有的学生逻辑思维能力强，就让其做理论研究；有的学生动手能力强，就建议其做实验研究。

2）科学研究

到了研究生阶段，知识面过窄，缺乏质疑能力，听学术报告提不出尖锐的问题，甚至没有问题可提，已成为研究生们的通病。我鼓励学生们有选择性地听一些本专业和非本专业的学术报告，开拓思维，但听报告不要仅带着耳朵去，要勇于质疑，敢于提问，最好是提一个发人深省且能让报告人意想不到的问题。研究生要有自己独立的思考，要带着问题看文献，而不是从文献中找答案。不要迷信权威，任何人都有可能犯错。遇到难题时，自己先想一段时间，不要急于找拐杖，实在没招，和师兄讨论下，再搞不清楚和老师讨论。研究生们对问题有了独立的思考，哪怕想出来的招儿不对，后经一点拨，知道自己错在了哪里，印象深刻，可少走弯路。

我经常提一些司空见惯但一不留神就会出错的问题，在规定的时间和地点让研究生们快速思考、快速回答，以激发其思维活力。如盐池河山崩的位移-时间曲线与 Libby 坝岩滑的监测曲线相比，为何前者位移加速段的速率较慢？多锁固段力学模型能否用于描述地震震时阶段的锁固型斜坡失稳？答对的，夸两句；答错的，详解下原因。这样长期下去，同学们反映其思维活力有较大的提升。

我一直觉得，科研比拼的是独辟蹊径的另类想法，有了想法才有效率，在时间上拼消耗是没用的。因此，我在考勤上从不要求学生们准点来、准点去，脑袋短路时也可随时出去走走，几天不来办公室或实验室也不用和我说，我也懒得问。

3）论文发表

我鼓励研究生们发表论文，尤其是 SCI 论文，但必须有真货，不要灌水，不要为发表论文而论文。

我多次和学生们说，如写的是地质灾害研究方面的论文，且主要是我的想法，主笔者先写出来，大家一块讨论修改，谁的主意好就听谁的，谁主笔谁当第一作者，我当通讯作者；若写其他方面的论文，发表论文尽量不要挂我的名字，也不能不经我的同意挂我的名字，即使有我的想法和贡献。记得有位已毕业的博士，发表论文没经过我的同意，挂上了我的名字，我知道后论文已经出版了，我对该生进行了严厉的批评。

4）科研生活

以我所规定的最高标准给研究生们奖（助）学金，导师尽量在力所能及的范围内帮助其解决生活困难问题，让其能心无旁骛地静心科研。

我只要有时间，几乎每周请研究生们吃一次饭，有些问题在饭桌上更方便讨论解决。吃饭时不一定聊学术，也可聊点社会新闻及趣闻轶事等逗大家乐乐。

在人际关系方面，也要和涉世不深的学生们讲明白，良好的师生关系、师兄妹之间的关系是人世间最重要的资源之一，大家要好好珍惜，有事儿放到桌面上谈，还有何种矛盾不能化解。

在我的引导下，师生之间关系融洽，学生们之间关系也像兄弟姐妹一样，不像某些老师的学生经常为一些琐事争吵，好多老师的学生都愿意去我们的办公室聊聊，真有点像聚义厅啊。有了好的小环境，学生们之间互帮互学、其乐融融，不出点像样的成果才怪。

2

从研究生让导师难堪的问题谈起

（发布于 2020-5-2 14:10）

在和朋友吃饭聊天时，听到些“90 后”研究生怼导师的故事。以下举几个实例。

故事 1

博士生张三说：“您常说我没啥创新能力，我认可。但我不知道您有啥重要的创新成果，您这些年搞的也不过是水货嘛。”

故事 2

硕士生李四说：“论文中的实验工作是我自己做的，您为啥非要当第一作者？”

故事 3

硕士生王五说：“您常说教我语文的是体育老师，我看您写的论文也不咋样。”

若导师各方面做得好，则研究生难以找到下嘴的机会；否则，人家怼你，恐怕无力辩解。为不丢面子，导师应在多方面壮大自己，才能率先垂范。

最让研究生佩服的应是导师的科研视野、对事物的洞察力和创新能力。优秀的导师首先应有广阔的科研视野，正所谓“没有广阔的视野，只会坐井观天；没有广阔的视野，只会夜郎自大；没有广阔的视野，无从走向远方”。其次要有对事物的洞察力。人的见识，取决于对事物的洞察，而洞察力则取决于思维的境界（方向和高度）。人的认知若没有高度，看到的全是无从下手的问题；人的认知若没有格局，看到的全是鸡毛蒜皮。最后是科研创新能力。以前两种能力为基石，则能凝练出关键科学问题，进而能独辟蹊径解决问题；在解决问题的征途中，自然会建立高创新性理论和方法。

研究生在科研中有了阶段性成果，导师要鼓励其发表学术论文，毕竟论文写作能力也是研究生科研能力培养的其中一环。在我看来，即使导师出了经费、出了点子且多次修改论文，也应大度让研究生当一作（导师可当通讯作者或二作、三作等），以让研究生有满满的成就感。是啊，成就感是自我激励的动力和源泉，要比物质激励的作用更为持久。

导师自己发表论文、修改研究生论文、回复研究生邮件等，要尽量避免语法错误、逻辑错误、术语混用、错别字等，以免给别人留下不严谨、不讲究的印象。一篇优秀论文，不仅应有高创新性的内容，还应表达清晰、语意连贯、逻辑严密、层次分明，给人赏心悦目之感受。

信其师，则信其道；信其道，则循其步。所以说导师与其喊破嗓子不如做出榜样，因为榜样比训诫更有力量、更令人信服。

3

什么样的研究生导师称得上优秀？

（发布于 2020-5-6 11:31）

在任何学科领域，导师都对研究生科研能力的培养、学术品味的形成、未来发展潜力等有重要影响，其潜移默化的作用不可小觑。如果研究生能遇到一个优秀导师，是人生中的幸事。那么，何谓优秀导师呢？这个问题见仁见智，大家可自由发表自己的见解。在我看来，优秀导师起码应符合以下标准：

1）创新能力强

创新能力强的导师，往往具有多学科知识积累，善于凝练关键科学问题，思维活跃，点子多，站在学科前沿以攻坚克难为己任，甚至已找到了攻克本学科某科学难题的突破口。研究生跟着这样的导师做科研，由于起点高则科研能力提升快；再者，选择已找到突破口的难题进行下一步课题研究，益处显而易见：既因有一定研究基础，可减少盲目性不至于半途而废，又属于有重要意义的前沿课题有望做出重要创新成果。如此，不仅可为自己的研究生生涯画上圆满句号，还可为自己未来科研定位和发展奠定良好基础。

有些青年学者曾问我快速提升创新能力有无捷径？我答曰："在苦思冥想探索解决科学难题的征途中，一旦找到了突破口，则自己的科研潜力能被激发，绝妙的想法就会自然而然迸发，进而尝试之或'柳暗花明'。不过，这样的'捷径'没有多年的科研积累是找不到的，没有灵感的助力也是不可能的。"

2）能为研究生提供自由发挥的学术舞台

蔡元培说："没有思想自由，就不可能有学术创新。"因此，导师应搭建一个自由宽松的学术舞台，以利于研究生无拘无束畅想、自由自在探索。研究生能翻多高的跟斗就给其铺多厚的垫子，能激起多大的浪花就给其修筑多深的池子。在科研选题方面，研究生可按照自己的特长和兴趣自主选择，导师不要强行干涉，以利于其发挥主观能动性取得创新成果。

新想法是取得科研突破的关键，所以导师要鼓励研究生敢于向权威 “亮剑”。即使学生想法完全不“靠谱”，导师也不要嘲讽，而要耐心指出错误所在；哪怕其想法有一点可取之处，导师也应当众表扬，以激励其更深入思考。

3）能在生活上为研究生提供力所能及的帮助

导师应在力所能及的范围内帮助研究生解决生活方面的问题，如在政策允许范围内多发些助学金、劳务费，在找工作单位时帮助推荐等，以让其心无旁骛地做科研。

我觉得良好的师生关系是亦师亦友关系，即在科研上是师生关系、在生活上是朋友关系。师生同心，其利断金。当然，要把握好这种“朋友”的尺度，不能百无禁忌。

最后，用一首打油诗总结下优秀导师的标准：引领创新上大道，为人师表塑形象；志量恢弘纳百川，厚德博学育桃李。

4

如何让博士生快速“上道”？

（发布于 2017-7-31 09:38）

博士生在短短的3～5年内把基本功练扎实，达到“具有独立从事科研工作能力”的水平不容易。看看某些博士生，确实很努力，埋头查文献，低头做实验，整天冥思苦想，仍满头雾水，看着都心疼。

如何让他们快速进入科研大门呢？如何使他们钟情于科研且有成就感呢？这两年我想出了一招，确实挺管用，不妨与诸位分享一下经验。

这个招儿就是合伙写论文，具体方法是：

（1）导师首先起草一个写作建议，包括大概的题目、要重点解决啥问题、文献评述涉及哪些内容、逻辑关系、层次结构等。这样的好处是，先帮助他们理顺思路，让他们围绕问题查文献，而不是从文献中抠细枝末节的问题进行研究，这样可以提高效率。

若涉及实验，让学生自己先写个方案，导师与其讨论方案的可行性及细节，以减少盲目性，增强针对性。

（2）这样，几个月下来，初稿就写好了，但问题仍然很多，尤其是第一次写论文的人，不仅逻辑仍然混乱，而且语句不通、上下文关系一塌糊涂。怎么办？

为此，我先对初稿改上一两遍至大致都能看懂的程度，然后把同学们召集在一起，先剖析论文层次结构，然后逐字逐句修改，边修改边讲解，让他们逐渐明白如何用严谨、简练、易懂的语言把复杂的问题，通过抽丝剥茧的方式表达出来。

（3）对英文初稿，新手写出来的文章基本上属于中式英语型，连我都不明白，何况外国评审专家。为此，我和学生们多次说：“英文写不好，很大程度上是因为语文没学好。如何写出能让外国评审专家看懂的论文？得多看相关英文文章，把术语和习惯用法搞明白。写英文时，先把关键词找出来弄个短句子，再把修饰或说明关键词的短语或句子放进去，一段基本通顺的英文就有型了。写完一段，联系上下文反复捋几遍，再看语法有无问题，就基本可以了”

（4）改完后，发给执笔者补充有关内容、核对数据、校核参考文献、修订有关图件等，然后再修改，这样的过程通常需要 10 余次。

（5）修改完后，投稿给合适的杂志，这样文章的命中率会很高。

经过近两年的实践，同学们反映科研能力提升较快，有的已发表了多篇 SCI 论文，且反响很好；有的在和其他同学就某一问题进行学术探讨时，能“舌战群儒”；有的从刚进门时思维的“一团乱麻”到“渐入佳境”；有的从只会做“改进别人的工作”到具备一定的“原创”能力。

—5—

备课笔记：如何培养博士生的创造力

（发布于 2021-6-28 18:08）

培养博士生的目标完全不同于本科生和硕士生。本科生教育培养的是基本素质，硕士生教育培养的是工作技能，而博士生教育培养的是学术技能。博士与学士、硕士的不同之处，绝非局限于知识积累的深度和广度，而是意味着更高的要求，即创造力的要求。譬如，诸多美国大学认为博士学位是授予“对知识有独创性贡献的人”，这说明培养博士生的创造力何等重要。

培养博士生的创造力涉及不少环节，其中锻造其问题意识、开拓性思维与独辟蹊径解决问题的能力是重要的环节。为此，在给博士生准备专业前沿课时，我特别注重这些，因此每次讲课的效果都相当好。

按照课程安排，今年 12 月 25 日上午，我将为地质工程、固体地球物理和构造地质专业的博士生，讲授岩体工程力学前沿进展——非线性工程地质力学（3 课时）。为让其学有所得且能提升其创造力，这些日子在认真备课。考虑到听众的多样性和可能的兴趣，我准备了三讲：岩石破裂过程的力学基础、锁固型滑坡预测研究进展与展望、地震物理预测的多锁固段脆性破裂理论。这三讲涉及到岩石力学、非线性科学、大地构造学和地球物理学的有关知识。

第一讲的内容是从几个容易出错的基础岩石力学问题开始，让他们先思考，然后进行互动启发，最后我评判并给出正确答案。接着讲岩石破裂行为，其中侧重讲岩石变形破坏阶段的不同特征、室内岩样破裂实验与实际岩体破裂失稳过程的差异性、非均匀性和加载环境（温度、压力、流体、加载速率）对岩石破裂行为的影响，为后两讲做好铺垫。

美国著名哲学家波普尔指出：“科学起源于问题”。由此可见，若无好奇心和问题意识则难以有真正的创新。另一方面，挖掘专业性较强的问题时，“问题”本身也会向研究者提出更高的知识要求，进而激发其学习动力。

后两讲的内容，是讲述我们以锁固段为抓手，揭示锁固型滑坡和地震演化之谜的破案故事，想必对博士生如何凝练关键科学问题、寻找解决问题之突破口乃至养成开拓性思维大有裨益，正所谓“他山之石可以攻玉”

嘛。在讲述这两部分时，我将以启发性方式讲解，让他们了解滑坡和地震预测领域的学术前沿，体会科研的乐趣所在。

诚然，对大部分博士生而言，让其在短短几年内做出原创成果可谓强人所难，但站在学术前沿做出重要的改进式创新成果则相对容易。如果博士生能经常自觉地关注本领域和其他领域的学术前沿问题，则不仅有利于其开阔视野、提高问题意识，还有利于其养成开拓性思维、提升学术品味和锤炼创造力。有这些创新品质作为基础，其未来做出原创成果的前景可期。

— 6 —

讲课笔记：培养博士生的问题意识

（发布于 2022-4-12 12:44）

上课时，老师提问让研究生回答，其往往以“沉默”应对；听完学术报告，主持人让研究生提问，其通常以“低头”回应；导师让研究生独立思考选择主攻方向，其一般以“失望”表现。

这些场景之所以频现，是因为研究生缺乏问题意识所致。所谓问题意识，是指习惯性地追究“为什么”。

众所周知，科学研究始终围绕着提出问题与解决问题进行，而提出问题是科学研究“千里之行”的第一步，以至于大科学家波尔曾指出：“准确地提出一个科学问题，问题就解决了一半。”研究生，特别是博士研究生，是科学研究的生力军，因此在教学时培养其问题意识至关重要。

科学问题既有表层和本质之分，也有意义大小之分。显然，凝练出有重要意义的关键科学问题，不仅便于有效地解决之，而且解决后能大幅推动科技进步。鉴于此，研究者应持续强化凝练关键科学问题的能力，其不仅主控科研品味，而且支配科研成就。

多年来，我给博士生上课时，特别着重培养其问题意识，尤其是关键问题意识。为此，我鼓励其以批判性思维审视前人的工作，以“刨根问底”方式提出涉及事物演变本质的关键问题。

每节课，我都以问题为先导开讲，如主控受载岩石非线性行为的物质属性是什么？断层中只有软弱介质能否发生较大地震？为何根据位移加速预测滑坡偶尔能成功但更多的时候会失败？然后，略等片刻，等人抢答。这些问题司空见惯，似乎容易回答，但若平时缺乏对这些问题的思考或未意识到这些问题，则不能解答或难以给出正确解答。在课堂上，实际情况是无人抢答。为此，我以抽丝剥茧这种启发方式详解之，以让其知晓再复杂的行为都受基本力学和物理学原理支配，这才是思考与回答问题的基石与起点。

昨天上午，我连续给博士生上了 3 个学时课，每节课坚持以往的问题引导→问题剖析→关键问题凝练→破案→验证风格，诸位听得津津有味。遗憾的是，在讨论环节，提问不够踊跃，且问的几个问题都偏于应用方面，这远不如 2020 年那次讲课。讲完课后，我感觉口干舌燥、相当疲惫，看来是“廉颇老矣”了。

博士生提不出关键问题，主要原因在于平时缺乏深度思考主控事物行为的关键结构及其底层机制；博士生不能立马解答难度不大的问题，主要原因在于局限的思维、较弱的灵活运用知识能力或不强的洞察力导致的瞬时反应能力差。

培养博士生的问题意识，绝非一朝一夕之功，这需要上课老师、导师等通过多种途径加以引导。一旦其“上道”，则创造力陡增，进而优秀成果可期。

—7—

参加博士生学位论文答辩会感受

（发布于 2021-6-2 18:58）

截至 2021 年 6 月 2 日，今年我一共参加了 11 位博士生的学位论文答辩会，其中中国地质大学（北京）2 位，华北水利水电大学 3 位，我室 6 位。总体正面感受是：（1）这些博士生的学位论文以实验研究为主、数值模拟为辅，工作较为扎实；（2）答辩时，大多自信满满，富有激情，能清晰地讲解自己的工作。关于后者，我曾赞曰："这样自信的演讲很好！如果答辩人没有自信，评委何来信心？"

然而，在评阅论文和论文答辩时，我觉得存在一些共性的问题；总结分享之，不仅有助于这些博士生后续修改论文以提升质量，而且有助于以后的博士生开展研究少走弯路。

1）论文题目

题目应该准确无误地表达论文的主旨（主题思想、主要观点、关键问题或主要创新点），避免使用含义笼统的词语。在答辩会上，我曾建议多位博士生修改题目，以准确反映研究的范围和达到的深度。

2）基本概念与基本原理

只有真正掌握了基本概念与基本原理，才能灵活地用其分析问题，才能清晰无误地阐述研究结果。我注意到几位博士生对压缩或剪切下岩石变形破坏过程阶段及其内涵的理解有误。岩石变形破坏过程一般分为 5 阶段，即压密阶段、弹性变形阶段、稳定破裂阶段、非稳定破裂阶段与峰后阶段；从裂纹起裂点起，岩石就会产生塑性变形，而并非从体积膨胀点（损伤应力点）起，岩石才会产生塑性变形。

3）实验的针对性与数据挖掘力度

如果研究针对的是滑坡，就要做剪切实验，做单轴压缩实验意义不大。我注意到多数博士生虽然做了大量的实验，获得了丰富的数据，但对数据挖掘的力度不够，这导致对岩土变形破坏机理的揭示缺乏深度。为此，需紧密结合实验结果、数值模拟结果、理论分析与前人研究成果，从多角度剖析尚存争议的问题，才能“一统江湖”深度揭示破坏机理。此外，如能先进行理论研究提出有关机理的假说，并根据实验结果验证之，那就是锦上添花啦。

4）论文写作

大多数博士生的论文写作欠缺功力，如语法错误比比皆是、用词欠准确、术语前后不统一、公式书写不按规范（正斜体、大小写等乱用）、结论过多过滥等，这让我有满目疮痍之感，感觉相当不爽。

5）回答问题

回答问题千万不要长篇大论，因为自己真正弄清了某个问题一定能用简明扼要的语言圆满解释；遇到自己不懂的问题，就说自己不知道，请评委指点迷津；遇到自己一知半解的问题，就说自己的理解尚浅只能试着解答，然后请评委指正。

在答辩会上，我和每一位博士生都强调：“不要认为通过论文答辩后就万事大吉了，要根据评委的意见下功夫修改论文；博士学位论文是你学术生涯中首部较为系统的著作，上网后别人要参考，还有可能被抽查，要防患于未然。”

再扯一句题外话。博士学位论文答辩决议书一般由导师起草，答辩委员会讨论确定。我参加了多次答辩会，发现这句话“经答辩委员会无记名投票表决，一致同意通过××博士学位论文答辩。”频现。这句话有语法错误——主语缺失。正确的表述是“答辩委员会经无记名投票表决，一致同意××通过博士学位论文答辩。”

8

何谓优秀的博士学位论文？

（发布于 2022-12-2 10:03）

我看过多篇博士学位论文，其大致可分为三类：

（1）点研究：聚焦于一个具体、关键的科学问题，把其做深做透，也就是俗称的“小题大做、小题精做”；

（2）线研究：围绕某工程涉及的一个或几个科学与技术问题，以理论→实验→监测→数值模拟等为手段，最后提出防控措施建议等；

（3）面研究：围绕某学科领域某个重大科学或技术问题，从多角度、多层次开展研究。

对线研究，由于问题往往不具有普遍性，且牵涉到多手段（耗时间和精力），故博士生做这样的工作意义不大，也难以深入。对面研究，由于受知识面、境界、研究经验等的束缚，再加上研究时间较短，绝大多数博士生不具有攻克某学科领域某个重大科学或技术问题的能力，故往往导致“什么都做了但似乎什么都没做”的窘境出现。

显然，博士生做点研究，是最应被倡导的。如果某博士生做深做透了研究，且基于这些工作撰写的博士学位论文，是优秀的。

我门下的博士生翟梦阳，就是做的点研究——聚焦于“锁固段特征破裂模式的产生机理”。在 2022 年 11 月 30 日举行的博士学位论文答辩会上，他的论文工作受到了评委的一致高度称赞，被认为是多年未见的真正优秀的论文。

锁固段主控构造地震产生和某些斜坡的失稳演化，其具有大尺度、扁平状的几何特征且承受极其缓慢的剪切加载，展现出强非均匀性和低脆性。我团队在多年的锁固段破裂行为研究中，发现其在体积膨胀点和峰值强度点的破裂事件能级高而在两点之间能级低，这一特征破裂模式被简称为“大—小—大模式”。虽然案例分析表明该模式普遍存在，但我团队未认清该模式的产生机理，由此成为一个困扰我团队 10 多年的重要科学问题。

鉴于此，通过室内实验与数值模拟相结合的方法，他系统研究了锁固段特征破裂模式的影响因素与产生机理，具体为：

（1）通过不同加载条件下的花岗岩室内实验，探讨了锁固段特征破裂模式的形成条件，指出压剪环境是锁固段出现特征破裂模式的必要条件。

（2）基于发展的离散单元法矩张量声发射算法，分析了多因素对锁固段特征破裂模式显著程度的影响，指出法向应力越大、加载速率越慢、非均匀性越强、高宽比越小，锁固段特征破裂模式越显著。

（3）基于离散元数值模拟结果，分析了锁固段内部裂纹演化规律与力链分布模式，发现当锁固段损伤至其体积膨胀点和峰值强度点时，锁固段局部产生压应力与剪应力集中，压剪裂纹数量急剧增多，即破裂机理由原来的拉张主导转为剪切主导，这是锁固段特征破裂模式产生的根源。

由于论文工作为点研究，故他的 PPT 自始至终都围绕“特征破裂模式的产生机理”这一关键点进行论证，于是乎一个逻辑清晰的故事水到渠成，再加上通俗易懂的流畅讲解，这自然能引起听众的极大兴趣。